高等职业教育药品与医疗器械类专业教材

微生物制药技术

吴秀玲　李公斌　主编

中国轻工业出版社

图书在版编目（CIP）数据

微生物制药技术/吴秀玲，李公斌主编．—北京：中国轻工业出版社，2023.6

高等职业教育“十二五”规划教材

ISBN 978-7-5019-9899-9

Ⅰ.①微…　Ⅱ.①吴…　②李…　Ⅲ.①微生物培养－应用－药物－制造－高等职业教育－教材　Ⅳ.①TQ460.38

中国版本图书馆 CIP 数据核字（2014）第 200742 号

责任编辑：江　娟

策划编辑：江　娟　　责任终审：张乃柬　　封面设计：锋尚设计

版式设计：王超男　　责任校对：晋　洁　　责任监印：张　可

出版发行：中国轻工业出版社（北京东长安街 6 号，邮编：100740）

印　　刷：三河市万龙印装有限公司

经　　销：各地新华书店

版　　次：2023 年 6 月第 1 版第 4 次印刷

开　　本：720×1000　1/16　印张：21.75

字　　数：431 千字

书　　号：ISBN 978-7-5019-9899-9　定价：42.00 元

邮购电话：010-65241695

发行电话：010-85119835　传真：85113293

网　　址：http://www.chlip.com.cn

Email：club@chlip.com.cn

如发现图书残缺请与我社邮购联系调换

230805J2C104ZBQ

本书编写人员

主　　编　吴秀玲（济宁职业技术学院）

　　　　　李公斌（淄博职业学院）

副 主 编　杜璋璋（济宁职业技术学院）

　　　　　卢克刚（山东职业学院）

　　　　　庄晓辉（山东科技职业学院）

编写人员　（按姓氏汉语拼音排列）

　　　　　杜璋璋（济宁职业技术学院）

　　　　　江怡琳（黑龙江农垦科技职业学院）

　　　　　李公斌（淄博职业学院）

　　　　　李灵娜（淄博职业学院）

　　　　　刘亚栋（山东商业职业技术学院）

　　　　　卢克刚（山东职业学院）

　　　　　吴秀玲（济宁职业技术学院）

　　　　　张　田（济宁职业技术学院）

　　　　　张颖囡（山东药品食品职业学院）

　　　　　庄晓辉（山东科技职业学院）

主　　审　梁景乐（中牧实业股份有限公司）

前　言

本教材是根据教育部高职高专教材建设的有关精神，以高职高专生物制药技术专业的教学标准为依据，按照高职高专教育专业人才培养目标的要求，凸显对高职院校学生技能和素质培养的特点编写的。

本教材内容在整合《微生物学》、《生物制药工艺》、《抗生素生产工艺》、《发酵工艺》等多部教材的基础上，结合国内外微生物制药领域的最新进展和未来发展方向而编写的，主要介绍了菌种培育技术、种子的扩大培养、微生物制药产物的生物合成、微生物制药发酵操作及控制、微生物制药生产下游技术、微生物制药的主要产品、药品质量控制及常见微生物药物的发酵生产和发酵技能实训等微生物制药知识和技能，涉及的产品有抗生素、氨基酸、维生素、药用酶、生物农药和免疫调节剂等。

全书以微生物制药生产工艺流程为主线，按照模块－项目－任务模式，系统地介绍了微生物发酵制药生产技术的工艺原理和技术方法。每一项目中的能力目标、知识目标均融入了相应工种的职业资格标准。为突出高职高专教育重视学生技能培养的特点，编写过程中尽量压缩了抽象的理论知识，充实了生产过程的操作技能，同时配套了实验实训任务，为学生走向工作岗位奠定了扎实基础。

本教材适合高职高专院校生物制药技术、生化制药技术和生物技术类等专业师生使用，也可供生物制药生产一线的工程技术人员参考。

本教材编写具体分工如下：吴秀玲、刘亚栋编写模块一；张田编写模块二；庄晓辉编写模块三；张颖囡编写实训一、实训二、实训四；江怡琳编写模块四、实训三、实训五；杜璋璋编写模块五；李公斌、李灵娜编写模块六中的项目一和项目二；卢克刚编写模块七；吴秀玲编写模块六中的项目三、模块八。全书由吴秀玲、李公斌担任主编，梁景乐担任主审，由吴秀玲统稿。

本教材编写过程中得到济宁职业技术学院医药中间体研发中心主任邹小军博士和张蕾老师的大力帮助，特表示衷心感谢。

本教材在编写的过程中参考了大量国内外专家和老师的书籍和文献资料，部分书稿来自百度文库，在此向这些前辈和同行表示衷心的感谢。

由于编者水平和时间有限，书中难免存在不妥之处，敬请有关专家和读者批评指正，提出宝贵意见，我们将十分感谢。

编者

2014 年 4 月

目　录

第一部分　微生物制药技术基础知识

模块一　绪论…… 1
　项目一　微生物制药技术概述…… 1
　项目二　微生物制药产业的发展历程…… 5
　　任务一　传统微生物制药技术的产生 …… 5
　　任务二　现代微生物制药技术的发展 …… 6
　　任务三　中国微生物制药技术的发展 …… 6
　项目三　微生物制药产业的现状及发展趋势…… 7
　　任务一　国际微生物制药产业发展概况 …… 7
　　任务二　我国微生物制药产业发展现状 …… 8
　　任务三　微生物制药产业发展趋势…… 9
　　任务四　微生物制药技术展望 …… 10
模块二　菌种培育技术 …… 12
　项目一　菌种选育 …… 13
　　任务一　自然选育 …… 13
　　任务二　杂交育种 …… 14
　　任务三　原生质体融合…… 16
　　任务四　诱变育种 …… 17
　　任务五　突变菌株筛选…… 18
　项目二　基因工程育种 …… 20
　　任务一　基因工程概述…… 20
　　任务二　基因工程育种实例——链霉工程菌的制备 …… 22
　项目三　菌种的衰退与复壮 …… 24
　　任务一　菌种衰退 …… 24
　　任务二　菌种复壮 …… 27
　项目四　菌种的保藏 …… 29
　　任务一　菌种保藏目的和原理 …… 29
　　任务二　菌种保藏方法…… 30
　项目五　培养基的配制技术 …… 34

任务一　培养基的配制原则 …… 34
任务二　培养基的分类 …… 35
项目六　消毒和灭菌技术 …… 37
任务一　微生物的消毒方法 …… 38
任务二　微生物的灭菌方法 …… 39
任务三　新兴灭菌技术 …… 40
项目七　空气除菌技术 …… 41
任务一　发酵制药生产对空气无菌程度的要求 …… 41
任务二　空气含菌量的测定 …… 43
任务三　空气除菌的方法 …… 43
任务四　过滤除菌的机理 …… 45
任务五　空气过滤除菌的流程 …… 46
项目八　菌种培养技术 …… 47
任务一　菌种生长特征 …… 47
任务二　菌种培养技术 …… 49
项目九　菌种培育常见问题及解决措施 …… 50
模块三　种子的扩大培养 …… 53
项目一　种子的扩大培养及培养级数 …… 53
任务一　种子扩大培养 …… 54
任务二　种子培养级数 …… 55
项目二　种子的制备 …… 56
任务一　种子的培养方法 …… 57
任务二　种子的制备过程 …… 58
任务三　生产车间种子的制备 …… 60
项目三　种子质量及其影响因素 …… 60
任务一　影响孢子质量的因素及控制 …… 61
任务二　影响种子质量的因素及控制 …… 64
任务三　种子质量的控制措施 …… 66
项目四　种子培养常见问题及解决措施 …… 67
任务一　种子异常分析 …… 67
任务二　种子染菌的控制 …… 68
模块四　微生物制药产物的生物合成 …… 69
项目一　微生物代谢产物的生物合成 …… 69
任务一　代谢产物生物合成常用的方法 …… 69
任务二　微生物代谢产物的生物合成 …… 70
项目二　微生物生物合成的主要调节机制 …… 74

任务一 初级代谢产物的主要代谢调节机制 …… 74
任务二 微生物代谢控制及其在发酵中的应用 …… 81
任务三 微生物次级代谢产物的代谢调控 …… 83
模块五 微生物制药发酵操作及控制 …… 88
项目一 发酵方式及选择 …… 89
任务一 微生物制药的发酵方式 …… 89
任务二 发酵方式的选择 …… 92
项目二 发酵过程的影响因素与控制 …… 92
任务一 发酵过程的影响因素 …… 92
任务二 发酵过程重要参数的控制 …… 94
项目三 发酵工艺的优化 …… 102
任务一 发酵培养基的优化 …… 102
任务二 发酵培养条件的优化 …… 103
任务三 发酵过程放大 …… 104
项目四 灭菌方式的选择 …… 105
任务一 消毒、灭菌方法的选择原则 …… 106
任务二 培养基和设备的灭菌 …… 108
项目五 发酵染菌及处理 …… 112
任务一 染菌对发酵的影响 …… 112
任务二 发酵异常现象及原因分析 …… 113
项目六 环境保护及其防治 …… 121
任务一 废渣的治理和综合利用 …… 121
任务二 废水的治理和综合利用 …… 121
任务三 发酵废气的治理 …… 123
模块六 微生物制药生产下游技术 …… 124
项目一 发酵液预处理及其常用技术方法 …… 125
任务一 发酵液的相对纯化 …… 125
任务二 凝聚和絮凝 …… 126
任务三 细胞破碎 …… 128
任务四 固液分离 …… 130
项目二 发酵产品常用的分离纯化技术方法 …… 131
任务一 沉淀分离技术 …… 131
任务二 结晶技术 …… 134
任务三 萃取技术 …… 136
任务四 色谱技术 …… 139
任务五 膜分离技术 …… 144

任务六　浓缩干燥技术 …… 149

项目三　微生物制药生产下游技术常见问题及影响因素 …… 150

模块七　微生物制药的主要产品 …… 156

项目一　抗生素的生产——以青霉素生产为例 …… 157

任务一　青霉素概述 …… 158

任务二　青霉素生产 …… 161

任务三　青霉素的提取工艺过程 …… 164

项目二　红霉素的生产 …… 165

任务一　红霉素概述 …… 166

任务二　红霉素生产 …… 167

项目三　氨基酸的生产 …… 171

任务一　氨基酸的结构、种类和性质 …… 171

任务二　氨基酸类药物的生产技术 …… 173

任务三　赖氨酸的发酵生产 …… 176

项目四　维生素 C 的生产 …… 183

任务一　维生素的种类和性质 …… 183

任务二　维生素 C 的结构、性质和生产方法 …… 185

任务三　二步发酵法生产工艺过程 …… 188

任务四　维生素 C 的发酵过程工艺要点控制 …… 189

任务五　维生素 C 的提取工艺过程 …… 190

项目五　酶及酶抑制剂的生产 …… 191

任务一　酶类概述 …… 192

任务二　酶抑制剂 …… 195

任务三　L－天冬酰胺酶的生产 …… 199

任务四　洛伐他汀的生产 …… 201

项目六　生物农药的生产 …… 204

任务一　生物农药概述 …… 204

任务二　苏云金芽孢杆菌杀虫剂的生产 …… 206

项目七　免疫调节剂的生产 …… 210

任务一　免疫调节剂概述 …… 210

任务二　环孢菌素 A 的生产 …… 214

模块八　药品质量控制 …… 217

任务一　药品质量标准 …… 217

任务二　药品质量影响因素及表现 …… 219

任务三　药品质量监控 …… 221

第二部分　微生物制药技术技能训练

实训一　培养基的制备与消毒、灭菌技术 …… 225

任务一　培养基的制备 …… 225

任务二　消毒、灭菌技术 …… 231

实训二　微生物的分离纯化与培养技术 …… 236

任务一　无菌操作技术的应用 …… 236

任务二　微生物的接种技术 …… 241

任务三　细菌、放线菌、霉菌和酵母菌的接种技术 …… 244

任务四　微生物的分离纯化 …… 247

任务五　土壤中细菌、放线菌、酵母菌及霉菌的分离与纯化 …… 251

实训三　微生物检验鉴定技术 …… 257

任务一　微生物形态与菌落特征观察 …… 257

任务二　霉菌和酵母菌检测 …… 260

任务三　细菌的简单染色和革兰染色 …… 262

任务四　微生物细胞大小与数量的测定 …… 265

任务五　水中细菌总数的测定 …… 270

任务六　大肠菌群的测定 …… 273

任务七　噬菌体效价的测定 …… 276

任务八　理化因子对微生物的影响 …… 279

任务九　纤维素酶活力的测定 …… 282

实训四　菌种保藏与复苏 …… 286

任务一　菌种的保藏 …… 286

任务二　保藏菌种的复苏 …… 293

实训五　微生物制药实训技术 …… 297

任务一　细菌生长曲线的测定 …… 297

任务二　青霉素发酵操作技术 …… 299

任务三　青霉素钾盐的酸化萃取与萃取率的计算 …… 301

任务四　木霉 T6 淀粉酶的固态发酵实验 …… 305

任务五　植物原生质体的分离和培养 …… 309

任务六　聚丙烯酰胺凝胶电泳分离血清蛋白质 …… 314

任务七　离子交换树脂层析法分离混合氨基酸 …… 318

任务八　工程菌（大肠杆菌）的高密度发酵及主要生化指标检测 …… 321

任务九　小型连续发酵实验 …… 325

参考文献 …… 329

第一部分　微生物制药技术基础知识

模块一　绪　　论

项目一　微生物制药技术概述

一、微生物制药技术学习目标

微生物制药技术作为一种高新技术，在世界各国卫生、医疗等多个领域已经取得了卓越的成绩，为医疗业、制药业的发展开辟了广阔的前景，极大地改善了人们的生活。现代社会以追求绿色高科技、可持续发展为目标，随着能源日益稀缺、传统医药发展瓶颈日趋严重，微生物制药将在医疗领域发挥重大作用。如生物制品、抗生素、干扰素、甾体激素等一些微生物制药技术成熟发展的产物，在微生物制药领域中占据着重要的地位。

通过本课程的学习，一方面是使学生能阐述微生物制药的基本理论和基本技能，熟悉这些理论和技能在职业领域的应用，具备菌培工、发酵工、生化产品分离纯化工和生物制药工艺员及相应岗位的职业技能和应用技能解决实际问题的能力；另一方面是帮助学生提高职业道德素质、通用能力和专业能力，学会用科学的思维方式和方法分析和解决生产实践问题，为将来从事专业工作奠定基础，以应对现代社会对高素质人才的需求。

本课程的具体学习目标如下。

（一）基本职业素质

1. 具有高度社会责任感和吃苦耐劳、独立思考、诚实守信等良好的职业道德。

2. 具有创新能力、竞争与承受压力的能力。

3. 具有良好的组织协调与沟通能力，能与其他成员进行良好的沟通和积极的讨论，工作中既有分工又有合作。

4. 树立“安全第一、质量首位、成本最低、效益最高”的意识，并贯彻到药物生产的各个环节。

5．能根据需要，确定信息渠道，通过阅读、访谈等方式，收集信息，能用准确的语言表达工作成果。

6．能够按照岗位职责要求，遵守生产纪律，爱护仪器，节约能源，严格遵守仪器操作规程，爱护公共财产，具有安全意识。

（二）能力目标

1．通用能力

（1）能根据任务需要，自主查询、分析和整理资料，提升自主学习能力。

（2）具有独到、细致的观察能力，并准确记录观察到的现象和数据等。

（3）能根据任务需要和已获取的信息，进行实验实训设计、工艺优化设计，解决有关实际生产和科研中的问题。

（4）在任务完成过程中，善于动脑，勤于思考，能根据具体实践情况，发现问题，提出假设，设计方案，实施研究，分析和解决问题。

（5）能科学全面地分析问题，从大量数据材料中归纳出准确而有意义的信息。

2．专业能力

（1）能根据任务要求，选择合适的菌种培育技术。

（2）能准确判断菌种是否衰退，并合作完成菌种的复壮。

（3）能熟练完成不同要求的菌种保藏。

（4）能独立完成相应培养基的配制。

（5）能独立完成一种或多种消毒灭菌技术操作。

（6）能独立完成菌种培养的技术操作。

（7）能根据任务要求，完成实验室斜面菌种的活化及扩大培养。

（8）能按任务要求准确检测生产用菌种，并判断是否合格。

（9）能熟练完成种子罐种子的制备与接种。

（10）能根据任务要求，与其他成员合作完成发酵控制操作。

（11）能与其他成员合作完成发酵染菌的判断并及时做出处理。

（12）能与其他成员合作完成发酵制药过程中的“三废”处理。

（13）能够做出发酵液预处理方案并对材料的异常情况提出相应的措施。

（14）能分析材料的特性，进行发酵液的预处理。

（15）能操作絮凝、盐析、沉淀、结晶、萃取、离心等分离纯化设备。

（16）能进行相关分离纯化设备的操作与维护。

（17）通过讨论和分析，能拟定合理科学的生产工艺方案。

（18）具备发酵工及相应岗位的职业技能和应用技能解决实际问题的能力。

（19）具备生化产品分离纯化工及相应岗位的职业技能和应用技能解决实际问题的能力。

（20）具备生物制药工艺员及相应岗位的职业技能和应用技能解决实际问题的能力。

(三) 知识目标

1. 能阐述杂交育种、细胞融合、诱变育种、突变菌株筛选等原理和方法。
2. 能阐述基因工程育种技术和方法。
3. 能说明空气除菌技术。
4. 能列举出菌种培育常见问题及解决措施。
5. 能阐述种子的扩大培养方法和种子制备一般过程。
6. 能解释种子质量的控制。
7. 能阐述影响种子质量的因素。
8. 能说明种子级数及注意问题。
9. 能阐述微生物制药发酵方式及其特点。
10. 能阐述和分析发酵过程温度、pH、溶氧等因素对发酵产生的影响。
11. 能阐述发酵工艺的优化设计。
12. 能列举不同的灭菌方法。
13. 能说明发酵染菌的相关知识。
14. 能阐述制药生产过程中的环境防治措施。
15. 能列举常用药物分离纯化的方法、原理及技术要点。
16. 能说明分离纯化设备的使用原理。
17. 能阐述青霉素、红霉素等抗生素的结构特点、理化性质及作用机理。
18. 能详细阐述青霉素、红霉素等抗生素发酵制药的工艺特点、要求及发酵控制过程。
19. 能说明氨基酸类药物、维生素类药物、酶及酶抑制剂药物、生物农药、免疫调节剂药物等生产的基本技术和方法、工艺特点、要求及发酵控制过程。

二、微生物制药技术的学习方法

本课程的教学内容是按照生产流程设计的教学模块，每一教学模块包含若干个“工作任务”，这些“工作任务”都是学生将在工作中要面对的真实工作内容。学习中学生首先通过教师的引导，以自主学习、小组讨论和实验实训为主，通过阅读文献、查阅资料，获得完成任务的相关信息，然后在教师的指导下，小组或独立完成任务的每个环节，达到上面所要求的能力目标和知识目标，并在任务完成中不断提升自己的职业素养。最后，通过自查、生生互查、教师检查，完成学生的评价。

三、微生物制药技术概述

微生物制药技术是工业微生物技术最主要的组成部分。微生物制药是利用微生物技术，通过高度工程化的新型综合技术，以利用微生物反应过程为基础，依赖于微生物机体在反应器内的生长繁殖及代谢过程来合成一定产物，通过分离纯化技术进行提取精制，并最终制剂成型来实现药物产品的生产。它包括以下五方面的内容。

（一）菌种的获得技术

根据资料直接向有关科研单位、高等院校、工厂或菌种保藏部门索取或购买；从大自然中分离筛选新的微生物菌种。新菌种的分离是要从混杂的各类微生物中依照生产的要求、菌种的特性，采用各种筛选方法，快速、准确地把所需要的菌种挑选出来，进行生产性能测定。这些特性包括形态、培养特征、营养要求、生理生化特性、发酵周期、产品品种和产量、耐受最高温度、生长和发酵最适温度、最适 pH、提取工艺等。

分离思路：首先制定方案，通过查阅资料，了解所需菌种的生长与培养特性；其次有针对性地采集样品；第三是人为地通过控制养分或培养条件，使所需菌种增殖后，在数量上占优势；第四是利用分离技术得到纯种；第五是进行发酵生产性能测定。

（二）高产菌株的选育技术

工业上生产用菌株都是经过选育获得的。工业菌种的育种是运用遗传学原理和技术对某个用于特定生物技术目的的菌株进行的多方位改造。通过改造，可使现存的优良性状强化，或去除不良性状或增加新的性状。工业菌种育种的方法很多，主要包括诱变、基因转移和基因重组等。

工业菌种改良思路：

（1）解除或绕过代谢途径中的限速步骤（通过增加特定基因的拷贝数或增加相应基因的表达能力来提高限速酶的含量；在代谢途径中引申出新的代谢步骤，由此提供一个旁路代谢途径）。

（2）增加前体物的浓度。

（3）改变代谢途径、减少无用副产品的生成以及提高菌种对高浓度的有潜在毒性的底物、前体或产品的耐受力。

（4）抑制或消除产品分解酶。

（5）改进菌种外泌产品的能力。

（6）消除代谢产品的反馈抑制，如诱导代谢产品的结构类似物抗性。

（三）菌种保藏技术

原始菌种活性较低，不能马上用于生产，必须经历自然分离和人工诱变，需要做大量的工作才能获得稳定的优质菌株，将这个优质菌株保存起来是工业菌株管理的一道必要程序，在发酵工业生产中某种产品能否持续高产，大部分依赖于菌种的稳定性。

菌种保存的方法：移植培养保藏法；液体石蜡保藏法；沙土保藏法；低温保藏法；冷冻干燥保藏法；双层管瓶保藏法；液氮超低温保藏法等。

（四）微生物制药发酵调控

根据操作方式不同，微生物制药的发酵工艺分为简单分批发酵、补料分批发酵和连续发酵等多种操作方式，其中补料分批发酵在生产和科研上应用最为广泛。在发酵工艺中反映发酵过程变化的参数分为物理参数、化学参数和生物学参数三大类，这些参数的变化直接影响到发酵工业的生产率和产物品质。对发酵工艺过程影响较大的是发酵温度、pH、溶解氧、泡沫、菌体浓度、基质和发酵时间六个方面。

（五）发酵产物的分离纯化

微生物药物分离纯化的方法有溶剂萃取法，离子交换法等。

经过分离提取所得的产品一般仍为粗品，需要进一步精制，由于粗品的纯度较低，量很少，进一步精制主要借助色谱技术。20 世纪 60 年代以后基于技术的进步发展了高压液相色谱技术，其机理与经典色谱相同，但分离效率大大提高。

项目二　微生物制药产业的发展历程

长期的生产实践，人们不断认识、研究和改造微生物药物，使微生物制药的研究工作日益得到深入和发展。

任务一　传统微生物制药技术的产生

路易斯·巴斯德（Louis Pasteur）（1822—1895 年）法国微生物学家、化学家，对狂犬病的研究是他科学生涯中最后、也是最重要的一项工作。他将狂犬病患者的唾液注射到兔子体内，使兔感染狂犬病后，再将兔的脑和脊髓制成可供免疫用的弱化疫苗。1885 年此疫苗在一个 9 岁的被患狂犬病的狼咬伤的孩子身上试用，获得成功。这一研究成果当时被誉为“科学纪录中最杰出的一项”，巴斯德研究所就在那时筹款建立，开创了药物微生物技术的新时代。

亚历山大·弗莱明（Alexander Fleming）英国细菌学家，1928 年，他首次发现青霉素。后英国病理学家弗劳雷、德国生物化学家钱恩进一步研究改进，并成功用于医治人的疾病，三人共获诺贝尔生理或医学奖。青霉素的发现，使人类找到了一种具有强大杀菌作用的药物，结束了传染病几乎无法治疗的时代；从此出现了寻找抗菌素新药的高潮，人类进入了合成新药的新时代。

瓦克斯曼（Selman Abraham Waksman），美国人，抗生素之父，他对土壤微生物产生抗生素物质进行了系统和开创性工作，1943 年发现并鉴定了链霉素是结核杆菌的克星。

任务二　现代微生物制药技术的发展

1977年，Hirose和Kitakura用基因工程法表达了人脑激素——生长抑素，这是人类第一次用基因工程法生产具有药用价值的产品，标志着基因工程药物走向实用化；1978年重组人胰岛素获得成功；1982年欧洲首次批准应用DNA重组技术生产动物疫苗；1986年人干扰素-α在美国投入市场，其后干扰素-γ也在欧美获批上市；1987年乙肝疫苗在美国上市，这些药物研发成功标志着现代微生物制药产业应运而生。从发展、上市至今，这个新兴产业已走过40余年的历史。

微生物制药产业以基因工程、细胞工程为主要代表。在生物制药发展过程中，DNA双螺旋结构的发现和遗传密码的破译奠定了现代分子生物学的基础；杂交瘤技术的创立为大量生产各种诊断和治疗用抗体奠定了基础；人胚胎干细胞体外培养和定向分化技术的出现，极大促进了细胞治疗和组织工程的发展；人类基因组计划的完成，使得生物信息学有了更广的数据来源；人源化抗体技术和人源抗体技术的出现，克服了鼠源抗体用于人体治疗的很多缺陷，使抗体类药物成为增长最迅速、种类最多和销售额最大的一类生物技术药物。

如今，传统化学制药的黄金时代结束，新化学药品数量下降，而生物技术药物正逐渐成为当今最活跃和发展最迅速的领域。随着基因组和蛋白质组研究的深入，越来越多与人类疾病发展相关的靶标被确定，微生物制药将有更多的机会获得突破性进展。

半个世纪以来，微生物转化与运用给医药工业创造了巨大的医疗价值和经济效益。其工业生产的特点是利用某种微生物的纯种状态来培养，也就是不仅种子要优而且只能是一种，如其他菌种进来即为杂菌。对固定产品来说，一定要有它最合适的"饭"——培养基，来供它生长。培养基的成分不能随意更改，一个菌种在同样的发酵培养基中，只因为少了或多了某个成分，发酵的成品就完全不同。如金色链霉菌在含氯的培养基中可形成金霉素，而在没有氯化物或在培养基中加入抑氯剂，就产生四环素。药物生产菌投入发酵罐生产，必须经过种子的扩大制备。从保存的菌种斜面移接到摇瓶培养，长好的摇瓶种子接入培养量大的种子罐中，生长好后可接入发酵罐中培养。不同的发酵规模有不同的发酵罐，如10、30、50、100t，甚至更大的罐。

任务三　中国微生物制药技术的发展

中国生物制药产业的发展有优势，但又存在一些问题，其中优势主要体现在：

（1）我国生物医药产业具有较好的发展基础，我国生命科学和生物技术总体上在发展中国家居领先地位，许多生物新产品、新行业发展快速，同时我国也是世界上生物资源较丰富的国家之一。

（2）我国生物医药产业的市场前景广阔，产业发展处在重要战略机遇期，世界生物医药产业尚未形成由少数跨国公司控制的垄断格局，我国生物医药产业的技术、人才和科研基础在高技术领域中差距较小。

（3）国家政策利好，“十二五规划”确定了生物医药发展的重点，包括基因药物、蛋白药物、单抗克隆药物、治疗性疫苗、小分子化学药物等。

存在的问题主要有：

（1）自主创新能力弱，全球生物技术专利中，美国、欧洲和日本占到了59%、19%、17%，而包括中国在内的发展中国家仅占5%，我国已批准上市的13类25种182个不同规格基因工程药物和基因工程疫苗产品中，只有6类9种21个不同规格的产品属于原创，其余是仿制。

（2）产业组织不合理、科技成果产业转化率低，我国科技经济结合得不太紧密，在中试、放大、集成工程化环节薄弱，全国生物科技成果转化率普遍不到15%，西部甚至不到5%。

从以上分析来看，中国微生物制药与世界先进国家相比，还处于比较落后的状态，但是国家和地方政府都在不断加大对该产业的发展力度，从政策和资金等各方面不断加大投入。当前，我国已将微生物发酵制药作为经济发展的重点建设行业和高新技术的支柱产业来发展。一些科技发达或经济发达地区正在不断建立国家级生物制药产业基地，并初步形成了初具规模的生物医药产业集群，这对我国的微生物医药产业发展起到了很好的带动作用。而在《国家中长期科学和技术发展规划纲要（2006—2020）》中，生物医药产业的发展具有显著地位，并成为第一个提到的前沿技术。

总体而言，中国微生物制药产业未来充满希望，前景看好，中国的微生物制药产业将呈继续增长态势。

项目三 微生物制药产业的现状及发展趋势

微生物制药产业为高新技术产业，对医药的发展具有重要的推动作用。微生物制药从最初出现到现在的蓬勃发展，已经经历了40余年。在此过程中，微生物制药经历了包括政治、经济等各种因素的影响，使其获得了快速的发展。

任务一 国际微生物制药产业发展概况

微生物制药产业的发展是随着生物技术的发展而发展的，微生物制药属于生物制药的范畴。自从美国开始了生物技术的研究后，该技术就迅速被应用到新型药物的研制上，并取得了极大的成功。自1971年世界上第一家生物制药公司诞生以来，世界上很多国家都在发展生物制药产业，并将此作为国民经济的重要内容。从当前实际情况来看，生物制药产业市场广阔，但是主要集中于美国、日本和欧洲。

作为现代生物技术的发源地，又是首次应用该技术的国家，美国在生物制药产业发展方面领先于世界各国。美国目前已有超过1000家生物技术企业，约占世界总量的2/3；生物技术市场资本总额超过了400亿美元，每年的科研经费超过了50亿美元；已经成功研发出30多种重要的治疗药物，正式投放市场的生物工程药物也达到了40多种。这些药物广泛应用于癌症、糖尿病、肝炎等疾病的治疗，给社会创造了极大的价值。

欧洲在生物制药方面整体落后于美国，但是发展迅猛。英、法、德、俄等国在开发研制和生产生物药品方面成绩斐然，在生物技术的某些领域甚至赶上并超过美国。例如，俄罗斯科学院分子生物学研究所、莫斯科大学生物系、莫斯科妇产科研究所及俄罗斯医学遗传研究中心等多个科研机构近年来在研究和应用基因进行疾病治疗方面都取得了重大进展。

日本在生物制药产业上也发展较快，并将生命科学相关的产业作为21世纪重点扶持培养的产业，从而能够增加同美国和欧盟等的竞争力；同时重点展开生物信息技术及纳米生物技术等的基础研究、疾病相关遗传基因及其产生的蛋白质结构研究等，以基因新药为目标来推动日本的生物技术产业。目前，日本已有65%的生物技术公司从事于生物医药研究，部分公司的技术实力已经跻身世界前列。

任务二　我国微生物制药产业发展现状

我国微生物制药产业起步比较晚，但是随着大趋势的推动和国家的重视，目前已经发展成一定规模，具有核心的研发、营销能力，呈现出初步的产业化规模。这些企业相继研发并向市场推出了一大批新药物，解决了过去用常规方法不能生产或者生产成本特别昂贵的药品的生产技术问题，使得肿瘤、心脑血管疾病、免疫性疾病等严重威胁到人类生命健康的疾病，不仅疗效突出，而且还避免了传统药物极易导致的毒副作用。尤其是在人类基因组计划等科学成果的推动下，生物技术的发展速度不仅加快，而且呈现出专业化、产业化的状态，尤其在医药工业中应用最广，为人类的健康事业做出了不可磨灭的突出贡献。

一、微生物制药的研究成果

生物技术作为中国“863计划”的最优先发展的项目，经过十几年的科技攻关，使生物技术制药取得了令人鼓舞的进展，逐步缩短了与先进国家的差距：1989年我国第一个基因工程药物干扰素 $\alpha-1b$ 上市，第一家生物技术制药企业成立。2002年底我国临床研究的微生物技术药品已达100多个，累计成功开发21种基因工程药物和疫苗，在世界上销售额排名前10位的基因工程药物和疫苗中，我国已能生产8种；特别是近几年我国在人SARS疫苗、禽流感疫苗肝素制剂、胰激肽原酶制剂、门冬酰胺酶制剂（Asp）等方面的研制都达到当今国际生物医药的先进水平。

近年来，我国生物医药产业保持高速增长。“十一五”期间，产值年均增长23.8%，市场规模从全球第九位上升到第三位。“十二五”时期，国内市场需求的快速增长为产业发展带来机遇和提供推进动力。受人口老龄化、人均用药水平的不断提高、用药的疾病谱变化和新医改政策的刺激等因素的影响，生物医药市场需求将强劲增长。到“十二五”末，生物医药产业规模达到3万亿元，复合增长率20%以上，形成10～20个龙头企业，尤其在人源化抗体、治疗性疫苗、多肽、核酸药物及干细胞为主的生物治疗品种等新型生物技术药物的研究开发方面，投入强度显著提高，产业化技术和装备研制水平和配套性大幅提升，产业集中度大幅提升，形成一批具有国际水平的创新药物企业研发平台。有30个以上自主知识产权的新药投放市场，有200种以上的药物进入国际主流市场。

二、加入世界贸易组织以来，对我国生物制药行业造成的冲击

（1）由于中国在生物学术领域投资较少，基础研究比较薄弱，缺少自己知识产权的工艺和流程，只能引进国外过期专利和外国未在中国申请专利保护的工艺和流程，大量仿制性的单一生物试剂和诊断技术以及药盒的生产工艺设备在全国各地兴起。由于这些企业不拥有其生产产品的知识产权，更缺少产品市场调查和分析，造成了大量产品的堆积，以致投资价格很高的成套流水线设备利用率很低，有的年使用率低于一个月。各企业之间大打同一产品的价格战，因价格战造成了产品质量下降，假劣产品冲击市场。

（2）外资企业直接进入带来的冲击　世界上很多生物制药企业都已直接或间接进入我国市场，他们不仅将自己获得批准的药品迅速来中国注册，同时将生产线建在中国境内。有的还将新药开发的临床试验移到中国境内来完成，这对国内相关企业造成很大的威胁。

（3）国外新药开发的冲击　生物制药是一个需要高投入的新兴行业，我国在生物制药研究上的资金投入严重不足，在新产品的研究上极其缺乏竞争力，新药开发进程缓慢。在国外，一项基因工程药物的研制就耗资上亿美元甚至更多，而我国十几年来对生物制药的总投入还不到100亿元人民币。一旦国外竞争对手抢先申报药品专利权，就会使国内的前期开发投资落空。

任务三　微生物制药产业发展趋势

一、微生物制药产业呈现集群式发展

产业集群发展具有明显的发展优势，能够极大地促进产业的快速发展。微生物发酵制药产业作为高科技产业，不仅需要在基础设施、上下游配套产业等方面的支持，还需要同教育培训、专业服务、技术转移中心等相关服务组合在一起，才能发挥高效作用优势。当前，我国在生物技术产业迅猛发展的浪潮推动下，经

过多年的发展和市场竞争，加上政府不失时机地加以引导，我国生物技术人才、资金密集的区域，已逐步形成了生物医药产业聚集区，由此形成了比较完善的生物医药产业链和产业集群。这些产业集群对于促进生物制药产业的发展具有重要的作用，使得微生物发酵制药整体产业链得到优化，在生产效率方面得到大幅提升。

二、微生物医药技术向产业化推进

将微生物医药技术从科研转向产业化生产是科研的重要目的，只有将技术转化为生产力，才能使得社会生活水平得到提升。我国微生物医药技术当前很大一部分还停留在科研方面，并没有有效地转换为生产力，这不仅浪费了很多的资源，也使得我国的生产实践跟不上研发，造成了生产的滞后状况。微生物医药技术向产业化推进要求企业通过委托外包策略，建立技术同盟，形成优势互补，使得自身能够专注于自身专长方面，从而降低生产成本、提高竞争优势。我国生物制药公司在未来发展过程中，势必会朝这一趋势发展，通过外包方式进行新药开发，将技术较强的研发内容分包给具备研究实力的小型公司来完成，充分发挥小公司在某些领域的技术优势，共同开发新药，大大提高新药开发效率，使新药研发周期缩短，实现技术与资金互补。

三、微生物制药新兴技术将不断应用于产业发展

微生物制药产业作为高新技术产业，需要不断进行技术创新，才能不断解决产业发展中存在的问题，并不断满足医药水平提升的要求。我国通过不断参与国际前沿生物发展课题来提升科研水平，如在人类基因组和功能基因方面参与到国际化发展研究中，并取得了很好的成绩；药物相关基因药理学的研究也取得了很大的发展，对于提高我国基因治疗水平具有重要的推动作用。微生物制药新兴技术的发展将会不断应用到产业发展当中来，从而促进产业技术水平和社会医疗水平的提升。

目前，在药物生产上，欧美日等国已不同程度地制定了今后几十年内用生物过程取代化学过程的战略计划，可以看出微生物制药技术在未来社会发展过程中的重要地位。如胰岛素、氨基酸、牛痘等就是微生物制药技术成熟发展的产物。21 世纪初在微生物制药领域中，宝曲（在《本草纲目》中的解释为酒母）这一科研成果成为利用微生物制药成功的典范，尤其是在心脑血管领域占有举足轻重的作用。现代社会以追求绿色高科技，可持续发展为目标，随着能源日益稀缺，传统医药发展瓶颈日趋严重，微生物制药将在医疗领域发挥重大作用。

任务四　微生物制药技术展望

目前全世界的医药品已有一半是生物合成的，特别是合成分子结构复杂的药

物时，它不仅比化学合成法简便，而且有更高的经济效益。医药上已应用的抗生素绝大多数来自微生物，每个产品都有严格的生产标准。预测微生物制药的研究进展，它将广泛用于治疗癌症、艾滋病、冠心病、贫血、发育不良、糖尿病等多种疾病。

相对我国而言，生物技术制药存在模仿多创新少、低水平重复建设现象严重、对知识产权和专利制度认识薄弱等问题，在某种程度上制约着我国生物技术制药的发展。为加快我国的生物技术制药的发展，我们应重点做好以下几方面的工作。

1．完善生物技术制药过程中的知识产权策略

知识产权保护是一个国家生物技术制药产业生存的生命线。生物技术药品的研发高峰也就是新一轮的圈地运动，谁抢先占有的专利多，谁就能在未来的产业开发中抢得先机。我们不能再用保密手段进行保护，应进行有效的知识产权保护，例如，在新药的研制过程中，注意阶段性成果的及时保护，新药研制完成后，应及时对符合专利保护的部分提交专利申请，还应学会国际贸易中的交叉许可惯例，以自己的专利换取所需要的专利许可，降低研制成本。

2．加强实用型生物技术制药的人才培养

知识经济的显著特征在于对专业化高素质人才的大量需求。微生物制药作为典型的高新技术产业自然也不例外，已成为生物技术制药发展的关键所在。要加大资金投入、重视创新、重视产学研的结合和国际间的交流与合作。为本地生物技术制药的发展积累经验与人才，在经济全球化发展的环境下，我国生物医药产业面临全球市场蓬勃发展机遇，但加入世界贸易组织后的中国生物技术制药业要参与国际竞争，更应积极地开展创新生物技术药物的研究与开发，力争在某些领域取得突破性进展，跻身国际前列。

总之，微生物制药技术不仅会给人们带来丰厚的利润，也会给人类的健康和畜牧禽畜的健康带来保障。中国的人才资源正在储备，而且中国地大物博，资源丰富，市场潜力巨大，相信只要我们拥有一套完整的、长远的生物医药发展计划，中国一定能成为世界医药生物强国。

问题与讨论

1．微生物制药的概念和特点有哪些？

2．查资料思考并讨论微生物制药技术的发展趋势。

模块二　菌种培育技术

◎ 能力目标

1. 能独立完成菌种常规培育操作。
2. 能准确判断菌种是否衰退，并合作完成某一菌种的复壮。
3. 能完成不同要求的菌种保藏。
4. 能独立完成相应培养基的配制。
5. 能独立完成一种或多种消毒灭菌操作技术。
6. 能独立完成菌种培养的操作技术。
7. 具备菌培工及相应岗位的职业技能和应用技能解决实际问题的能力。

◎ 知识目标

1. 能阐述菌种选育流程和菌种培育技术。
2. 能解释杂交育种、细胞融合、诱变育种、突变菌株筛选等原理和方法。
3. 能阐述基因工程育种技术和方法。
4. 能阐述空气除菌技术。
5. 能阐述菌种培育常见问题及解决措施。

◎ 任务描述

通过本模块的学习，学生能够掌握菌种选育技术；能独立完成菌种保藏操作、培养基的配制、相应仪器设备的消毒灭菌和菌种培养技术的规范操作；能对菌种是否衰退及出现的常见问题做出准确判断并提出解决措施。具备相应岗位——菌培工的职业技能和应用技能解决实际问题的能力；同时在学习的过程中培养学生认真、仔细、团结、协作等职业素养。

◎ 学前准备

1. 操作前准备工作

（1）器材准备　试管、培养皿、三角瓶、接种针、酒精灯、脱脂棉球等。

（2）培养基的配制、分装和灭菌。

（3）熟悉高压灭菌锅、超净工作台、微生物生化培养箱等标准操作程序。

2. 生产用原材料的准备

（1）蛋白胨、琼脂、牛肉膏、氯化钠、水、葡萄糖等。

（2）保藏菌种。

3. 生产用器具、设备检查

（1）能检查确认设备、器具状态完好。

（2）检查试管、三角瓶、培养箱、灭菌锅等。

项目一　菌 种 选 育

在正常生理条件下，微生物依靠其代谢调节系统，趋向于快速生长和繁殖，但是制药工业上需要的是微生物积累的大量代谢产物。所以要采取一定的措施打破菌种的正常代谢，积累所需要的代谢产物。从自然界分离所得的野生菌种，不论在产量上还是质量上均不适应工业化生产的要求。因此，培育、筛选和分离优良菌种已成为微生物制药工业上的必要程序。

菌种选育的流程：

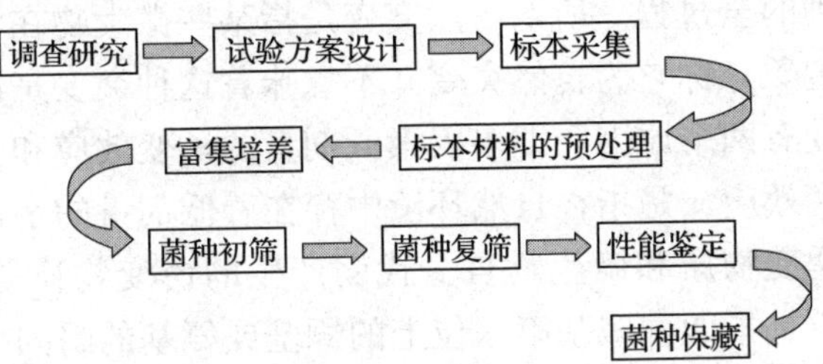

微生物优良菌种的选育方法有自然选育、杂交育种、原生质体融合、诱变育种、突变菌种的筛选等。

- 菌种选育
  - 经验育种（主要通过突变和筛选来育种）
    - 自然选育
    - 诱变育种
  - 定向育种
    - 杂交育种
      - 常规的杂交育种
      - 原生质体融合
    - 分子育种　通过 DNA 重组技术来育种

微生物生产菌种优劣的标准和菌种选育工作的研究目标是实现工业化生产。也就是说，选育的菌种特性能否满足工业化生产的实际需要，是否具有工业化生产价值和实际利用价值。一般来说，一株优良的生产菌种应该具备如下的特性：

（1）菌种的生长繁殖能力强，具较强的生长速率，目的产物产量高，可以缩短发酵周期，减少生产成本。

（2）不产生或少产生与目标产品性质相近的副产物及其他产物。

（3）菌种的培养基和发酵醪原料来源广泛、价格便宜、对发酵原料成分的波动敏感性较小。

（4）抗杂菌和噬菌体的能力强，不容易感染。

（5）菌株遗传特性稳定，不易变异和退化，不产生任何有害的生物活性物质和毒素，以保证安全，保证发酵能长期、稳定地进行。

任务一　自 然 选 育

在生产过程中，不经过人工处理，利用菌种的自然突变而进行菌种筛选的过程称作自然选育，如图 2 – 1 所示，一般习惯上将菌种选育称为菌种的分离纯化。

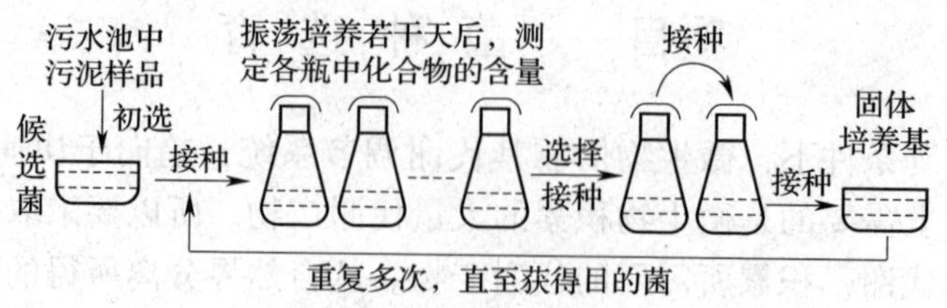

图 2－1　自然选育流程图

自然选育在微生物的菌种选育中占很重要的地位，它是诱变育种的基础，而且贯穿于诱变育种的全过程。所谓自然突变是指某些微生物在没有人工参与下所发生的某些突变现象，称它为自然突变并不意味着这种突变是没有原因的，一般认为引起自然突变有两个原因：即多因素低剂量的诱变效应和互变异构效应。多因素低剂量的诱变效应，是指在自然环境中存在着低剂量的宇宙射线，各种短波辐射、低剂量的诱变物质和微生物自身代谢产生的诱变物质等的作用引起的突变。互变异构效应是指四种碱基第六位上的酮基或氨基的瞬间变构，引起碱基的错记。例如，胸腺嘧啶（T）和鸟嘌呤（G）可以酮式或烯醇式出现；胞嘧啶（C）和腺嘌呤（A）可以氨基式或亚氨基式出现。

自然选育常用的方法有两种：单菌落分离法和单孢子分离法。单菌落分离法的操作程序是将菌种制成菌悬液，用稀释法或划线法在平板上分离单菌落，再分别测定单菌落的生产能力，从中选出高水平菌种。单孢子分离法的操作程序是借助显微操作仪器，在显微镜下挑取单孢子或菌体，进行单独培养，进而选育优良菌种。自然选育纯种分离后得到菌株数量大，不可能一一进行生产性能测定，一般采用两步法：初筛（以量为主）、复筛（以质为主），从而获得较好菌株，即野生型菌株。

总之，自然选育是一种简单易行的选良方法，可以达到纯化菌种、复壮菌种、防止菌种退化、稳定生产、提高生产能力的目的。但是，最大缺点是选育效率低，因此经常与诱变育种交替使用，以提高育种效率。

任务二　杂 交 育 种

微生物杂交的本质是基因重组。基因重组可以将双亲控制不同性状的优良基因结合于一体，或将双亲中控制同一性状的不同微效基因积累起来，产生在该性状上超过亲本的类型。杂交育种的目的是将不同菌株的遗传物质进行交换、重组，使不同菌株的优良性状集中在重组体中，克服长期诱变引起的活力下降等缺陷，通过杂交扩大变异范围、改变产品的产量和质量，甚至创造出新品种。而且可以分析杂交结果，总结杂交物质的转移和传递规律，促进杂交育种的发展。

杂交育种（图2-2）的一般程序：选择原始亲本→诱变筛选直接亲本→直接亲本之间亲和力鉴定→杂交→分离（基本培养基MM，选择培养基）→筛选重组体→重组体分析鉴定。

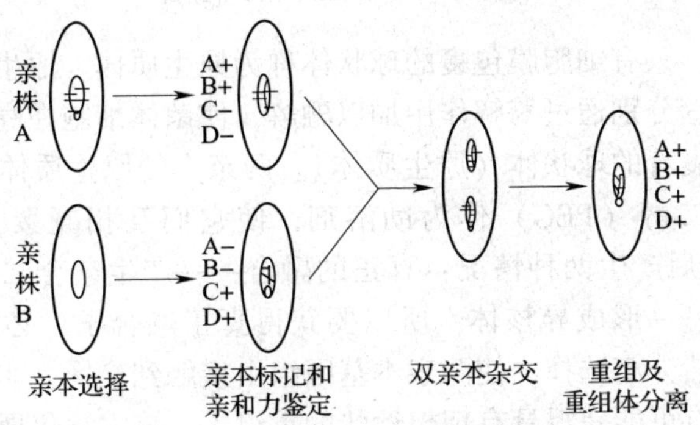

图2-2　微生物杂交育种程序示意图

微生物杂交育种常用的遗传标记，通过诱变剂处理，按常规筛选方法进行。常用的几种遗传标记为：

（1）营养缺陷性标记　可选择单缺或双缺或多缺，通常采用双缺陷性标记。

（2）抗性标记　利用微生物对抗性的不同差异及其菌株特性选择重组体，如抗逆性（高温、高盐、高 pH）和抗药性等，其中抗药性标记最为常用。

（3）温度敏感性标记　37℃不生长。

（4）其他性状标记　如孢子颜色、菌落形态结构、色素含量、代谢产物产量高低、代谢速度快慢等，以及利用的碳源和氮源种类、杀伤力等其他性状都可以作为重组体检出的辅助性标记。

微生物杂交育种主要通过接合、转化、转导和有性生殖或准性生殖等技术完成，具体如下。

1. 细菌的杂交育种

在细菌中实现杂交的种类尚不多，主要是大肠杆菌，其他还有鼠伤寒沙门氏菌、铜绿假单胞菌、淋病奈氏球菌等。细菌的杂交可以通过细菌结合、转化和转导等方法促进基因重组。

2. 放线菌的杂交育种

放线菌与细菌同属原核生物，仅有一条环状染色体，但放线菌以菌丝形态生长，并形成分子孢子。放线菌基因重组近似于细菌，但育种方法有许多与霉菌相似。放线菌杂交育种的原理，通过供体向受体转移部分染色体，经过遗传物质的交换，最终达到基因重组。

3. 霉菌的杂交育种

准性生殖是指真菌不通过有性生殖的基因重组过程。准性生殖过程包括异核体的形成、杂合二倍体的形成和体细胞的重组。霉菌杂交育种的原理就是利用准性生殖过程中的基因重组和分离现象，将不同菌株的优良特性集合到一个新菌株中，筛选出具有新遗传结构和优良特性的新菌株。

任务三　原生质体融合

脱去细胞壁，只有细胞膜包裹的球状体称为原生质体。原生质体融合就是把两个亲本的细胞壁分别通过酶解作用加以融解，使菌体细胞在高渗环境中释放出只有原生质膜包裹着的球状体（原生质体）。两亲本的原生质体在高渗条件下使之混合，由聚乙二醇（PEG）作为助溶剂，使它们互相凝聚，发生细胞融合（图2-3）。融合后产生两种情况：真正的融合——产生杂合二倍体或单倍重组体；暂时的融合——形成异核体。所以要获得真正融合子，必须在融合子再生后，进行几代自然分离选择，使两亲本基因组由接触到交换，实现遗传重组，生成细胞的菌落中有可能获得具有理想性状的重组子。该方法仍属于一种半理化性筛选，因为尽管采用的两亲株的特性是已知的，但它们基因组的交换和重组是非定向的。

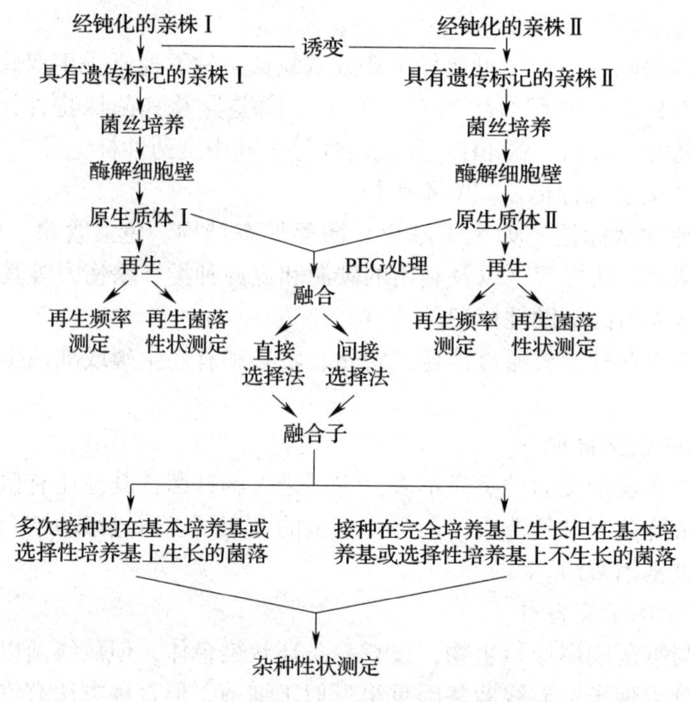

图2-3　原生质体融合流程图

目前应用于生产的菌种，大多数是经过反复诱变处理获得的，许多诱变剂已经不敏感，效果也不明显，采用原生质体融合技术，获得了不少有价值的工业菌株。而且，原生质体融合技术可以在种间、属间以及科间构建出新型菌株，大大推动了原生质体融合技术的应用范围。

任务四 诱变育种

利用各种诱变剂处理微生物细胞，提高基因的随机突变频率，扩大变异幅度，通过一定的筛选方法，获得所需优良菌株的过程，称为诱变育种。诱变育种和其他方法相比较，人工诱变能提高突变频率和扩大变异谱，具有速度快、方法简便等优点，是当前菌种选育的一种重要方法，在生产中使用十分普遍。但是诱发突变随机性大，因此诱发突变必须与大规模的筛选工作相配合才能收到良好的效果。如果筛选方法得当，也有可能定向地获得好的变异株。表 2－1 所示为常见的突变类型。

表 2－1　　常见的突变类型

<table>
<tr><th colspan="2">变异类型</th><th>变异形状</th></tr>
<tr><td rowspan="3">形态变异</td><td>菌落的形态变异</td><td>产孢子多寡和孢子颜色、菌落的颜色、菌落形态和表征结构等</td></tr>
<tr><td>菌体的形态变异</td><td>鞭毛、孢子穗形态、荚膜、孢子大小和形态，菌体形态大小等</td></tr>
<tr><td>膜的形态变异</td><td>细胞膜透性、抗原构造等</td></tr>
<tr><td colspan="2">生理生化变异</td><td>糖类分解能力、营养要求、代谢产物生产能力、色素变化及生产能力、温度敏感性</td></tr>
<tr><td colspan="2">抗性变异</td><td>耐药性、噬菌体抗性、对紫外线的抗性</td></tr>
<tr><td colspan="2">致病性变异</td><td>毒性生产能力、表面抗原</td></tr>
</table>

诱变育种的理论基础是基因突变。突变主要包括染色体畸变和基因突变两大类。染色体畸变是指染色体或 DNA 片段发生缺失，易位、重复等。基因突变是指 DNA 链中的某一部位碱基发生变化，即点突变。根据突变发生的原因分为自然突变和诱发突变。自然突变是指在自然条件下出现的基因突变，诱发突变是指用各种物理、化学因素人工诱发的基因突变。诱变因素包括物理、化学和生物三大类（表 2－2）。

表 2－2　　常用的诱变试剂

<table>
<tr><td>物理诱变剂</td><td colspan="2">紫外线、快中子、X 射线、β 射线、γ 射线、激光</td></tr>
<tr><td rowspan="3">化学诱变剂</td><td>碱基类似物质</td><td>2－氨基嘌呤、5－溴尿嘧啶、8－氮鸟嘌呤</td></tr>
<tr><td>与碱基反应的物质</td><td>硫酸二乙酯（DES）、甲基磺酸乙酯（EMS）、亚硝基胍（NTG）、亚硝基甲基脲（NMU）、亚硝基乙基脲（NEH）、亚硝酸（NA）、氮芥（NM）、4－硝基喹啉－氧化物（4－NQO）、乙烯亚胺（EI）、羟胺</td></tr>
<tr><td>在 DNA 分子中插入或缺失一个或几个碱基物</td><td>吖啶类物质、吖啶类的氮芥衍生物</td></tr>
<tr><td>生物诱变剂</td><td colspan="2">噬菌体、转座子</td></tr>
</table>

诱变育种的一般步骤为：出发菌株的选择→菌悬液的制备→诱变处理→中间培养→分离和筛选。如图 2-4 所示。

任务五　突变菌株筛选

诱变处理后，正向突变的菌株通常为少数，需经过大量的筛选才能获得高产菌株。通过初筛和复筛后，还要经过发酵条件的优化研究，确定最佳发酵条件，才能使高产菌株的生产能力充分发挥出来。诱变的菌株性能可能发生各种各样的变异，这种由一个单细胞或孢子发育为菌落而形成一个变种的类型很多，主要分为形态突变型和生理突变型，两者之间相关联系。变异菌种可用各种方法筛选出来。诱变筛选的典型流程图如图 2-5 所示。

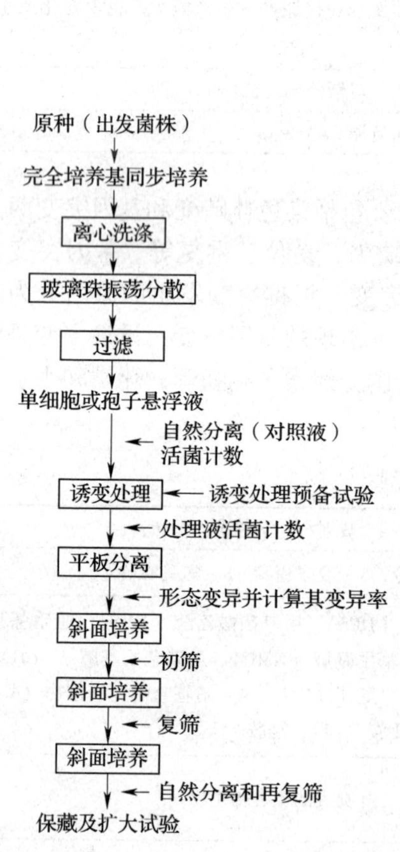

图 2-4　诱变育种流程图

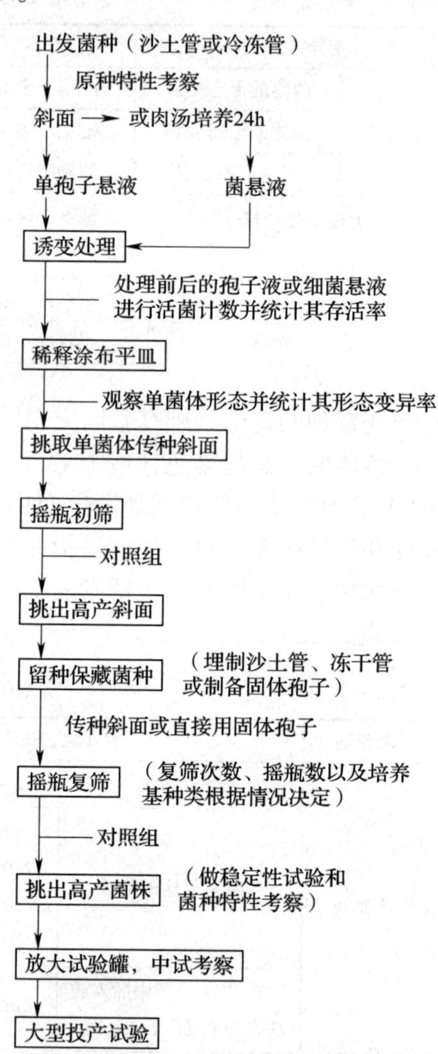

图 2-5　诱变筛选的典型流程图

形态突变型包括：

① 菌落形态的变异：如菌落大小、表面结构、边缘形状等。

② 菌丝形态的变异：如营养菌丝的粗、细、曲、直，气生菌丝的分枝和孢子链的形状，细菌和酵母细胞形态变异等。

③ 分子孢子形态的改变：如孢子的大小、形态、密集程度、颜色等。

生理突变型包括：

① 生产性能：指生产菌的产量是否提高、质量是否改善、副产物等杂质是否减少等。

② 颜色和色素的变异：颜色是指营养细胞、菌丝和孢子的颜色，色素是指溶解在培养基中的色素，这些变化可能与生产性能相互关联。

③ 发酵突变：指不能利用某一特殊碳源或不发酵某种糖类而产生某种产物。

④ 营养缺陷：主要有氨基酸缺陷型、维生素缺陷型和嘌呤型等。

⑤ 抗性突变：一种是指抗噬菌体菌株，另一种是指某些菌的抗高温、抗高酒精浓度和抗高渗透压等变异。

⑥ 抗药性突变：即在培养基中存在某一药物或一定浓度的药物时，产生抗药性突变菌种，菌株的抗药性与某些抗菌素的生产关联。

一、营养缺陷型突变菌株的筛选

营养缺陷型突变菌株具有明显的遗传标记，作为杂交育种的出发菌株，有利于杂交重组的分析，作为基因工程中的受体菌，有利于检出克隆基因的表达。

野生型菌种：从自然界分离到的微生物在其发生突变前的原始菌株。

营养缺陷型：野生型菌株经过人工诱变或自然突变失去合成某种营养（氨基酸、维生素、核酸等）的能力，只有在基本培养基中补充所缺乏的营养因素才能生长。

原养型：营养缺陷型菌株经回复突变或重组变异后产生的菌株，其营养要求在表型上与野生型相同。

在筛选营养缺陷型中，所使用的培养基主要有三类：基本培养基、完全培养基和补充培养基。营养缺陷型突变菌株的诱变育种筛选一般包括诱变（诱发突变）、淘汰野生型、检出缺陷型、鉴别缺陷型种类等步骤。

二、抗性突变菌株的筛选

抗性突变株主要有抗代谢产物（抗生素）、抗代谢类似物、抗噬菌体、抗前体或其类似物、抗重金属或特定的有毒物质、抗培养条件（如温度）等。抗性突变受核基因或质粒基因控制，形成的原因可能是由于细胞壁的改变、酶的结构、酶的水平或核糖体的改变所造成，并可能与形态改变、营养需求或其他多基因的效应有关，所筛选的突变型常用来提高某些代谢产物的产量。筛选抗性突变株常用方法有三种：药物临界致死分离法、梯度分离法、滤纸小片法。

药物临界致死分离法是先找出临界致死浓度，后将诱变处理的孢子或菌体以 $10^7 \sim 10^{10}$ 个浓度涂布分离或混合于临界致死浓度的药物平板上培养，所生长的菌落有可能为抗性菌落。

梯度分离法是将平皿底部先铺成梯度厚度，再添加含菌液和一定量药物的培养基，形成药物梯度分布，培养，观察菌落生长情况，检查可能产生的抗生突变株。

滤纸小片法是将诱变处理的孢子或菌体与琼脂混合倒入平皿，凝固后放入沾有临界抑制浓度药物的小滤纸片，其直径约 5mm，置冰箱 1 ~ 2h，药物扩散后恒温培养，在抑菌圈范围所长的少数菌落可能为抗性菌落。

项目二　基因工程育种

基因工程（遗传工程）是以分子遗传学的理论为基础，综合分子生物学和微生物遗传学的最新技术而发展起来的一门新兴技术。即利用 DNA 重组技术，将目的基因与载体 DNA 在体外进行重组，然后把这种重组 DNA 分子引入受体细胞，并使之增殖和表达的技术，用以改变生物原有的遗传特性，获得新品种或生产新产品。因而，在微生物学上提供了具有工业应用价值的生产菌株的潜力。自 1973 年第一个目的基因重组成功以来，已用微生物细胞表达和生产了许多重组基因产物，包括受体细胞自身原有的和原来不能产生的各种物质，仅用工程菌表达并已获得批准的新型药物就多达几十种。例如，许多在疾病诊断、预防和治疗中有重要价值的内源生理活性物质作为药物已应用了多年。治疗糖尿病的胰岛素、治疗侏儒症的人生长激素，还有细胞因子、调节蛋白、酶类、凝血因子以及一些疫苗等，此类药物由于材料来源困难、生产技术问题或造价过于昂贵，无法大量生产和在临床上广泛应用。利用微生物生长繁殖迅速、人工培养方便等特点，将重组基因导入微生物细胞来生产这些生理活性物质，从根本上可以解决以上问题。

任务一　基因工程概述

基因工程即重组 DNA 技术，一般包括四步，即目标 DNA 片段的获得、与载体 DNA 分子的连接、重组 DNA 分子引入宿主细胞及从中选出含有所需重组 DNA 分子的宿主细胞。作为微生物发酵工业的工程菌，在此四步之后还需加上外源基因的表达及稳定性的考虑。

一、基因的分离

DNA 的提取通常包括加入溶菌酶和乙二胺四乙酸盐（EDTA）裂解细胞壁、用酚和蛋白酶去除蛋白质、核糖核酸酶去除 RNA，以及乙醇沉淀等步骤。但从总体 DNA 中分离特异的目的基因是相当困难的，主要有物理分离法、互补 DNA（cDNA）分离法和鸟枪法等。

二、DNA 分子的切割与连接

DNA 分子的切割是由限制性核酸内切酶来实现的。限制性核酸内切酶主要是从原核生物中分离，可分为三类。在分子克隆中应用的主要是Ⅱ类限制性核酸内切酶，其分子质量较小，在 DNA 上有各种不同的识别顺序，被称为分子手术刀。它不仅对切点邻近的两个核苷酸有严格要求，而且对较远的核苷酸顺序也有严格要求。限制酶的识别顺序通常为 4～6 个核苷酸，这些位点的核苷酸都做旋转对称排列。

DNA 片段被限制酶切割后其末端只可能有三种形式：带有相同的黏性末端、带有非互补的黏端和带有平头的末端。DNA 连接酶则能在两个分开的 DNA 片段之间通过形成磷酸二酯键把两个 DNA 片段连接起来。

三、载　　体

能够克隆外源 DNA 片段并能在大肠杆菌中繁殖的载体，有四种类型：质粒、噬菌体 λ、黏粒和单链噬菌体 M13 等。这四类载体大小、结构以及生物特性各不相同，但具有以下的共同点：

（1）能在大肠杆菌中自主复制，在共价连接了外源 DNA 片段后仍能自主复制，即载体本身就是一个单独的复制子。

（2）对某些限制酶来说只有一个切口，并在酶作用后不影响其自主繁殖能力。

（3）从细菌核酸中分离和纯化很容易。

（4）在宿主中能以多拷贝形式存在，有利于插入的外源基因表达，能在宿主中稳定地遗传。

四、引入宿主细胞

外源 DNA 片段与载体连接形成的重组体必须进入宿主细胞才能进一步增殖和表达。以质粒为载体的重组 DNA 以转化的方式进入宿主细胞；以噬菌体为载体的重组 DNA（不带包装蛋白）则以转染的方式进入宿主细胞；经体外包裹进噬菌体外壳的噬菌体载体重组子或柯斯质粒，则以转导的方式进入宿主细胞。

五、重组体的选择和鉴定

从转化、转染或转导的受体细胞群体中选择被研究的重组体，一般分两步：

（1）根据载体的遗传标记等选择出含有重组分子的转化细胞。

(2) 进一步根据外源DNA（目标基因）的遗传特性进行鉴定。鉴定转化细胞的方法主要有遗传学方法、免疫化学方法和核酸杂交方法等。

六、外源基因的表达

外源基因引入受体后，能否很好地表达，表达所形成的外源蛋白能否分泌或到达催化反应的场所等，关系到工业化应用的问题。影响外源基因表达的因素主要表现在以下几个方面：转录水平上，启动子和受体细胞中RNA聚合酶的统一；翻译水平上，mRNA的核糖体结合部位与受体细胞核糖体的统一；外源基因插入方向对表达的影响；转录后修饰和翻译后修饰等。其中主要集中在转录、翻译及修饰三方面，任一步的失效均会造成表达失败。

随着重组DNA技术的发展，将高等生物的基因克隆到大肠杆菌中，由大肠杆菌发酵生产人胰岛素、人生长激素和干扰素等高附加值药物产品已工业化生产。同时，在微生物发酵生产的其他产品中，重组DNA技术对产量的提高及性状的改良等也得到了广泛的研究和应用。

任务二　基因工程育种实例——链霉工程菌的制备

一、链霉工程菌制备的基本步骤

1. 制备供体DNA

对供体菌进行适当培养后，分离染色体DNA，用限制性内切酶将染色体DNA切成大小不等的DNA片段。

2. 制备载体DNA

载体是链霉菌质粒或噬菌体，往往是经过高度修饰的、能提供多种优良性状的环状DNA。它通常能复制起始点（提供自主复制能力）和遗传标记（常为抗生素耐药基因）。遗传标记基因有两种类型，当被克隆的供体DNA片段和载体连接时，一种遗传标记基因不会失活，便于将来筛选转化子，另一种遗传标记基因中含有限制性内切酶位点，供体DNA片段插入该位置，可使该基因功能丧失。分离载体DNA（质粒）时，为了挑选含有质粒的细胞，培养基中应含有适量的药物，分离到的载体DNA用限制性内切酶消化，使载体DNA产生与供DNA片段末端相匹配的黏性末端。再用磷酸化酶脱磷，以防止没有插入DNA时载体重新环化。

3. 连接载体和供体DNA片段

在连接酶的作用下，利用限制性内切酶所切出的黏性末端或平头末端来连接载体和供体DNA。

4. 将受体菌制成原生质体

选择受体菌应考虑受体菌表型、转化效率、限制性内切酶活性和DNA酶活性。受体菌必须缺乏一种酶活力，当基因克隆到载体并转入受体菌时，可由该基因的产物来补充这种酶活性。例如，克隆一种耐药基因，就要求受体菌对那种药物敏感；克隆一种氨基酸生物合成有关的基因，就要求受体菌是该种氨基酸的营养缺陷型。受体菌的转化效率受自身的转化能力、载体、已经转化的原生质体的再生能力等因素的影响。受体菌的限制性内切酶活性能限制供体插入 DNA，因此需设法降低该酶的活性，解决此矛盾主要有如下三种方法：① 挑选限制性内切酶活性低的菌株为受体菌；② 对受体菌诱变，降低限制性内切酶活力；③ 对原生质体进行热处理，降低限制性内切酶活力。许多菌株具有不耐热的限制性内切酶，原生质体在 45～50℃培养 10～15min，使其限制性内切酶变性，但原生质体存活，且能进行转化。一些链霉菌具有使 DNA 降解的 DNA 酶，它由原生质体往外渗漏，或是存在于某些原生质体溶解后的溶液中。因此，如果质粒 DNA 加到原生质中时，将有部分 DNA 降解，而使得转化效率降低。可用热处理或在加入质粒 DNA 之前先在原生质体中加入异源 DNA（如小牛胸腺 DNA），以减少 DNA 酶对质粒 DNA 的降解。受体菌的原生质体制备一般需将细胞在含有 0.5% 甘氨酸的培养基中培养，使菌丝体对溶菌酶的处理更加敏感。

5. 转化作用

用 PEG 将 DNA 导入原生质体中。

6. 再生和选择

在转化之后，要有一定时间让编码耐药酶的基因进行表达，同时在细胞内形成足够量的耐药酶以显示耐药表型。因此，假如被转化的原生质体直接涂在含有药物的培养基上，它们将会被杀死。相反，当它们被涂在不含有药物的再生培养基上，会与未被转化的原生质体一起进行一段时间的非选择性再生。此后，加药物到再生培养基上，没有被转化的原生质体被杀死，而转化体存活下来了。

二、链霉工程菌抗生素生物合成基因的克隆

典型的抗生素并非单一基因的产物，因此只有把所有与该抗生素生物合成有关的结构基因克隆到适宜的宿主中，才能得到一个理想的克隆体。如果所用的宿主对这个抗生素是敏感的，还需将抗性基因一起转入宿主。幸运的是合成某种抗生素所需的全套基因，甚至包括抗性基因往往排列成簇，这就使得分离抗生素生物合成基因比原来想象的要容易一些。在克隆抗生素生物合成基因方面前人已总结出如下七个克隆策略。

（1）检测克隆到标准宿主中的个别基因产物。

（2）利用生产菌阻断突变株的互补作用。

（3）利用突变克隆技术。

（4）连锁的抗生素抗性基因的克隆。

（5）用人工合成的寡核苷酸探测基因文库。

(6) 直接克隆抗生素生产菌 DNA 大片段到非生产菌中。

(7) 用一种抗生素的克隆 DNA 去探测相关抗生素的同源基因。

三、利用基因工程技术生产新的抗生素

将一种抗生素生物合成基因引入产生结构相近似的抗生素工程菌，可改造抗生素的结构。例如，将放线紫红素全部生物合成基因转入曼得霉素或榴霉素工程菌，得到曼得紫红素或二氢榴红霉素。外源基因的作用可分为两种情况。第一种情况是外源基因转入后，使原来不具备羟化酶基因的曼得霉素生产菌获得了来自放线紫红素工程菌的羟化酶基因。由于放线紫红素和曼得霉素的结构相似，放线紫红素生产菌的羟化酶基因产物，可使曼得霉素羟基化。第二种情况是放线紫红素的生物合成基因产物，利用原来存在于榴霉素生产菌中能合成放线紫红素部分结构的前体物质，与榴霉素生物合成酶共同起作用，合成了兼有两者结构的二氢榴红霉素。

随着基因工程育种技术的发展，目前已可能将供体菌的个别基因从一整套的生物合成基因中转移给别的链霉菌，或者将其完整的生物合成基因转移到别的链霉菌进行重组，并得到表达。这样，人们有可能运用基因工程育种技术人为地剔除某个有害的基因或引进某个需要的基因去改造已有的抗生素结构。例如，将布替罗星的侧链的生物合成基因引入卡那霉素生产菌并得到表达，就可以不经过化学方法的结构改造直接生物合成丁胺卡那霉素。

项目三　菌种的衰退与复壮

在微生物基础研究和应用研究中，选育一株理想菌株是一件艰苦的工作，而欲使菌种始终保持优良性状的遗传稳定性，便于长期使用，还需要做很多日常工作。实际上，由于各种各样的原因，要使菌种永远不变是不可能的，菌种衰退是一种潜在威胁。只有掌握了菌种衰退的规律，才能采取相应措施，尽量减少菌种衰退或使已衰退菌种得以复壮。

菌种的退化会使微生物个体和群体特征的各个方面发生变化，其中最重要的是使所需产物的生产产量下降、营养物质代谢和生长繁殖能力下降、发酵周期延长、抵抗不良环境条件的性能减弱等。菌种退化不同于培养过程中由于环境条件变化引起的表面的、暂时的变化，而是由个别、少数菌体细胞衰退后逐渐导致整个菌株退化的一个从量变到质变的遗传变异过程。

任务一　菌 种 衰 退

一、菌种衰退的具体表现

(1) 菌落和细胞形态改变　每一种微生物在一定的培养条件下都有一定的

形态特征，如果典型形态特征逐渐减少，就表现为衰退。例如，泾阳链霉菌“5406”菌落原来为凸形变成了扇形、帽形或小山形；孢子丝由原来螺旋形变成波曲形或直形，孢子从椭圆形变成圆柱形等。

（2）生长速度缓慢，产孢子越来越少　例如，“5406”的菌苔变薄，生长缓慢（半个月以上才长出菌落），不产生丰富的橘红色孢子层，有时甚至只长些黄绿色的基内菌丝。

（3）代谢产物生产能力下降，出现负突变　例如，黑曲霉糖化力、放线菌抗生素发酵单位的下降以及各种发酵代谢产物量的减少等，在生产上是十分不利的。

（4）致病菌对宿主侵染能力下降　如白僵菌对宿主致病能力的降低等。

（5）对外界不良条件（包括低温、高温或噬菌体侵染等）抵抗能力的下降等，如抗噬菌体菌株变为敏感菌株等。

值得指出的是，有时培养条件的改变或杂菌污染等原因会造成菌种衰退假象，因此在实践工作中一定要正确判断菌种是否退化，这样才能找出正确的解决办法。菌种衰退不是突然发生的，而是一个从量变到质变逐步演变过程。开始时，在群体细胞中仅有个别细胞发生自发突变（一般均为负变），不会使群体菌株性能发生改变。经过连续传代，群体中负变个体达到一定数量，发展成为优势群体，从而使整个群体表现为严重衰退。

二、菌种退化的原因

1. 基因突变引起的菌种退化

菌种衰退的主要原因是有关基因的负突变。如果控制产量的基因发生负突变，则表现为产量下降；如果控制孢子生成的基因发生负突变，则产生孢子的能力下降。菌种在移种传代过程中会发生自发突变。虽然自发突变的几率很低（一般为$10^{-9}\sim10^{-6}$），尤其是对于某一特定基因来说，突变频率更低。但是由于微生物具有极高的代谢繁殖能力，随着传代次数增加，衰退细胞数目会不断增加，在数量上逐渐占优势，最终成为一株衰退的菌株。

基因突变引起的菌种退化主要有两种类型：核基因突变和质粒基因突变。

（1）核基因突变　核基因突变是菌种退化的主要原因，其主要发生在DNA的单股链上某个位点。以青霉素菌种为例（图2－6），发现全部br，bio^-，nic^-菌都是低产，全部w，thi^-，met^-菌落都是高产。

（2）质粒基因突变　细胞中控制产量（一般指抗生素）的质粒脱落或者核内DNA和质粒复制不一致，即DNA复制的速率超过质粒，经过多代繁殖后，某些细胞中将出现不具有这一类对产量起决定作用的质粒，这些细胞出现的比例越来越大，以致产量下降，菌种退化。

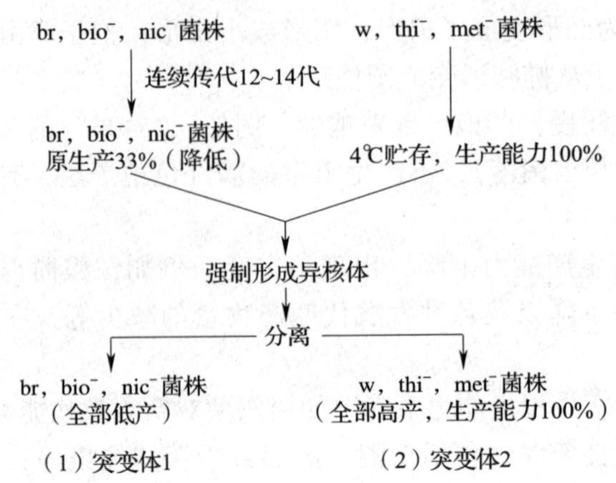

图2-6　青霉素生产菌退化原因示意图

（1）br：棕色孢子；bio^-：生物素缺陷型；nic^-：烟酰胺缺陷型

（2）w：白色孢子；thi^-：维生素 B_1 缺陷型；met^- 甲硫氨酸缺陷型

2．连续移种传代

基因突变是造成菌种退化的根本原因，而连续移种传代是加速菌种退化的直接原因。微生物自发突变都是通过繁殖传代出现的。DNA 复制过程中，自然突变率很低，移接代数越多，发生突变的概率就越高。基因突变开始时仅发生在个别细胞，如果不传代，个别低产细胞并不影响群体表型，只有通过传代繁殖，才能使其在数量上逐渐占优势或多数，最终使得从群体表型上出现退化。

3．培养和保藏条件的影响

不良的培养条件（如营养成分、温度与湿度、pH、通气量等）和保藏条件（如营养、含水量、温度、氧气等）不仅会诱发低产基因型菌株出现，而且会造成低产基因和高产基因细胞数量比发生变化。

三、防止菌种退化措施

1．尽量减少传代

尽量避免不必要的移种和传代，并将必要的传代降低到最低限度，以减少自发突变的概率。微生物存在着自发突变，而这种现象都是在繁殖过程中发生或表现出来的。菌种的传代次数越多，繁殖越频繁，产生突变的概率就越高，因而发生衰退的机会也就越多。所以，不论在实验室还是在生产实践中，必须严格控制菌种传代次数。

2．菌种经常纯化

菌种的复壮工作，包括所谓的广义的和狭义的复壮，这种复壮一般是采用常规的分离纯化方法进行。对菌种进行定期的分离纯化，可减少其中共存的自发突变菌或突变不完全产生的退化型菌株的增殖机会，保持原来的优良特性。诸如对营养缺陷型菌种在纯化过程中提供足够的营养物，以保持菌株的优势，避免回复突变体的竞争。同样在进行抗性突变的菌种纯化时，培养基中加入对应于抗性的药物，可保持菌株的抗性优势，避免产生无抗性的回复突变体。遗传性稳定的菌体作为菌种、采用合适的接种或传代等可减少和防止菌种的自身突变。

3. 选择合适的培养基

为了预防菌种退化，一定要选择合适的培养基。对有价值的菌种都要设计20多种培养基进行对比分析，对变异最小或无变异的对应培养基进一步进行菌种移植传代试验。测定传代过程中菌种产量的稳定性，以此确定作为菌种保藏的合适培养基。

4. 创造良好的培养条件

创造一个适合菌种的生长条件，如低温、干燥、缺氧等，就可在一定程度上防止菌种退化。例如，栖土曲霉3.942的培养过程中，改变培养温度，即由28～30℃提高到30～34℃，可防止其产孢子能力的衰退。

5. 利用不同类型的细胞进行移种传代

在有些微生物中，如放线菌和霉菌，由于其菌的细胞常含有几个核或是异核体，因此用菌丝接种就会出现不纯和衰退，而孢子一般是单核的，用它接种就没有这种现象发生。在实践中发现构巢曲霉，如用分生孢子传代就容易退化，而改用子囊孢子移种传代则不易退化。

6. 采用有效的菌种保藏方法

在用于工业生产的菌种中，重要的性状都属于数量性状，而这类性状恰好是最易退化的。即使在较好的保藏条件下，仍然存在这种现象。例如，链霉素生产菌JIC－1的孢子以冷冻干燥法经过5年的保藏，在菌群中退化菌落的数目仍有所增加；而在同样情况下，另一菌株773#只经过23个月就降低了23%的活性。即使在－20℃下进行冷冻保藏，经12～15个月后，上述773#菌种和另一株环丝氨酸生产菌种908#的发酵水平还是有明显降低。由此说明，有必要研究和采用更有效的保藏方法以防止菌种生产性状的退化。

任务二 菌种复壮

菌种复壮是通过人工选择法从菌种退化但仍存在优良性状细胞的群体中分离筛选出原有优良性状的个体，使菌种获得纯化的过程。狭义的复壮是一种消极措施，它是在菌种已发生衰退的情况下，通过纯化分离和测定生产性能等方法，从退化的群体中找出少数未衰退的个体，进一步繁殖，以达到恢复该菌种原有典型性状的一种措施。广义的复壮应是一项积极措施，即在菌种的生产性能尚未退化前就经常有意识地进行纯种分离与生产性能的测定工作，以保持菌种稳定的生产性状，甚至使其逐步有所提高。

菌种复壮的方法如下。

一、纯种分离法

通过纯种分离，可将衰退菌种细胞群体中一部分仍保持原有典型性状的单细胞分离出来，经扩大培养，可恢复原菌株的典型性状。常用的分离纯化方法可归纳成两类：一类较粗放，只能达到菌落纯的水平，即从种的水平来说是纯的，如采用稀释平板法、涂布平板法、平板划线法等方法获得单菌落。另一类是较精细的单细胞或单孢子分离方法，它可以达到细胞纯即菌株纯的水平。后一类方法应用较广，种类很多，既有简单的利用培养皿或凹玻片等作分离室的方法，也有利用复杂的显微操作器的纯种分离方法。对于不长孢子的丝状菌，则可用无菌小刀切取菌落边缘的菌丝尖端进行分离移植，也可用无菌毛细管截取菌丝尖端单细胞进行纯种分离。

二、宿主体内复壮法

对于寄生性微生物的衰退菌株，可通过接种到相应昆虫或动植物宿主体内来提高菌株的毒性。例如，苏云金芽孢杆菌经过长期人工培养会发生毒力减退、杀虫率降低等现象，可用退化的菌株去感染菜青虫的幼虫，然后再从病死的虫体内重新分离典型菌株。如此反复多次，就可提高菌株的杀虫率。根瘤菌属经人工移接，结瘤固氮能力减退，将其回接到相应豆科宿主植物上，令其侵染结瘤，再从根瘤中分离出根瘤菌，其结瘤固氮性能就可恢复甚至提高。

三、淘 汰 法

将衰退菌种进行一定的处理（如药物，低温、高温等），往往可以起到淘汰已衰退个体而达到复壮的目的。如有人曾将“5406”的分生孢子在低温（-10~30℃）下处理5~7d，使其死亡率达到80%，结果发现在抗低温的存活个体中留下了未退化的健壮个体。

四、遗传育种法

遗传育种法即把退化的菌种，重新进行遗传育种，从中再选出高产而不易退化的稳定性较好的生产菌种。

以上综合了在实践中收到一定效果的防止衰退和达到复壮的措施。但是，在使用这类方法之前，还得仔细分析和判断菌种究竟是衰退、污染还是仅属一般性的表型改变，只有对症下药才能使复壮工作奏效。

项目四　菌种的保藏

微生物具有生命活动的能力，其世代周期一般很短，在传代过程中容易发生变异、污染甚至死亡，因此常常造成生产菌种的退化，并有可能使优良菌种丢失。菌种保藏的重要意义就在于如何保持优良菌种其优良性状的稳定，满足生产实际需要。

由于微生物的多样性，不同微生物往往对不同的保藏方法有不同的适应性，迄今为止尚没有一种方法能被证明对所有的微生物均适宜。因此，在具体选择保藏方法时必须对被保藏菌株的特性、保藏物的使用特点及现有条件等进行综合考虑。对于一些比较重要的微生物菌株，则要尽可能多地采用各种不同的手段进行保藏，以免因某种方法的失败而导致菌种的丧失。

任务一　菌种保藏目的和原理

一、菌种保藏目的

菌种保藏是进行微生物学研究和微生物育种工作的重要组成部分。其任务首先是使菌种不死亡，同时还要尽可能设法把菌种的优良特性保持下来而不致向坏的方面转化。菌种保藏是指在广泛收集实验室和生产菌种、菌株的基础上，将它们妥善保藏，使之达到不死、不衰、不污染以便于研究、交换和使用的目的。狭义的菌种保藏目的是防止菌种退化，保持菌种生活能力和优良生产性能，尽量减少、推迟负变异，并确定不污染杂菌。当然保藏菌种使其不变异也是相对而言的；实际上没有一种方法可使菌种绝对不变化。所以研究菌种保藏就是要采用最合适的保存方法，使菌种变异和死亡减少到最低限度。菌种保藏的变异是绝对的，不变异是相对的。

菌种保藏的目的：一是使菌种不致死亡；二是使菌种的生命得以延续，并保持它们原有的生物性特性；三是如何保持优良菌种的优良性状稳定，满足生产的实际需要；四是如何减缓菌种性能退化，阻止向坏的方向发展或转化。

二、菌种保藏原理

无论采用何种保藏方法，首先应该挑选典型菌种的优良纯种来进行保藏，最好保藏它们的休眠体，如分生孢子、芽孢等。其次，应根据微生物生理、生化特点，人为地创造环境条件，使微生物长期处于代谢不活泼、生长繁殖受抑制的休眠状态。这些人工造成的环境主要是干燥、低温和缺氧，另外，避光、缺乏营养、添加保护剂或酸度中和剂也能有效提高保藏效果。

水分对生化反应和一切生命活动至关重要，因此，干燥尤其是深度干燥，在菌种保藏中占有首要地位。五氧化二磷、无水氯化钙和硅胶是良好的干燥剂，高度真空则可以同时达到驱氧和深度干燥的双重目的。

低温是菌种保藏中的另一重要条件。微生物生长的温度下限约在 -30℃，可是在水溶液中能进行酶促反应的温度下限则在 -140℃左右。这可能就是即使把微生物保藏在较低的温度下，但只要有水分存在，还是难以较长期地保藏它们的一个主要原因。因此，低温必须与干燥结合，才具有良好的保藏效果。在实践中，发现用极低的温度进行保藏时效果更为理想，如液氮温度（-196℃）比干冰温度（-70℃）好，-70℃又比 -20℃好，而 -20℃比4℃好。在菌种保藏过程中需注意以下事项：

（1）保藏菌种需要良好的培养基，采用新鲜培养的菌种、健壮的菌体、丰满的孢子、适宜的菌龄。

（2）在各种保藏方法的操作过程中，都要进行严格的无菌操作。而且保藏过程也要防止杂菌，要定期做无菌检查。

（3）要注意保藏菌种的制备质量。

（4）为防止菌种退化，在保藏期间，要为菌种创造最适宜的保藏条件。例如，适宜培养基、保藏温度、湿度、氧气等。

（5）严格控制传代次数，尤其对斜面低温的菌种尤为重要。

（6）保藏菌种恢复培养时，移接到保藏以前所用的同一种培养基上进行培养，以维持优良性能的稳定性。

任务二　菌种保藏方法

各种微生物由于遗传特性不同，因此适合采用的保藏方法也不一样。一种良好有效的保藏方法，首先应能保持原菌种的优良性状长期不变，同时还须考虑方法的通用性、操作的简便性和设备的普及性。常用菌种保藏方法如图 2-7 所示。

下面介绍几种常用的菌种保藏方法：

一、斜面低温保藏法

将菌种接种在适宜的斜面培养基上，待菌种生长完全后，置于4℃左右的冰箱中保藏，每隔一定时间（保藏期）再转接至新的斜面培养基上，生长后继续保藏，如此连续不断。此法广泛适用于细菌、放线菌、酵母菌和霉菌等大多数微生物菌种的短期保藏及不宜用冷冻干燥保藏的菌种。

该法的优点是简便易行、容易推广、存活率高，故科研和生产上对经常使用的菌种大多采用这种保藏方法。其缺点是菌株仍有一定程度的代谢活动能力，保藏期短，传代次数多，菌种较容易发生变异和被污染。

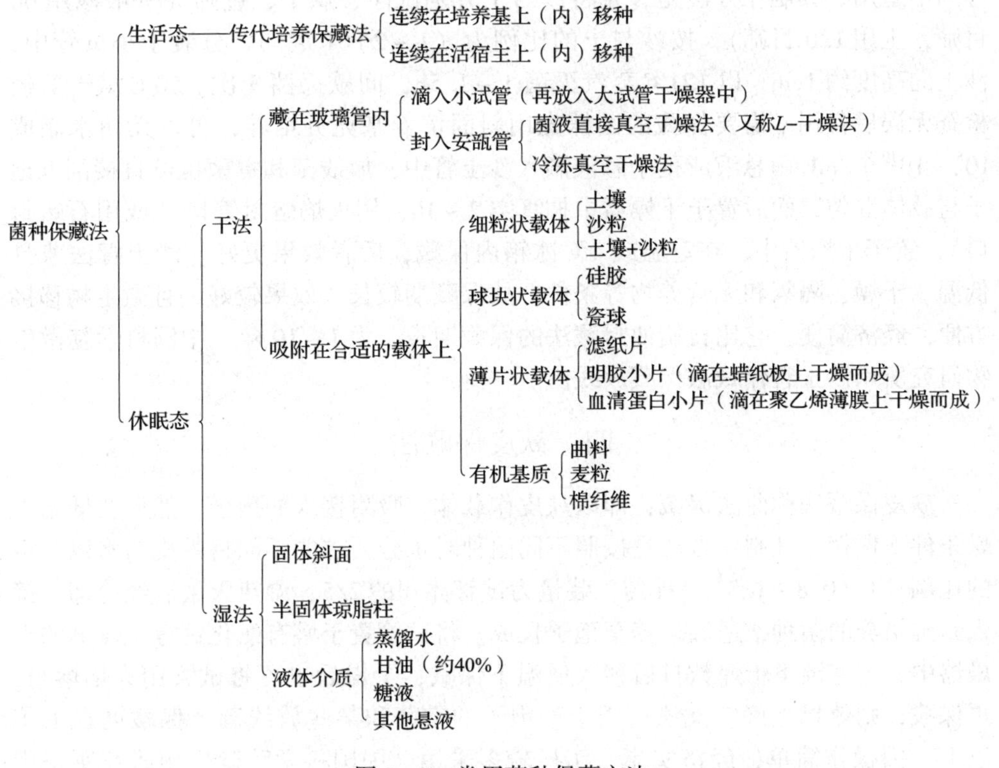

图 2－7　常用菌种保藏方法

二、石蜡油封藏法

此法是在无菌条件下，将灭过菌并已蒸发掉水分的液体石蜡倒入培养成熟的菌种斜面（或半固体穿刺培养物）上，石蜡油层高出斜面顶端 1cm，使培养物与空气隔绝，加胶塞并用固体石蜡封口后，垂直放在室温或 4℃冰箱内保藏。使用的液体石蜡要求优质无毒，化学纯规格，其灭菌条件是：150～170℃烘箱内灭菌 1h，或 121℃高压蒸汽灭菌 60～80min，再置于 80℃的烘箱内烘干除去水分。由于液体石蜡阻隔了空气，使菌体处于缺氧状态下，而且又防止了水分挥发，使培养物不会干裂，因而能使保藏期达 1～2 年，或更长。这种方法操作简单，适于保藏霉菌、酵母菌、放线菌、好氧性细菌等，对霉菌和酵母菌的保藏效果较好，可保存几年，甚至长达 10 年。但对很多厌氧性细菌的保藏效果较差，尤其不适用于某些能分解烃类的菌种。

三、沙土管保藏法

这是一种常用的长期保藏菌种的方法，适用于产孢子的放线菌、霉菌及形成芽孢的细菌，对于一些对干燥敏感的细菌，如奈氏球菌、弧菌和假单孢杆菌及酵母则不适用。其制作方法是，先将沙与土分别洗净、烘干、过筛（一般沙用60目筛，土用120目筛），按沙与土的比例为（1～2）∶1混匀，分装于小试管中，沙土的高度约1cm，以121℃蒸汽灭菌1～1.5h，间歇灭菌3次。50℃烘干后经检查无误后备用。需要保藏的菌株先用斜面培养基充分培养，再以无菌水制成10^8～10^{10}个/mL菌悬液或孢子悬液滴入沙土管中，放线菌和霉菌也可直接刮下孢子与载体混匀，而后置于干燥器中抽真空2～4h，用火焰熔封管口（或用石蜡封口），置于干燥器中，在室温或4℃冰箱内保藏，后者效果更好。沙土管法兼具低温、干燥、隔氧和无营养物等条件，故保藏期较长、效果较好，且微生物移接方便，经济简便。它比石蜡油封藏法的保藏期长，为1～10年。中国科学院微生物研究所用沙土管保藏法保藏放线菌。

四、麸皮保藏法

麸皮保藏法称曲法保藏，即以麸皮作载体，吸附接入的孢子，然后在低温干燥条件下保存。其制作方法是按照不同菌种对水分要求的不同将麸皮与水以一定的比例［1∶（0.8～1.5）］拌匀，装量为试管体积的2/5，湿热灭菌后经冷却，接入新鲜培养的菌种，适温培养至孢子长成。将试管置于盛有氯化钙等干燥剂的干燥器中，于室温下干燥数日后移入低温下保藏；干燥后也可将试管用火焰熔封，再保藏，则效果更好。此法适用于产孢子的霉菌和某些放线菌，保藏期在1年以上。因操作简单，经济实惠，工厂较多采用。中国科学院微生物研究所采用麸皮保藏法保藏曲霉，如米曲霉、黑曲霉、泡盛曲霉等，其保藏期可达数年至数十年。

五、甘油悬液保藏法

此法是将菌种悬浮在甘油蒸馏水中，置于低温下保藏，本法较简便，但需置于低温冰箱中。保藏温度若采用-20℃，保藏期为0.5～1年，而采用-70℃，保藏期可达10年。将拟保藏菌种指数期的培养液直接与经121℃蒸汽灭菌20min的甘油混合，并使甘油的终浓度在10%～15%，再分装于小离心管中，置低温冰箱中保藏。基因工程菌常采用本法保藏。

六、冷冻真空干燥保藏法

冷冻真空干燥保藏法又称冷冻干燥保藏法，简称冻干法。它通常是用保护剂制备拟保藏菌种的细胞悬液或孢子悬液于安瓿管中，再在低温下快速将含菌样冻结，并减压抽真空，使水升华将样品脱水干燥，形成完全干燥的固体菌块，并在真空条件下立即熔封，造成无氧真空环境，最后置于低温下，使微生物处于休眠状态，而得以长期保藏。常用的保护剂有脱脂牛奶、血清、淀粉、葡聚糖等高分子物质。由于此法同时具备低温、干燥、缺氧的菌种保藏条件，因此保藏期长，一般达5~15年，存活率高，变异率低，是目前被广泛采用的一种较理想的保藏方法。

七、液氮超低温保藏法

液氮超低温保藏法简称液氮保藏法或液氮法。它是以甘油、二甲基亚砜等作为保护剂，在液氮超低温（-196℃）下保藏的方法。其主要原理是菌种细胞从常温过渡到低温，并在降到低温之前，使细胞内的自由水通过细胞膜外渗出来，以免膜内因自由水凝结成冰晶而使细胞损伤。据研究认为降温的速度控制在（1~10）℃/min，细胞死亡率低；随着速度加快，死亡率则相应提高。

液氮低温保藏的保护剂一般是选择甘油、二甲基亚砜、糊精、血清蛋白、聚乙烯氮戊环、吐温80等，但最常用的是甘油（10%~20%）。不同微生物要选择不同的保护剂，再通过试验加以确定保护剂的浓度，原则上是控制在不足以造成微生物致死的浓度。此法操作简便、高效，保藏期一般可达到15年以上，是目前被公认的最有效菌种长期保藏技术之一。除了少数对低温损伤敏感的微生物外，该法适用于各种微生物菌种的保藏，甚至连藻类、原生动物、支原体等都能用此法获得有效的保藏。此法的另一大优点是可使用各种培养形式的微生物进行保藏，无论是孢子或菌体、液体培养物或固体培养物均可采用该保藏法。其缺点是需购置超低温液氮设备，且液氮消耗较多，操作费用较高。

八、宿主保藏法

此法适用于专性活细胞寄生微生物（如病毒、立克次氏体等）。它们只能寄生在活的动植物或其他微生物体内，故可针对宿主细胞的特性进行保存。如植物病毒可用植物幼叶的汁液与病毒混合，冷冻或干燥保存。噬菌体可以经过细菌培养扩大后，与培养基混合直接保存。动物病毒可直接用病毒感染适宜的脏器或体液，然后分装于试管中密封，低温保存。

在上述的菌种保藏方法中，以斜面低温保藏法、石蜡油封藏法、宿主保藏法最为简便，沙土管保藏法、麸皮保藏法和甘油悬液保藏法次之，以冷冻真空干燥保藏法和液氮超低温保藏法最为复杂，但其保藏效果最好。应用时，可根据实际需要选用。在国际著名的美国典型培养物收藏中心（简写ATCC），仅采用两种最有效的保藏法，即保藏期一般达5~15年的冷冻真空干燥保藏法与保藏期一般达15年以上的液氮超低温保藏法，以达到最大限度地减少传代次数，避免菌种变异和衰退的目的。我国菌种保藏多采用3种方法，即斜面低温保藏法、液氮超低温保藏法和冷冻真空干燥保藏法。各种菌种保藏方法适合菌种见表2-3。

表 2－3　　　　　　　　不同保藏方法适合的菌种

保藏方法	适合菌种
定期移植保藏法	固氮菌属、芽孢杆菌属、棒状杆菌属、欧文氏菌属、黄杆菌属、微球菌属、分枝杆菌属、假单孢杆菌属、根瘤菌属、埃希氏杆菌属
液体石蜡保藏法	无色细菌属、气单孢菌属、芽孢杆菌属、纤维单孢菌属、色杆菌属、埃希氏杆菌属、克雷伯氏菌属、微球菌属、丙酸杆菌属、链球菌属、变形杆菌属、根瘤菌属、弧菌属
冻结保藏法	醋酸杆菌属、无色细菌属、色杆菌属、纤维粘菌属、芽孢杆菌属、链球菌菌属、发光杆菌属、变形杆菌属、假单孢杆菌属
冷冻干燥保藏法	醋酸杆菌属、节杆菌属、短杆菌属、芽孢杆菌属、链球菌菌属、棒状杆菌属、柄细菌属、乳杆菌属、分枝杆菌属、变形杆菌属、假单孢杆菌属、欧文氏菌属、纤维单孢菌属
干燥保藏法	产芽孢细属
液氮保藏法	大多数细菌

项目五　培养基的配制技术

培养基是人工配制的供微生物菌体生长繁殖和合成各种代谢产物所需要的、一定比例的多种营养物质混合物，同时培养基也为微生物等提供除营养外的其他生长所必需的环境条件。所有发酵培养基都必须提供微生物生长繁殖和产物合成所需的碳源、氮源、无机元素、生长因子、水和氧气等。大规模微生物发酵制药生产中还必须重视培养基原料的价格和来源。

任务一　培养基的配制原则

所有微生物生长繁殖均需要培养基含有碳源、氮源、无机盐、生长因子、水及能源，但由于微生物营养类型复杂，不同微生物对营养物质的需求是不一样的，因此，要根据不同微生物的营养需求配制针对性强的培养基，培养基配制的基本原则主要有以下几方面。

一、选择适宜的营养物质

自养型微生物能从简单的无机物合成自身需要的糖类、脂类、蛋白质、核酸、维生素等复杂的有机物，因此培养自养型微生物的培养基完全可以由简单的无机物组成。在实验室中常用牛肉膏蛋白胨培养基（或简称普通肉汤培养基）培养细菌，用高氏 1 号合成培养基培养放线菌，培养酵母菌一般用麦芽汁培养基，培养霉菌则一般用查氏合成培养基。

二、营养物质浓度及配比合适

培养基中营养物质浓度合适时微生物才能生长良好，营养物质浓度过低时不能满足微生物正常生长所需，浓度过高时则可能对微生物生长起抑制作用，例如，高浓度糖类物质、无机盐、重金属离子等不仅不能维持和促进微生物的生长，反而起到抑菌或杀菌作用。另外，培养基中各营养物质之间的浓度配比也直接影响微生物的生长繁殖和代谢产物的形成积累，其中碳氮比（C/N）的影响较大。

三、控制 pH 条件

培养基的 pH 必须控制在一定的范围内，以满足不同类型微生物的生长繁殖或产生代谢产物。各类微生物生长繁殖或产生代谢产物的最适 pH 条件各不相同，一般来讲，细菌与放线菌适于在 pH7 ~7. 5 生长，酵母菌和霉菌通常在 pH4. 5 ~6 生长。

四、控制氧化还原电位

不同类型微生物生长对氧化还原电位（E）的要求不一样，一般好氧性微生物在 E 值为 +0. 1V 以上时可正常生长，一般以 +0. 3 ~ +0. 4V 为宜，厌氧性微生物只能在 E 值低于 +0. 1V 条件下生长，兼性厌氧微生物在 E 值为 +0. 1V 以上时进行好氧呼吸，在 +0. 1V 以下时进行发酵。

五、原料来源的选择

在配制培养基时应尽量利用廉价且易于获得的原料作为培养基成分，特别是在发酵工业中，培养基用量很大，利用低成本的原料更体现出其经济价值。例如，在微生物单细胞蛋白的工业生产过程中，常利用糖蜜、乳清、豆制品工业废液及黑废液等作为培养基的原料。另外，大量农副产品或制品，如麸皮、米糠、玉米浆、酵母浸膏、酒糟、豆饼、花生饼、蛋白胨等都是常用的发酵工业原料。

六、灭 菌 处 理

要获得微生物纯培养，必须避免杂菌污染，因此要对所用器材及工作场所进行消毒与灭菌。对培养基而言，更是要进行严格的灭菌。对培养基一般采取高压蒸汽灭菌，一般培养基用 0. 1MPa、121. 3℃条件下维持 15 ~30min 可达到灭菌目的。如使糖类物质在 0. 05 MPa、112. 6℃下灭菌 15 ~30min，某些对糖类要求较高的培养基，可先将糖进行过滤除菌或间歇灭菌，再与其他已灭菌的成分混合；高压蒸汽灭菌后，培养基 pH 会发生改变（一般使 pH 降低），可根据所培养微生物的要求，在培养基灭菌前后加以调整。

任务二　培养基的分类

培养基种类繁多，根据其成分、物理状态和用途可将培养基分成多种类型。

一、按成分不同划分

1. 天然培养基

这类培养基含有化学成分还不清楚或化学成分不恒定的天然有机物，也称非化学限定培养基。牛肉膏蛋白胨培养基和麦芽汁培养基就属于此类。基因克隆技术中常用的LB培养基也是一种天然培养基。常用的天然有机营养物质包括牛肉浸膏、蛋白胨、酵母浸膏、豆芽汁、玉米粉、土壤浸液、麸皮、牛奶、血清、稻草浸汁、羽毛浸汁、胡萝卜汁、椰子汁等。

2. 合成培养基

合成培养基是由化学成分完全了解的物质配制而成的培养基，也称为化学限定培养基，高氏Ⅰ号培养基和查氏培养基就属于此种类型。一般适于在实验室用来进行有关微生物营养需求、代谢、分类鉴定、生物量测定、菌种选育及遗传分析等方面的研究工作。

二、根据物理状态划分

根据培养基中凝固剂的有无及含量的多少，可将培养基划分为固体培养基、半固体培养基和液体培养基三种类型。

1. 固体培养基

在液体培养基中加入一定量凝固剂，如加入2%左右的琼脂，使其成为固体状态即为固体培养基。常用的凝固剂有琼脂、明胶和砖胶。由马铃薯块、胡萝卜条、小米、麸皮及米糠等制成固体状态的培养基也属于此类。又如生产酒的酒曲，生产食用菌的棉子壳培养基。

2. 半固体培养基

半固体培养基中凝固剂的含量比固体培养基少，培养基中琼脂含量一般为0.2%～0.7%。半固体培养基常用来观察微生物的运动特征、分类鉴定及噬菌体效价测定等。

3. 液体培养基

液体培养基中未加任何凝固剂。在用液体培养基培养微生物时，通过振荡或搅拌可以增加培养基的通气量，同时使营养物质分布均匀。液体培养基常用于大规模工业生产，以及在实验室进行微生物的基础理论和应用方面的研究。

三、按用途划分

1. 基础培养基

尽管不同微生物的营养需求各不相同，但大多数微生物所需的基本营养物质是相同的。基础培养基是含有一般微生物生长繁殖所需的基本营养物质的培养基。牛肉膏蛋白胨培养基是最常用的基础培养基。

2．加富培养基

加富培养基也称营养培养基，即在基础培养基中加入某些特殊营养物质制成的一类营养丰富的培养基，这些特殊营养物质包括血液、血清、酵母浸膏、动植物组织液等。因为加富培养基含有某种微生物所需的特殊营养物质，该种微生物在这种培养基中较其他微生物生长速度快，并逐渐富集而占优势，逐步淘汰其他微生物，从而容易达到分离该种微生物的目的。

3．鉴别培养基

鉴别培养基是用于鉴别不同类型微生物的培养基。在培养基中加入某种特殊化学物质，某种微生物在培养基中生长后能产生某种代谢产物，而这种代谢产物可以与培养基中的特殊化学物质发生特定的化学反应，产生明显的特征性变化，根据这种特征性变化，可将该种微生物与其他微生物区分开来。常用的一些鉴别培养基见表2－4。

表2－4　　一些鉴别培养基

培养基名称	加入化学物质	微生物代谢产物	培养基特征性变化	主要用途
明胶培养基	明胶	胞外蛋白酶	明胶液化	鉴别产蛋白酶菌株
油脂培养基	食用油、吐温、中性红指示剂	胞外脂肪酶	由淡红色变成深红色	鉴别产脂肪酶菌株
淀粉培养基	可溶性淀粉	胞外淀粉酶	淀粉水解圈	鉴别产淀粉酶菌株
H_2S试验培养基	醋酸铅	H_2S	产生黑色沉淀	鉴别产H_2S菌株
糖发酵培养基	溴甲酚紫	乳酸、乙酸、丙酸等	由紫色变成黄色	鉴别肠道细菌
伊红美蓝培养基	伊红、美蓝	酸	带金属光泽菌落	鉴别水中大肠菌群

4．选择培养基

选择培养基是用来将某种或某类微生物从混杂的微生物群体中分离出来的培养基。根据不同种类微生物的特殊营养需求或对某种化学物质的敏感性不同，在培养基中加入相应的特殊营养物质或化学物质，抑制不需要的微生物的生长，有利于所需微生物的生长。例如，在培养基中加入数滴10%酚可以抑制细菌和霉菌的生长，从而由混杂的微生物群体中分离出放线菌；在培养基中加入染料亮绿或结晶紫，可以抑制革兰阳性菌的生长，从而达到分离革兰阴性菌的目的；在培养基中加入青霉素、四环素或链霉素，可以抑制细菌和放线菌生长，而将酵母菌和霉菌分离出来。

项目六　消毒和灭菌技术

在制药、食品、轻工业及医疗卫生等各行业领域，常需要对某些产品或物品，以及使用和生产这些物品或产品所需要的原辅料、包装材料、设备、工器具、生产设施与环境进行必要的消毒和灭菌，设置包括操作人员同样也需要采取必要措施，以确保经消毒或灭菌后的物品或产品符合规定的质量标准。

消毒和灭菌两个名词在实际使用中常被混用，但它们的含义是有所不同的。

消毒：是指杀死病原微生物、但不一定能杀死细菌芽孢的方法，用于消毒的化学药物称作消毒剂。

灭菌：是指把物体上所有的微生物（包括细菌芽孢在内）全部杀死的方法。灭菌方法分为物理灭菌法和化学灭菌法。

任务一　微生物的消毒方法

常用的消毒方法有物理法和化学法。物理法就是用物理方法杀灭或清除病原微生物和其他有害生物，主要有热消毒法、紫外线消毒法、电离辐射法、微波法等。

一、物理消毒法

（1）热消毒法（煮沸法）　是最简单有效的消毒方法，不需要特殊设备即可进行。杀灭繁殖型细菌与病毒效果好，对芽孢作用较小。煮沸时间一般为10～30min。金属器械、棉织品、食具、玻璃制品等可用煮沸消毒。热消毒法不适用于芽孢污染的消毒。

（2）辐射消毒　有非电离辐射与电离辐射两种。前者有紫外线、红外线和微波，红外线和微波主要依靠产热杀菌。电离辐射设备昂贵，对物品及人体有一定伤害，故使用较少。目前应用最多的为紫外线，可引起细胞成分，特别是核酸、原浆蛋白和酸发生变化，导致微生物死亡，但对细菌芽孢无效。紫外线广泛用于室内空气消毒，如手术室、烧伤病房、传染病房、实验室等。

二、化学消毒法

化学消毒法是指利用化学药物杀灭病原微生物的方法。消毒机理是消毒剂作用于病原微生物，使病原体的蛋白质产生不可修复的损伤，以达到杀灭病原体的目的。化学消毒剂包括酚类、酸类和醇类。

（1）酚类　主要有酚、来苏等。具有特殊气味，杀菌力有限。可使纺织品变色，橡胶类物品变脆，对皮肤有一定的刺激。

（2）酸类　对细菌繁殖体及芽孢均有杀灭作用。但易损伤物品，故一般不用于居室消毒。

（3）醇类　75%浓度的乙醇可迅速杀灭细菌，对一般病毒作用较慢，对肝炎病毒作用不肯定，对真菌孢子有一定杀灭作用，对芽孢无作用。用于皮肤消毒和体温计浸泡消毒。因不能杀灭芽孢，故不能用于手术器械浸泡消毒。异丙醇对细菌杀灭能力大于乙醇，经肺吸收可导致麻醉，但对皮肤无损害，可代替乙醇应用。

消毒剂的浓度、微生物污染的种类和数量、生物的种类、温度、相对湿度、pH、有机物质、拮抗物质等都会影响消毒剂消毒效果。

任务二　微生物的灭菌方法

就一般灭菌方法来说，应根据微生物的种类、污染状况、被污染物品的性质与状态，对不同灭菌方法可单独或合并使用。是否达到灭菌的目的，通常情况下要采用无菌试验法进行判定。

一、物理灭菌法

1. 加热灭菌法

使用加热灭菌法，在温度和压力等规定的灭菌条件下，要达到一定的加热时间。因灭菌物品的性质、灭菌容器的容积大小各异，灭菌时间要从容器内全部达到规定的温度时开始计算。

（1）火焰灭菌法　是利用火焰加热杀灭微生物的一种方法。本办法以燃气为主，通常在喷灯或酒精的火焰中加热，用于磁制与金属制品及在火焰中不会破损的物品。

（2）干热灭菌法　是利用干热空气加热杀灭微生物的一种方法。通常，在以下几种条件下进行灭菌：135～145℃，3～5h；160～170℃，2～4h；180～200℃，0.5～1h；200℃以上，0.5h以下。在密封容器中装入医药品、水溶液等，这些物品属耐高温的物品，可用134～138℃的热空气、加热3min以上进行灭菌。

（3）高压蒸汽灭菌法　利用适当温度和压力的饱和水蒸气加热杀灭微生物的一种方法。本办法以燃气为热源，用于磁制、金属制、橡胶制、纸制、纤维制的物品、水、培养基、试验药品、试验液体和液态医药品等的灭菌，总之，用于耐高温高压水蒸气的物品。为确定达到灭菌，灭菌容器中的原有空气在操作中要从排汽阀中排除，进行灭菌时，高压蒸汽必须饱满。

（4）流通蒸汽灭菌法　有变质危险的物品可利用直接加热的流通水蒸气杀灭微生物的方法。在100℃流通水蒸气中灭菌需30～60min。

（5）煮沸灭菌法　是利用沉没在沸腾水中加热杀灭微生物的一种方法。用干热灭菌法或高压蒸汽灭菌，有变质危险的物品为增加杀菌效果，可以在沸腾水中加入1%～2%的碳酸氢钠。将物品沉入沸腾水中进行灭菌时，煮沸时间应在15min以上。

（6）间歇灭菌法　利用80～100℃水或流通水蒸气，24h为一周期，每隔30～60min反复加热3～5回。用60～80℃的水反复加温也是一种间歇式低温灭菌方法。本办法主要用于以橡胶为主的制品、培养基、试验用药品、液体和液态状的医药等。

2. 过滤灭菌法

用筛除或滤材吸附等物理方式除去微生物，是一种常用的灭菌方法。有些需要灭菌的材料不能受热，如维生素溶液，可以用过滤法来灭菌。目前过滤除菌采用两类器具，一类是深层滤器，如用烧结玻璃、不上釉的陶瓷颗粒或石棉压成的滤板等；另一类是滤膜。滤膜的孔径一般为0.2μm，它可以滤除绝大多数微生物的营养细胞。过滤法的最大缺点是不能滤除病毒。此办法主要用于气体、水、含有可溶性、不稳定物质的培养基、试验液体和液状医药品等。

3. 照射灭菌法

（1）放射线灭菌法　包括放射性同位素在内的，利用从放射源产生γ射线进行照射，是杀灭微生物的一种方法。此法主要用于玻璃制品、磁制品、金属制品、橡胶制品、塑料制品与纤维制品等耐受放射线照射的物品。

（2）紫外线灭菌法　是利用照射紫外线杀灭微生物的一种方法。此法主要用于玻璃制品、金属制品、橡胶制品、塑料制品和纤维制品等，还可用于设施、设备、水或医药品等，这些物品应对紫外线有良好的耐受性，通常用200～300nm的紫外线。

二、化学灭菌法

1. 气体灭菌法

气体灭菌法是利用环氧乙烷或甲醛灭杀微生物的一种方法，主要用于玻璃制品、磁制品、金属制品、橡胶制品、塑料制品、纤维制品等，还可用于设施、设备或粉末状的医药品等。使用气体灭菌时，其被灭菌的物品以未变质为前提条件。

2. 药液灭菌法

药液灭菌法主要用于玻璃制品、磁制品、金属制品、橡胶制品、塑料制品、纤维制品等物品的灭菌，还可用于手指、无菌箱或无菌设备等的消毒。通常使用的有乙醇、甲酚、苯酚水或福尔马林水等。

微生物的消毒和杀菌是菌种培养的基础，我们要想做好菌种培养，就要做好微生物的消毒和灭菌。

任务三　新兴灭菌技术

传统灭菌通常采用高温加热、化学试剂、紫外线等。但是，由于高温加热会破坏物体中的热敏感成分；化学试剂杀菌易引起有害物质残留；紫外线杀菌又具有作用不彻底、存在死角等缺点。因此，人们一直在探索、研究能避免上述因素限制的更迅速、有效的灭菌方法。超声波是指频率大于20kHz的声波，其频率高、波长短，除了具有方向性好、功率大、穿透力强等特点外，还能引起空化作用和一系列的特殊效应，如机械效应、热效应、化学效应等。一般认为，超声波具有的杀菌效力主要由其产生的空化作用所引起。超声波处理过程中，当高强度的超声波在液体介质中传播时，产生纵波，从而产生交替压缩和膨胀的区域，这些压力改变的区域易引起空穴现象，并在介质中形成微小气泡核。微小气泡核在绝热收缩及崩溃的瞬间，其内部呈现5000℃以上的高温及50000kPa的压力，从而使液体中某些细菌致死，病毒失活，甚至使体积较小的一些微生物的细胞壁破坏，但是作用的范围有限。超声波灭菌主要有：超声波协同臭氧灭菌、超声波协同纳米二氧化钛灭菌、超声波协同激光灭菌、超声波协同紫外线灭菌、超声波协同微波灭菌、超声波协同热处理灭菌等。

项目七　空气除菌技术

空气是好气性微生物生长和代谢必不可少的条件。但空气中含有各种各样的微生物，这些微生物随着空气进入培养液，在适宜的条件下，它们会迅速大量繁殖，消耗大量的营养物质并产生各种代谢产物；干扰甚至破坏预定培育的正常进行，使终产物产率和质量下降，甚至彻底失败。因此，无菌空气的制备就成为菌种培育中的一个重要环节。无菌空气是指通过除菌处理使空气中含菌量降低在一个极低的百分数，从而能控制发酵污染至极小机会。此种空气称为无菌空气。

空气除菌的方法很多，但各种方法的除菌效果、设备条件和经济指标各不相同。实际生产中所需的除菌程度根据生产工艺要求而定，既要避免染菌，又要尽量简化除菌流程，以减少设备投资和正常运转的动力消耗。

任务一　发酵制药生产对空气无菌程度的要求

生产过程中由于所用菌种的生长能力、生长速度、产物性质、发酵周期、基质成分及pH的差异，对空气无菌程度的要求也不同。例如，酵母培养过程，其培养基以糖源为主，能利用无机氮，要求的pH较低，一般细菌较难繁殖，而酵母的繁殖速度较快，能抵抗少量的杂菌影响，因此对无菌空气的要求不如氨基酸、抗生素发酵那样严格。而氨基酸与抗生素发酵因周期长短不同，对无菌空气的要求也不同。总的来说，影响因素是比较复杂的，需要根据具体情况而制订具体的工艺要求。一般按染菌几率为10^{-3}来计算，即1000次发酵周期所用的无菌空气只允许1～2次染菌。虽然一般悬浮在空气中的微生物，大多是能耐恶劣环境的孢子或芽孢，繁殖时需要较长的调整期。但是在阴雨天气或环境污染比较严重时，空气中也会悬浮大量的活力较强的微生物，它进入培养物的良好环境后，只要很短的调整期，即可进入指数期而大量繁殖。所以计算是以进入1～2个杂菌即失败作为依据。发酵制药用的无菌空气要达到以下标准：

（1）连续提供一定流量的压缩空气　发酵用无菌空气的设计和操作中常以通气比来计算空气的流量。通气比的意义是单位时间（min）单位体积（m^3）培养基中通入标准状况下空气的体积（m^3），一般为0.1～2.0m^3/（m^3·min）。

（2）空气的压强为0.2～0.4MPa。过低的压强难于克服下游的阻力，过高的压力则是浪费。

（3）进入过滤器之前，空气相对湿度≤70%。这是防止空气过滤介质的受潮。

（4）进入发酵罐的空气温度可比培养温度高10～30℃。

（5）压缩空气的洁净度，在设计空气过滤器时，一般取失败概率为10^{-3}为指标。也可以把100级作为无菌空气的洁净指标。100级指每立方米空气中，尘埃粒子数最大允许值≥0.5μm的为3500，≥5μm的为0；微生物最大允许数为浮游菌5个/m^3，沉降菌1个/m^3。

我国新版GMP（2010修订）规定药品生产车间的洁净级别、标准以及微生物控制动态标准见表2－5和表2－6。

表2－5　各级别空气悬浮粒子的标准规定

洁净级别	悬浮粒子最大允许数/m^3			
	静态		动态[3]	
级别	≥0.5μm	≥5.0μm[2]	≥0.5μm	≥5.0μm
A[1]	3520	20	3520	20
B	3520	29	352000	2900
C	352000	2900	3520000	29000
D	3520000	29000	不做规定	不做规定

注：（1）为确认A级洁净区的级别，每个采样点的采样量不得少于1m^3。A级洁净区空气悬浮粒子的级别为ISO4.8，以≥5.0μm的悬浮粒子为限度标准。B级洁净区（静态）的空气悬浮粒子的级别为ISO5，同时包括表中两种粒径的悬浮粒子。对于C级洁净区（静态和动态）而言，空气悬浮粒子的级别分别为ISO7和ISO8。对于D级洁净区（静态）空气悬浮粒子的级别为ISO8。

（2）在确认级别时，应当使用采样管较短的便携式尘埃粒子计数器，避免≥5.0μm悬浮粒子在远程采样系统的长采样管中沉降。在单向流系统中，应当采用等动力学的取样头。

（3）动态测试可在常规操作、培养基模拟灌装过程中进行，证明达到动态的洁净度级别，但培养基模拟灌装试验要求在“最差状况”下进行动态测试。

表2－6　微生物控制动态标准[1]

级别	浮游菌/（CFU/m^3）	沉降碟（F90mm）/（CFU/4h）[2]	接触碟（F55mm）/（CFU/碟）	5指手套/（CFU/手套）
A	<1	<1	<1	<1
B	10	5	5	5
C	100	50	25	—
D	200	100	50	—

注：（1）表中各数值均为平均值。

（2）单个沉降碟的暴露时间可以少于4h，同一位置可使用多个沉降碟连续进行监测并累积计数。

任务二　空气含菌量的测定

空气中的菌量较多。据统计，大城市每立方米空气中的含菌数为 3000 ~ 10000 个。要准确测定空气中的含菌量来决定过滤系统或查定过滤空气的无菌程度是比较困难的。一般采用培养法和光学法测定其近似值。

培养法测定时将普通琼脂培养基或血琼脂培养基 5 个，打开皿盖，让平皿暴露 15 ~ 30min 后盖好平皿盖，置于 37℃ 温箱中培养，次日观察平皿菌落，计数 5 个平皿生长菌落数，根据 5min 内 $100cm^2$ 培养基中降落细菌数相当于 10L 空气中所含细菌数而计算 $1m^3$ 空气中的细菌数。

计算公式为：

$$细菌数（CFU/m^3）= N \times 100/A \times 5/t \times 1000/10 = 50000N/At$$

式中　A——平板面积，cm^2

t——平板暴露时间，min

N——平板平均菌落数，CFU

光学法测定是用粒子计数器通过微粒对光线的散射作用来测量粒子的大小和含量，目前我国有 Y09 - 1 型粒子计数器。测量时以一定速度将试样空气通过测验区，同时用聚光透镜将从光源来的光线聚成强烈光束摄入测验区。在测验区内，空气试样受到光线强烈照射，空气中的微粒把光线散射出去，由聚光透镜将散射光聚集投入光电倍增管，将光转化为电讯号。粒子的大小与讯号峰值有关，粒子的数量与讯号脉冲频率有关。讯号经自动计数器计算出粒子的大小和数量，显示出读数。当测量微粒浓度太大时，会因粒子重叠而产生误差，这时空气浓度需要稀释。这种仪器可以测量空气中直径为 0.3 ~ 0.5μm 微粒的各种浓度，比较准确，但它只是微粒观念，不能反映空气中活菌的数量。

任务三　空气除菌的方法

大多数需氧发酵是通入空气进行的，在使用前必须除去其中的有害成分。现就各种除菌方法简述如下。

一、辐射灭菌

α 射线、X 射线、β 射线、γ 射线、紫外线、超声波等从理论上讲都能破坏蛋白质，破坏生物活性物质，从而起到杀菌作用。但应用较广泛的还是紫外线，它在波长为 226.5 ~ 328.7nm 时杀菌效力最强，通常用于无菌室和医院手术室。但杀菌效率较低，杀菌时间较长。一般要结合甲醛蒸气等来保证无菌室的无菌程度。

二、加热灭菌

空气中的细菌芽孢是耐热的，但温度足够高也能将它破坏。例如，悬浮在空气中的细菌芽孢在218℃下24s就被杀死。但是如果采用蒸汽或电热来加热大量的空气，达到灭菌的目的，这样太不经济。利用空气压缩时产生的热进行灭菌对于无菌要求不高的发酵来说则是一个经济合理的方法。

利用压缩热进行空气灭菌的流程如图2-8（1）所示。空气进口温度为21℃，出口温度为187~198℃，压力为0.7MPa。压缩后的空气用管道或贮气罐保温一定时间以增加空气的受热时间，促使有机体死亡。为防止空气在贮罐中走短路，最好在罐内加装导筒。这种灭菌方法已成功地运用于丙酮丁醇、淀粉酶等发酵生产上。图2-8（2）是一个用于石油发酵的无菌空气系统，采用涡轮式空压机，空气进机前利用压缩后的空气进行预热，以提高进气温度并相应提高排气温度，压缩后的空气用保温罐维持一定时间。

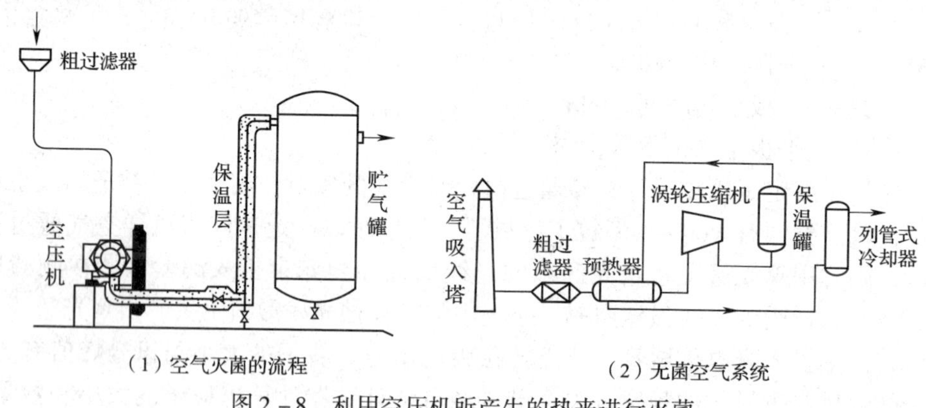

（1）空气灭菌的流程　　（2）无菌空气系统

图2-8　利用空压机所产生的热来进行灭菌

三、静电除菌

近年来一些工厂已使用静电除尘器除去空气中的水雾、油雾和尘埃，同时也除去了空气中的微生物。对1μm的微粒去除率达99%，消耗能量小，每处理1000m^{3}的空气每小时只耗电0.4~0.8kW。空气的压力损失小，一般仅为0.4~2.0MPa。但对设备维护和安全技术措施要求较高。静电防尘是利用静电引力来吸附带电粒子而达到除尘、除菌的目的。

静电除菌净化空气的优点：阻力小，约为10.1MPa；染菌率低，平均低于10%~15%；除水、除油的效果好；耗电少。

缺点是设备庞大，需要采用高压电技术，且一次性投资较大；对发酵工业来说，捕集率效果欠缺，需要采取其他措施。

四、介质过滤

介质过滤是目前发酵工业上常使用的空气除菌方法。它采用定期灭菌的干燥介质来阻截流过的空气中所含的微生物，从而制得无菌空气。常用的过滤介质有棉花、活性炭或玻璃纤维、有机合成纤维、有机和无机烧结材料等。由于被过滤的气溶胶中微生物的粒子很小，一般只有0.5～2μm，而过滤介质的材料一般孔径都大于微粒直径几倍到几十倍，因此过滤机理比较复杂。随着工业的发展，过滤介质逐渐由天然材料棉花过渡到玻璃纤维、超细玻璃纤维和石棉板、烧结材料（烧结金属、烧结陶瓷、烧结塑料）、微孔超滤膜等。而且过滤器的形式也在不断发生变化，出现了一些新的形式和新的结构，把发酵工业中的染菌控制在极小的范围内。从可靠性、经济适用与便于控制等方面考虑，目前介质过滤法是大多数发酵生产广泛采用的方法。

任务四　过滤除菌的机理

介质过滤除菌的机制主要有以下几种，至于以哪种作用机制为主，随条件而变化。

一、惯性碰撞滞留作用

空气气流流速大时，气流中的微粒具有较大的惯性力。当微粒随气流以一定速度向纤维垂直运动，因受纤维阻挡而急剧改变运动方向时，由于微粒具有的惯性作用使它们仍然沿原来方向前进碰撞到纤维表面，产生摩擦黏附而使微粒被截留在纤维表面，这种作用称为惯性碰撞截留。截留区域的大小决定于微粒运动的惯性力，所以，气流速度越大，惯性力大，截留效果也越好。此外，惯性碰撞截面作用也与纤维直径有关，纤维越细，捕集效果越好。惯性碰撞截面在介质除尘中起主要作用。

二、阻拦滞留作用

微粒随空气气流向前运动，当气流为低速流动时，随气流运动的粒子在接近纤维表面的部分由于与过滤介质接触而被纤维吸附捕集，这种作用称为阻拦截留。空气流速越小，纤维直径越细，阻拦截留作用越大。但是在介质过滤的除尘除菌中，阻拦截留并不起主要作用。

三、布朗扩散作用

直径小于1μm的微粒在运动中往往产生一种不规则的布朗运动，使微粒间相互凝集成较大的粒子，从而发生重力沉降或被介质截留。但是这种作用只有在气流速度较低时才较显著。

四、重力沉降作用

重力沉降是一个稳定的分离作用，当微粒所受的重力大于气流对它的拖带力时，微粒就容易沉降。在单一的重力沉降情况下，大颗粒比小颗粒作用显著，对于小颗粒只有在气流速度很慢时才起作用。一般它是与拦截作用相配合的，即在纤维的边界滞留区内，微粒的沉降作用提高了拦截滞留的捕集效率。

五、静电吸附作用

干空气对非导体的物质相对运动摩擦时，会产生诱导电荷，对纤维和树脂处理过的纤维，尤其是一些合成纤维更为显著。悬浮在空气中的微生物微粒大多带有不同的电荷，有人测定微生物孢子带电情况时发现，约有75%的孢子具有1~60负电荷单位，15%的孢子带有5~14正电荷单位，其余10%则为中性，这些带电荷的微粒会被带相反电荷的介质所吸附。

任务五　空气过滤除菌的流程

一、空气净化的工艺要求

空气过滤除菌流程是生产对无菌空气要求具备的参数（如无菌程度、空气压力、温度等），并结合吸气环境的空气条件和所用空气除菌设备的特性，根据空气的性质而制订的。对于一般要求的低压无菌空气，可直接采用一般鼓风机增压后进入过滤器，经1~2次过滤除菌而制得，如无菌室、超净工作台等用作层流技术的无菌空气就是采用这种简单流程而制得。而一般的深层通风发酵，除要求无菌空气具有必要的无菌程度外，还要具有一定高的压力，这就需要比较复杂的空气除菌流程。

二、过滤除菌的一般流程

空气过滤除菌一般是把吸气口吸入的空气先进行压缩前过滤，然后进入空气压缩机。一般，空气净化采取如图2-9所示的工艺流程。在上述工艺过程中，各种设备围绕两个目的：提高压缩前空气的质量（洁净度）；去除压缩空气中所带的油和水。

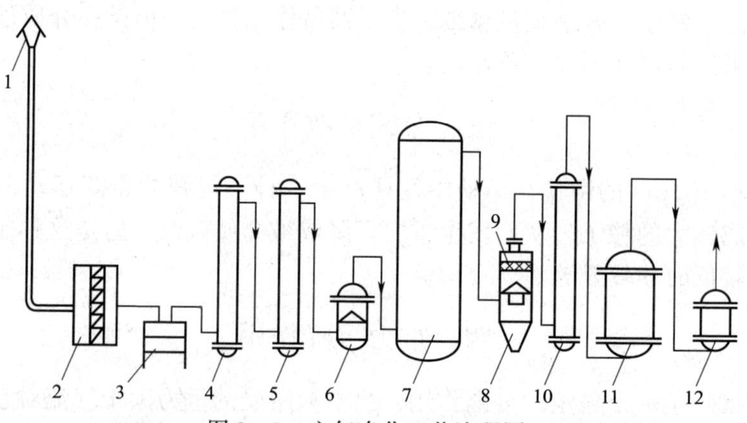

图2-9　空气净化工艺流程图

1—空气吸气口　2—粗过滤器　3—空气压缩机　4—一级空气冷却器
5—二级空气冷却器　6—分水器　7—空气贮罐　8—旋风分离器
9—丝网除沫器　10、11—总空气过滤器　12—分过滤器

1. 提高压缩前空气的质量

提高压缩前空气的质量主要措施有两方面：第一是提高空气吸气口的位置。提高空气吸气口的高度可以减少吸入空气的微生物含量。据报道，吸气口每提高3.05m，微生物数量减少一个数量级。一般以离地面5～10m为好。第二是加强吸入空气的压缩前过滤。吸入的空气在进入压缩机前先通过粗过滤器过滤，可以减少进入空气压缩机的灰尘和微生物，减少往复式空气压缩机活塞和气缸的磨损，减轻介质过滤除菌的负荷。常用的粗过滤器有油浸铁丝网、油浸铁环和泡沫塑料等。

2. 去除压缩空气中所带的油和水

空气中的微生物通常不单独游离存在，而依附在尘埃和雾滴上。因此，空气进入压缩机前应尽量除去尘埃和雾滴。从空气压缩机出来的空气，温度为120℃（往复式压缩机）或150℃（涡轮式压缩机），其相对湿度大大降低，如果在此高温下就进入空气过滤器过滤，可以减少压缩空气中夹带的水分，使过滤介质不致受潮。但是一般的过滤介质耐受不了这样高的温度。因此，压缩空气一般先通过冷却，降低温度，提高空气的相对湿度，使其达到饱和状态并处于露点以下，使其中的水分凝结为水滴或雾沫，从而将它们分离除去。冷却去水后，再将压缩空气加热，降低其相对湿度，使其未除去的水分不致凝结出来，然后进行过滤。空气通过往复式压缩机的气缸后所带来的油雾滴，同样会粘附微生物，降低过滤器的除菌效率及使过滤阻力增大，但通过冷却后可以和水一起分离除去。如果往复式压缩机采用半无油润滑或无油润滑，则可以大大降低压缩空气的油雾含量。除空气预处理外，影响空气除菌的重要因素还有空气过滤器的过滤介质及操作。

项目八　菌种培养技术

微生物的生活环境条件是各种因素的综合，各种因素及其综合效应处于合适的程度时，微生物才能旺盛地生长、发育和繁殖。当环境条件的变化超过一定极限，则会导致微生物的死亡。人们常凭借控制和调节各环境因素，促使某些微生物的生长，发挥它们的有益作用。

任务一　菌种生长特征

微生物的生长过程，可分为几个阶段。细菌接种到均匀的液体培养基后，细菌以二分裂法繁殖，分裂后的子细胞都具有生活能力。在不补充营养物质或不移去培养物，保持整个培养液体积不变条件下，以时间为横坐标，菌数为纵坐标，根据不同培养时间里细菌数量的变化，可以作出一条反映细菌在整个培养期间菌数变化规律的曲线，这种曲线称为微生物群体生长曲线。一条典型的生长曲线至少可以分为延迟期、指数期、稳定期和衰亡期四个生长时期。如图 2－10 所示。

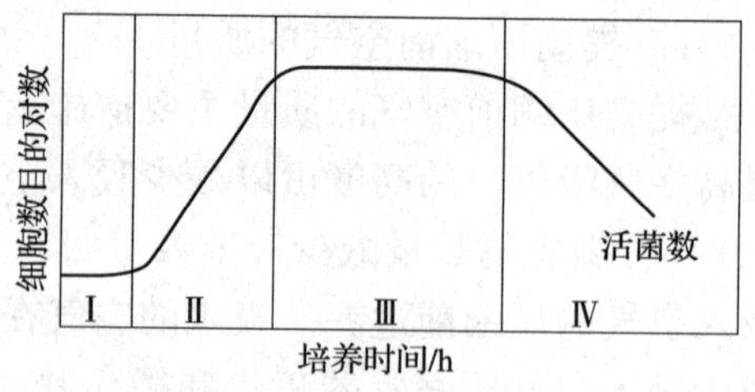

图 2－10　微生物生长曲线

Ⅰ—延迟期　Ⅱ—指数期

Ⅲ—稳定期　Ⅳ—衰亡期

一、微生物生长曲线的规律

1．延迟期

延迟期又称调整期。细菌接种到新鲜培养基而处于一个新的生长环境，因此在一段时间里并不马上分裂，细菌的数量维持恒定，或增加很少。此时胞内的 RNA、蛋白质等物质含量有所增加，相对地此时的细胞体积最大，说明细菌并不是处于完全静止的状态。产生延迟的原因，有微生物接种到一个新的环境、暂时缺乏足够的能量和必需的生长因子、种子老化（即处于非指数生长期）或未充分活化、接种时造成的损伤等。在工业发酵和科研中延迟期无疑也是必需的，因此应该采取一定的措施：第一，通过遗传学方法改变种子的遗传特性使调整期缩短；第二，利用指数期的细胞作为种子；第三，尽量使接种前后所使用的培养基组成不要相差太大；第四，适当扩大接种量等方式缩短延迟期，克服不良的影响。

2．指数期

细菌经过延迟期进入指数期，并以最大的速率生长和分裂，使细菌数量呈指数增加，而且细菌内各成分按比例有规律地增加，这个时期内的细菌生长是平衡生长。指数期细菌的代谢活性、酶活性高而稳定，大小比较一致，活力强，因而它广泛地在生产上用作种子和在科研上作为理想的实验材料。

3．稳定期

由于营养物质消耗、代谢产物积累和 pH 等环境变化，逐步不适宜于细菌生长，导致生长速率降低至零（即细菌分裂增加的数量等于细菌死亡的数量），结束指数期，进入稳定期。稳定期的活细菌数最高并维持稳定。如果及时采取措施，补充营养物质、取走代谢产物或改善培养条件，对好氧菌进行通气、搅拌或振荡等可以延长稳定期，获得更多的菌体物质或代谢产物。

4．衰亡期

营养物质耗尽和有毒代谢产物的大量积累，细菌死亡速率逐步增加和活细菌逐步减少，标志着进入衰亡期。该时期细菌代谢活性降低，细菌衰老并出现自溶。该时期死亡的细菌以指数方式增加，但在衰亡期的后期，由于部分细菌产生抗性也会使细菌死亡的速率降低。

二、微生物生长曲线对生产的实际指导意义

（1）缩短延迟期　主要的措施有：采用与原培养基相同的培养基；增大接

种量；接种指数期的菌种；改变遗传特性。

（2）利用指数期　适宜作种子；研究基础代谢的材料；噬菌体增殖的良好材料；革兰染色好时机；诱变育种的好时机。

（3）延长稳定期　收获菌体；收获与菌体相平行的代谢产物。

延长稳定期的措施：生产上常用增加培养物质，取走代谢产物，调节 pH、温度，增加通气及进行搅拌等措施进行延长稳定期，以获得更多的营养物质或代谢产物。

（4）掌握衰亡期　微生物在衰亡期，细胞活力明显下降，同时由于逐渐积累的代谢毒物可能会与某些代谢产物作用，使其分解或影响提纯，因此，必须掌握时间，适时结束发酵。

任务二　菌种培养技术

工业微生物的培养方法分为静置培养和通气培养两大类型。静置培养法是将培养基盛于发酵槽中，在接种菌种后，不通空气进行发酵，又称为嫌气性发酵。例如，酒精、丙酮、丁醇、乳酸等的发酵均属于此类型。通气培养法生产的菌种以需氧菌和兼性需氧菌居多，它们生长的环境必须供给空气，以维持一定的溶解氧水平，菌体才能迅速生长和发酵，又称为好气性发酵。例如，谷氨酸、核苷酸、有机酸和酶制剂等的发酵均属于此类型。

一、固 体 培 养

固体培养又分为浅盘固体培养和深层固体培养，统称为曲法培养，它来源于我国酿造生产特有的传统制曲技术。固体培养的最大特点是固体曲的酶活力高，但存在劳动强度大的缺点。

二、液体深层培养

液体深层培养的特点是容易按照生产菌种对代谢的营养需求，不同生理时期通气、搅拌、温度以及培养基中氢离子浓度等的要求，选择最佳培养条件。因此，目前几乎所有好气性发酵都采取液体深层培养法，如柠檬酸、谷氨酸等采用此法进行生产。目前发酵罐的最大容积为 500～1000t，溶解氧、温度、pH 等均由自控仪表控制。但是，液体深层培养容易感染杂菌，无菌操作要求高，在生产上防止杂菌污染是一个十分重要的问题。

三、载 体 培 养

载体培养源于曲法培养，同时又吸收了液体培养的优点，是一种较新的培养方法。其特征是以天然或人工合成的多孔材料代替麸皮之类的固态基质作为微生物生长的载体，营养成分可以严格控制。发酵结束后只需将菌体和培养液挤压出来进行抽提，载体又可以重新使用。

四、两步法液体深层培养

两步法液体深层培养在酶制剂生产和氨基酸生产方面应用较多。酶制剂生物合成的两步法液体深层培养，其每一步菌体相同而培养条件不同，因为微生物生长与产酶的最适条件往往有很大差异。例如，往培养基中添加葡萄糖能大大增加菌体或菌丝的生长，却严重阻碍了许多酶的合成。加强培养液的通气虽能促进微生物生长，但在多数场合反而抑制了酶的合成。两步法液体深层培养就是实现这种调节方法的具体措施之一，该法已在葡萄糖异构酶、α－甘露糖苷酶的微生物合成方面收到成效。

氨基酸生物合成的两步法液体深层培养，每一步的菌种和培养基均不相同。第一步是有机酸发酵或氨基酸发酵，第二步是在微生物产生的某种酶作用下把第一步产物转化为所需的氨基酸。所以，这种氨基酸发酵生产方法又称为酶转化法。许多种氨基酸均可以通过两步法液体深层培养制得，但由于两步法工艺繁杂，目前谷氨酸、赖氨酸、丙氨酸等大多数是利用直接发酵生产。尽管如此，两步法液体深层培养仍有其实用价值，事实上有些氨基酸的生产还没能选育到适合直接发酵所需的菌种，而必须采用两步法生产。同时，这种方法对于研究微生物细胞内的酶系统和氨基酸的生物合成途径具有一定的作用和意义。

项目九　菌种培育常见问题及解决措施

微生物制药生产过程中，菌种的培养可能会遇到以下问题，要想确保生产的正常进行，则需找出问题所在并以适当的方法来进行处理。菌种培育过程中常见问题及解决措施主要有以下几方面。

一、菌　　种

发酵是利用微生物来生产产品，因此菌种至关重要。现在工业上用于生产青霉素的微生物主要是青霉菌，生产味精的微生物是棒状杆菌，生产柠檬酸的微生物主要是黑曲霉。这是因为每一种微生物的代谢特征不同，它们产生特定产物的能力也不同，为了利用发酵生产所需的产物，不是随便拿来一个菌种就行。

二、发酵培养基

现在大规模工业发酵产品的生产，多采用液体培养基进行深层发酵。使用的培养基必须满足微生物细胞生长、繁殖的需要，因为没有大量的细胞就不可能产生大量的产物。但是细胞的过分生长会消耗大量的营养物，有时又会影响细胞的生产能力，使产物的产量和产率下降。使用的培养基还必须有利于微生物大量合成产物。因此，培养基的组成十分关键。

三、纯种发酵与灭菌

现代发酵工业绝大多数采用纯种发酵，可以保证高产及生产过程和产品质量的稳定。污染是发酵工业的大敌，它会使发酵失败，造成巨大损失。因此，灭菌和无菌操作成为发酵工业的重要环节。发酵涉及到的设备，如发酵罐、空气过滤系统、管道、阀门、取样设备等均须用120℃以上的高压蒸汽进行彻底灭菌，把存在的所有微生物杀死。配制好的培养基在进入发酵罐之前要加热到120℃以上，进行灭菌，或进入时采取连续高温灭菌的方法进行灭菌，即将与发酵关联的所有系统进行灭菌，然后使系统降温到发酵温度后，接入种子，开始发酵。

四、温度对微生物生长的影响

温度主要是通过影响微生物细胞内生物大分子的活性来影响微生物的生命活动。一方面，随着温度的升高，细胞内的酶反应速度加快；另一方面，随着温度的进一步增高，生物活性物质（蛋白质，核酸等）发生变性，细胞功能下降，甚至死亡。所以，每种微生物都有最适生长温度。作为整体，微生物可在 -10 ~ 95℃生长，极端下限为 -30℃，极端上限为105 ~ 300℃。但对于某一种特定的微生物来说，则只能在一定的温度范围内生长。温度下限和上限分别称为微生物的最低和最高生长温度。研究不同微生物在生长或积累代谢产物阶段时的最适温度，采用变温发酵，对提高发酵生产效率具有重要意义。

五、pH对微生物生长的影响

培养基的pH对微生物生长的影响主要是引起细胞膜电荷变化，以及影响营养物离子化程度，从而影响微生物对营养物的吸收；pH也会影响生物活性物质，如酶的活性。与温度对微生物的影响类似，微生物存在最低生长pH、最适生长pH和最高生长pH。不同微生物对环境pH适应的范围不同。一般微生物生长的最适pH在4.0 ~ 9.0。真菌生长的范围宽，细菌较窄，细菌、放线菌一般适应于中性偏碱性环境，而酵母、霉菌适应于偏酸性环境。同一种微生物在不同生长阶段和不同生理生化过程中，对环境pH也有不同要求。同一种微生物由于培养环境pH不同，可能积累不同的代谢产物。因此，在发酵过程中，根据不同目的，采用变pH发酵，可以控制产物和生产效率。

六、溶氧的影响

工业上大部分为好氧发酵，如抗生素、氨基酸、维生素、多糖、有机酸（细菌发酵生产乳酸例外）等发酵均需要往发酵液中通入无菌空气，以满足微生物生长代谢过程对氧的需求。而酒精、丙酮、丁醇和乳酸的细菌发酵为厌氧发酵，发酵过程不需要氧。发酵液中溶氧浓度可以通过控制通气量、罐压、搅拌速度等控制氧的溶解速度和浓度。

总之，发酵过程对周围环境的物理和化学条件十分敏感，任何一种微生物发酵均需要适当的温度、pH、溶解氧、营养物质等，保证最适的发酵条件是发酵成功获得高产产品的关键。

任务实施评分标准

1. 仪器设备的无菌操作……………………………………………20 分
2. 培养箱正确使用……………………………………………………10 分
3. 培养基的配制………………………………………………………10 分
4. 菌种培育操作………………………………………………………30 分
5. 菌种保藏技术………………………………………………………20 分
6. 实训室整理 …………………………………………………………10 分

问题与讨论

1. 优良的生产菌种应该具备哪些特性？
2. 常见的菌种选育方法有哪些？
3. 怎样筛选突变菌株？
4. 讨论：微生物制药工业怎样利用基因工程技术生产新的抗生素。
5. 菌种退化的原因有哪些？防止菌种退化措施有哪些？
6. 菌种保藏的目的是什么？
7. 菌种保藏的原理是什么？菌种保藏的方法有哪些？
8. 培养基的配制原则有哪些？培养基配制时应注意哪几个方面？
9. 简述微生物的物理消毒法有哪些？化学消毒法有哪些？
10. 简述微生物的物理灭菌法有哪些？化学灭菌法有哪些？
11. 发酵生产对空气无菌程度的要求有哪些？
12. 空气除菌方法有哪些？
13. 什么是菌种生长曲线？各时期有什么特点？微生物生长曲线对生产的指导意义是什么？

模块三　种子的扩大培养

◎ 能力目标

1. 能完成实验室摇瓶菌种的活化及扩大培养。
2. 能按要求检测生产用菌种并判断。
3. 能完成种子罐种子的制备与接种。
4. 具备菌培工及相应岗位的职业技能和应用技能解决实际问题的能力。

◎ 知识目标

1. 能阐述种子的扩大培养方法和种子制备的一般过程。
2. 能阐述种子质量的控制应做好哪些方面。
3. 能解释影响种子质量的因素。
4. 能阐述种子级数及注意问题。

◎ 任务描述

通过本模块的学习，掌握种子扩大培养的任务、目的与要求；了解种子制备的技术概要；掌握种子的扩大培养方法和种子制备一般过程，种子培养的级数，影响种子质量的因素。

◎ 学前准备

1. 操作前准备工作

(1) 生化培养箱标准操作程序。

(2) 摇床标准操作程序。

(3) 种子罐标准操作程序。

2. 生产用原材料的准备

保藏菌种、蛋白胨、琼脂、牛肉膏、氯化钠、水、葡萄糖等。

3. 生产用器具、设备检查

(1) 检查确认衡器、量具等状态完好。

(2) 检查试管、三角瓶、摇床、种子罐等状态完好。

项目一　种子的扩大培养及培养级数

工业化大规模生产所需要的菌体数量较多，为满足工业化生产要求，必须逐级扩大培养规模，增加菌体数量。同时，在逐步增殖过程中，通过培养基组成和环境的调控，提升菌种的生产性能，使生产高效进行。

不同产品、不同菌种和不同生产工艺所对应的扩大培养工艺流程不同。菌种扩大培养的目的是高效生产优质产品。菌种扩大培养对环境、设备和流程的要求都以这一目的为出发点。

任务一　种子扩大培养

种子扩大培养是指将保存在沙土管、冷冻干燥管中处于休眠状态的生产菌种接入试管斜面活化，经过扁瓶或摇瓶及种子罐逐级放大培养而获得一定数量和质量的纯种过程。这些纯种培养物称为种子。换而言之，主发酵前的各项细胞培养物，通称为种子。

一、种子扩大培养的目的

（1）种子扩大培养可增加菌体的数量，满足工业化生产对菌种的大量需求。直接保藏的菌体数量少，远远小于工业化生产规模所需要的菌体数量。菌种扩大培养的目的是为每次发酵罐的投料提供相当数量的代谢旺盛的种子。因为发酵时间的长短与接种量的大小有关，接种量大，发酵时间则短。将较多数量的成熟菌体接入发酵罐中，有利于缩短发酵时间，提高发酵罐的利用率，减少杂菌污染几率，减少倒罐现象。

（2）种子的扩大培养可以提升种子生产性能　首先，通过对营养物质的充分适应和适宜环境的控制，可激发菌体的新陈代谢活力，让菌体生长代谢旺盛；其次，在扩大培养过程中，通过调节培养基组成、发酵温度、pH 等因素逐步向生产阶段的真实环境逼近，调理菌体的代谢，让菌种在快速繁殖的同时使菌体的各项性能向最适宜的方向趋近。

因此，种子扩大培养的任务，不但要得到纯而壮的菌体，而且还要获得活力旺盛、接种数量足够的菌体。

二、种子的要求

优质的种子必须具备五项基本条件：菌种细胞的生长活力强，移种至发酵罐后能迅速生长，使调整期缩短；生理生化性状稳定；菌体总量及浓度能满足大容量发酵罐的要求；无杂菌污染；保持稳定的生产能力，产品的生物合成持续、稳定、高产。

要达到以上要求，必须具备的条件：适宜的菌种复苏方法，使菌种在活化培养基上的存活率达到最高；具有无菌操作所需要的环境和设备；具有良好的种子质量检验方法。

任务二　种子培养级数

一、种子罐的作用

种子制备一般使用种子罐。对于不产孢子的菌种，经试管培养直接得到菌体，再经摇瓶培养后即可作为种子罐种子。

种子罐的作用主要是使孢子发芽、生长繁殖成菌丝体，接入发酵罐能迅速生长，达到一定的菌体量，以利于产物的合成。

二、种子级数

一般由菌丝体培养开始计算种子级数，但有时工厂从第一级种子罐开始计算。

种子制备过程中，因菌种不同而异，一般可分为一级种子、二级种子和三级种子，如图3－1。孢子（或摇瓶菌丝）被接入到体积较小的种子罐中，经培养后形成大量的菌丝体，这样的种子称为一级种子。把一级种子转入发酵罐内发酵，称为二级发酵。如果将一级种子接入体积较大的种子罐内，经过培养形成更多的菌丝体，这样制备的种子称为二级种子，将二级种子转入发酵罐内发酵，称为三级发酵。同样道理，使用三级种子的发酵，称为四级发酵。

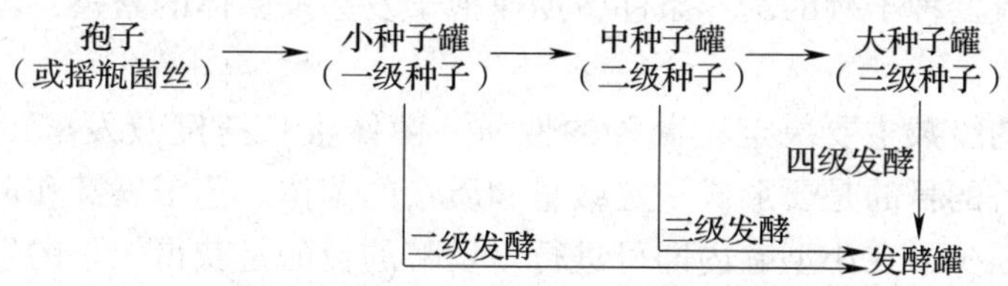

图3－1　种子级数

三、种子罐级数的确定

种子罐级数是指制备种子需逐级扩大培养的次数。种子罐级数的确定取决于以下几方面。

（1）菌种的性质（如菌种传代后的稳定性）。

（2）瓶中的孢子数、孢子发芽及菌丝体繁殖速度。

（3）发酵罐中种子培养液的最低接种量。

（4）种子罐与发酵罐的容积比。

（5）随产物的品种及生产规模而定。

（6）随着工艺条件的改变做适当的调整。

一般情况是细菌生长快，种子用量比例少，级数也较少，常采用二级发酵，即茄子瓶→种子罐→发酵罐。霉菌生长较慢，需要进行三级发酵，即孢子悬浮液→一级种子罐（27℃、40h孢子发芽，种子罐级数的确定方法产生菌丝）→二级种子罐（27℃、10～24h，菌体迅速繁殖，粗壮菌丝体）→发酵罐。放线菌生长更慢，常采用四级发酵。而细胞生长速度介于细菌和霉菌之间的酵母菌，常用一级种子即二级发酵。

对于不同产品的发酵过程来说，必须根据菌种生长繁殖速度快慢决定种子扩大培养的级数。微生物制药生产中，放线菌的细胞生长繁殖较慢，常采用三级种子扩大培养。一般50t发酵罐多采用三级发酵，有的甚至采用四级发酵，如链霉素生产。有些酶制剂发酵生产也采用三级发酵。而谷氨酸及其他氨基酸的发酵所采用的菌种是细菌，生长繁殖速度很快，一般采用二级发酵。

四、确定种子罐级数需注意的问题

（1）种子级数越少越好，可简化工艺和控制，减少染菌机会，减少消毒及值班工作量，减少因种子罐生长异常而造成的发酵波动。级数大，难控制、易染菌、易变异、管理困难，一般用二～四级。

（2）种子级数太少，接种量小，发酵时间会延长，降低了发酵罐的生产率，增加染菌机会。

（3）种子罐级数随产物的品种及生产规模而定。但也与所选用工艺条件有关。例如，改变种子罐的培养条件，加速孢子发芽及菌体的繁殖，也可相应减少种子罐的级数。

种子罐的级数主要决定于菌种的性质、菌体生长速度及发酵设备的合理应用。种子制备的目的是要形成一定数量和质量的菌体。孢子发芽和菌体开始繁殖时，菌体量很少，在小型罐内即可进行。发酵的目的是获得大量的发酵产物。产物是在菌体大量形成并达到一定生长阶段后形成的，需要在大型发酵罐内才能进行。同时，若干发酵产物的生产菌，其不同生长阶段对营养和培养条件的要求有差异。因此，若将两个目的不同、工艺要求有差异的生物学过程放在一个大罐内进行，既影响发酵产物的产量，又会造成动力和设备的浪费。种子罐级数减少，有利于生产过程的简化及发酵过程的控制，可以减少因种子生长异常而造成的发酵波动。

项目二　种子的制备

菌种的扩大培养是发酵生产的第一道工序，该工序又称为种子制备。种子制备不仅要使菌体数量增加，更重要的是，经过种子制备培养出具有高质量的生产种子，供发酵生产使用。因此，如何提供发酵产量高、生产性能稳定、数量足够，而且不被其他杂菌污染的生产菌种，是种子制备工艺的关键。

任务一　种子的培养方法

种子培养要求一定量的种子，在适宜的培养基中，经控制一定的培养条件和培养方法，从而保证种子正常生长。工业微生物培养法分为静置培养和通气培养两大类型。静置培养法即将培养基盛于发酵容器中，在接种后，不通空气进行培养。通气培养法的生产菌种以需氧菌和兼性需氧菌居多，它们生长的环境必须供给空气，以维持一定的溶解氧水平，使菌体迅速生长和发酵。通气培养法又称为好气性培养。

静置和通气培养两类方法又可分为液体培养和固体培养两大类型，其中每一类型又有表面培养与深层培养之分。对于好氧微生物，一般先用克氏瓶或茄子瓶进行扩大，再转接到曲盘扩大培养，或接种到装有液体培养基的三角瓶中在摇床上振荡培养。主要培养方法及特点如下。

1. 表面培养法

表面培养法是一种好氧静置培养法。针对容器内培养基物态又分为液态表面培养和固体表面培养。相对于容器内培养基体积而言，表面积越大，越易促进氧气由气液界面向培养基内传递。这种方法，菌的生长速度与培养基的深度有关，单位体积的表面积越大，生长速度越快。实验室或工业生产中常用固体斜面培养、固体平板培养，包括茄子瓶、克氏瓶或瓷盘培养。

2. 固体培养法

固体培养又分为浅盘固体培养和深层固体培养，统称为曲法培养。它起源于我国酿造生产特有的传统制曲技术。其最大特点是固体曲的酶活力高。其适于产孢子能力强、孢子发芽和生长繁殖快的菌种，产生的孢子可直接作为种子罐的种子，这样操作简便，不易污染杂菌。该方法包括三角瓶、蘑菇瓶、克氏瓶、培养皿等麸皮培养。

3. 液体深层培养

液体深层种子罐从罐底部通气，送入的空气由搅拌桨叶分散成微小气泡以促进氧的溶解。相对于由气液界面靠自然扩散使氧溶解的表面培养法来讲，这种由罐底部通气搅拌的培养方法，称为深层培养法。其特点是容易按照生产菌种对代谢的营养要求，不同生理时期的通气、搅拌、温度以及培养基中氢离子浓度等条件要求，选择最佳培养条件。其适于产孢子能力不强或孢子发芽慢的菌种。该方法包括液体试管、三角瓶摇床振荡或回旋式培养。摇瓶通气量大小与摇瓶机型式、转数、振程（或偏心距）、三角瓶容量、装料量有关。

（1）适于种子培养的几种深层培养法

① 控制培养法：根据罐内部的变化情况，掌握短暂时间内状态变量的变化以及可能测定的环境因子对微生物代谢活动的影响，并以此为基础进行控制培养，以达到产物的最优培养条件。为此，用测定状态变量的传感器取得数据，经

电子计算机进行综合分析，再将其结果作为调节的反馈信号，将环境（培养条件）控制在给定的基准范围内。这就称为电子计算机控制培养。目前已大量用于露天大罐啤酒发酵。

② 载体培养法：载体培养法脱胎于曲法培养，同时又吸收了液体培养的优点，是近年来新发展的一种培养方法。其特征是以天然或人工合成的多孔材料代替麸皮之类的固体基质作为微生物的载体，营养成分可以严格控制。发酵结束，只需将菌体和培养基挤压出来进行抽提，载体可以重新使用。

③ 两步法：酶制剂生产两步法的特点是将菌体生长条件（生长期）与产酶条件（生产期）区分开来。菌体先在丰富的培养基上大量繁殖，然后收集菌体浓缩物，洗涤后再转入添加诱导物的产酶培养基，在此期间，菌体积累大量的酶，一般不再繁殖，营养成分或诱导物得到充分的利用。

（2）深层培养基本操作的三个控制点

① 灭菌：发酵工业要求纯培养，因此在种子培养前必须对培养基进行加热灭菌。所以种子罐具有蒸汽夹套，以便将培养基和种子罐进行加热灭菌，或者将培养基由连续加热灭菌器灭菌，并连续地输送到种子罐内。

② 温度控制：培养基灭菌后，冷却至培养温度进行种子培养，由于随着微生物的生长和繁殖会产生热量，搅拌也会产生热量，所以要维持温度恒定，需在夹套中或盘管中通循环冷却水。

③ 通气、搅拌：空气进入种子罐前先经过空气过滤器除去杂菌，制成无菌空气，而后由罐底部进入，再通过搅拌将空气分散成微小气泡。为了延长气泡滞留时间，可在罐内装挡板产生涡流。搅拌的目的除增加溶解氧以外，还可使培养液中的微生物均匀地分散在种子罐内，促进热传递，以及使 pH 均匀，并使加入的酸和碱均匀分散等。

任务二　种子的制备过程

种子制备过程的步骤主要是：斜面培养基活化；扁瓶固体培养基或摇瓶培养基扩大培养，完成实验室种子制备，通过一级种子罐，制备生产用种子；视情况确定扩大级数，完成生产车间种子制备；种子转种至发酵罐。

在发酵生产过程中，种子的制备过程大致可分为两个阶段。第一阶段为实验室种子制备阶段；第二阶段为生产车间种子制备阶段。如图 3－2 所示。

不用种子罐，所用的设备为培养箱、摇床等实验室常见设备，生产中这些培养过程一般都在菌种室完成，因此，形象地将这些培养过程称为实验室阶段的种子培养。其目的是将种子扩培到一定的数量和质量，并根据菌种的特点和最终的培养物分为两类：一是对于不产芽孢和孢子的微生物，实验室阶段的种子扩培最终是获得一定数量和质量的菌体，如谷氨酸的种子培养；二是对于产孢子的微生物，主要是获得一定数量和质量的孢子。

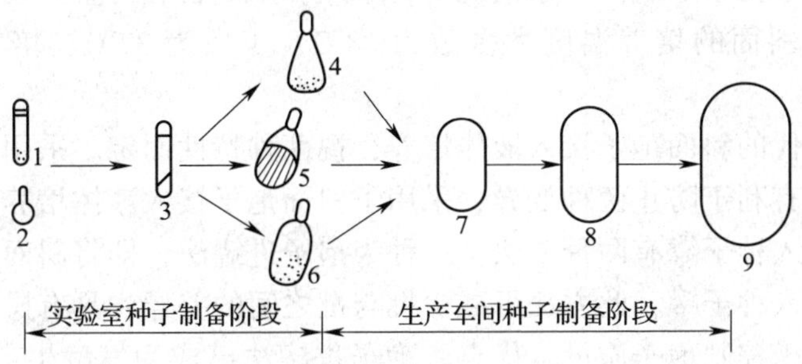

图3-2　种子扩大培养流程图

1—沙土孢子　2—冷冻干燥孢子　3—斜面孢子　4—摇瓶液体培养（菌丝体）
5—摇瓶斜面培养　6—固体培养基培养　7—种子罐培养　8—种子罐培养　9—发酵罐

实验室种子的制备一般采用两种方式，即孢子的制备和液体种子的制备。其中对于产孢子能力强及孢子发芽、生长繁殖快的菌种可以采用固体培养基培养，孢子可直接作为种子罐的种子。这样操作简便，不易污染杂菌。对于产孢子能力不强或孢子发芽慢的菌种，可以用液体培养法。

1. 孢子的制备

孢子制备是种子制备的开始，是发酵生产的一个重要环节。孢子的质量、数量对以后菌丝的生长、繁殖和发酵产量都有明显的影响。孢子培养过程中，接种母瓶的目的是为了活化、纯化，使保藏菌种生长，并去除变异株。所以，接种时要稀一点，便于纯化生长到单菌落。而子瓶从母斜面上接种，选取生长好的单菌落，接种时密一点，要得到大量的孢子。孢子培养时注意湿度，子斜面使用一般不超过1个月。

不同菌种的孢子制备工艺有其不同的特点。细菌、酵母菌的孢子制备就是一个细胞数量增加的过程。霉菌、放线菌的孢子制备一般包括两个过程，即在固体培养基上生产大量孢子的孢子制备和在液体培养基中生产大量菌丝体的种子制备过程。

（1）细菌孢子的制备　细菌的斜面培养基多采用碳源限量而氮源丰富的配方，牛肉膏、蛋白胨常用作有机氮源。细菌培养温度大多数为37℃，少数为28℃，细菌菌体培养时间一般为1~2d，产芽孢的细菌则需培养5~10d。

（2）霉菌孢子的制备　霉菌孢子的培养一般以大米、小米、玉米、麸皮、麦粒等天然农产品为培养基。培养的温度一般为25~28℃。培养时间一般为4~14d。

（3）放线菌孢子的制备　放线菌的孢子培养一般采用琼脂斜面培养基，培养基中含有一些适合产孢子的营养成分，如麸皮、豌豆浸汁、蛋白胨和一些无机盐等。碳源和氮源不要太丰富（碳源约为1%，氮源不超过0.5%），碳源丰富容易造成生理酸性的营养环境，不利于放线菌孢子的形成，氮源丰富则有利于菌丝繁殖而不利于孢子形成。一般情况下，干燥和限制营养可直接或间接诱导孢子形成。放线菌斜面的培养温度大多数为28℃，少数为37℃，培养时间为5～14d。

采用哪一代的斜面孢子接入液体培养，视菌种特性而定。采用母斜面孢子接入液体培养基有利于防止菌种变异，采用子斜面孢子接入液体培养基可节约菌种用量。菌种进入种子罐有两种方法：一种为孢子进罐法，即将斜面孢子制成孢子悬浮液直接接入种子罐，此方法可减少批与批之间的差异，具有操作方便、工艺过程简单和便于控制孢子质量等优点，孢子进罐法已成为发酵生产的一个方向。另一种方法为摇瓶菌丝体进罐法，适用于某些生长发育缓慢的放线菌，此方法的优点是可以缩短种子在种子罐内的培养时间。

2．液体种子制备

液体种子制备是将固体培养基上培养出的孢子或菌体转入到液体培养基中培养，使其繁殖成大量菌丝或菌体的过程。种子制备所使用的培养基和其他工艺条件，都要有利于孢子发芽、菌丝繁殖或菌体增殖。

某些孢子发芽和菌丝体繁殖速度缓慢的菌种，需将孢子经摇瓶培养成菌丝体后再进入种子罐，这就是摇瓶种子。摇瓶相当于微缩了的种子罐，其培养基配方和培养条件与种子罐相似。

摇瓶种子进罐，常采用母瓶、子瓶两级培养，有时母瓶种子也可以直接进罐。种子培养基要丰富和完全，并易被菌体分解利用，氮源丰富有利于菌丝体生长。原则上各种营养成分不宜过浓，子瓶培养基浓度比母瓶略高，更接近种子罐的培养基配方。

任务三　生产车间种子的制备

实验室制备的孢子或液体种子移种至种子罐扩大培养，种子培养在种子罐里面进行，一般归为发酵车间管理，因此，形象地称这些培养过程为生产车间阶段。在生产车间阶段，一般都是要获得一定数量的菌丝体。

种子罐的培养基虽因不同菌种而异，但其原则为采用易被菌利用的成分，如葡萄糖、玉米浆、磷酸盐等。如果是需氧菌，同时还需供给足够的无菌空气，并不断搅拌，使菌丝体在培养液中均匀分布，获得相同的培养条件。培养基的选择应先考虑的是有利于孢子的发育和菌丝体的生长，所以营养要比发酵培养基丰富。在原料方面不如实验室阶段那么精细，而是基本接近于发酵培养基，这有两个方面的原因：一是成本；二是驯化。

项目三　种子质量及其影响因素

种子质量是影响发酵生产水平的重要因素。种子质量的优劣，主要取决于菌种本身的遗传特性和培养条件两个方面。这就是说既要有优良的菌种，又要有良好的培养条件才能获得高质量的种子。

种子质量要求主要体现在以下三方面：第一是要纯，具体检验方法有显微镜观察；斜面接入种子液进行无菌试验，观察有无异常菌落出现；有些要检查有无噬菌体。第二是种子活力旺盛，镜检观察菌体形态，是否粗壮、整齐、处于分裂期。第三是要有足够的菌体浓度。

任务一　影响孢子质量的因素及控制

孢子质量与培养基、培养温度、湿度、培养时间、接种量等有关，这些因素相互联系、相互影响，因此，必须全面考虑各种因素，认真加以控制。

一、孢子培养基

构成孢子培养基的原材料，其产地、品种、加工方法和用量对孢子质量都有一定的影响。生产过程中孢子质量不稳定的现象，常常是原材料质量不稳定所造成的。原材料产地、品种和加工方法的不同，会导致培养基中微量元素和其他营养成分含量的变化。原材料质量的波动，其主要原因是其中无机离子含量不同，如微量元素 Mg^{2+}、Cu^{2+}、Ba^{2+} 能刺激孢子的形成。磷含量太多或太少也会影响孢子的质量。例如，由于生产蛋白胨所用的原材料及生产工艺的不同，蛋白胨的微量元素含量、磷含量、氨基酸组分均有所不同，而这些营养成分对于菌体生长和孢子形成有重要作用。琼脂的牌号不同，对孢子质量也有影响，这是由于不同牌号的琼脂含有不同的无机离子。

此外，水质的影响也不能忽视。地区的不同、季节的变化和水源的污染，均可成为水质波动的原因。为了避免水质波动对孢子质量的影响，可在蒸馏水或无盐水中加入适量的无机盐，供配制培养基使用。例如，在配制生产四环素的斜面培养基时，有时在无盐水内加入 0.03% $(NH_4)_2HPO_4$、0.028% KH_2PO_4 及 0.01% $MgSO_4$，确保孢子质量，提高四环素发酵产量。

为了保证孢子培养基的质量，斜面培养基所用的主要原材料，糖、氮、磷含量需经过化学分析及摇瓶发酵试验合格后才能使用。制备培养基时要严格控制灭菌后的培养基质量。斜面培养基使用前，需在适当温度下放置一定的时间，使斜面无冷凝水呈现，水分适中有利于孢子生长。

配制孢子培养基还应该考虑不同代谢类型的菌落对多种氨基酸的选择。菌种在固体培养基上可呈现多种不同代谢类型的菌落，各种氨基酸对菌落的表现不同。氮源品种越多，出现的菌落类型也越多，不利于生产的稳定。斜面培养基上用较单一的氮源，可抑制某些不正常型菌落的出现。而对分离筛选的平板培养基则需加入较复杂的氮源，使其多种菌落类型充分表现，以利于筛选。因此，在制备固体培养基时有两条经验：① 供生产用的孢子培养基或作为制备沙土孢子或传代所用的培养基要用比较单一的氮源，以便保持正常菌落类型的优势；② 作为选种或分离用的平板培养基，则需采用较复杂的有机氮源，目的是便于选择特殊代谢的菌落。

二、培 养 条 件

1. 温度

温度对多数品种斜面孢子质量有显著的影响。微生物在一个较宽的温度范围内生长。但是，要获得高质量的孢子，其最适温度区间很狭窄。一般来说，提高培养温度，可使菌体代谢活动加快，缩短培养时间，但是，菌体的糖代谢和氮代谢的各种酶类，对温度的敏感性是不同的。因此，培养温度不同，菌的生理状态也不同，如果不是用最适温度培养的孢子，其生产能力就会下降。不同的菌株要求的最适温度不同，需经实践考察确定。例如，土霉素生产菌种龟裂链霉菌斜面最适温度为36.5~37℃，如果高于37℃，则孢子成熟早，易老化，接入发酵罐后，就会出现菌丝对糖、氮利用缓慢，氨基氮回升提前，发酵产量降低等现象。培养温度控制低一些，则有利于孢子的形成。龟裂链霉菌斜面先放在36.5℃培养3d，再放在28.5℃培养1d，所得的孢子数量比在36.5℃培养4d所得的孢子数量增加3~7倍。一般各生产单位都严格控制孢子斜面的培养温度。

2. 湿度

斜面孢子培养时，培养室的相对湿度对孢子形成的速度、数量和质量有很大影响。

空气中相对湿度高时，培养基内的水分蒸发少；相对湿度低时，培养基内的水分蒸发多。在我国北方干燥地区，冬季由于气候干燥，空气相对湿度偏低，斜面培养基内的水分蒸发快，致使斜面下部含有一定水分，而上部易干瘪，这时孢子长得快，且从斜面下部向上长。夏季时空气相对湿度高，斜面内水分蒸发慢，这时斜面孢子从上部往下长，下部常因积存冷凝水，致使孢子生长得慢或孢子不能生长。例如，土霉素生产菌种龟裂链霉菌，孢子制备时发现：在北方气候干燥地区孢子斜面长得较快，在含有少量水分的试管斜面培养基下部孢子长得较好，而斜面上部由于水分迅速蒸发呈干瘪状，孢子则稀少。在气温高含湿度大的地区，斜面孢子长得慢，主要由于试管下部冷凝水多而不利于孢子的形成。从表3-1中看出相对湿度在40%~45%时，孢子数量最多，且孢子颜色均匀，质量较好。

表3-1　不同相对湿度对龟裂链霉菌斜面生长的影响

相对湿度/%	斜面外观	活孢子计数/（亿/支）
16.5~19	上部稀薄，下部稠、略黄	1.2
25~36	上部薄，中部均匀、发白	2.3
40~45	一片白，孢子丰富，稍皱	5.7

试验表明，在一定条件下培养斜面孢子时，在北方相对湿度控制在 40% ~ 45%，而在南方相对湿度控制在 35% ~42%，所得孢子质量较好。一般来说，真菌对湿度要求偏高，而放线菌对湿度要求偏低。

在培养箱培养时，如果相对湿度偏低，可放入盛水的平皿，提高培养箱内的相对湿度，为了保证新鲜空气的交换，培养箱每天宜开启几次，以利于孢子生长。现代化的培养箱是恒温、恒湿，并可换气，不用人工控制。

最适培养温度和湿度是相对的，如相对湿度、培养基组分不同，对微生物的最适温度会有影响。培养温度、培养基组分不同也会影响到微生物培养的最适相对湿度。

3. 培养时间和冷藏时间

(1) 孢子的培养时间　基内菌丝和气生菌丝内部的核物质和细胞质处于流动状态，如果把菌丝断开，各菌丝片断之间的内容是不同的，有的片断中含有核粒，有的片断中没有核粒，而核粒的多少也不均匀，该阶段的菌丝不适宜于菌种保存和传代。而孢子本身是一个独立的遗传体，其遗传物质比较完整，因此孢子用于传代和保存均能保持原始菌种的基本特征。但是孢子本身也有年轻与衰老之分。一般来说衰老的孢子不如年轻孢子，因为衰老的孢子已在逐步进入发芽阶段，核物质趋于分化状态。孢子的培养工艺一般选择在孢子成熟阶段时终止培养，此时显微镜下可见到成串孢子或游离的分散孢子，如果继续培养，则进入斜面衰老菌丝自溶阶段，表现为斜面外观变色、发暗或黄、菌层下陷、有时出现白色斑点或发黑。白斑表示孢子发芽长出第二代菌丝，黑色显示菌丝自溶。孢子的培养时间对孢子质量有重要影响，过于年轻的孢子经不起冷藏，如土霉素菌种斜面培养 4.5d，孢子尚未完全成熟，冷藏 7 ~ 8d 菌丝即开始自溶。而培养时间延长半天（即培养 5d），孢子完全成熟，可冷藏 20d 也不自溶。过于衰老的孢子会导致生产能力下降，应控制在孢子量多、孢子成熟、发酵产量正常的阶段终止培养。

(2) 冷藏时间　斜面孢子的冷藏时间，对孢子质量也有影响，其影响随菌种不同而异，总的原则是冷藏时间宜短不宜长。

冷藏时间对孢子质量的影响。一方面与孢子成熟程度有关。另一方面对孢子的生产能力也有影响。例如，在链霉素生产中，斜面孢子在 6℃冷藏两个月后的发酵单位比冷藏一个月降低 18%，冷藏 3 个月后降低 35%。

4. 接种量

接种量大小影响到培养基中孢子的数量，进而影响菌体的生理状况。

制备孢子时的接种量要适中，接种量过大或过小均对孢子质量产生影响。因为接种量的大小影响到在一定量培养基中孢子的个体数量，进而影响到菌体的生理状态。凡接种后菌落均匀分布整个斜面，隐约可分菌落者为正常接种。接种量过小则斜面上长出的菌落稀疏，接种量过大则斜面上菌落密集一片。一般传代用的斜面孢子要求菌落分布较稀，适于挑选单个菌落进行传代培养。接种摇瓶或进罐的斜面孢子，要求菌落密度适中或稍密，孢子数达到要求标准。一般一支高度为20cm、直径为3cm的试管斜面，丝状菌孢子数要求达到10^7以上。

接入种子罐的孢子接种量对发酵生产也有影响。例如，青霉素生产菌之一的球状菌的孢子数量对青霉素发酵产量影响极大。若孢子数量过少，则进罐后长出的球状体过大，影响通气效果；若孢子数量过多，则进罐后不能很好地维持球状体。

除了以上几个因素需加以控制之外，要获得高质量的孢子，还需要对菌种质量加以控制。用各种方法保存的菌种每过1年都应进行1次自然分离，从中选出形态、生产性能好的单菌落接种孢子培养基。制备好的斜面孢子，要经过摇瓶发酵试验，合格后才能用于发酵生产。

任务二　影响种子质量的因素及控制

种子质量主要受孢子质量、培养基、培养条件、种龄和接种量等因素的影响。摇瓶种子的质量主要以外观颜色、效价、菌丝浓度或黏度以及糖氮代谢、pH变化等为指标，符合要求方可进罐。

种子的质量是发酵能否正常进行的重要因素之一。种子制备不仅是要提供一定数量的菌体，更为重要的是要为发酵生产提供适合发酵、具有一定生理状态的菌体。种子质量的控制，将以此为出发点。

一、种子培养基

种子培养基原材料质量的控制类似于孢子培养基原材料质量的控制。种子培养基的营养成分应适合种子培养的需要，一般选择一些有利于孢子发芽和菌丝生长的培养基，在营养上易于被菌体直接吸收和利用，营养成分要适当地丰富和完全，氮源和维生素含量较高。另一方面，培养基的营养成分要尽可能地和发酵培养基接近，以适合发酵的需要，这样的种子一旦移入发酵罐后能比较容易适应发酵罐的培养条件。发酵的目的是为了获得尽可能多的发酵产物，其培养基一般比较浓，而种子培养基以略稀薄为宜。种子培养基的pH要比较稳定，以适合菌的生长和发育。pH的变化会引起各种酶活力的改变，对菌丝形态和代谢途径影响很大。例如，种子培养基的pH控制对四环素发酵有显著影响。

二、培 养 条 件

种子培养应选择最适温度，前面已有叙述。培养过程中通气搅拌的控制很重要，各级种子罐或者同级种子罐的各个不同时期的需氧量不同，应区别控制，一般前期需氧量较少，后期需氧量较多，应适当增大供氧量。在青霉素生产的种子制备过程中，充足的通气量可以提高种子质量。例如，将通气充足和通气不足两种情况得到的种子都接入发酵罐内，它们的发酵单位可相差1倍。但是，在土霉素发酵生产中，一级种子罐的通气量小一些却对发酵有利。通气搅拌不足可引起菌丝结团、菌丝粘壁等异常现象。生产过程中，有时种子培养会产生大量泡沫而影响正常的通气搅拌，此时应严格控制，甚至可考虑改变培养基配方，以减少发泡。

三、种　龄

种龄即种子培养时间，是指种子罐中培养的菌丝体开始移入下一级种子罐或发酵罐时的培养时间。

在种子罐内，随着培养时间延长，菌体量逐渐增加。但是菌体繁殖到一定程度，由于营养物质消耗和代谢产物积累，菌体量不再继续增加，而是逐渐趋于老化。由于菌体在生长发育过程中，不同生长阶段的菌体的生理活性差别很大，接种种龄的控制就显得非常重要。

通常种龄是以处于生命力极旺盛的指数期，菌体量还未达到最大值时的培养时间较为合适。此时的种子能很快适应环境，生长繁殖快，可大大缩短在发酵罐中的延期，缩短在发酵罐中的非产物合成时间，提高发酵罐的利用率，节省动力消耗。如果种龄控制不适当，种龄过于年轻的种子接入发酵罐，往往会出现前期生长缓慢、泡沫多、发酵周期延长以及因菌体量过少而菌丝结团，引起异常发酵等；而种龄过老的种子接入发酵罐后，则会因菌体老化而导致生产能力衰退。在土霉素生产中，一级种子的种龄相差2~3h，转入发酵罐后，菌体的代谢就会有明显的差异。

不同菌种或同一菌种工艺条件不同，种龄是不一样的，最适种龄因菌种不同而有很大的差异。细菌种龄一般为7~24h，霉菌种龄一般为16~50h，放线菌种龄一般为21~64h。同一菌种的不同罐批培养相同的时间，得到的种子质量也不完全一致，因此最适的种龄应通过多次试验，特别要根据本批种子质量来确定。如嗜碱性芽孢杆菌生产碱性蛋白酶，种龄为12h最好（图3-3）。

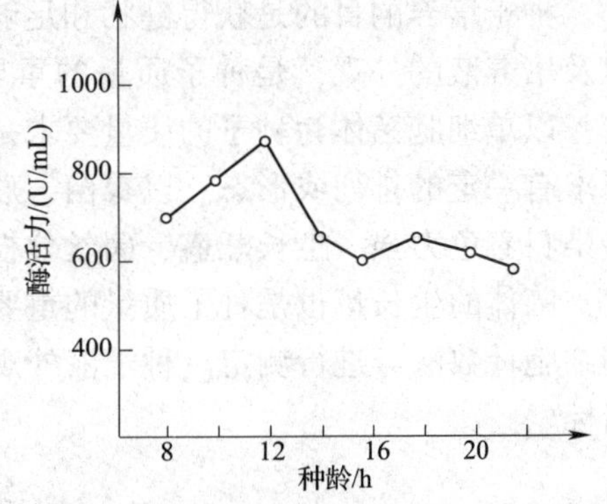

图3-3　接种时间对嗜碱性芽孢杆菌生产碱性蛋白酶的影响

四、接　种　量

移入的种子液体积和接种后培养液体积的比例，称为接种量。发酵罐接种量的大小与菌种特性、种子质量和发酵条件等有关。不同的微生物其发酵的接种量是不同的，如制霉菌素发酵的接种量为0.1%~1%，肌苷酸发酵接种量为1.5%~2%，多数抗生素发酵的接种量为7%~15%，有时可加大到20% ~25%。通常接种量，细菌为1% ~5%；酵母菌为5% ~10%；霉菌为7% ~15%，有时为20% ~25%。

接种量的大小与该菌在发酵罐中生长繁殖的速度有关。有些产品的发酵以接种量大一些较为有利，采用大接种量，种子进入发酵罐后容易适应，而且种子液中含有大量的水解酶，有利于对发酵培养基的利用。大接种量还可以缩短发酵罐中菌体繁殖至高峰所需的时间，使产物合成速度加快。但是，过大的接种量往往使菌体生长过快、过稠，造成营养基质缺乏或溶解氧不足而不利于发酵；接种量过小，则会引起发酵前期菌体生长缓慢，使发酵周期延长，菌丝量少，还可能产生菌丝团，导致发酵异常等。但是，对于某些品种，较小的接种量也可以获得较好的生产效果。例如，生产制霉菌素时用1% 的接种量，其效果比用10% 的好，而0.1% 接种量的生产效果与1% 的生产效果相似。

近年来，生产上多以大接种量和丰富培养基作为高产措施。例如，谷氨酸生产中，采用高生物素、大接种量、添加青霉素的工艺。为了加大接种量，有些品种的生产采用双种法，即2 个种子罐的种子接入1 个发酵罐。有时因为种子罐染菌或种子质量不理想，而采用倒种法，即倒出1 个发酵罐部分适宜的发酵液作为另一发酵罐的种子。有时2 个种子罐中有1 个染菌，此时可采用混种进罐的方法，即以种子液和发酵液混合作为发酵罐的种子。以上三种接种方法运用得当，有可能提高发酵产量，但是其染菌机会和变异机会增多。

任务三　种子质量的控制措施

不同产品、不同菌种以及不同工艺条件的种子质量有所不同，况且，判断种子质量的优劣尚需要有丰富的实践经验。微生物制药生产上常用的种子质量标准，大致有如下几个方面。

一、细胞或菌体

种子培养的目的是获得健壮和足够数量的菌体。因此，菌体形态、菌体浓度以及培养液的外观，是种子质量的重要指标。菌体形态可通过显微镜观察来确定，以单细胞菌体为种子的质量要求是菌体健壮、菌形一致、均匀整齐，有的还要求有一定的排列或形态。以霉菌、放线菌为种子的质量要求是菌丝粗壮、对某些染料着色力强、生长旺盛、菌丝分枝情况和内含物情况良好。

菌体的生长量也是种子质量的重要指标，生产上常用离心沉淀法、光密度法和细胞计数法等进行测定。种子液外观如颜色、黏度等也可作为种子质量的粗略指标。

二、生化指标

种子液的糖、氮、磷含量变化和pH 变化是菌体生长繁殖、物质代谢的反映，不少产品的种子液质量以这些物质的利用情况及变化为指标。

三、产物生成量

种子液中产物的生成量是多种发酵产品发酵中考察种子质量的重要指标，因为种子液中产物生成量的多少是种子生产能力和成熟程度的反映。

四、酶　活　力

测定种子液中某种酶的活力，作为种子质量的标准，是一种较新的方法。例如，土霉素生产的种子液中的淀粉酶活力与土霉素发酵单位有一定的关系，因此，种子液淀粉酶活力可作为判断该种子质量的依据。

种子质量的最终指标是考察其在发酵罐中所表现出来的生产能力。因此，首先必须保证生产菌种的稳定性，其次是提供种子培养的适宜环境，保证无杂菌侵入，以获得优良种子。因此，在生产过程中通常进行以下两项检查。第一是菌种稳定性的检查，测定其生产能力，从中挑选高产菌株，并及时对退化菌种进行复壮；第二是无杂菌检查。

项目四　种子培养常见问题及解决措施

任务一　种子异常分析

在生产过程中，种子质量受各种各样因素的影响，种子异常的情况时有发生，会给发酵带来很大的困难。种子异常往往表现为菌种生长发育缓慢或过快、菌丝结团、菌丝粘壁三个方面。

1. 菌种生长发育缓慢或过快

菌种在种子罐生长发育缓慢或过快和孢子质量以及种子罐的培养条件有关。生产中，通入种子罐的无菌空气的温度较低或者培养基的灭菌质量较差是种子生长、代谢缓慢的主要原因。

2. 菌丝结团

在液体培养条件下，繁殖的菌丝并不分散而聚成团状，称为菌丝团。这时从培养液的外观就能看见白色的小颗粒，菌丝聚集成团会影响菌的呼吸和对营养物质的吸收。如果种子液中的菌丝团较少，进入发酵罐后，在良好的条件下，可以逐渐消失，不会对发酵产生显著影响。如果菌丝团较多，种子液移入发酵罐后往往形成更多的菌丝团，影响发酵的正常进行。菌丝结团和搅拌效果差、接种量小有关，一个菌丝团可由一个孢子生长发育而来，也可由多个菌丝体聚集一起逐渐形成。

3. 菌丝粘壁

菌丝粘壁是指在种子培养过程中，由于搅拌效果不好、泡沫过多以及种子罐装料系数过小等原因，使菌丝逐步粘在罐壁上。其结果使培养液中菌丝浓度减少，最后就可能形成菌丝团。以真菌为生产菌的种子培养过程中，发生菌丝粘壁的机会较多。

任务二　种子染菌的控制

染菌是微生物发酵生产的大敌，一旦发现染菌，应及时进行处理，以免造成更大的损失。染菌的原因，如果不是设备本身结构存在死角，归纳起来主要包括设备、管道、阀门漏损，灭菌不彻底，空气净化不好，无菌操作不严或菌种不纯等问题。因此，要控制染菌继续发展，必须及时找出染菌的原因，采取措施，杜绝染菌事故再现。菌种发生染菌会使各个发酵罐都染菌，因此，必须加强接种室的消毒管理工作，定期检查消毒效果，严格无菌操作技术。如果新菌种不纯，则需反复分离，直至完全纯粹为止。对于已出现杂菌菌落或噬菌体噬斑的试管斜面菌种，应予以废弃。在平时应经常分离试管菌种，以防菌种衰退、变异和污染杂菌。对于菌种扩大培养的工艺条件要严格控制，对种子质量更要严格掌握，必要时可将种子罐冷却，取样做纯菌试验，确认种子无杂菌存在，才能向发酵培养基中接种。

任务实施评分标准

1. 无菌操作……………………………………………………20 分
2. 培养箱正确使用………………………………………………10 分
3. 摇床的正确使用………………………………………………10 分
4. 种子罐操作……………………………………………………30 分
5. 接种技术……………………………………………………20 分
6. 实训室整理……………………………………………………10 分

问题与讨论

1. 名词解释：发酵级数、接种量、种龄、接种、倒种、双种。
2. 简述种子扩大培养的目的与要求及一般步骤。
3. 讨论：在大规模发酵的种子制备过程中，实验室阶段和生产车间阶段在培养基和培养物选择上各有何特点？
4. 影响种子质量的因素有哪些？可采取什么措施保证种子的质量？
5. 讨论：在实验室种子的制备过程中，对于产孢子能力强的菌种应采取什么方式？对产孢子弱或孢子发芽慢的菌种又应采取何种方式？
6. 结合具体产品理解种子质量控制的方法，以及认识种子质量对发酵的影响。

模块四　微生物制药产物的生物合成

◎ 能力目标

1. 能在生产实践中进行人工控制微生物的代谢。
2. 具备相应岗位的职业技能和应用技能解决实际问题的能力。

◎ 知识目标

1. 能阐述代谢产物生物合成的常用方法。
2. 能阐述微生物代谢产物的种类。
3. 能理解微生物代谢的不同调节方式。
4. 能理解微生物代谢的人工控制途径。

◎ 任务描述

通过本模块的学习，让学生明确微生物代谢产物的种类，理解微生物代谢的不同调节方式，理解微生物代谢的人工控制途径，学会应用技能解决实际问题。

◎ 学前准备

查资料思考控制细菌次生代谢产物生成的基因主要位于何处？微生物的代谢途径有哪些？

项目一　微生物代谢产物的生物合成

微生物的代谢，指微生物在存活期间的代谢活动。微生物在代谢过程中，会产生多种多样的代谢产物。根据代谢产物与微生物生长繁殖的关系，可以分为初级代谢产物和次级代谢产物两类。初级代谢产物是指微生物通过代谢活动所产生的、自身生长和繁殖所必需的物质。次级代谢产物是指微生物生长到一定阶段才产生的，化学结构十分复杂、对该微生物无明显生理功能，或并非是微生物生长和繁殖所必需的物质。

任务一　代谢产物生物合成常用的方法

一、同位素示踪法

同位素示踪法的基本过程是将由同位素标记的化合物（如^{14}C－葡萄糖）提供给试验菌，使标记化合物参与某种代谢产物的形成，然后测定产物或中间产物的同位素含量，从而判断试验化合物是否参与代谢物的生物合成。

二、遗传特性诱变法

遗传特性诱变法又称自养体突变株法，该法通过常规的诱变方法处理能够产生菌种代谢产物的试验菌，使突变菌株不能合成该代谢产物或其中间代谢物，即所谓的负突变株。

这些突变株能够积累某种中间代谢产物或支路代谢产物，因此，可以通过比较正常微生物菌和其突变株代谢产物化学结构上的差异，推断出某种代谢产物的生物合成的反应步骤，然后再分离其反应中的特殊酶类，进一步判断其生化反应的特性。

三、洗涤菌体悬浮法

取不同生长阶段的菌体，洗净，把菌体悬浮在人工培养系统内，在一定条件下观察被试验化合物对菌体代谢和代谢产物合成的影响。

为避免菌体内含物的干扰，常把洗净后的菌体悬浮在生理盐水中，保温一定时间，尽可能使其内源营养物耗竭，再在人工培养系统中进行试验，即饥饿后试验。

采用此法，被试验的菌体仍能以基础原料合成某种代谢产物，但产量会大大减少，但仍可判断生物合成过程中的一些步骤。

四、无细胞酶系统法

用适当的方法（如超声波破碎等）破碎细胞，释放胞内酶，再经过离心和冷冻干燥，即为酶制品。可根据所分离酶和杂酶的性质不同，除去杂酶的干扰，制得纯酶，即为无细胞酶系统。

将有关物质加入反应体系，适当条件下保温一定时间后，检测反应体系中酶促反应产物和底物的浓度，进而判断该酶是否对代谢产物的生物合成起催化作用。

五、刺激试验法

在某种代谢产物的发酵培养基或发酵过程中，添加可疑的前体物，观察该物质在发酵过程中的利用情况和促进代谢产物生物合成的效果。

任务二　微生物代谢产物的生物合成

一、初级代谢与初级代谢产物

初级代谢是指微生物从外界吸收各种营养物质，通过分解代谢和合成代谢，生成维持生命活动所需要的物质和能量的过程。这一过程的产物，如糖、氨基酸、脂肪酸、核苷酸以及由这些化合物聚合而成的高分子化合物（如多糖、蛋白质、酯类和核酸等），即为初级代谢产物。

由于初级代谢产物都是微生物营养性生长所必需，因此，除了遗传上有缺陷的菌株外，活细胞中初级代谢途径是普遍存在的，也就是说它们的合成代谢流普遍存在。在这途径上，初级代谢物合成所涉及的酶的特异性比次级代谢方面的特异性要高，因为初级代谢产物合成的差错会导致细胞死亡。微生物细胞的代谢调节方式很多，例如，通过酶的定位以限制它与相应底物的接近，以及调节代谢流等可调节营养物透过细胞膜而进入细胞的能力。其中调节代谢流的方式最为重要，它包括两个方面：一是调节酶的活性，调节的是已有酶分子的活性，是在酶化学水平上发生的；二是调节酶的合成，调节的是酶分子的合成量，这是在遗传学水平上发生的。在细胞内这两者往往密切配合、协调进行，以达到最佳调节效果。

二、次级代谢与次级代谢产物

1. 微生物次级代谢

次级代谢是指微生物在一定的生长时期，以初级代谢产物为前体，合成一些对于该微生物没有明显生理功能且非其生长和繁殖所必需的物质的过程。这一过程的产物，即为次级代谢产物，如抗生素、激素、生物碱、毒素及维生素等。

次级代谢与初级代谢关系密切，初级代谢的关键性中间产物往往是次级代谢的前体，如糖降解过程中的乙酰 CoA 是合成四环素、红霉素的前体；一般菌体的次级代谢在指数生长后期或稳定期间进行，受环境条件的影响。

2. 微生物次级代谢产物

次级代谢产物的合成，因菌株不同而异，但与分类地位无关；与次级代谢关系密切的质粒则控制着多种抗生素的合成。

次级代谢产物在微生物生命活动过程中的产生极其微量，对微生物本身的生命活动没有明显作用，当次级代谢途径被阻断时，菌体生长繁殖仍不会受到影响，因此，它们没有一般性的生理功能，也不是生物体生长繁殖的必需物质，但对其他生物体往往具有不同的生理活性作用，因此，人们利用这些具有各种生理活性的次级代谢产物生产具有应用价值的药物。

3. 微生物次级代谢产物的生源

在研究次级代谢产物生物合成过程中，常用到两个不同的术语，即生物合成和生源。生物合成是指用于描述在生物体内次级代谢产物的形成过程。生源是次级代谢产物分子装配单位的来源。一般次级代谢产物的生源都是直接或间接来自于微生物代谢过程中产生的一些中间产物和初级代谢产物。次级代谢产物合成中常用的生源：

（1）聚酮体　即含有多个羰基的聚合物，和初级代谢产物脂肪酸合成的前体相似。许多次级代谢产物（如大环内酯类抗生素的内酯环、蒽环类抗生素的蒽醌环）的前体物是由聚酮体构成。组成聚酮体的基本单位为乙酸、丙酸、丁酸和短链脂肪酸，起始单位有乙酰辅酶 A、丙酰辅酶 A、丙二酰胺辅酶 A 和丁酰辅酶A等，聚酮体链的延伸单位有丙二酰辅酶A、甲基丙二酰辅酶A、乙基丙二酰辅酶A，分别是二碳、三碳和四碳的供体。聚酮体的形成以起始单位为基础，与链的延伸单位不断缩合和脱羧，最终形成β－多酮次甲基链。聚酮体链的长短及其链的饱和程度随微生物种类不同而差别很大。

（2）糖类　次级代谢产物中的糖类主要有氨基糖、糖胺、核糖、环多醇和氨基环多醇以及其他糖类等。微生物在发酵过程中将双糖等先降解成以葡萄糖和戊糖为主的单糖，因此在次级代谢产物结构中，主要以葡萄糖和戊糖为前体，形成次级代谢产物所需要的各种糖类和氨基糖。

（3）不常见的氨基酸　正常氨基酸是指微生物能够直接利用并用于蛋白质合成的α－L－氨基酸，而在次级代谢产物中存在有200多种非蛋白质氨基酸，如D－氨基酸，N－甲基氨基酸、β－氨基酸以及稀有的二氨基酸等，称为不常见的氨基酸。这些非蛋白质氨基酸在次级代谢产物中占到一半以上，可以由正常的氨基酸异构或修饰而得，也可以通过葡萄糖的初级代谢产物合成。

（4）非核酸的嘌呤碱和嘧啶碱　它们不同于正常核酸上的碱基，是以正常碱基经过化学修饰形成的。与菌体内核苷酸的合成途径不同，可以直接利用培养基中的各种嘌呤碱基核苷酸。而嘧啶核苷酸类抗生素的生物合成中，嘧啶环的前体物质由胞嘧啶提供。

（5）吩恶嗪酮　吩恶嗪酮是一些次级代谢产物的一个基本结构，其生物合成的前体是色氨酸和一些代谢物。它们先形成4－甲基－3－羟基－邻氨基苯酸，然后两个分子在吩恶嗪酮合成酶的催化下被氧化脱水形成吩恶嗪酮。

（6）利福霉素S　利福霉素是安莎类抗生素合成过程中的中间体，它可继续衍生成该族其他抗生素。利福霉素S是由甲基丙二酸、乙酸和丙二酸单元构成，分子结构中的两个甲基来源于甲硫氨酸。其生物合成是从一个七碳氨单位开始，再按聚酮体链延伸的途径合成其他部分。

（7）甲羟戊酸　甲羟戊酸是许多次级代谢产物的重要构建单位。例如，甲羟戊酸被磷酸化后形成甲羟戊酸－5－焦磷酸，继续经脱羧和脱水作用就可以形成活化形式的异戊二烯焦磷酸，这种活化的五碳单位几乎可以以任何数量的单元结合，形成各种各样的异戊二烯类或萜类次级代谢产物。

4. 次级代谢产物生物合成的基本途径

（1）前体聚合　在次级代谢产物的生物合成过程中，可以形成多种聚合物，如聚酮体、寡肽、聚乙烯等。它们的生物合成过程有相似之处，如由乙酸、丙酸、丁酸单位等合成聚酮体的生物合成过程，参与反应的酶系，由乙酰辅酶A聚合形成异戊二烯的生物合成过程和参加反应的酶系，都与脂肪酸合成过程相似。非核蛋白肽类抗生素的合成过程与聚酮体的合成过程相似。

（2）次级代谢产物的最终修饰　次级代谢产物的分子骨架合成之后，还要经过多种酶系的修饰才能获得最终产物。这些酶促产物包括糖基化、酰基化、甲基化、羟基化和氨基化反应及氧化还原等。例如，在四环素的生物合成中，先形成聚酮体，脱水闭环生成甲基预四环酰胺后，经过一系列的氧化、氨基化、甲基化和还原反应等修饰，最终得到具有生物活性的四环素，如果在 C－7 位发生氯化反应则生成金霉素；若脱氢四环素先在 C－5 位起氧化反应，再进行还原反应，则生成土霉素。图 4－1 为四环素类抗生素结构图，图 4－2 是四环素的半合成过程。

药物名称	R	R_1	R_2	R_3
四环素	H	OH	CH_3	H
金霉素	Cl	OH	CH_3	H
土霉素	H	OH	CH_3	OH
去甲基金霉素	Cl	OH	H	H

图 4－1　四环素类抗生素结构图

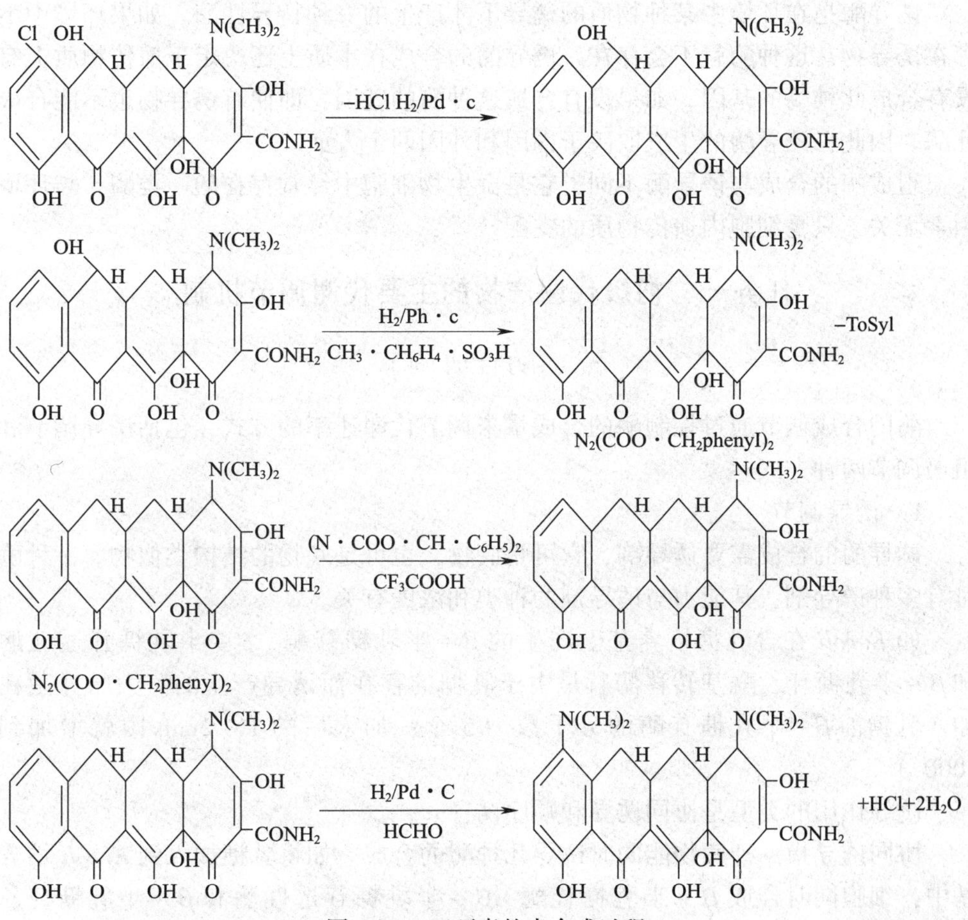

图 4－2　四环素的半合成过程

（3）不同组分的装配　次级代谢产物必需的几个部分，需要按照一定的顺序在特异酶的催化下组装在一起，才会形成具有生理活性的次级代谢产物。例如，新生霉素是由新生酶糖部分、香豆素部分、异戊烯部分和对羟基甲酸部分组合而成的。

项目二　微生物生物合成的主要调节机制

微生物细胞有着一整套可塑性极强和极精确的代谢调节系统，以确保上千种酶能准确无误、有条不紊和高度协调地进行极其复杂的新陈代谢反应。在发酵工业中，调节微生物生命活动的方法很多，包括生理水平、代谢途径水平和基因调控水平上的各种调节。微生物细胞内的代谢调节主要通过酶合成量、酶活性及细胞膜透性的控制加以实现。其原则是经济合理地利用和合成所需的各种物质和能量，使细胞处于平衡生长状态。目的就是高浓度地积累人们所期望的产物。

诱导酶是在环境中某种物质的诱导下才产生的一种特异性酶。如果环境中不存在诱导物，这种酶就不会存在。诱导酶的合成在本质上还决定于遗传物质上有没有合成此种酶的基因，如果没有合成这种酶的基因，即使有诱导物也不能合成此酶。因此，诱导酶的生成取决于内因和外因两个方面。

组成酶的合成与诱导酶不同，它是微生物细胞中经常存在的一类酶，与环境因素无关，只受细胞内遗传物质的支配。

任务一　初级代谢产物的主要代谢调节机制

一、酶合成调节

酶的合成调节通过控制酶的合成量来调节代谢速率的方式，包括诱导调节和阻遏调节两种方式。

1．诱导调节

诱导酶的合成需要诱导剂，它可是底物，也可是底物的结构类似物。一种酶可有多种诱导剂，其能力与诱导剂的种类和浓度有关。

如 *E. coli* 在含乳糖培养基上产生的β－半乳糖苷酶、β－半乳糖苷透性酶和β－半乳糖苷乙酰基转移酶就是由于乳糖的存在而诱导产生的。大肠杆菌在加入乳糖前β－半乳糖苷酶的分子数为 5 个；加入后的 1 ~ 2min 内就增加到 5000 个。

诱导作用的类型是协同诱导和顺序诱导。

协同诱导指一种底物能同时诱导几种酶的合成。如将乳糖加入到 *E. coli* 培养基中，细胞同时合成β－半乳糖苷酶、β－半乳糖苷透性酶和β－半乳糖苷乙酰基转移酶。

顺序诱导指先合成分解底物的酶，再依次合成分解各中间产物的酶，达到对复杂代谢途径的分段调节。

2．阻遏调节

某种代谢物积累除抑制酶活性外，还可反馈阻遏酶合成，降低反应速度。在微生物的代谢过程中，当某途径的末端产物过量时，可通过阻碍该代谢途径中包括关键酶在内的一系列酶的生物合成，彻底控制代谢和末端产物合成。

阻遏方式包括末端代谢产物阻遏和分解代谢产物阻遏。

末端代谢产物阻遏：在直线反应途径中，末端产物阻遏较为简单，即产物作用于代谢途径中的第一个酶，使后续的酶都不能合成。如图 4－3 所示。

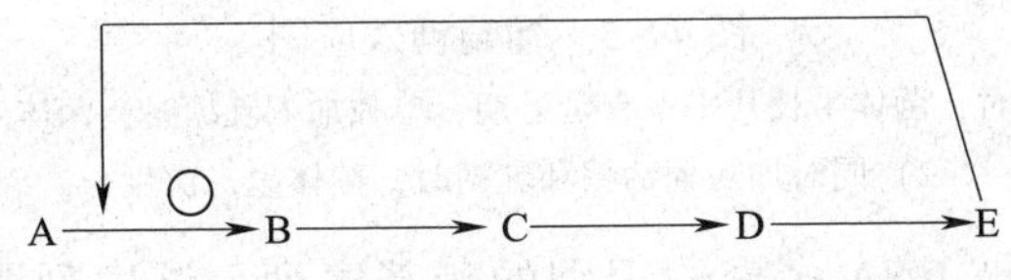

图 4－3　末端代谢产物直链反应阻遏示意图

分支代谢途径的阻遏较为复杂。每种末端产物仅专一地阻遏各自对应的分支途径中酶的合成。公共酶仅受所有分支途径末端产物的共同阻遏（多价阻遏作用）。只有所有末端产物同时累积，才能阻遏公共酶合成。芳香族氨基酸、天冬氨酸族及丙酮酸族氨基酸生物合成中的反馈阻遏就属于这种类型。如图 4－4 所示。

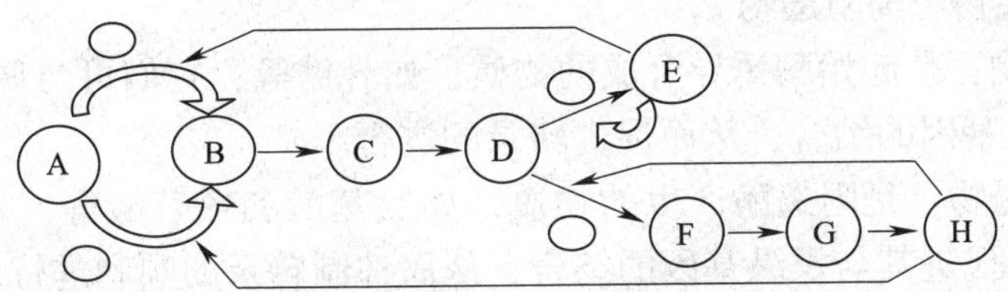

图 4－4　末端代谢产物分支反应阻遏示意图

分解代谢产物阻遏：细胞内同时存在两种底物（碳源或氮源）时，易利用底物会阻遏难利用底物分解酶系的合成。实质是利用底物分解过程中产生的中间代谢物或末端代谢物的过量累积，阻遏了代谢途径中一些酶的合成。例如，*E. coli*培养在含乳糖和葡萄糖的培养基上时形成二次生长现象，即葡萄糖存在时阻遏了分解乳糖酶系的合成，此现象又称葡萄糖效应。如图 4－5 所示。发生二次生长的原因，是由于利用葡萄糖的酶系是固有的，而利用乳糖的酶系是诱导生成的。

3．酶合成调节的机制——操纵子假说

操纵子是原核生物基因表达与调控的一个完整单位，包括结构基因、调节基因、操纵子和启动子。

（1）结构基因　编码蛋白质的 DNA 序列。可根据其上的碱基顺序转录出相应的 mRNA，然后再通过核糖体转译出相应的酶。

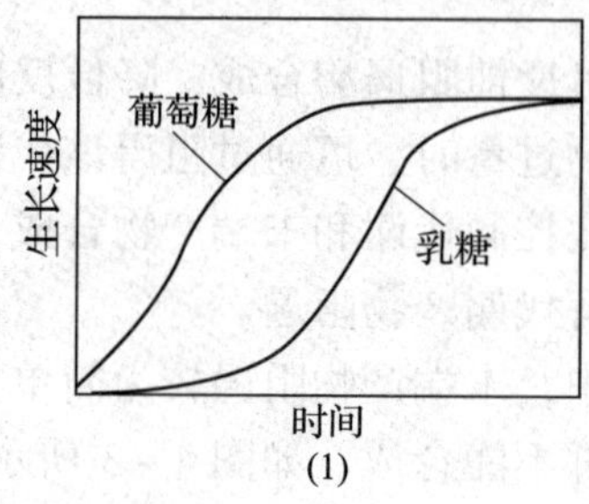

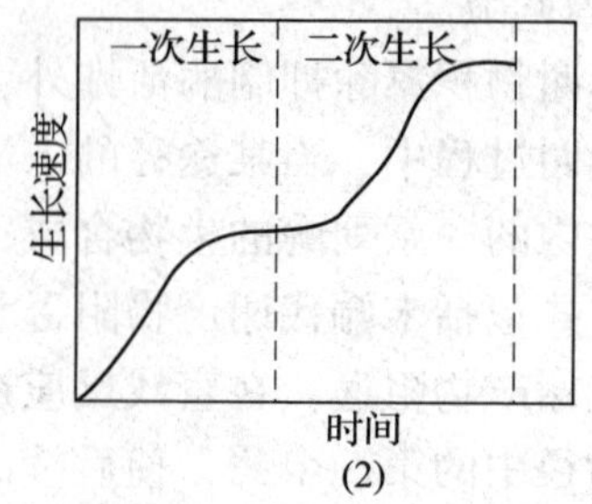

图 4-5　葡萄糖效应图

（1）单独加入葡萄糖时，菌体生长几乎没有延迟期；单独加入乳糖时，菌体生长有明显的延迟期。
（2）同时加入葡萄糖和乳糖时，菌体呈二次生长。

（2）启动子　被 RNA 多聚酶识别的碱基序列，该序列既是 RNA 聚合酶的结合部位，也是转录的起始点。

（3）操纵子　位于启动基因和结构基因之间的一段碱基顺序，是阻遏蛋白（一种调节蛋白）的结合位点，能通过与阻遏物相结合来决定结构基因的转录是否能进行。

（4）调节基因　编码组成型调节蛋白的基因，一般远离操纵子，但在原核生物中，可以位于操纵子旁边。

（5）诱导物与辅阻遏物

① 诱导物：是起始酶诱导合成的物质，如乳糖等，它们可与调节蛋白结合，抑制其与操纵基因的结合，从而促进转录的进行。

② 辅阻遏物：是阻遏酶产生的物质，如氨基酸和核苷酸等，它们也可与调节蛋白结合，促进其与操纵基因的结合，从而抑制转录的顺利进行。诱导物与辅阻遏物都属于一类低分子质量的信号物质——效应物（如糖类及其衍生物，氨基酸及核苷酸等），它们均可与调节蛋白结合，使之发生变构，提高或降低调节蛋白与操纵基因的结合能力。

（6）阻遏物与阻遏物蛋白　由调节基因编码产生的特异性调节蛋白，属于低分子质量变构蛋白，具有两个结合位点，一个位点与操纵子结合，另一位点可与效应物结合。阻遏物能在没有诱导物时单独与操纵基因结合；阻遏物蛋白只能在辅阻遏物存在时才能与操纵基因结合。

4. 酶合成调节的机制

（1）*E. coli* 乳糖操纵子的负调控　指在没有调节蛋白时基因表达具有转录活性，一旦加入调节蛋白，则基因活性被关闭、转录受到抑制的现象。负调控中的调节蛋白为阻遏蛋白。负调控实际上是一种保安机制，万一在调节蛋白失活时，酶系统仍然可以合成，使细胞不至于因缺乏该酶系统而造成致命的后果。如图 4-6所示。

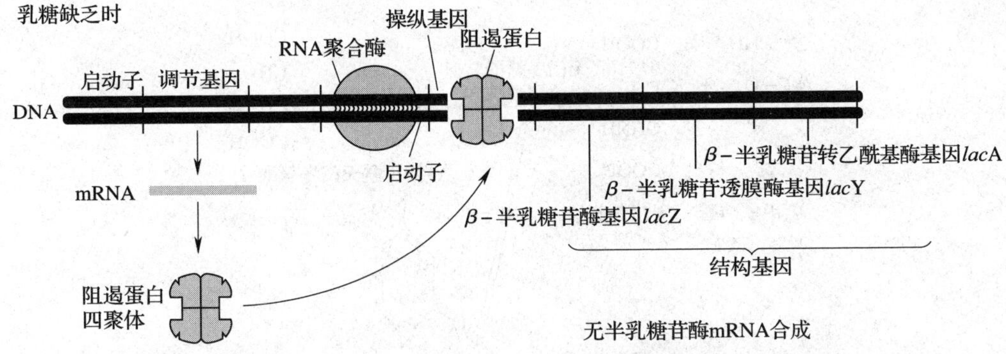

图4－6　酶调节机制——乳糖操纵子的负调控

（2）*E. coli* 乳糖操纵子的正调控（分解代谢物阻遏）　当细胞内同时存在两种可利用底物（碳源或氮源）时，利用快的底物会阻遏与利用慢的底物有关的酶合成。阻遏并不是由于快速利用底物直接作用的结果，而是由这种底物分解过程中产生的中间代谢物引起的，所以称为分解代谢物阻遏。如图4－7所示。

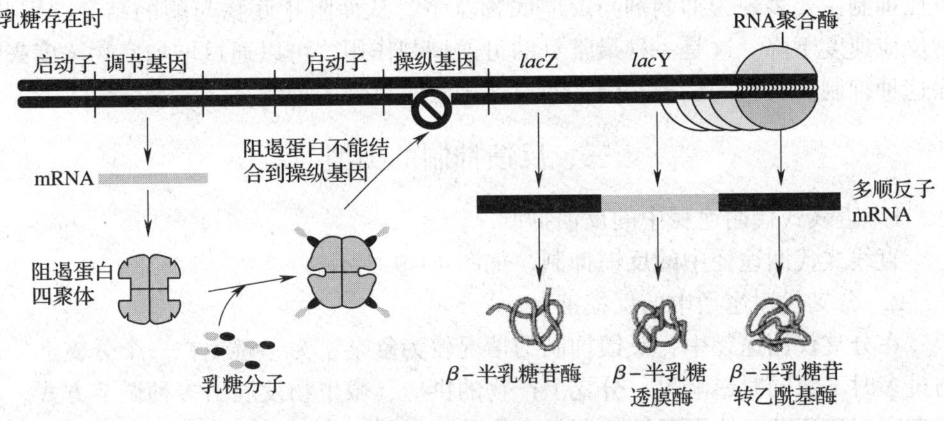

图4－7　酶调节机制——乳糖操纵子的正调控

二、酶活性的调节

通过改变现成的酶分子活性来调节新陈代谢速率的方式，是酶分子水平上的调节，属于精细的调节。包括两种方式：

（1）酶活性的激活　代谢途径中后面的反应可被较前面的反应产物所促进的现象，常见于分解代谢途径。例如，粗糙脉孢霉的异柠檬酸脱氢酶的活性受柠檬酸促进；天门冬氨酸转氨甲酰酶受ATP激活，受CTP抑制（终产物）。如图4－8所示。

（2）酶活性的抑制　反馈抑制（负反馈）主要表现为某代谢途径的末端产物过量时可反过来直接抑制该途径中第一个酶的活性。主要表现在氨基酸、核苷

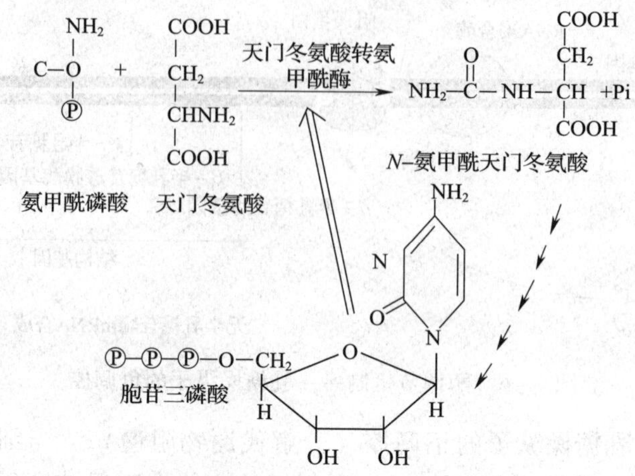

图 4－8　嘧啶生物合成的限速酶调节方式

酸合成途径中。特点：作用直接、效果快速、末端产物浓度降低时又可解除；竞争性抑制主要表现为抑制剂与反应底物竞争，从而阻止底物与酶的结合。因此，酶反应速度下降。这是一种最常见的可逆抑制作用。可以通过增加底物浓度来解除这种抑制。典型的例子：丙二酸对琥珀酸脱氢酶的抑制。

三、反馈抑制的类型

1. 直线式代谢途径中的反馈抑制

直线式代谢途径中的反馈抑制，如图 4－9 所示。

2. 分支代谢途径中的反馈抑制

在分支代谢途径中，反馈抑制的情况较为复杂，为了避免在一个分支上的产物过多时不致同时影响另一分支上产物的供应，微生物发展出多种调节方式。主要有同工酶调节、协同反馈抑制、合作反馈抑制、积累反馈调节等。

（1）同工酶调节　在一个分支代谢途径中，如果分支点以前的一个较早的反应是由几个同工酶催化，则分支代谢的几个最终产物往往分别对这几个同工酶发生抑制作用。某一产物过量仅抑制相应酶活，对其他产物没影响。例如，大肠杆菌的天冬氨酸族氨基酸合成的调节。如图 4－10 所示。

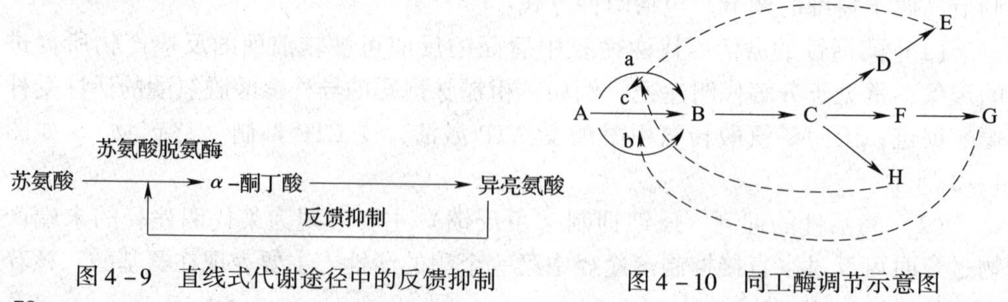

图 4－9　直线式代谢途径中的反馈抑制

图 4－10　同工酶调节示意图

（2）协同反馈抑制　分支代谢途径中几个末端产物同时过量，才能抑制共同途径中的第一个酶的一种反馈调节方式（一个也不能少）。例如，天冬氨酸族氨基酸合成中，天冬氨酸激酶受赖氨酸和苏氨酸的协同反馈抑制和阻遏。如图 4－11 所示。

（3）合作反馈抑制　两种末端产物同时存在时，共同的反馈抑制作用大于两者单独作用之和。例如，嘌呤核苷酸的合成，磷酸核糖焦磷酸酶受 AMP 和 GMP（和 IMP）的合作反馈抑制，两者共同存在时，可以完全抑制该酶的活性。而两者单独过量时，分别抑制其活性的 70% 和 10% 。如图 4－12 所示。

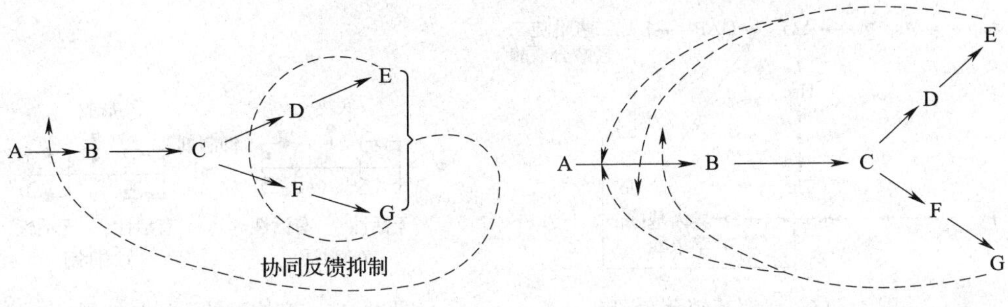

图 4－11　协同反馈抑制示意图

图 4－12　合作反馈抑制示意图

（4）积累反馈抑制　每一分支途径末端产物按一定百分比单独抑制共同途径中前面的酶，所以当几种末端产物共同存在时，它们的抑制作用是积累的，各末端产物之间既无协同效应，也无拮抗作用。例如，*E. coli* 谷氨酰胺合成酶的调节。如图 4－13 所示。

（5）顺序反馈抑制　一种终产物的积累，导致前一种中间产物的积累，通过后者反馈抑制合成途径关键酶的活性，使合成终止。例如，枯草芽孢杆菌芳香族氨基酸合成的调节。如图 4－14 所示。

（6）代谢互锁　一种氨基酸的合成受到另一种完全无关的氨基酸的控制，而且只有当该氨基酸浓度大大高于生理浓度时，才能显示抑制作用。例如，赖氨酸的生物合成与亮氨酸的生物合成之间存在代谢互锁。如图 4－15 所示。

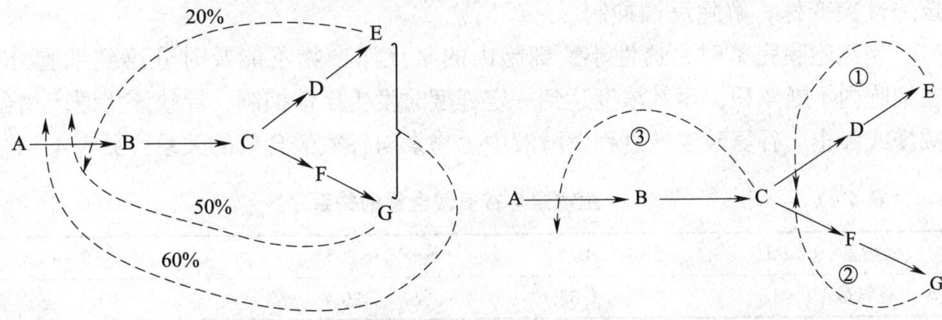

图 4－13　积累反馈抑制示意图

E 单独抑制 20%，G 单独抑制 50%，当 E 和 G 同时存在抑制［20% +（100－20）% ×50% =60%］

图 4－14　顺序反馈抑制示意图

①②③表示抑制的先后顺序

(7) 优先合成　在分支合成途径中，分支点后的两种酶竞争同一种底物，例如，AMP 与 GMP，Thr 与 Lys、Met，由于两种酶对底物的 K_m 值（即对底物的亲和力）不同，故两条支路的一条优先合成。

3. 酶活力调节的机制——变构酶理论

变构酶为一种变构蛋白，酶分子空间构象的变化影响酶的活性。它具有两个以上立体专一性不同的接受部位，一个是活性中心，另一个是调节中心。如图 4－16 所示。

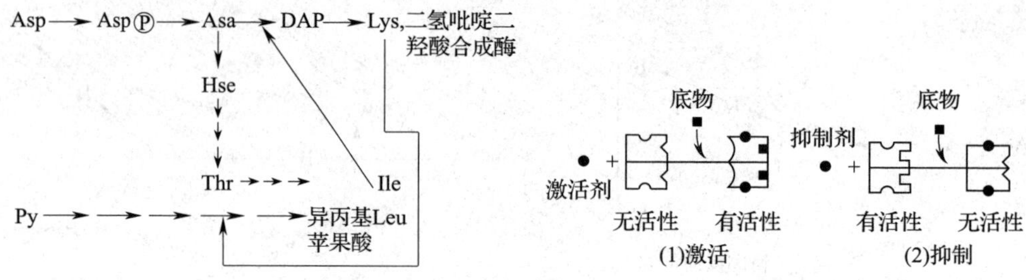

图 4－15　代谢互锁示意图　　图 4－16　变构酶的激活与抑制

(1) 反馈抑制　是指代谢途径的终产物对催化该途径中的一个反应（通常是第一个反应）的酶活力的抑制，其实质是终产物结合到酶的变构部位，从而干扰酶和底物的结合，当然与此相反为酶活性的激活。

(2) 反馈阻遏　是指终产物（或终产物的结构类似物）阻止催化该途径的一个或几个反应中的一个或几个酶的合成，其实质是调节基因的作用，这是微生物不通过基因突变而适应环境改变的一种措施，当然与此相反的为酶合成的诱导。

4. 细胞膜通透性的调节

细胞膜是细胞与外界环境进行物质交换的屏障。细胞从外部环境中吸收营养物质或将细胞内代谢产物分泌至细胞外，都要通过细胞膜。细胞通过对膜透性大小的调节实现对代谢过程的部分调节。通过细胞膜缺损突变而控制其渗透性，筛选透性突变株，解除反馈抑制。

当细胞膜完整时，透性小，细胞内的某代谢产物不能及时分泌到细胞外部，在细胞内不断累积，至其浓度达到一定程度时发生反馈抑制，导致该代谢产物合成减慢或停止。谷氨酸生产过程发酵液中生物素与谷氨酸含量的关系，见表 4－1。

表 4－1　　生物素与谷氨酸含量的关系

生物素/（μg/L）	0	2.5	10
谷氨酸/（g/L）	1.3	30.8	3.7

此外，加入青霉素等抗生素和吐温 80 等脂肪酸衍生物，都能增大膜的通透性，从而促进细胞内谷氨酸向细胞外大量分泌，以解除反馈抑制。

任务二　微生物代谢控制及其在发酵中的应用

人为地打破微生物的代谢控制体系，就有可能使代谢朝着人们希望的方向进行，这就是所谓代谢的人工控制。其目的就是大量地积累人们所需要的微生物代谢产物。目前，人工控制代谢主要是通过遗传学方法和生物化学方法来实现。

遗传学方法——改变微生物遗传特性；生物化学方法——控制发酵条件。

1. 遗传学方法

通过改变微生物遗传物质可以从根本上打破微生物原有的代谢控制机制，具体包括应用营养缺陷型突变株、渗漏突变株、抗反馈调节突变株和组成型突变株的选育。

(1) 营养缺陷型突变株的应用

① 直线式代谢途径：选育营养缺陷型突变株可以积累高浓度的中间代谢产物。典型例子：利用谷氨酸棒状杆菌的精氨酸缺陷型突变株进行鸟氨酸发酵。鸟氨酸积累量可达25g/L，如图4－17所示。

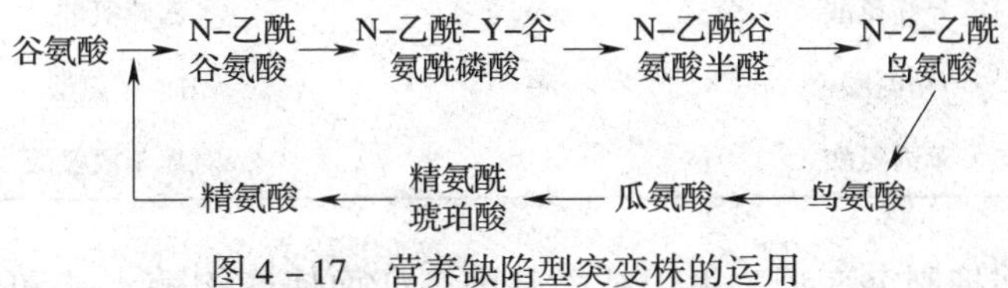

图4－17　营养缺陷型突变株的运用

② 分支代谢途径：情况较复杂，可利用营养缺陷型消除协同反馈抑制积累末端产物，也可利用双重缺陷发酵生产中间产物。如赖氨酸发酵（图4－18）和肌苷酸发酵（图4－19）。

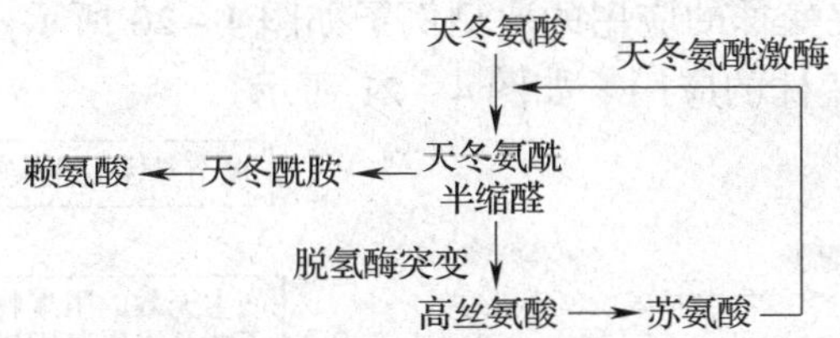

图4－18　高丝氨酸营养缺陷型突变株生产赖氨酸的合成途径

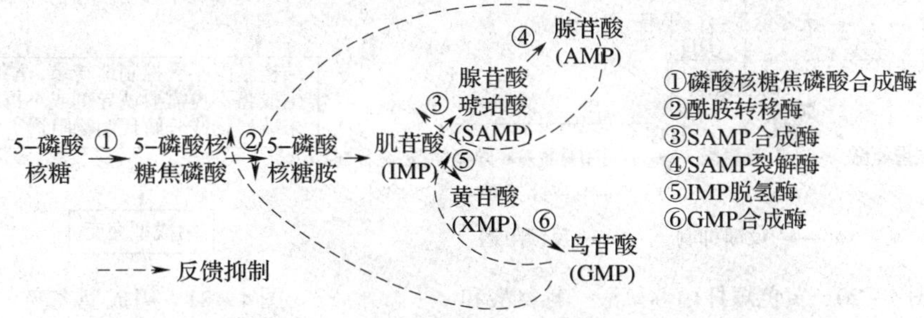

图4－19　谷氨酸棒状杆菌的腺核苷酸和鸟苷酸的合成途径

（2）渗漏突变株的应用　渗漏突变株是一种不完全遗传障碍营养缺陷型，能自己合成微量的某一代谢终产物，但达不到反馈抑制的浓度，所以不会造成反馈抑制而影响中间代谢产物的积累。与营养缺陷型不同的是不需要外源添加渗漏缺陷的物质。例如，利用 Hserl 解除（Thr + Lys）对天冬氨酸激酶（AK）的协同反馈抑制。Hserl 细胞能合成 Hser，但合成的量仅能维持细胞的最低生长，胞内的浓度达不到进行反馈调节的浓度。

（3）抗反馈调节突变株的应用　抗反馈调节突变株是一种对反馈抑制不敏感或对阻遏有抗性的组成型突变株，或兼而有之的突变株。结构类似物（抗代谢物）是一种与初级代谢产物结构类似但缺乏生理功能的化合物（表 4 – 2）。

表 4 – 2　　目标产物与结构类似物

目标产物	结构类似物
赖氨酸	*S* –（2 氨基乙基）– L – 半胱氨酸 –（AEC）
苏氨酸	α – 氨基 – β – 羟基戊酸（AHV）
异亮氨酸	乙硫氨酸
精氨酸	D – 精氨酸
苯丙氨酸	对氯苯丙氨酸

① 抗反馈抑制突变型：由于结构基因突变而使变构酶不能和代谢终产物结合，从而失去反馈抑制的突变型。

② 抗反馈阻遏突变型：由于调节基因突变引起调节蛋白不能和代谢终产物结合，从而失去阻遏作用的突变型。

抗结构类似物突变株的应用的典型例子如图 4 – 20 所示。

（4）组成型突变株的应用　如图 4 – 21 所示。

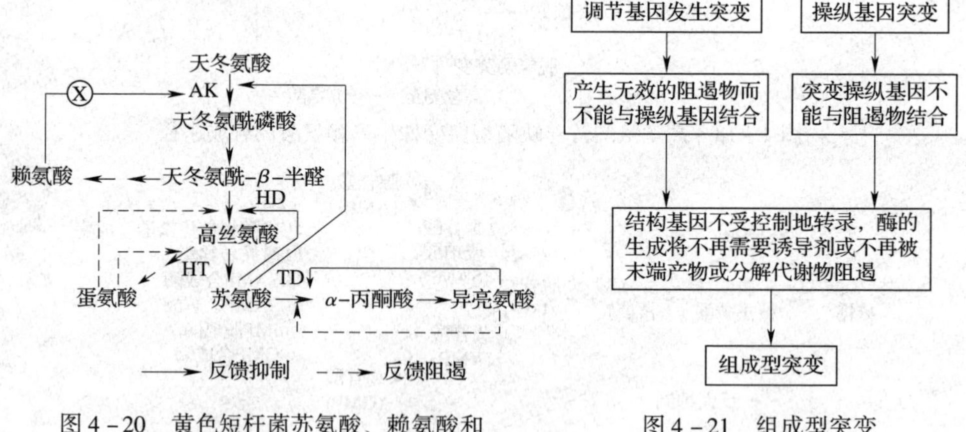

图 4 – 20　黄色短杆菌苏氨酸、赖氨酸和异亮氨酸合成途径及反馈调节

图 4 – 21　组成型突变

2. 生物化学方法

(1) 添加前体绕过反馈控制点　能使某种代谢产物大量产生，通过添加 C，可大量积累 D，如图 4－22 所示。

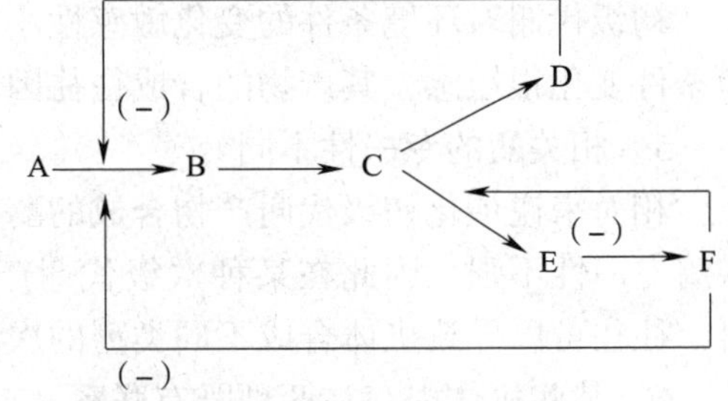

图 4－22　添加前体绕过反馈控制点

(2) 控制发酵的培养基成分　工业生产的酶大多受分解阻遏或分解抑制的控制，因此，在培养基中避免使用可阻遏的碳源或氮源。例如，嗜热芽孢杆菌的 α－淀粉酶的合成受果糖的阻遏，如采用甘油作碳源，可大大促进酶的生产。

(3) 限量营养物的添加或抗生素的加入以增加细胞膜透性　例如，谷氨酸生产，添加适量生物素，可增加生产菌细胞膜透性，使产物 Glu 不断分泌到胞外。从而解除了过量 Glu 对谷氨酸脱氢酶的反馈抑制作用，提高其产量。如添加青霉素，可以抑制细胞壁的合成，造成细胞膜透性增加，Glu 就能大量分泌到胞外。

任务三　微生物次级代谢产物的代谢调控

一、次级代谢与初级代谢的关系

1. 存在范围及产物类型不同

初级代谢是一类普遍存在于各类生物中的一种基本代谢类型。次级代谢只存在于某些生物（如植物和某些微生物）中，并且代谢途径和代谢产物因生物不同而不同，即使同种生物也会由于培养条件的不同而产生不同的次级代谢产物。如产黄青霉在 Raulin 中培养时可以合成青霉酸。但在 Czapek－Dox 中培养则不产青霉酸。

2. 对产生者自身的重要性不同

初级代谢产物，如单糖或单糖衍生物、核苷酸、脂肪酸等单体以及由它们组成的蛋白质、核酸、多糖、脂类等通常都是机体生存必不可少的物质，只要在这些物质的合成过程的某个环节上发生障碍，轻则引起生长停止，重则导致机体发生突变或死亡。而次级代谢产物对于产生者本身来说，不是机体生存所必需的物质，即使在次级代谢的某个环节上发生障碍，也不会导致机体生长的停止或死亡，至多只是影响机体合成某种次级代谢产物的能力。

3. 同微生物生长过程的关系明显不同

初级代谢自始至终存在于一切生活的机体中，同机体的生长过程呈平行关系；次级代谢则是在机体生长的一定时期内（通常是微生物的指数期末期或稳定期）产生的，它与机体的生长不呈平行关系，一般可明显地表现为机体的生长期和次级代谢产物形成期两个不同的时期。

4. 对环境条件变化的敏感性或遗传稳定性上明显不同

初级代谢对环境条件的变化敏感性小（即遗传稳定性大），而次级代谢对环境条件变化很敏感，其产物的合成往往因环境条件变化而停止。

5. 相关酶的专一性不同

相对来说催化初级代谢产物合成的酶专一性强，催化次级代谢产物合成的某些酶专一性不强，因此在某种次级代谢产物合成的培养基中加入不同的前体物时，往往可以导致机体合成不同类型的次级代谢产物。

6. 某些机体内存在两种既有联系又有区别的代谢类型

初级代谢是次级代谢的基础，它可以为次级代谢产物合成提供前体物和所需要的能量；初级代谢产物合成中的关键性中间体也是次级代谢产物合成中的重要中间体物质。而次级代谢则是初级代谢在特定条件下的继续与发展，避免了初级代谢过程中某种（或某些）中间体或产物过量积累对机体产生的毒害作用。如图4－23 和图 4－24 所示。

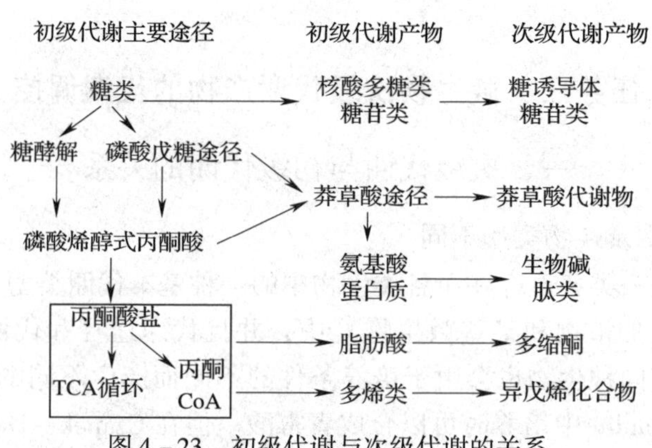

图 4－23　初级代谢与次级代谢的关系

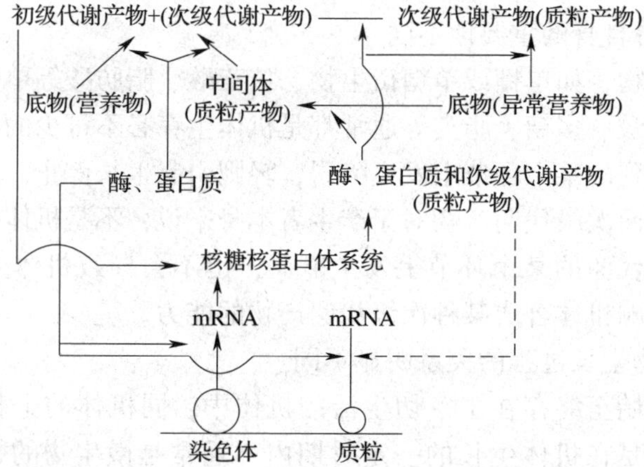

图 4－24　次级代谢产物生物合成与初级代谢产物的关系

二、次生代谢的主要调节机制

1．酶合成的诱导调节

参与次生代谢的酶，有些酶也是诱导酶，以底物或底物类似物（内源、外源）为诱导剂。

2．反馈调节

包括次级代谢物的自身反馈调节、前体物的反馈调节、初级代谢产物的调节，如图4－25所示。

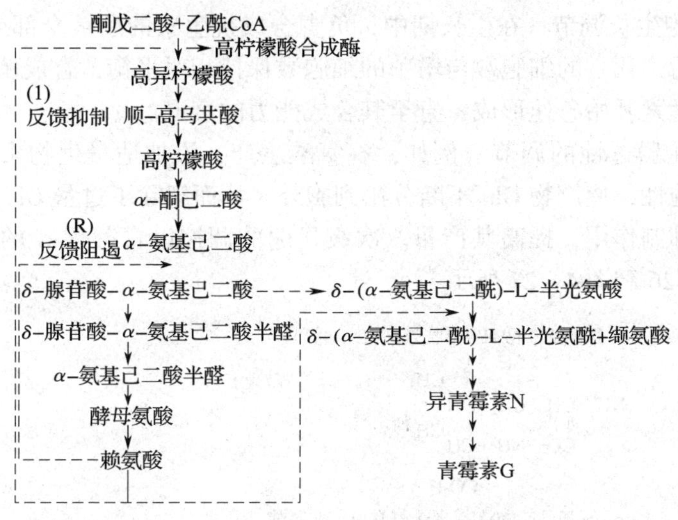

图4－25　赖氨酸对青霉素生物合成的调节

3．分解代谢产物调节

（1）碳分解产物调节　一般情况下，凡能促进生产菌生长速度的碳源，对次级代谢产物生物合成都表现出抑制作用。即具有次级代谢的微生物在生长过程中，不进行次级代谢产物的合成，主要由于碳分解产物产生阻遏作用的结果。

菌体在生长阶段，速效碳源如葡萄糖和柠檬酸等的分解产物，可阻遏次级代谢过程中酶系的合成，只有当这类碳源耗尽时，菌体才能转入次级代谢产物的合成阶段。

（2）氮分解产物调节　速效氮源（如氨基酸和玉米浆等）能促进菌体生长，但会对某些抗生素的生物合成产生抑制或阻遏作用，降低产量。

迟效氮源（黄豆饼粉、花生饼粉等）对延长次级代谢产物的分泌期，提高产物的产量有利。但一次投入过多，容易促进菌体生长和养分过早耗尽，缩短产物的分泌期。

在工业上，发酵培养基一般选用含有快速和慢速利用的混合氮源。而且，在发酵过程中通过限量补加氮源来控制其浓度。

（3）磷酸盐调节　磷酸盐在微生物的生长和次级代谢产物合成中起着重要的作用，高浓度的磷酸盐对抗生素等次级代谢产物的合成表现出较强的抑制作用。适合微生物生长的磷酸盐浓度是0.3～300mmol/L，10mmol/L的磷酸盐就明显地抑制次级代谢产物的合成。

磷酸盐对初级代谢产物合成的调节往往是通过促进生长而间接产生的，对次级代谢产物生物合成的调节有多种可能的机制，主要包括抑制酶的活性，如在链霉素合成中高浓度磷酸盐的调节作用：① 抑制碱性磷酸脂酶的活性；② 导致细胞内能荷变化；③ 提高磷酸盐竞争某些必需金属离子的作用。

（4）细胞生长调节　在生长期中，负责合成抗生素的酶被全部或部分抑制。进入生产期后，死亡的细胞数与增殖的细胞数保持相对平衡，合成菌体成分的代谢很慢，抗生素开始急速形成，直至其合成能力的衰退。

（5）细胞膜透性的调节　例如，谷氨酸生产，添加适量生物素，可增加生产菌细胞膜透性，使产物Glu不断分泌到胞外。从而解除了过量Glu对谷氨酸脱氢酶的反馈抑制作用，提高其产量。次级代谢的调控以青霉素G的发酵生产为例，如图4-26和图4-27所示。

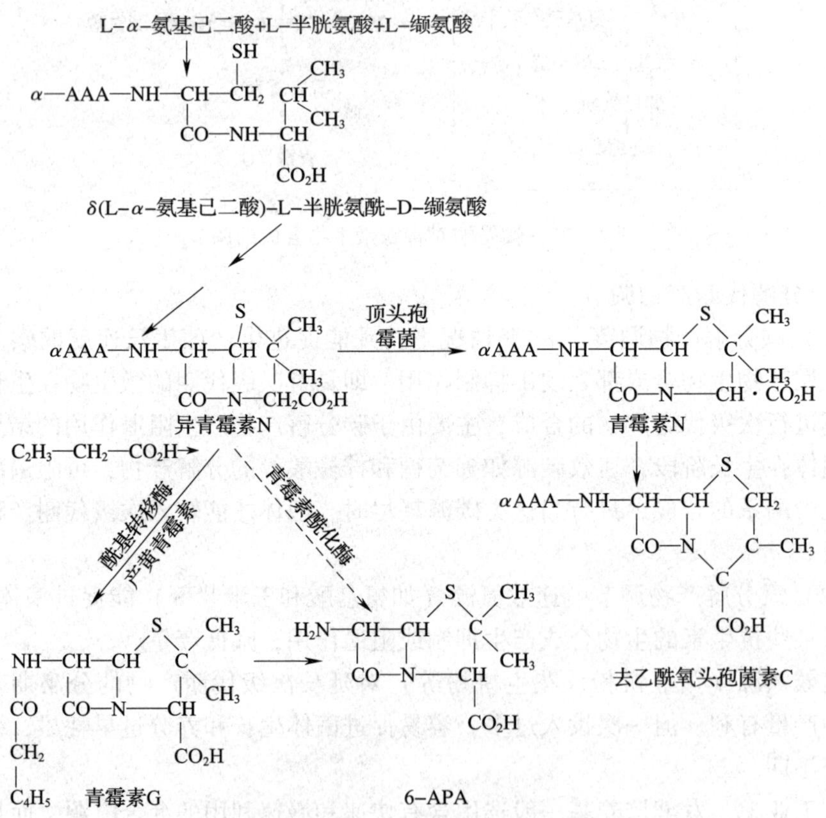

图4-26　青霉素的生物合成与碳源分解代谢产物的关系

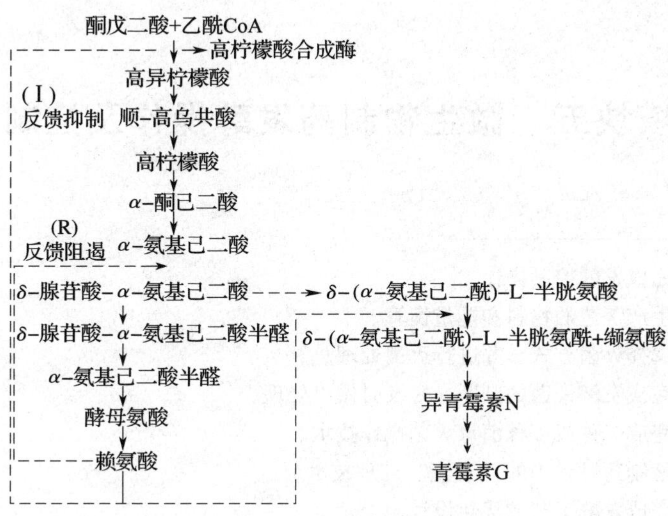

图 4－27　青霉素的生物合成与赖氨酸的反馈调节

任务实施评分标准

1. 代谢产物生物合成的常用方法的自学……………………30 分
2. 微生物代谢产物种类的掌握……………………20 分
3. 微生物代谢不同调节方式的理解……………………30 分
4. 微生物代谢人工控制途径的理解……………………20 分

问题与讨论

1. 什么是初级代谢产物和次级代谢产物?
2. 试述初级代谢和次级代谢与微生物生长的关系。
3. 微生物的次生代谢产物对人类活动有何重要意义?
4. 简述次级代谢及其特点。
5. 如何利用次级代谢的诱导调节机制及氮和磷调节机制来提高抗生素的产量?

模块五　微生物制药发酵操作及控制

◎ 能力目标

1. 能合作完成发酵控制操作。
2. 能进行生产工艺的物料和能量衡算。
3. 能独立选择灭菌方式，并进行灭菌处理。
4. 能合作完成发酵染菌的判断，并及时做出处理。
5. 能独立完成一种或多种消毒灭菌操作技术。
6. 掌握发酵制药过程中的“三废”处理技术。
7. 能合作完成发酵工艺的优化设计。
8. 具备发酵工及相应岗位的职业技能和应用技能解决实际问题的能力。

◎ 知识目标

1. 能阐述微生物制药发酵方式及其特点。
2. 能解释发酵过程温度、pH、溶氧等因素对发酵产生的影响。
3. 能说出发酵过程中物料与能量衡算的方法。
4. 能列举不同的灭菌方法及适用范围。
5. 能阐述引起发酵染菌的因素。
6. 能阐述制药生产过程中相关的环境防治措施。

◎ 任务描述

通过本模块的学习，学生能够掌握微生物制药发酵方式及其特点；掌握发酵过程影响因素，并能共同完成控制操作；了解发酵过程中物料与能量衡算方法；能合作完成发酵工艺的优化设计，为提高发酵产率的科学研究打下基础；能独立选择灭菌方式并进行灭菌处理；能识别发现明显异常情况；能正确客观描述生物发酵过程的异常情况，合作完成发酵染菌的判断并及时做出处理；能独立完成一种或多种消毒灭菌操作技术；掌握发酵制药过程中的“三废”处理技术；具备发酵工及相应岗位的职业技能和应用技能解决实际问题的能力。

◎ 学前准备

1. 操作前准备工作

(1) 器材准备　菌种、接种针、试管、三角瓶、培养皿、酒精灯、培养基等。

(2) 常用仪器仪表　高压灭菌锅、超净工作台、微生物生化培养箱等。

(3) 能识别本岗位的主要设备与管路。

2. 基本技能要求

（1）计算机基本操作。

（2）能进行生产工艺的物料、能量衡算。

（3）能看懂设备流程图和管路流程图。

（4）能进行与生产相关的质量要点控制。

3. 生产用器具、设备检查

（1）能检查确认设备、器具状态完好。

（2）检查试管、三角瓶、培养箱、灭菌锅、发酵罐等。

项目一　发酵方式及选择

微生物发酵是一个错综复杂的过程，尤其是大规模工业发酵，要达到预定目标，更是需要采用和研究开发各式各样的发酵技术，发酵方式就是最重要的发酵技术之一。

任务一　微生物制药的发酵方式

微生物的大规模培养可以采用多种形式，根据微生物对氧的需求不同，可分为好氧发酵、厌氧发酵和兼性发酵；根据所用培养基的状态不同，可分为固体发酵和液体发酵。液体发酵具有介质适于微生物生长、扩大；生产易于自动化控制和机械化操作；产品易于提取精制等优点，已成为了现代发酵工业的主要形式。根据生物反应器操作方式的不同，又可把微生物液体发酵分为简单分批发酵、补料分批发酵和连续发酵等多种操作方式。

一、根据所用培养基的状态

根据所用培养基的状态，可分为固体发酵和液体发酵。

1. 固体发酵

固体发酵是指没有或几乎没有自由水存在下，在一定湿度的水溶性固态基质中，用一种或多种微生物的一个生物反应过程。从生物反应过程的本质考虑，固体发酵是以气相为连续相的生物反应过程。固体发酵具有节水、节能的独特优势，属于清洁生产技术，现已逐步得到世界各国的重视。

固体发酵法目前主要用在传统的发酵工业中。例如，酱油的生产，从菌种培养到制曲，再到发酵都采用固体法。发酵条件相对比较开放，工艺简单，设备要求简单，成本相对比较低。虽然最近有的厂家也采用深层液体发酵，但在口味上明显与固体发酵无法比拟。又如在食醋的生产上有的厂家采用前液后固，目的在于提高食醋的风味。

固体发酵的致命弱点是不利于大规模的工业化生产，若能解决这个问题，固体发酵一定会迅速发展起来。

固体发酵培养的特点：

(1) 需氧少，能耗低　培养基中没有游离水的流动，水是培养基中含量较低的组分；微生物是从湿的固态基质吸收营养物，营养物浓度存在梯度；培养体系涉及气、液、固三相，气相是连续相，而液相不是连续相；接种比比较大，大于10%；微生物所需氧主要来自于气相，只需少量无菌空气，能耗低。

(2) 易散热　气体循环和通气不仅可提供氧气和排除挥发性产物，而且也可排除代谢热量；由于系统压力低，所需通气的压力低。

(3) 产物浓度高，废液少　微生物吸附于固态底物的表面生长，或渗透到固态底物内生长，发酵结束时培养物是湿物料状态，产物浓度高；由于产物浓度高，提取工艺简单可控，因此，没有大量有机废液产生。

2. 液体发酵

液体发酵技术是现代生物技术之一，它是指在生化反应器中，将菌种所必需的糖类、有机和无机含有氮素的化合物、无机盐等一些微量元素以及其他营养物质溶解在水中作为培养基，灭菌后接入菌种，通入无菌空气并加以搅拌，提供菌体呼吸代谢所需要的氧气，并控制适宜的外界条件，进行菌体大量培养繁殖的过程。工业化大规模的发酵培养即为发酵生产，也称深层培养或沉没培养。工业化发酵生产必须采用发酵罐，而实验室中发酵培养多采用三角瓶。得到的发酵液中含有菌体、被菌体分解及未分解的营养成分、菌体产生的代谢产物。发酵液直接供作药用或供分离提取，也可以作液体菌种。

液体发酵培养的特点：

(1) 原料来源广泛，价格低廉　微生物菌种液体培养所需的碳源可用工业葡萄糖、工业淀粉及山芋粉等；氮源可采用黄豆饼粉、蚕蛹粉、麸皮粉等。为了降低成本，通常还取用部分工业废水为代用品，如糖蜜废母液、木材水解液、各种大豆深加工废水、玉米深加工废水及淀粉废水等，原料来源相当广泛。

(2) 菌丝体生长快速　在液体培养中，液体培养基的营养成分分布均匀，有利于菌类营养体的充分接触和吸收。菌丝细胞能在反应器内处于最适温度、pH、氧气和碳氮比的条件下生长，能及时排放呼吸作用产生的代谢废气，因此，新陈代谢旺盛，菌丝生长代谢迅速，能在短时间内积累大量的代谢产物。

(3) 生产周期短　通过液体发酵培养获得大量的菌丝体和生理活性物质，一般仅需2～7d的时间，且菌龄整齐，而固体培养需30～60d。

(4) 能有效降低菌种污染率　菌种接入液体培养基时，具有流动快、易分散、萌发快等特点，能有效地降低菌种在接种过程中的污染。

(5) 工厂化生产、无季节性　液体发酵是在发酵罐内进行，控制最佳条件培养微生物，因此不受季节性限制。

二、根据操作方式和工艺流程

根据操作方式和工艺流程可分为分批式发酵、流加式发酵、连续式发酵及半连续发酵。

1．分批式发酵

分批式发酵又称间歇式发酵或不连续式发酵，也称原味发酵，是把培养液一次性装入发酵罐，灭菌后接入一定量的种子液，在最佳条件下进行发酵培养。

（1）优点　发酵周期短，产品质量易掌握，不易发生杂菌的污染。

（2）缺点　发酵体系中开始时基质浓度很高，到中后期营养物浓度很低，这对很多发酵反应的顺利进行是不利的。

2．流加式发酵

流加式发酵又称单一补料发酵，是指在分批式操作的基础上，开始时投入一定量的基础培养基，到发酵过程适当时期，开始连续补加碳源、氮源或其他必需物质，但不取出培养液，直到发酵终点，产率达到最大化，停止补料，最后将发酵液一次全部放出。目前，微生物发酵工业，尤其是抗生素工业广泛采用这种发酵方式。

（1）优点　避免了高浓度产物和底物的抑制作用（抑制阻遏效应），防止后期养分不足而限制菌体的生长。

（2）缺点　增加杂菌机会，使产物产品质量下降。

3．连续式发酵

连续式发酵是指菌体与培养液一起装入发酵罐，在菌体培养过程中不断补充新培养基，同时取出包括培养液和菌体在内的发酵液，发酵体积和菌体浓度等不变，使菌体处于恒定状态的发酵条件，促进菌体的生长和产物的积累。

（1）优点　在产率、生产质量、生产能力、生产稳定性、设备利用率和易于实现自动化方面比分批式发酵优越。

（2）缺点　连续操作时间过长，不断地向发酵系统供给新鲜的培养基，杂菌污染机会增多，细胞易发生变异和退化，使连续操作受到限制。

连续发酵推广应用随着对该技术的深入研究、改进，尤其是与各项高新技术密切结合，相信将日趋完善，有着广阔的发展前景，将发挥更大的效益。

4．半连续发酵

半连续发酵又称分批补料发酵，是指在微生物发酵过程中，间歇式或连续式补加一种或多种成分的新鲜培养基的培养技术。

与传统的分批发酵相比其优点表现为：

（1）可以除去快速利用碳源的阻遏效应，并维持适当的菌体浓度，不至于加剧供氧的矛盾。

（2）克服养分的不足，避免发酵过早结束。

（3）缓解有害代谢产物的积累。

缺点则是存在一定的非生产时间；和分批发酵比，中途要流加新鲜培养基，增加了染菌的危险。

任务二　发酵方式的选择

实际上微生物工业生产中，都是各种发酵方式结合进行的，选择哪些方式结合起来进行发酵，取决于菌种特性、原料特点、产物特色、设备状况、技术可行性、成本核算等。现代发酵工业大多数是好氧、液体、深层、分批、游离、单一纯种发酵方式结合进行的。

项目二　发酵过程的影响因素与控制

微生物药物发酵过程极其复杂，是由微生物的生化活动和环境条件相互作用共同完成的，这一过程的影响因素众多，而且发酵产品不同，其主要影响因素也不尽相同。为了使发酵生产达到预期的目的，必须了解微生物代谢变化的规律及其主要影响因素，并加以有效地控制。同时，为了进一步提高发酵生产水平，还需要持续不断地对各项发酵工艺条件进行优化。

任务一　发酵过程的影响因素

一、微生物发酵的重要技术经济指标

1．容量产率

容量产率是指单位时间内单位反应器容积的产物产量，通常用g／（L·h）来表示。工业生产中，计算容量产率时应把反应器清洗、维修、菌体生长的延迟期等生产过程相关时间全部计算进去。从发酵工艺的角度来看，缩短延迟期、提高菌体的比生长速率、延长指数期和产物合成期都能达到提高容量产率和经济效益的目的。

2．得率

得率是单位底物所产生的菌体或产物的量，底物通常是指用量最大的碳源。得率越高，单位产品所消耗的原料就越小。可以通过优良菌种选育、培养基配方优化、代谢方向调控、减少杂菌污染等方式来提高得率，以获得更高的经济效益。

3．产物浓度

对于微生物制药生产来说，提取工艺的成本在总成本中占的比率相当大。发酵结束后，需要采用过滤、沉淀、蒸馏、萃取等方法，把发酵液中的产物提取出

来。产物浓度越高，提取费用相对来说越低，可以为企业节约大笔开支。通常可采用提高底物的浓度、中间补料等措施来提高产物浓度。

二、微生物发酵过程的主要参数

反映发酵过程变化的参数主要分为物理、化学和生物三大类。这些参数的变化直接影响到发酵工业的生产率和产物质量，需要对有关工艺参数进行定期取样测定或进行连续测量。

1. 物理参数

物理参数主要有温度、罐压、空气流量、搅拌转速、表观黏度、浊度、料液流量等。

（1）温度　温度对发酵的影响是多方面且错综复杂的，主要表现在细胞生长、产物合成、发酵液的物理性质等方面。

（2）罐压　发酵容器都装有压力测量装置，最通用的是弹簧压力表。因为培养过程和高压蒸汽灭菌时都需要观察压力的变化情况。

发酵过程中，空气压力对微生物生长繁殖和产物合成的影响主要表现为压力提高可改善发酵过程中溶氧的供应。但是罐压增加，也相应地提高了 CO_2 分压，而后者的增加对某些微生物的正常生长可能产生不利的影响。

（3）空气流量　发酵生产中，一般以通风比来表示空气流量，通常以 1min 内通过单位体积培养液的空气体积比来表示［m^3/（m^3 · min）］。

例如，装有 2.5m^3 培养液的发酵罐，若每分钟通入无菌空气 1.25m^3，则称为通气比为 1∶0.5，或简称通风量为 0.5m^3/（m^3 · min）。

（4）搅拌转速　发酵罐搅拌转速与发酵的溶氧系数关系十分密切。因为溶氧系数 K_La 正比于单位发酵液的搅拌功率消耗，而功耗与搅拌转速的三次方成正比。所以在一定几何结构条件下（如罐的径高比、搅拌叶片直径、挡板等），发酵罐的溶氧系数（或称体积传质系数）K_La 主要受搅拌转速的影响。

（5）黏度　发酵液黏性的大小用黏度表示，是用来表征液体性质相关的阻力因子。对于黏度较高的发酵液，稀释或者加热可以降低发酵液黏度，有利于输送和过滤等后续操作。

2. 化学参数

化学参数主要有 pH、基质浓度、溶解氧浓度、产物浓度等。

（1）pH　pH 是发酵过程中各种生化反应酸碱性的综合反映，它的值与菌体生长和产物合成有重要的关系，是发酵工艺控制的重要参数之一。

（2）基质浓度　基质浓度指发酵液中糖、氮、磷等各类重要营养物质的浓度。它的变化对菌体生长和产物的合成有重要的影响，是发酵工艺控制的重要参数之一。

（3）溶解氧浓度　溶解氧是需氧菌发酵的必备条件，其大小对菌体生长和产物合成有重要影响，通过发酵液中溶氧量的变化，可以了解微生物生长代谢是否正常、工艺控制是否合理以及设备供氧能力是否正常等，是发酵过程控制的重要参数。

（4）产物的浓度　产物的浓度是发酵产物产量高低或合成代谢正常与否的重要参数，也是决定发酵周期长短的根本依据。

此外，还有废气中 O_2、CO_2的浓度、氧化还原电位等化学参数。

3．生物参数

（1）菌丝形态　丝状菌发酵过程菌丝形态可以作为衡量种子质量、区分发酵阶段、控制发酵过程的代谢变化和决定发酵周期的重要依据。

（2）菌体浓度　菌体浓度的大小和变化速度对菌体内生化反应有重要影响，特别是对抗生素等次级代谢产物的发酵来说是重要的控制参数之一。在生产上，可根据菌体浓度来决定补料量和供氧量，保证生产能达到预期的水平。

此外，菌体的比生长速率、氧化消耗速率、糖比消耗速率、氮比消耗速率和产物比生长速率等参数也是控制菌体代谢、决定补料和供氧条件的主要依据。

任务二　发酵过程重要参数的控制

一、温　度

1．温度对发酵的影响

温度对发酵过程的影响是多方面的，它会影响各种酶反应的速率，改变微生物代谢产物的合成方向，影响微生物的代谢调控机制。除这些直接影响外，温度还对发酵液的理化性质产生影响，如发酵液的黏度、基质和氧在发酵液中的溶解度和传递速率、某些基质的分解和吸收速率等，进而影响发酵的动力学特性和产物的生物合成。例如，温度升高，气体在溶液中的溶解度减小，氧传递速率改变，影响基质的分解速率。同时菌体生长快，反应速度快，酶失活快，菌体衰老快，发酵提前结束。

2．温度对菌体生长及产物合成的影响

微生物的生长及发酵产物的形成都需要菌体内部一系列酶的催化，而酶的活性对温度的变化是非常敏感的。根据酶促反应动力学，温度越高，酶促反应速度越快，菌体增殖、产物合成的时间均可提前；但是温度越高，酶越易失活，可能导致菌体过早衰老，改变菌体代谢产物的合成方向，影响微生物的代谢调控机制，使发酵周期缩短，产物产量和产率下降。例如，在四环类抗生素发酵中，金色链丝菌能同时产生四环素和金霉素，在 30℃时，合成金霉素的能力较强，随着温度的提高，合成四环素的比例提高，当温度超过 35℃时，金霉素的合成几乎停止，只产生四环素。因此，在发酵过程中，对于温度的控制应该是严格的，不能任意的、没有任何根据的升温或降温，需要维持适当的温度，才能使菌体生长和代谢产物的合成顺利进行。

3. 温度对发酵液性质的影响

发酵液是微生物赖以生存的直接环境，温度的变化会对环境的诸多性质造成较大影响，包括营养成分的电离状态、发酵液的黏度等。营养成分的电离状态改变可能会导致培养基有效浓度的降低，严重的话会引起菌体营养失衡，造成菌体生长缓慢、菌体浓度过低。发酵液的黏度一旦发生变化会影响发酵液中各种物质的传递，尤其是氧和热量的传递，最终影响微生物生长和产物形成。

4. 发酵温度的影响因素

发酵过程中，很多因素会引起发酵温度产生变化。生物热、搅拌热会导致发酵温度升高；蒸发热、辐射热、显热会引起发酵温度降低，这两部分的差值就是发酵过程中释放出来的净热量，即为发酵热。可以用以下公式表示：

$$Q_{发酵}=Q_{生物}+Q_{搅拌}-Q_{蒸发}-Q_{辐射}-Q_{显热}$$

（1）生物热　是生产菌在生长繁殖时产生的大量热量。生物热主要是培养基中碳水化合物、脂肪、蛋白质等物质被分解为 CO_2、NH_3时释放出的大量能量。主要用于合成高能化合物，供微生物生命代谢活动及热能散发。生物热的大小与菌种遗传特性、菌龄、营养基质有关。在相同条件下，培养基成分越丰富，产生的生物热也就越大。

（2）搅拌热　通风发酵都有大功率搅拌，搅拌的机械运动造成液体之间、液体与设备之间的摩擦而产生的热，称为搅拌热。

（3）蒸发热　通入发酵罐的空气，其温度和湿度随季节及控制条件的不同而有所变化。空气进入发酵罐后，就和发酵液广泛接触进行热交换，同时必然会引起水分的蒸发。蒸发所需的热量即为蒸发热。

（4）辐射热　由于发酵罐内外温度差，通过罐体向外辐射热量。辐射热可通过罐内外的温差求得，一般不超过发酵热的5%。辐射热的大小取决于罐内外的温差，受环境温度变化的影响，冬天影响大一些，夏季影响小些。

（5）显热　排出气体所带的热。工业上使用大体积发酵罐的发酵过程，一般不需要加热，因为释放的发酵热常常超过微生物的最适培养温度，所以需要冷却的情况较多。

5. 温度的选择

选择发酵最适温度应该考虑微生物生长的最适温度和产物合成的最适温度。在抗生素发酵中，细胞生长和代谢产物积累的最适温度往往不同，需要在不同的发酵阶段选择不同的最适温度。以青霉素发酵为例，菌体生长的最适温度为30℃，而青霉素合成的最适温度是24.7℃。至于何时应该选择何种温度，则要看发酵的进程。

此外，发酵温度还应根据菌种、培养基成分、培养条件和菌体生长等其他发酵条件进行合理的调整。

因此，在各种微生物的培养过程中，各个发酵阶段的最适温度的选择是从各方面综合进行考虑确定的。例如，在四环素发酵中，采用变温控制，在中后期保持较低的温度，以延长抗生素分泌期，放罐前24h提高2～3℃培养，能使最后24h的发酵单位提高50%以上。又如，青霉素发酵最初5h维持30℃，6～35h为25℃，36～85h为20℃，最后40h再升到25℃，采用这种变温培养比25℃恒温培养的青霉素产量提高14.7%。

6. 温度的检测

发酵温度可以通过水银玻璃温度计、双金属片温度计、压力式温度计、热电偶、金属电阻温度计或热敏电阻进行检测，并通过与其相偶联的执行机构（如改变冷却水阀门的开度）对发酵温度进行自动控制。

7. 温度的控制

利用自动控制或手动调整阀门，将冷却水通入发酵罐的夹层或蛇行管中，通过热交换来降温，保持恒温发酵。如果气温较高（特别是我国南方的夏季气温），冷却水的温度又高，致使冷却效果很差，达不到预定的温度，就可采用冷冻盐水进行循环式降温，以迅速降到最适温度。因此大工厂需要建立冷冻站，提高冷却能力，以保证在正常温度下进行发酵。

二、pH

发酵过程中pH的变化是菌体在一定的环境条件下代谢活动的综合性指标，它集中反映了菌体的生长代谢和产物合成的情况。不同的菌体在不同的发酵过程中pH的变化规律相差是很大的，这既取决于菌体的生理代谢，又与环境条件的控制有关。因此，pH能准确地反映出环境条件的变化。

1. pH对发酵的影响

pH的变化会影响酶的活性，当菌体中某些酶的活性受抑制时，会阻碍菌体的新陈代谢；影响微生物细胞膜所带电荷的状态，改变细胞膜的通透性，影响微生物对营养物的吸收和代谢产物的排泄；影响培养基中某些组分的解离，进而影响菌体对这些成分的吸收；pH的变化还能引起菌体代谢过程的不同，使代谢产物的质量和比例发生改变。

2. 影响pH的因素

发酵过程中，pH的变化是微生物在发酵过程中代谢活动的综合反映，其变化的根源取决于培养基的成分和微生物的代谢特性。

有研究表明，培养开始时发酵液pH的影响不大，因为微生物在代谢过程中，迅速改变培养基pH的能力十分惊人。但是当外界条件发生较大变化时，菌体就失去了调节能力，发酵液的pH将会不断波动。引起这种波动的原因除了取决于微生物自身的代谢外，还与培养基的成分有极大的关系。一般来说，有机氮源和某些无机氮源的代谢起到提高pH的作用，而碳源的代谢则往往起到降低

pH 的作用。

此外，通气条件的变化、菌体自溶或杂菌污染都可能引起发酵液 pH 的改变，所以确定最适 pH 以及采取最适有效的控制措施，是使菌种发挥最大生产能力的保证。

3. 最适 pH 的选择

选择最适 pH 的原则是既有利于菌体的生长繁殖，又可以最大限度地获得高产量。一般最适 pH 是根据实验结果来确定的，通常将发酵培养基调节成不同的起始 pH，在发酵过程中定时测定并不断调节 pH，以维持起始 pH，或者利用缓冲剂来维持发酵液的 pH。同时观察菌体的生长情况，菌体生长达到最大值的 pH 即为菌体生长的最适 pH。产物形成的最适 pH 也可以如此测得。

4. pH 的检测

现代化的生产企业大部分是采用 pH 的在线检测、控制方式，其核心部件是 pH 检测的电极。这种电极不同于普通的 pH 检测电极，其基本要求是：耐高温，能经受 120℃以上高温 60min 的处理。

5. pH 的控制

为了使发酵过程 pH 稳定地保持在最适的范围内，可采用以下几种方法：

（1）在设计基础培养基时考虑维持 pH 的需要　选择合适的营养物和适当的配比，使发酵过程中的 pH 维持在合适的范围内。

（2）生理酸性或生理碱性物质的使用　根据发酵过程中 pH 的变化规律和所要控制的范围，在基础培养基中选择性地加入生理酸性或生理碱性化合物，中和代谢过程中产生的碱或酸，以维持一定的 pH 范围。

（3）缓冲剂的利用　在培养基中加入适量的碳酸钙或磷酸盐，可以减缓发酵过程中 pH 变化，使其控制在所需范围内。

（4）通过中间补料控制 pH　通过在发酵过程中补加糖、玉米浆、氨水以及通氨等来调节控制发酵过程的 pH，使之处于最佳范围。

三、溶　解　氧

溶解氧是需氧发酵控制最重要的参数之一。溶解氧的大小对菌体生长和产物的形成及产量都会产生不同的影响。常用于描述微生物需氧大小的物理量有呼吸强度和摄氧率、临界氧浓度和氧饱和度等。

$$Q_{O_2} r = C_{Cr} X$$

式中　Q_{O_2}——比耗氧速度或呼吸强度，指单位时间内单位质量的细胞消耗的氧气，mmol O_2/（g·h）

r——摄氧率，指单位时间内单位体积的发酵液需要的氧量

C_{Cr}——临界氧浓度，指不影响呼吸所允许的最低溶氧浓度

X——氧饱和度，指发酵液中氧的浓度与临界溶氧溶度的比值

1．溶解氧对发酵的影响

（1）氧浓度影响菌体的酶活性　在微生物的代谢过程中，有许多催化脱氢氧化反应的酶都是以NAD(P)为辅酶，NAD(P)的浓度是保证酶活力的基础。NAD(P)作为H的受体，接受氢后成为还原性的NAD(P)H，NAD(P)H在有氧的条件下可以及时地通过呼吸链被氧化，生成氧化性的NAD(P)，NAD(P)作为辅酶重新进入脱氢反应，一旦发酵液中氧的浓度不够，与NAD(P)相关的酶促反应则停止，那么，NAD(P)的浓度就会迅速下降。

（2）氧浓度影响产物合成　需氧发酵并不是溶氧越大越好。溶氧高虽然有利于菌体生长和产物合成，但溶氧太大有时反而会抑制产物的形成。例如，亮氨酸、缬氨酸和苯丙氨酸仅在供氧受限、细胞呼吸受抑制时，才能获得最大量的氨基酸，如果供氧充足，产物形成反而受到抑制。为避免发酵处于限氧条件，需要考查每一种发酵产物的临界氧浓度和最适氧浓度，并使发酵过程保持在最适浓度。例如，谷氨酸发酵供氧不足时，谷氨酸积累就会明显降低，产生大量的乳酸和琥珀酸。在抗生素发酵过程中，菌体的生长阶段和产物合成阶段都有一个临界氧浓度，分别为$C'_{临}$和$C''_{临}$。两者的关系有：①大致相同；②$C'_{临} > C''_{临}$；③$C'_{临} < C''_{临}$。

2．菌体需氧量的影响因素

在需氧微生物发酵过程中影响微生物需氧量的因素很多，除了和菌体本身的遗传特性有关外，还和培养基、菌龄等因素有关。

（1）培养基　培养基的成分和浓度对生产菌需氧量的影响是显著的。培养基中碳源的种类和浓度对微生物需氧量的影响尤其显著。一般来说，碳源在一定范围内，需氧量随碳源浓度的增加而增加。在补料分批发酵过程中，菌种的需氧量随补入的碳源浓度而变化，一般补料后，摄氧率均呈现不同程度的增大。

（2）菌龄及细胞浓度　不同的生产菌种，其需氧量各异。同一菌种在不同生长阶段，其需氧量也不同。一般说，菌体处于指数生长阶段的呼吸强度较高，生长阶段的摄氧率大于产物合成期的摄氧率。在分批发酵过程中，摄氧率在指数生长后期达到最大值。因此，认为培养液的摄氧率达最高时，培养液中菌体浓度达到了最大值。

（3）溶解氧浓度　在发酵过程中，培养液中的溶解氧浓度（C_L）高于菌体生长的临界氧浓度（$C_{临}$）时，菌体的呼吸就不受影响，菌体的各种代谢活动不受干扰；如果培养液中的C_L低于$C_{临}$，菌体的多种生化代谢就要受到影响，严重时会产生不可逆的抑制菌体生长和产物合成的现象。

（4）培养条件　实验表明，微生物呼吸强度的临界值除受到培养基组成的影响外，还与培养液的pH、温度等培养条件相关。一般来说，温度越高，营养成分越丰富，其呼吸强度的临界值也相应增高。

（5）有毒产物的形成及积累　在发酵过程中，有时会产生一些对菌体生长有毒性的（如CO_2等）代谢产物，如不能及时从培养液中排除，势必会影响菌体的呼吸，进而影响菌体的代谢活动。

3. 溶解氧浓度的检测

溶解氧的测定一般分为化学法和仪器法。化学法主要为滴定法和目视比色法，仪器法则包括光学分析法、色谱分析法和电化学分析法等。其中电化学分析法又分为极谱法、电位法、电量法、电导法和隔膜电极法（传感器法）。众多方法中目前应用最广泛的主要有电量法、电化学探头法和光学溶解氧传感器法。

4. 溶解氧浓度的控制

（1）氧传递的双膜理论

① 溶氧过程存在一个界面，这个界面的厚度可以忽略不计。在这个界面上，气相中氧的分压与溶于液相中氧的浓度呈平衡关系，即 p_i 与 c_i 呈平衡关系，符合亨利定律：

$$c_i = k \times p_i$$

式中　c_i——氧浓度，mol/m^3

p_i——氧分压，Pa

K——亨利常数

② 传质过程是一个稳定的过程，各点氧的浓度不是时间的函数。

③ 气膜、液膜都以层流状态存在。

在以上三个条件的基础上，则有下列氧传递方程：

$$dc/dt = K_L a \times (c^* - c)$$

式中　dc/dt——溶氧速率，mol/（m^3·h）

$K_L a$——体积溶氧系数，1/h

c^*——与气相中氧的分压呈平衡的液相中氧的浓度，也就是在一定体系下液相中的最大溶氧浓度，mol/m^3

c——液相中氧的实际浓度，mol/m^3

上式是以（$c^* - c$）为传质动力的氧传递方程式，也可以写成以（$p^* - p$）为推动力的氧传递方程式：$dc/dt = K_L a \times (p^* - p)$

（2）氧传递过程中的阻力　上式中的溶氧速率 dc/dt 实际上是发酵液中氧的实际浓度，更准确说是供氧与耗氧的动态平衡，分析氧传递的阻力，可以分为供氧与耗氧两个方面：

① 供氧方面：气体主流到气膜的阻力 k_1^{-1}；克服气膜的阻力 k_2^{-1}，通过气、液界面；气体克服液膜的阻力 k_3^{-1}，进入液体主流；气体在液相主流中的传递阻力 k_4^{-1}。

② 耗氧方面：细胞膜的阻力 k_5^{-1}；细胞内氧与呼吸酶反应的阻力 k_6^{-1}。

整个阻力：$k^{-1} = k_1^{-1} + k_2^{-1} + k_3^{-1} + k_4^{-1} + k_5^{-1} + k_6^{-1}$

前4项与发酵液的性质（组成、浓度）、操作运行条件有关，显然阻力越少，溶氧越好。

后2项与菌种的生理特性和种类有关，降低这一部分阻力，实际上就是提高 $(c^* - c)$，即提高溶氧传递推动力。

（3）提高氧传递效率的途径　从氧传递动力学方程式可以看出：提高氧传递效率可以从 K_La 和 $(c^* - c)$ 两个方面研究。与 K_La 有关的是搅拌、空气流速、空气分布器的形式、发酵液的黏度等；与推动力 $(c^* - c)$ 有关的因素是温度、氧分压、发酵液性质等。

① 影响 K_La 的影响因素

a. 搅拌：搅拌可以打碎气流，形成小气泡，增加气液接触面积；使液体形成涡流，增加气泡在液体中的滞留时间；增加液体的湍流程度，减少气泡周围的液膜阻力 k_3^{-1}，减少氧在液体主流中的传递阻力 k_4^{-1}。但是，高转速也有不利的方面：能耗较高，生产成本高；形成漩涡，降低气液间的混合效果，起不到应有的作用；对于某些微生物，高转速产生的高剪切力，不利于菌体的生长。

b. 空气流速 V_s：由公式 $K_La \propto (p_g/V)^{\alpha} \times V_s^{\beta}$（$K_La$ 为体积溶氧系数，p_g 为通气功率，V 为发酵液体积，α、β 为与溶液性质有关的常数）可知，提高 V_s 即提高通风量 Q，也可以有效地提高 K_La，但不能够无限增加通风量。研究表明，当通风量增加到一定量后，(P_g/V) 会随着 Q 的增加而下降，也就是说单位体积发酵液所拥有的搅拌功率会下降，不但不能提高 K_La，反而会造成 K_La 值的下降。

此外，增加通风量 Q 还存在以下不足之处：挥发性中间产物有一定量的损失；搅拌桨过载，达不到良好的混合效果；发酵液水分蒸发加大，增加了发酵液的黏度，造成逃液，增加了噬菌体的感染机会。

② 影响 $(c^* - c)$ 的因素：c^* 受到体系温度、发酵液浓度、黏度、pH 等因素的影响，改变 c^* 是没有太大余地的。因为，发酵温度、浓度等严格受菌体生长和发酵工艺的限制。

a. 罐压：罐压增加，对提高 $(c^* - c)$ 是有一定作用的，不过也存在以下缺点：气泡体积减少，不利于气、液的接触，有害气体（CO_2）浓度也在增加，同样不利于菌体的代谢。

b. 纯氧：利用纯氧，可以提高 $(c^* - c)$。这种方式的缺点主要是成本较高；易引起爆炸；局部氧的浓度高，易引起菌体的中毒（SH 蛋白质的氧化）。

可见，提高 K_La 最有效的方法是提高搅拌功率与空气流速，并协调两者之间的关系，其他方法效果不大，且受限制较多。

四、基质浓度

基质即培养微生物的营养物质，是生产菌代谢的物质基础，基质的种类和浓度与菌体代谢有着密切的关系。因此，选择适当的基质和控制适当的浓度，是提高产物产量的重要方法。

1. 碳源对发酵的影响及控制

（1）迅速利用的碳源　有葡萄糖、蔗糖等。迅速参与代谢、合成菌体和产生能量，并产生分解产物，有利于菌体生长，但有的分解代谢产物对产物的合成可能产生阻遏作用。

（2）缓慢利用的碳源　多数为聚合物、淀粉等。被菌体缓慢利用，有利于延长代谢产物的合成，特别有利于延长抗生素的分泌期，也被许多微生物药物的发酵所采用。

在工业上，发酵培养基中常采用含迅速和缓慢利用的混合碳源。

2. 氮源对发酵的影响及控制

（1）迅速利用的氮源　氨基（或铵）态氮的氨基酸（或硫酸铵等）、玉米浆容易被菌体利用，促进菌体生长，但对某些代谢产物的合成特别是某些抗生素的合成产生调节作用，影响产量。

（2）缓慢利用的氮源　可延长代谢产物的分泌期、提高产物的产量；但一次投入也容易促进菌体生长和养分过早耗尽，以致菌体过早衰老而自溶，缩短产物的分泌期。发酵培养基一般选用含有快速和慢速利用的混合氮源，还要在发酵过程中补加氮源来控制浓度。补加有机氮源，如酵母汁、玉米浆、尿素；补加无机氮源，如氨水或硫酸铵。

3. 磷酸盐对发酵的影响及控制

磷是微生物菌体生长繁殖所必需的成分，也是合成代谢产物所必需的。微生物生长良好所允许的磷酸盐浓度为0.32～300mmol/L，次级代谢产物合成良好所允许的最高平均浓度仅为1.0mmol/L。磷酸盐浓度的控制，一般是在基础培养基中采用适当的浓度。

五、泡沫对发酵的影响及其控制

1. 泡沫的形成

在大多数微生物发酵过程中，通气、搅拌以及代谢气体的逸出，再加上培养基中糖、蛋白质、代谢物等表面活性剂的存在，培养液中就形成了泡沫。泡沫的多少与搅拌、通风、培养基性质有关。培养基质中蛋白质原料，如蛋白胨、玉米浆、黄豆粉、酵母粉等是主要的发泡剂，糊精含量多也引起泡沫的形成。此外，当发酵感染杂菌和噬菌体时，泡沫会异常增多。

2. 泡沫对发酵的影响

一定数量的泡沫是正常现象，可以增加气液接触面积，促进氧传递速率增加，但是大量的泡沫会引起许多副作用。主要表现为发酵罐的装料系数减少、氧传递系统减小；增加了菌群的非均一性；造成大量逃液，增加染菌机会；严重时通气搅拌无法进行，菌体呼吸受到阻碍，导致代谢异常或菌体自溶；消泡剂的添加将给提取工序带来困难。

3. 泡沫的控制

（1）减少泡沫的产生　可以通过以下方式进行：调整培养基中的成分，如少加或缓加易起泡的原料；改变某些物理化学参数，如 pH、温度、通气和搅拌；改变发酵工艺，如采用分次投料来减少泡沫形成的机会；筛选不产生流态泡沫的菌种，消除起泡的内在因素。

（2）消除已经产生的泡沫　一般可以通过两种方式来消除泡沫。一是机械消泡，即利用机械强烈振动或压力变化而使泡沫破裂，属于物理消泡，其优点是节省原料，减少染菌机会；缺点是只能消除较大的泡沫，对于流态泡沫效果不佳，仅可作为消泡的辅助方法。常用的消泡设备分罐内、罐外两种。二是消泡剂消泡，即利用表面活性物质等消泡剂降低泡沫液膜的机械强度和液膜的表面黏度，从而达到破裂泡沫的目的，属于化学消泡。

（3）消泡剂　常用的消泡剂有 4 大类，分别是天然油脂类、脂肪酸和酯类、聚醚类、硅酮类。其中以天然油脂类和聚醚类在生物发酵中最为常用。

在生产过程中，消泡的效果除了与消泡剂的种类、性质、分子质量、消泡剂亲油亲水基团等密切相关外，还与消泡剂使用时加入方法、使用浓度、温度等有很大关系，应结合生产实际加以注意和解决。

项目三　发酵工艺的优化

发酵工艺的优化是基于各种微生物作用机制之上进行的，根据生产菌生长及产物的营养要求，筛选最优的培养基和培养条件，提高产物水平、降低生产成本。例如，在井冈霉素 A 的发酵中，任灏翔等使用便宜的大米粉液化糖化液代替较为昂贵的大米粉和葡萄糖，生产成本降低了，但产物水平并没有受影响。刘红宇等通过发酵培养基配方的研究，去除了原始培养基配方中不必要的各种营养成分，提高了发酵原料的利用率，降低了生产成本。在降低生产成本，提高市场竞争力上，发酵条件的研究与菌种选育一样，都具有非常重要的作用。

任务一　发酵培养基的优化

培养基的组成和元素的配比对菌体的生长发育、提炼工艺和抗生素成品的质量都有相当大的影响。发酵培养基主要由碳源、氮源、无机盐类、生长因子和前体物等组成。下面以链霉菌 Fu 的发酵为例介绍几种主要元素的优化。

一、碳源的优化

碳源的主要作用是供给菌种生命活动所需的能量及构成菌体细胞和代谢产物的碳骨架，常用碳源包括糖类和脂类等。采用葡萄糖、可溶性淀粉、玉米粉、蔗糖作为碳源，分别按 0.5%、1.0%、2.0%、3.0%、5.0% 的配比进行单因素优化。在装液量 40mL 的 250mL 三角瓶中，接种量 10%，30℃、200r/min 摇床培养72h后，4000r/min离心10min，测定发酵上清液效价，选择最佳碳源。

由实验可知，采用不同碳源浓度所得到的菌体生物量和产物效价均有比较大的差异。可溶性淀粉作为慢速利用的碳源具有比较明显的优势。玉米粉作为碳源在其浓度为3.0%左右能够使产物效价达到最大，但是当其浓度上升到5.0%时，产物效价下降较快。葡萄糖作为快速利用的碳源，可以加速微生物的生长，但过量时容易对产物的合成造成阻抑作用。蔗糖作为碳源对菌株的生长和产物的合成都要明显劣于可溶性淀粉和玉米淀粉。由于抗生素的发酵多采用快速碳源和慢速碳源相结合的方法，同时由于种子培养基采用葡萄糖作为碳源，所以宜采用以少量葡萄糖为辅、以可溶性淀粉为主的混合碳源。

二、氮源的优化

以蛋白胨、酵母粉、黄豆粉、硫酸铵、尿素作为氮源，分别按0.5%、1.0%、2.0%、3.0%的配比，采用同碳源优化的发酵条件进行氮源的优化。通过实验发现，酵母粉、蛋白胨和黄豆粉在促进菌体产抗生素的作用上要明显优于硫酸铵和尿素。1.0%酵母粉所产抗生素效价最高，而黄豆粉虽劣于酵母粉和蛋白胨，但其效价比后两者稳定，更重要的是黄豆粉价格便宜，考虑到成本，采用酵母粉和黄豆粉混合作为氮源使用。

三、无机盐类的优化

抗生素生产菌和其他微生物一样，在生长和繁殖过程中，需要某些无机盐和微量元素，如硫、磷、镁、铁、钙、钾等，其浓度对菌种的生理活性有一定影响，因此，应选择合适的浓度和配比。根据生产中常用的比例加入不同浓度的无机盐，通过测定发酵液中抗生素的效价，选择影响较大的一种或几种无机盐，通过实验发现：在发酵培养基中分别添加0.50% NaCl、0.03% $MgSO_4$、0.04% K_2HPO_4能提高菌种产抗生素的水平。

任务二　发酵培养条件的优化

提高发酵水平的另一个重要途径是选择合适的发酵条件。对发酵过程有影响的因素主要有发酵时间、培养温度、培养基初始pH、接种量、种龄等发酵条件。

一、培养温度的优化

温度对抗生素发酵的影响是多方面的，除影响各种酶促反应速率外，还影响氧在发酵液中的溶解度和传递速率。在发酵过程中，菌株的生长阶段和抗生素合成阶段所需的最适温度有时是不一样的。一般来讲，在生长初期，优先考虑提供菌体生长的最适温度，当进入抗生素分泌阶段，就必须满足生物合成的最适温度。

二、初始 pH 的优化

培养基初始 pH 影响菌体生长周期中延迟期的长短，培养基初始 pH 与种子液的 pH 相差越大，则菌种为了适应新的生存环境而对自身代谢活动的调节程度越大，使得延迟期延长，从而使发酵周期过长，降低了生长率。另外，培养基初始 pH 对产物的合成也有一定的影响。试验测得链霉菌 Fu 在发酵初始 pH6.5 时，菌体浓度和产物效价均达到了最大，且该菌种在酸性环境中的生长情况和生产能力都要优于在碱性环境中，菌体浓度和抗生素效价在碱性环境中下降比较明显。

三、种龄的优化

种龄是一个比较重要的参数。在发酵过程中，最适的种龄一般都选在生命力极其旺盛的指数期，此时的种子能很快适应环境，生长繁殖快，可大大缩短在发酵过程中的调整期，缩短在发酵过程中的非产物合成时间。而在抗生素发酵中，通常利用孢子萌发产生的菌丝体作为种子接种。种子培养时间太短，会使发酵周期延长，但种子培养时间过长，菌体容易衰老，缩短了抗生素分泌时间，而且发酵液中的抗生素含量骤然升高会造成生产菌在发酵早期表现出对所产抗生素的敏感性。

四、接种量的优化

接种量主要影响发酵周期。生产上常用处于指数期的种子，接种量一般为 7% ~15%，这主要取决于菌株在发酵罐中的生长繁殖速度。大量接入培养成熟的种子，会使菌体迅速进入指数生长期，缩短生长过程的延迟期，从而缩短发酵周期，有利于提高发酵生产率，并且还有利于阻止染菌的进一步发展。但是如果接种量过大，移入的代谢废物必然较多，菌体生长会受到代谢废物的干扰而减慢，菌体提前衰退，最终菌体细胞浓度降低，影响发酵水平。同时大量菌体的接入，也易导致营养物和溶氧的过快消耗而不足，酸碱度变化太大，从而影响菌体的生长和发酵水平。因此，有必要对接种量进行优化，采用不同梯度的接种量，选择产抗生素效价高的菌体。

任务三　发酵过程放大

发酵产品能否实现工业化生产的关键是对微生物发酵规模放大过程规律的研究。发酵规模的放大过程涉及诸多参数的优化，其中，通气量、搅拌转速和培养基质的流加策略尤为重要。这些参数对生物反应器内的混合、传质、剪切力、生物反应、传热等都会产生影响，并最终影响发酵过程的能耗和效率。

工业发酵过程的研究一般可分为三个阶段：首先在实验室进行菌种选育、发酵培养基及摇瓶培养条件的研究；然后再进行小试、中试，以逐步验证和完善，获得适合发酵罐的发酵工艺；最后进行大规模的工业生产。但在工业生产中，由于发酵过程的复杂性，往往出现放大效应，这严重影响了工业产量。因此，采取适当的放大策略，尽可能降低放大效应，既具有重要的理论意义，又会产生良好的经济效益。

摇瓶发酵与发酵罐发酵存在以下几个方面的差别：

（1）体积氧传递系数和溶解氧的差异　摇瓶发酵通过瓶口的介质扩散提供氧气，而发酵罐采用通入无菌压缩空气的方法提供氧气。通常情况下，发酵罐的溶氧水平要高于摇瓶。

（2）二氧化碳的差异　CO_2溶解度的变化将引起能量代谢和发酵液 pH 的改变，从而影响微生物的代谢和目标产物的产量。CO_2的溶解度与压力有关，随着发酵罐压力的增加，CO_2溶解速度增加，致使发酵罐中 CO_2浓度比摇瓶中高。

（3）剪切力的不同　发酵罐采用机械搅拌方式增加溶氧水平，剪切力与搅拌桨转速和半径的平方成正比，因此，发酵罐中微生物受机械剪切力的程度比摇瓶中大得多。另外，剪切力还会影响菌丝团的直径，从而影响传质和生物反应。

（4）混合的差别　在发酵罐中，随发酵规模扩大，混合时间增加，发酵罐中某些区域可能存在死区，导致发酵条件如溶氧、底物浓度、产物浓度和微生物浓度等存在分布不均的情况，而摇瓶中的混合情况一般都比较好。

菌体的生长需要能量和各种小分子中间代谢产物，氧的供给决定了微生物以何种代谢途径生成 ATP、还原力及各种中间代谢产物，而能量产生效率的高低与中间代谢产物的不同，又决定了菌体的生长速率和次级代谢途径的不同，最终影响目标产物的合成速率及产量。而在发酵过程中，通气量和搅拌转速往往通过影响发酵基质中溶解氧的浓度来影响微生物的生长和代谢。通气量和搅拌是强化氧传递的不同手段，两者都影响氧、二氧化碳、基质等传递过程，从而影响微生物的生长和代谢途径。当搅拌转速较高时，剪切力对微生物的生长和代谢有着较大的影响。

近几年来，抗生素发酵过程中通过对培养基成分、发酵条件以及工业生产中的各因素进行综合调控，控制好工业放大过程中的各因素，使发酵达到最大的发酵产量，采用最优的培养基配方、最优的发酵条件是企业和科研机构研究的热点。

项目四　灭菌方式的选择

微生物发酵通常是纯种发酵，在发酵过程中不允许其他微生物即杂菌生长繁殖，否则不仅会消耗营养物质，而且杂菌还可能分泌一些抑制生产菌生长、产物合成、严重改变发酵液性质（如 pH）的物质，或者产生破坏所需代谢产物的酶类，从而影响成品的质量和收率。为了做到纯种发酵，必须对发酵所使用的培养基、设备、管道等彻底灭菌，搞好空气的过滤除菌、发酵设备的密封检查和种子的无菌检验等工作，一旦污染杂菌，应及时分析查找染菌的原因，找到最佳补救措施，把损失减少到最低限度。为了防止发酵过程中染菌，首先应搞好灭菌工作，懂得灭菌的原理，掌握灭菌的方法。

任务一　消毒、灭菌方法的选择原则

一、消毒、灭菌方法

为使消毒灭菌工作顺利进行，取得较好效果，需根据不同情况，选择适当方法。一般应考虑以下几个问题。

高水平消毒：杀灭一切细菌繁殖体，包括分枝杆菌、病毒、真菌及其孢子和绝大多数细菌芽孢。常用含氯制剂、二氧化氯、邻苯二甲醛、过氧乙酸、过氧化氢、臭氧、碘酊等。

中水平消毒：杀灭除细菌芽孢以外的各种病原微生物，如分枝杆菌。常用碘类消毒剂（碘伏、氯己定碘等）、醇类和氯己定碘的复方、醇类和季铵盐类化合物的复方、酚类等消毒剂。

低水平消毒：能杀灭细菌繁殖体（分枝杆菌除外）和亲脂类病毒的化学消毒方法以及通风换气、冲洗等机械除菌法。例如，采用季铵盐类消毒剂（苯扎溴铵等）、双胍类消毒剂（氯己定）等。

（1）根据物品污染后导致感染的风险高低选择相应的消毒或灭菌的方法。

① 高度危险性物品：应采用灭菌方法处理。

② 中度危险性物品：应达到中水平消毒以上效果的消毒方法。

③ 低度危险性物品：宜采用低水平消毒方法，或做清洁处理。如有病原微生物污染时，针对所污染病原微生物的种类选择有效的消毒方法。

（2）根据物品上污染微生物的种类、数量选择消毒或灭菌方法。

① 对受到致病菌芽孢、真菌孢子、分枝杆菌和经血传播病原体（乙型肝炎病毒、丙型肝炎病毒、艾滋病病毒等）污染的物品，应采用高水平消毒或灭菌。

② 对受到真菌、亲水病毒、螺旋体、支原体、衣原体等病原微生物污染的物品，应采用中水平以上的消毒方法。

③ 对受到一般细菌和亲脂病毒等污染的物品，应采用达到中水平或低水平的消毒方法。

④ 杀灭被有机物保护的微生物时，应加大消毒药剂的使用剂量和（或）延长消毒时间。

⑤ 消毒物品上微生物污染特别严重时，应加大消毒药剂的使用剂量和（或）延长消毒时间。

（3）根据消毒物品的性质选择消毒或灭菌方法。

① 耐热、耐湿的诊疗器械、器具和物品，应首选压力蒸汽灭菌；耐热的油剂类和干粉类等应采用干热灭菌。

② 不耐热、不耐湿的物品，宜采用低温灭菌方法，如环氧乙烷灭菌、过氧化氢低温等离子体灭菌或低温甲醛蒸气灭菌等。

③ 物体表面消毒，应考虑表面性质，光滑表面宜选择合适的消毒剂擦拭或紫外线消毒器近距离照射；多孔材料表面宜采用浸泡或喷雾消毒法。

二、制药工业常用的消毒灭菌方法

制药工业所采用的消毒灭菌方法在达到杀灭微生物的同时，还应考虑消毒剂的残留、药品的稳定性、治疗作用与用药安全，对无菌药品还应要求无热源和无微粒。要实现最终产品合格，除了严格控制最终产品的灭菌，还要控制中间产品生产过程中的每一环节，即微生物控制是药品质量保证的一个重要保证，贯穿于整个生产过程中，包括原辅料、中间产品、最终产品、工艺流程、包装材料、水和空气、厂房设备、设备和人员。

1. 原料药的消毒灭菌

原料药进一步加工成制剂后才能成为患者可使用的药品，因此，最大限度地降低原料中微生物的数量，对最终产品质量保证是相当重要的，其微生物限度应与最终产品的要求相一致，若最终产品要求无菌、生产过程又无法最终灭菌时，则要求原料药无菌，常用压力蒸汽法、流通蒸汽法消毒灭菌；若是低温提取物，则优先考虑过滤除菌。

2. 药品制剂的消毒灭菌

输液剂和水针剂中，多数药品对热稳定，压力蒸汽灭菌法是最为常用和最可靠的方法，且对热稳定的药品过度杀灭的方法还可获得一个额外的安全系数；对热不稳定药物如冻干粉针剂常采用过滤法除菌，再在无菌操作条件下进行灌装、冷冻、干燥；多数药液对电离辐射稳定，则可采用射线灭菌，如全营养输液。口服制剂一般含有抑菌剂，不必消毒灭菌，如需要，则可采取湿热法或γ射线法。

3. 抗生素生产中的消毒灭菌

抗生素生产是一个纯种的发酵过程，仅允许菌种存在，若在产生抗生素前染有杂菌，则会影响产量和质量，甚至导致发酵失败。一般，常用压力蒸汽法对培养基、种子罐和发酵罐进行实罐或空罐消毒灭菌，发酵过程所需无菌空气多采用过滤法除菌，并以加热法消除其中的噬菌体；接种时对接种口采用火焰灭菌法；多数抗生素对热不稳定，故其最终产品的后处理主要以过滤法除菌。

4. 水和空气的消毒灭菌

对于纯化水，目前常用反渗透法和过滤法制备或过滤除菌，并配以紫外线法在线消毒；无菌注射用水则用热力法蒸馏设备、80℃下贮存和65℃不间断循环防止细菌繁殖和产生热原质，终端使用时再配以过滤除菌。压缩空气常采用过滤法除菌；洁净区内空气，采用紫外线法、甲醛蒸汽法和臭氧法定期进行消毒，对无菌区内的空气经高效过滤器过滤后达到100级洁净要求，实现局部区域内空气的无菌。

消毒和灭菌方法的选择应该根据待处理物品的用途和危险程度来确定是否属于消毒或灭菌的范畴，并对污染微生物的种类和数量、待处理物品的理化性质和使用价值以及消毒灭菌方法的特点和影响因素加以综合考虑后，确定最适宜的消毒灭菌方法。而一旦新的方法选择确定，还必须进行严格的论证，以证实该方法的有效性、可靠性和安全性。

任务二　培养基和设备的灭菌

培养基和发酵设备的灭菌，目前普遍采用湿热灭菌，具体包括实罐灭菌、空罐灭菌、连续灭菌等。

一、湿 热 灭 菌

1. 湿热灭菌的原理

每一种微生物都有一定的最适生长温度范围。当温度超过最高限度时，微生物细胞中的原生质胶体和酶会发生不可逆的凝固变性。湿热灭菌是直接用蒸汽灭菌，蒸汽冷凝时释放大量潜热，并具有强大的穿透力，在高温和水存在时，微生物细胞中的蛋白质极易发生不可逆的凝固变性，致使微生物在短时间内死亡。

2. 微生物的热死规律

微生物热死是指微生物受热失活直到死亡。微生物受热死亡主要是由于微生物细胞内酶蛋白受热凝固，丧失活力所致。在微生物受热失活的过程中，微生物不断被杀死，活菌数不断减少。因此，微生物热死速率可以用分子反应速率来表示，即微生物个数减少的速度与任一瞬间残存的菌数成正比。

$$\frac{dN}{dt} = -kN$$

式中　N——培养基中残留活菌数，个

t——受热时间，min

k——反应速率常数，也可称比死亡速率常数，min^{-1}

$\frac{dN}{dt}$——微生物的瞬间变化率，即死亡速率

同一种微生物在不同的灭菌温度下，k 值不同。灭菌温度越低，k 值越小；温度越高，k 值越大。因此，提高灭菌温度，k 值增大，灭菌时间显著缩短。

从上式可知：要做到绝对无菌，即 $N=0$，则时间 t 将无限大。故在实际计

算中取 $N=10^{-3}$，即每处理 1000 批中只残留一个活菌数，该值在工程上已足够了。

3. 培养基成分受热破坏规律（看作一级反应）

实验证明，高温快速灭菌法优于低温长时间灭菌法。当灭菌温度升高时，菌的比死亡速率增加较培养基成分分解速率常数快，因而在较高的温度下可以缩短灭菌时间而保留较多的营养物质。

4. 影响培养基灭菌的因素

（1）培养基中的颗粒与物理状态　培养基中的颗粒物质大，灭菌困难；反之，灭菌容易。培养基的物理状态对灭菌具有极大的影响，固体培养基的灭菌时间要比液体培养基的灭菌时间长，其原因在于液体培养基灭菌时，热的传递除了传导作用外，还有对流作用，而固体培养基则只有传导作用而没有对流作用，另外液体培养基对水的传热系数要比有机固体物质大得多。

（2）培养基中的微生物数量　不同成分的培养基，其含菌量是不同的。培养基中微生物数量越多，达到无菌要求所需的灭菌时间也越长。天然基质培养基，特别是营养丰富或变质的原料中含菌量远比化工原料的含菌量多，因此，灭菌时间要适当延长。含芽孢杆菌多的培养基，要适当提高灭菌温度，并延长灭菌时间。

（3）培养基成分　油脂、糖类、蛋白质都是传热的不良介质，会增加微生物的耐热性，使灭菌困难。高浓度的盐类、色素则会削弱其耐热性，故较易灭菌。浓度较高的培养基灭菌相对需要较高的温度和较长的时间。

（4）培养基 pH　pH 对微生物的耐热性影响很大，pH 为 6.0～8.0 时微生物最不易死亡，pH<6.0 时，氢离子易渗入微生物的细胞内，改变细胞的生理反应致使其死亡。所以培养基 pH 越低，灭菌所需时间越短。见表 5－1。

表 5－1　pH 对灭菌时间的影响

温度/℃	孢子数/（个/mL）	灭菌时间/min				
		pH6.1	pH5.3	pH6.5	pH4.7	pH4.5
120	10000	8	7	5	3	3
115	10000	25	25	12	30	13
110	10000	70	65	35	30	24
105	10000	340	720	180	150	150

（5）泡沫　泡沫中的空气形成隔热层，使传热困难，对灭菌极为不利。因此，对易产生泡沫的培养基进行灭菌时，可加入少量消泡剂。

5. 消除高温有害影响的措施

（1）采用特殊加热灭菌法。

（2）对易破坏的含糖培养基进行灭菌时，应先将糖液与其他成分分别灭菌后再合并。

(3) 对含 Ca^{2+} 或 Fe^{3+} 的培养基与磷酸盐先分别灭菌，然后再混合，就不易形成磷酸盐沉淀。

(4) 对含有在高温下易破坏成分的培养基（如含糖组合培养基)，可进行低压灭菌或间歇灭菌。

(5) 在大规模发酵工业中，可采用连续加压灭菌法进行培养基的灭菌。

二、培养基灭菌方式

1. 分批灭菌

概念：将配制好的培养基置于发酵罐中，通入蒸汽将培养基和所用设备一起加热灭菌的操作过程，称作实罐灭菌，又称分批灭菌，包括加热、维持和冷却三个阶段。操作要点如下。

(1) 三路进汽　直接蒸汽从通风、取样和出料口进入罐内直接加热，直到所规定的温度，并维持一定的时间，这就是所谓的三路进汽。

(2) 开始灭菌时，应排放夹套或蛇管中的冷水，开启排汽管阀，夹套内通入蒸汽。当发酵罐的温度升至70℃时，开始由空气过滤器、取样管和放料管通入蒸汽，当发酵罐内温度达到120℃，压力达到10MPa（表压）时，灭菌进入保温阶段。在保温阶段，凡液面以下各管道都应通蒸汽，液面以上其余各管道则应排蒸汽，不留死角，维持压力、温度恒定直到保温结束。再依次关闭各排汽、进汽阀门，并通过空气过滤器迅速向罐内通入无菌空气，维持发酵罐降温过程中的正压，且在夹套或蛇管中通入冷却水，使培养基的温度降到所需温度。

2. 连续灭菌

(1) 空罐灭菌　空罐灭菌也称空消。无论是种子罐、发酵罐、还是尿素（或液氨）罐、消泡罐，当培养基（或物料）尚未进罐前对罐进行预先灭菌，为空罐灭菌。

为了杀死所有微生物特别是耐热的芽孢，空罐灭菌要求温度较高，灭菌时间较长，只有这样才能杀死设备中各死角残存的杂菌或芽孢。

(2) 培养基连续灭菌　将配制好的培养基在通入发酵罐前，进行加热、保温和降温的灭菌过程，又称作连消。

优点：连续灭菌可采用高温短时灭菌，营养成分破坏少，有利于提高发酵产率；发酵罐利用率高；蒸汽负荷均衡；采用板式换热器时，可节约大量能量；适宜采用自动控制，劳动强度小。组成培养基的耐热性物料和不耐热性物料可在不同温度下分开灭菌，以减少物料受热破坏的程度，也可将糖和氮源分开灭菌，以免醛基与氨基受热发生反应生成有害物质。

(3) 流程　如图5-1、图5-2、图5-3所示。

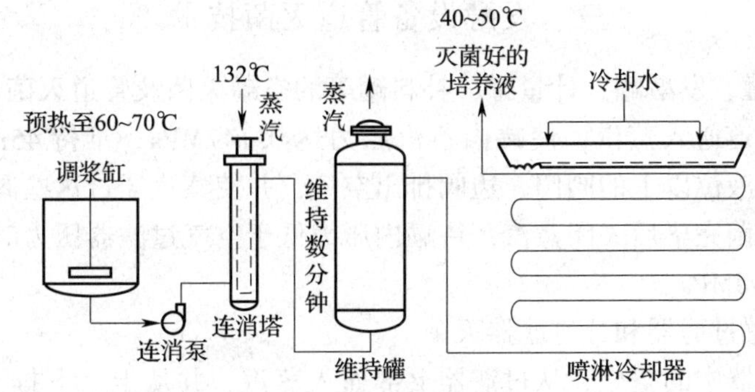

图 5－1　喷淋冷却连续灭菌流程

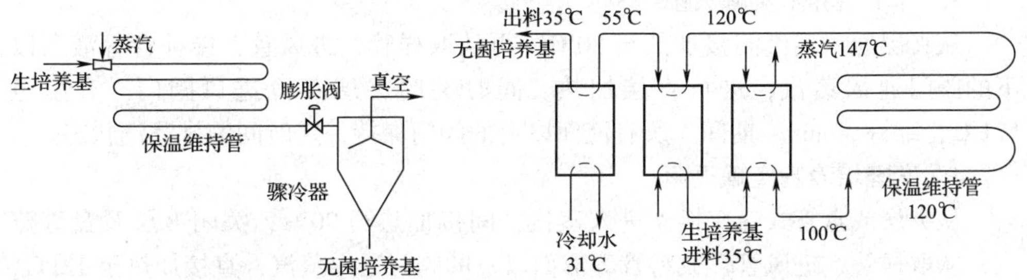

图 5－2　喷射加热连续灭菌流程　　　图 5－3　薄板式换热器连续灭菌流程

喷淋冷却连续灭菌流程是常用的连续灭菌流程（图 5－1）。培养基由配料罐放出，通过蒸汽预加热后，用连消泵送入气液混合器或连消塔底端，料液被加热到灭菌温度（130℃）后，由顶部流出，进入维持罐，维持 8～25min，再由维持罐上部侧面管道流出，维持罐内最后的培养液由底部排尽，经喷淋冷却器冷却到发酵温度，送入发酵罐。

喷射加热连续灭菌流程也是常用的连续灭菌流程（图 5－2）。蒸汽直接喷入培养基，因此，培养基急速升温到预定的灭菌温度，在此温度下的保温时间由维持管的长度来保证，灭菌后培养基通过一膨胀阀进入真空冷却器，急速冷却。该流程由于受热时间短，故温度可升到 140℃而不会引起培养基的严重破坏。该流程能保证培养基先进先出，避免过热或灭菌不彻底的现象。

薄板式换热器连续灭菌流程是较为节能的流程（图 5－3）。该流程采用了薄板式换热器作为培养基的加热器和冷却器，蒸汽在薄板式换热器的加热段使培养基的温度升高，经维持段保温一段时间，然后在薄板式换热器的冷却段进行冷却，从而使培养基的预热、灭菌及冷却过程可在同一设备内完成。虽然加热和冷却培养基所需时间比使用喷射式连续灭菌稍长，但灭菌周期比间歇灭菌短得多。由于生培养基的预热过程就是灭菌培养基的冷却过程，所以节约了蒸汽及冷却水的用量，故该流程的能量利用比较合理。

三、发酵设备管道灭菌技术

1. 种子罐、发酵罐、计量罐、补料罐等的空罐灭菌及管道灭菌

从有关管道通入蒸汽，使罐内蒸汽压力达0.147MPa，维持45min，灭菌过程中，从所有液位以上的阀门、边阀排出空气，并使蒸汽通过这些阀门，以防止出现死角。灭菌完毕后关闭蒸汽，待罐内压力低于空气过滤器压力时，通入无菌空气保压0.098MPa。

2. 空气总过滤器和分过滤器灭菌

排出过滤器中的空气，从过滤器上部通入蒸汽，并从上、下排汽口排蒸汽，维持压力0.147MPa 灭菌2h。灭菌完毕，通入压缩空气吹干。

3. 种子培养基实罐灭菌

从夹层通入蒸汽间接加热至80℃，再从取样管、进风管、接种管等液面以下的阀门通入蒸汽，进行直接加热。同时关闭夹层蒸汽进口阀门，升温至121℃，维持30min。期间，所有液面以上的阀门保持一定时间的排蒸汽状态。

4. 发酵培养基实罐灭菌

从夹层或盘管式热交换器进入蒸汽，间接加热至90℃，关闭夹层及盘管蒸汽，从取样管、进风管、放料管等液面以下的阀门通入蒸汽，直接加热至121℃，维持30min。在此期间，所有液面以上的阀门保持一定时间的排蒸汽状态。

5. 发酵培养基连续灭菌

一般培养基的连续灭菌采用灭菌温度为130℃，维持5min。

（1）补料实罐灭菌　根据料液不同而异，淀粉料液为121℃，维持5～10min。尿素溶液灭菌为105℃，维持5min。

（2）消泡剂灭菌　直接加热至121℃，维持30min。

（3）杀菌锅内灭菌　固体培养基灭菌蒸汽压力0.098MPa，维持20～30min；液体培养基灭菌蒸汽压力0.098MPa，维持15～20min。

项目五　发酵染菌及处理

发酵染菌是指在发酵过程中生产菌以外的其他微生物侵入了发酵系统，从而使发酵过程失去真正意义上的纯种培养。及早发现杂菌，及早采取相应措施，对减少由杂菌污染造成的损失至关重要。

任务一　染菌对发酵的影响

一、染菌对不同发酵过程的影响

放线菌由于生长的最适 pH 在7左右，因此，染细菌为多；而霉菌生长 pH

在5左右，因此，染酵母菌为多。青霉素发酵染菌，绝大多数杂菌都能直接产生青霉素酶，而另一些杂菌则可被青霉素诱导而产生青霉素酶。不论在发酵前期、中期或后期，染有能产生青霉素酶的杂菌，都能使青霉素迅速被破坏。

链霉素、四环素、红霉素、卡那霉素等虽不像青霉素发酵染菌那样一无所得，但也会造成不同程度的危害。例如，杂菌大量消耗营养，干扰生产菌的正常代谢，改变pH，降低产量。

疫苗生产多采用深层培养，这是一类不加提纯而直接使用的产品，在其深层培养过程中，一旦污染杂菌，不论死菌、活菌或内外毒素，都应全部废弃。因此，发酵罐容积越大，污染杂菌后的损失也越大。

二、染菌发生的不同时间对发酵的影响

1. 种子培养期染菌

种子培养主要是使微生物细胞生长与繁殖，此时，微生物菌体浓度低，培养基的营养十分丰富，比较容易染菌。若将污染的种子带入发酵罐，则危害极大，因此，应严格控制种子染菌的发生。一旦发现种子受到杂菌的污染，应经灭菌后弃去，并对种子罐、管道等进行仔细检查和彻底灭菌。

2. 发酵前期染菌

在发酵前期，微生物菌体主要是处于生长、繁殖阶段，此时期代谢的产物很少，相对而言这个时期也容易染菌。染菌后的杂菌将迅速繁殖，与生产菌争夺培养基中的营养物质，严重干扰生产菌的正常生长、繁殖及产物的生成。

3. 发酵中期染菌

发酵中期染菌将会导致培养基中营养物质大量消耗，并严重干扰生产菌的代谢，影响产物的生成。染菌后杂菌的大量繁殖，产生酸性物质，使pH下降，糖、氮等的消耗加速，菌体自溶，致使发酵液发黏，产生大量的泡沫，代谢产物的积累减少或停止。有的染菌后会使已生成的产物被利用或破坏。

从目前的情况来看，发酵中期染菌一般较难挽救，危害性较大，在生产过程中应尽力做到早发现、快处理。

4. 发酵后期染菌

由于发酵后期培养基中的糖等营养物质已接近耗尽，且发酵的产物也已积累较多，如果染菌量不太多，对发酵影响相对来说就要小一些，可继续进行发酵。

对发酵产物来说，发酵后期染菌对不同产物的影响也是不同的，如抗生素、柠檬酸的发酵，染菌对产物的影响不大；肌苷酸、谷氨酸等的发酵，后期染菌就会影响产物的产量、提取和产品的质量。

任务二　发酵异常现象及原因分析

种子培养和发酵的异常现象是指发酵过程中某些物理参数、化学参数或生物

参数发生与原有规律不同的改变，这些改变必然影响发酵水平，使生产蒙受损失。对此应及时查明原因，加以解决。

一、种子培养和发酵的异常现象

种子培养异常：菌体生长缓慢；菌丝结团；代谢不正常。

发酵异常：菌体生长差；pH 过高或过低；溶解氧水平异常；泡沫过多；菌体浓度过高或过低；菌体生长差。

二、染菌的检查和判断

发酵过程是否染菌应以无菌检验结果为依据进行判断。

在发酵过程中，如何及早发现杂菌的污染并及时采取措施加以处理，是避免染菌造成严重经济损失的重要手段。因此，生产上要求能准确、迅速地检查出杂菌的污染。目前常用于检查是否染菌的无菌试验方法主要有显微镜检查法、肉汤培养法、平板划线培养或斜面培养检查法等。

1. 显微镜检查法（镜检法）

用革兰染色法对样品进行涂片、染色，然后在显微镜下观察微生物的形态特征，根据生产菌与杂菌的特征进行区别，判断是否染菌。如发现有与生产菌形态特征不一样的其他微生物的存在，就可判断为发生了染菌。优点：简便、快速，能及时检查出杂菌。缺点：对固形物多的发酵液检查较困难；对含杂菌少的样品不易得出正确结论，应多检查几个视野；由于菌体较小，本身又处于非同步状态，应注意区别不同生理状态下的生产菌与杂菌。

2. 肉汤培养法

用于检查培养基和无菌空气是否带菌，同时此法也可用于噬菌体的检查。通常用葡萄糖酚红肉汤作为培养基，将待测样品直接接入经完全灭菌后的肉汤培养基中，分别于37℃、27℃进行培养，随时观察微生物的生长情况，并取样进行镜检，判断是否有杂菌。

葡萄糖酚红肉汤培养基配方：0.3% 牛肉膏、0.5% 葡萄糖、0.5% NaCl、0.8% 蛋白胨、0.4% 酚红溶液，pH7.2。

3. 平板划线培养或斜面培养检查法

若怀疑发酵液被细菌污染，可将待测样品在无菌平板上划线，分别于37℃、27℃进行培养，一般24h后即可进行镜检观察，检查是否有杂菌。有时为了提高平板培养法的灵敏度，也可将需要检查的样品先置于37℃培养6h，使杂菌迅速增殖后再划线培养。若要进一步确证，可配合显微镜形态观察，若个体形态和菌落形态都与生产菌相异，则可确认污染了杂菌。优点：适于固形物多的发酵液；形象直观，肉眼可辨，不需仪器。缺点：所需时间较长，至少也需8h；无法区分形态（包括细胞形态与菌落形态）与生产菌相似的杂菌，如啤酒生产中污染野生酵母时，由于啤酒酵母与野生酵母很难从形态上加以区分，只能借助生理生化试验进行确认。检查过程需严格执行无菌操作技术。

无菌试验时，如果肉汤连续三次发生变色反应（红色→黄色）或产生浑浊，或平板培养连续三次发现有异常菌落的出现，即可判断为染菌；有时肉汤培养的阳性反应不够明显，而发酵样品的各项参数确有可疑杂菌，并经镜检等其他方法确认连续三次样品有相同类型的异常菌存在，也应该判断为染菌；一般来讲，无菌试验的肉汤或培养平板应保存并观察至本批（罐）放罐后12h，确认为无杂菌后才能弃去。

无菌试验期间应每6h观察一次无菌试验样品，以便能及早发现染菌。

三、发酵过程中的异常现象分析法

1. 溶解氧水平异常变化显示染菌

每一种生产菌都有其特定的耗氧曲线，当杂菌污染时，如果污染的是好气性杂菌，会使溶解氧在较短的时间内下降，甚至接近零，且长时间不能回升；当污染的是非好气菌，生产菌的代谢由于受污染而遭抑制时，会使耗氧量减少，发酵液中的溶解氧就会升高。例如，味精生产上受噬菌体污染时，菌体利用的氧气量减少，DO上升。

2. 排气中CO_2的异常变化显示染菌

对特定的发酵，排气中CO_2的含量变化也是有规律的。在染菌后，糖的消耗发生变化，从而引起排气中CO_2含量的异常变化。一般来说污染杂菌后，糖耗加快，CO_2含量增加；污染噬菌体，糖耗减慢，CO_2含量减少。

3. 根据pH的变化及菌体酶活力的变化来判断杂菌的有无。

四、发酵染菌原因分析

1. 染菌的杂菌种类分析

（1）耐热的芽孢杆菌　培养基或设备灭菌不彻底、设备存在死角等。

（2）球菌、无芽孢杆菌等　种子带菌、空气过滤效率低、除菌不彻底、设备渗漏、操作问题等。

（3）真菌　设备或冷却盘管渗漏、无菌室灭菌不彻底、无菌操作不当、糖液灭菌不彻底（糖液放置时间较长）等。

2. 发酵染菌的规模分析

（1）大批量发酵罐染菌

发酵前期：种子带菌、连消设备染菌。

发酵中、后期：如杂菌类型相同，一般是空气净化系统存在空气系统结构不合理、空气过滤介质失效等问题。

（2）部分发酵罐染菌

发酵前期：种子带菌、连消系统灭菌不彻底。

发酵后期：中间补料染菌，如补料液带菌、补料管渗漏。

(3) 个别发酵罐连续染菌（如果采用间歇灭菌工艺，一般不会发生）：大都由于设备渗漏造成，应仔细检查阀门、罐体或罐器是否清洁等。

3．造成污染的途径分析

(1) 种子带菌　在发酵前期染菌，很可能是种子带菌。种子带菌的原因主要有以下几方面。

培养基及用具灭菌不彻底：特别是灭菌锅冷空气排放不完全，使温度达不到要求。

菌种在移接过程中受污染：应严格无菌管理制度，合理设计无菌室，并重视人员培训，严格按无菌操作规程接种。

菌种在培养过程或保藏过程中受污染：应注意培养室清洁卫生、规范试管的棉塞、摇瓶的瓶口布等。

(2) 无菌空气系统染菌：主要是由过滤介质的效能下降引起的，包括：过滤介质（棉花、玻璃纤维等）被油水浸湿，失去了过滤效能；突然停电时，由于发酵罐压力高于过滤器的压力，导致培养基倒流入过滤器的介质，使之成为杂菌生长繁殖的场所；过滤介质铺放松紧不均匀，空气从疏松的部位穿过，造成过滤不完全，过滤后的空气中仍带有杂菌；过滤系统发生渗漏，密封性能差，造成染菌。

(3) 培养基灭菌不彻底：主要原因有：对淀粉质原料，若搅拌时间不足，没有让淀粉与冷水充分混匀，一经加热，淀粉容易结成块状，蒸汽就不易穿入其内，致使灭菌不彻底而染菌；冷空气未放尽，虽到预定压力，但达不到预定温度，致使灭菌不彻底；对黏度高的培养基，若在灭菌过程中搅动不均匀，会造成受热不均，使一部分培养基灭菌不彻底。

(4) 设备管道灭菌不彻底：主要原因有：设备管道存在死角，使蒸汽不能有效到达，造成染菌；操作不当引起，在管道系统灭菌时，应把所有进汽阀门都打开，让蒸汽均匀地进入管道，并维持一段时间，所有放汽（料）阀门及进料阀门（如接种阀或加料阀）也应微开，以消除死角。

(5) 设备管道系统渗漏　可能原因有罐体部位腐蚀；罐中冷却用的蛇形管穿孔；管路上的阀门不配套，或阀门连接方式、管路安装方法不当。

4．不同污染时间分析

(1) 染菌发生在种子培养阶段，或称种子培养期染菌　通常是由种子带菌、培养基或设备灭菌不彻底，以及接种操作不当或设备因素等原因而引起。

(2) 在发酵过程的初始阶段发生染菌，或称发酵前期染菌　大部分也是由于种子带菌、培养基或设备灭菌不彻底，以及接种操作不当或设备因素、无菌空气等原因而引起。

(3) 发酵后期染菌大部分是由空气过滤不彻底、中间补料染菌、设备渗漏、泡沫顶盖以及操作问题而引起。

综上所述，发酵染菌的原因很多，我们应根据发酵的现象，合理地分析污染的原因，并提出相应的挽救措施，见表5－2、表5－3、表5－4。

表5－2　根据发酵时期来分析原因

染菌的现象	污染的原因分析	挽救措施
发酵早期染菌（接种后12～24h）	① 种子带菌 ② 培养基或设备灭菌不彻底	① 染菌的种子灭菌后弃之 ② 加强灭菌，加强设备的检修 ③ 轻者加大接种量，重者补料后灭菌，再重新接种
发酵后期染菌	① 操作过程中，特别是中间补料时带入 ② 设备渗漏或空气过滤系统污染	① 轻者照常发酵 ② 重者提前放罐

表5－3　根据染菌的类型来分析原因

染菌的现象	污染的原因分析	挽救措施
芽孢杆菌、霉菌	① 培养基灭菌不彻底 ② 管道设备灭菌不彻底	
不耐热的细菌	① 种子带菌 ② 设备渗漏	① 加强培养基的灭菌及管道死角的灭菌工作 ② 加强设备检修 ③ 轻者加大接种量，重者补料后灭菌，再重新接种
一些 G^- 菌（在葡萄糖酚红培养基中菌落呈绿色）	由水带入，一般由设备渗漏或冷却器穿孔引起	

表5－4　根据染菌的范围来分析原因

染菌的现象	污染的原因分析	挽救措施
大批发酵罐染同一种菌	空气过滤器除菌不净	① 保持过滤介质干燥 ② 介质铺放均匀
部分发酵罐染菌	菌种带菌或补料时染菌或其他操作不当带入杂菌	严格执行无菌操作
个别发酵罐染菌	一般是设备损坏，如阀门的渗漏、罐体的破损等	加强设备的检查和维修

根据对多个厂家的调研与综合分析，造成杂菌污染的原因以设备问题为主，如设备的渗漏、管道不严密、设备中存在死角、空气过滤系统失效等；其次是种子（主要是二级种子）染菌，而培养基灭菌不彻底造成的染菌极少发生。

五、杂菌污染的预防

1. 种子带菌及其防治

（1）种子带菌　保藏斜面试管菌种染菌、培养基和器具灭菌不彻底、种子转移和接种过程染菌、种子培养所涉及的设备和装置染菌。

(2) 严格控制无菌室的污染　根据生产工艺的要求和特点，建立相应的无菌室，交替使用各种灭菌手段，对无菌室进行处理。

(3) 预防措施　在制备种子时对沙土管、斜面、三角瓶及摇瓶均严格进行管理；种子保存管的棉花塞应有一定的紧密度，且有一定的长度，保存温度尽量保持相对稳定，不宜有太大变化；对每一级种子的培养物均应进行严格的无菌检查，确保任何一级种子均未受杂菌污染后才能使用；对菌种培养基或器具进行严格的灭菌处理，保证在利用灭菌锅进行灭菌前，先完全排除锅内的空气，以免造成假压，使灭菌的温度达不到预定值，造成灭菌不彻底而使种子染菌。

2. 空气带菌及其防治

要杜绝无菌空气带菌，就必须从空气的净化工艺和设备的设计、过滤介质的选用和装填、过滤介质的灭菌和管理等方面完善空气净化系统。

(1) 加强生产环境的卫生管理，减少生产环境中空气的含菌量，正确选择采气口，如提高采气口的位置或前置粗过滤器，加强空气压缩前的预处理，如提高空压机进口空气的洁净度。

(2) 设计合理的空气预处理工艺，尽可能减少生产环境中空气带油、带水，提高进入过滤器的空气温度，降低空气的相对湿度，保持过滤介质的干燥状态，防止空气冷却器漏水，防止冷却水进入空气系统等。

(3) 设计和安装合理的空气过滤器，防止过滤器失效　选用除菌效率高的过滤介质，在过滤器灭菌时要防止过滤介质被冲翻而造成短路，避免过滤介质烤焦或着火，防止过滤介质的装填不均而使空气走短路，保证一定的介质充填密度。当突然停止进空气时，要防止发酵液倒流入空气过滤器，在操作中要防止空气压力的剧变和流速的急增。

3. 操作失误导致染菌及其防治

(1) 通常对于淀粉质培养基的灭菌采用实罐灭菌较好，一般在升温前先通过搅拌混合均匀，并加入一定量的淀粉酶进行液化；有大颗粒存在时，应先经过筛除去，再行灭菌；对于麸皮、黄豆饼一类的固形物含量较多的培养基，采用罐外预先配料，再转至发酵罐内进行实罐灭菌，此法较为有效。

(2) 在灭菌升温时，要打开排汽阀门，使蒸汽能通过并驱除罐内冷空气，一般可避免假压造成的染菌。

(3) 要严防泡沫升顶，尽可能添加消泡剂，防止泡沫的大量产生。

(4) 避免蒸汽压力的波动过大，应严格控制灭菌温度，最好采用自动控温。

(5) 发酵过程越来越多采用自动控制，一些控制仪器逐渐被应用。一般常采用化学试剂浸泡等方法来灭菌。

4. 设备渗漏或死角造成的染菌及其防治

设备渗漏主要是指发酵罐、补糖罐、冷却盘管、管道阀门等。包括由于化学腐蚀（发酵代谢所产生的有机酸等发生腐蚀作用）、电化学腐蚀、磨蚀、加工制作不良等原因形成微小漏孔后发生的染菌。

六、染菌的挽救和处理

1．种子培养期染菌的处理

一旦发现种子受到杂菌污染，该种子不能再接入发酵罐中进行发酵，应经灭菌后弃之，并对种子罐、管道等进行仔细检查和彻底灭菌。

采用备用种子，选择无染菌的种子接入发酵罐，继续进行发酵生产。

如无备用种子，则可选择一个适当菌龄的发酵罐内的发酵液作为种子，进行倒种处理，接入新鲜的培养基中进行发酵，从而保证发酵生产的正常进行。

2．发酵前期染菌的处理

（1）发酵前期发生染菌后，如培养基中的碳源、氮源含量还比较高时，终止发酵，将培养基加热至规定温度，重新进行灭菌处理，再接入种子进行发酵。

（2）如果此时染菌已造成较大的危害，培养基中的碳源、氮源的消耗量已比较多，则可放掉部分料液，补充新鲜的培养基，重新进行灭菌处理，再接种进行发酵。

（3）也可采取降温培养、调节 pH、调整补料量、补加培养基等措施进行处理。

3．发酵中、后期染菌处理

（1）发酵中、后期染菌或发酵前期轻微染菌而发现较晚时，可以加入适当的杀菌剂或抗生素以及正常的发酵液，以抑制杂菌的生长速度，也可采取降低培养温度、降低通风量、停止搅拌、少量补糖等其他措施，进行处理。

（2）如果发酵过程的产物代谢已达到一定水平，此时产品的含量若达一定值，只要明确是染菌也可放罐。

（3）对于没有提取价值的发酵液，废弃前应加热至 120℃以上、保持 30min 后才能排放。

4．染菌后对设备的处理

染菌后的发酵罐在重新使用前，必须在放罐后进行彻底清洗，空罐加热灭菌至 120℃以上、保持 30min 后才能使用。也可用甲醛熏蒸或甲醛溶液浸泡 12h 以上等方法进行处理。

七、噬菌体的污染和防治

在许多发酵生产中，常常遇到噬菌体污染，引起溶菌，并随之出现发酵迟缓或停止发酵等异常现象。

1．噬菌体污染的特征

发酵液光密度上升缓慢，甚至下降，肉眼可见发酵液逐渐变清；耗糖速度缓慢或停止，产物生成量少或不增加，发酵液中残糖高；产生大量泡沫，发酵液呈黏稠状；菌体不规则，甚至出现畸形。

2. 噬菌体的检查方法

(1) 双层琼脂平板法　首先制备双层琼脂平板，先用 7 ~ 8mL 2% 的琼脂培养基作底层，凝固后，加入 3 ~ 4mL 冷至 45℃ 的 1% 琼脂上层培养基（其中含 0. 2mL 发酵菌种悬液和 0. 1mL 待检发酵液），让其平整凝固。其次在发酵菌的适宜温度下培养，若是细菌，一般培养 16 ~ 20h，检查有无透明的噬菌斑。

(2) 液体培养检查法　将培养基、发酵菌种及待检发酵液三者混合，培养后观察培养液是否变清。

(3) 斑点试验法　先制备好涂布有发酵菌种的平板，再用接种环或无菌吸管取少许发酵液在平板上点种，培养后，观察是否有噬菌斑。

(4) 玻片快速法　将发酵菌种、发酵液和少量琼脂培养基（含 0. 5% ~ 0. 8% 的琼脂）混匀后涂布于无菌载玻片上，经短期培养后，在低倍镜下观察是否有噬菌斑。

3. 噬菌体的防治

发酵液中污染噬菌体，不外乎有两种原因。

(1) 菌种本身带噬菌体　特别是溶源性噬菌体，一经发现，应立即弃去。

(2) 生产的环境中有噬菌体　因此，可采取相应的预防措施。决不使用可疑菌种；清除周围环境中存在的噬菌体；能灭菌的灭菌，能消毒的消毒，搞好清洁卫生工作；选育抗噬菌体菌株；轮换使用菌株，因为一个菌株用的时间一长，就有可能出现该菌种的噬菌体；注意通气质量，取风口应设在 30 ~ 40m 的高空，空气过滤器要保证质量。

4. 发酵液污染噬菌体后的抢救措施

如果一旦发现噬菌体污染，应及时采取补救措施。若在发酵前期污染了噬菌体，因为此时耗糖还不多，常用以下措施。

(1) 补加抗性种子，并根据发酵液中的营养多少，适当补加营养物质。

(2) 补加约 50% 的已培养至指数期的正常的发酵液，再进行发酵。

(3) 若噬菌体轻度污染，菌体仍能较正常地生长，并积累代谢产物，则可继续进行发酵；若污染严重，则用加热法（70 ~ 80℃）灭活噬菌体，放罐后重新消毒。

若在发酵中后期污染了噬菌体，且比较严重，则应提前放罐，尽快提取产物。发酵罐、管道、洗涤水及用具均应彻底灭菌，防止噬菌体扩散而造成新的污染，并及时改用抗该噬菌体的生产菌株。

5. 对某些产品可用药物防治

选择能特异性地抑制噬菌体而对生产菌株及其发酵产物的积累和提取均无影响，又符合卫生要求、对人无毒的药物。尽可能选活性高（用药量少）、价格低的药物。例如，在谷氨酸发酵中常选用的药物有：① 螯合剂，如植酸盐

（0.05%～1%）、柠檬酸盐（0.2%～0.5%）、草酸盐（0.2%～0.5%）、三聚磷酸盐（0.5%～1%）等可抑制噬菌体的吸附或阻止DNA的注入。② 表面活性剂，如0.01%～0.2%的聚乙二醇单酯、聚氧乙烯烷基醚、吐温20、吐温60等，主要作用于寄主细胞表面，抑制噬菌体在细菌上的吸附。③ 抗菌素，如1μg/mL的金霉素、四环素、氯霉素等抑制噬菌体蛋白质的合成。

项目六　环境保护及其防治

微生物发酵制药生产中产生大量的三废，须经安全处理才能排放。

任务一　废渣的治理和综合利用

废渣主要是发酵液预处理进行固液分离时形成的菌饼，主要成分是微生物菌体细胞、未降解的固形有机、无机盐、少量的药物及代谢产物。一般100m^3的发酵液形成30～40m^3的湿菌渣。对于菌渣处理主要是干燥使水分小于10%，再添加其他物质做成动物饲料。2002年起，已明令禁止将微生物药物生产中形成的菌渣在饲料和动物饮用水中使用。故废渣的处理常使用加热焚烧或添加无机盐后作成复合肥料使用。

任务二　废水的治理和综合利用

经文献显示，在发酵类药物中，抗生素类占发酵类药物产量的26.6%，其生产过程产生的废水污染物浓度高、水量大，废水中所含成分主要为发酵残余物、破乳剂和残留抗生素及其降解物，还有抗生素提取过程中残留的各种有机溶剂和一些无机盐类等。维生素类药物占发酵药物产量的72.1%，维生素生产废水主要来自洗罐水、母液及釜残。氨基酸产量仅占发酵药的1.1%，主要排放的废水为发酵罐中对气体产物的洗涤水、消毒系统中蒸发气的洗涤水和树脂洗涤水，水中含有蛋白质、糖等。

一、国家对生物制药行业的废水排放标准

COD≤300mg/L，BOD≤150mg/L，ρ（NH_3—N）≤25mg/L，ρ（SS）≤200mg/L。

目前制药生产废水的COD浓度为10～80g/L，ρ（SS）为0.5～25g/L，远远超过国家排放标准，因此废水处理是一项艰巨的任务。

二、废水处理方法

1. 物化处理技术

（1）凝聚法　发酵制药废水中主要是培养基成分，这些成分主要以胶体形

态存在，加入硫酸亚铁等凝聚剂后，可激活废水中降解微生物某些酶的活性。硫酸亚铁还可与废水中的有机硫化物，特别是硫醇类化合物形成铁盐沉淀而去除。

（2）气浮法　气浮法通常包括充气气浮、溶气气浮、化学气浮和电解气浮等多种形式。化学气浮适用于悬浮物含量较高废水的预处理，具有投资少、能耗低、工艺简单、维修方便等优点，但不能有效地去除废液中可溶性有机物，尚需用其他方法做进一步的处理。

（3）吸附法　吸附法是指利用多孔性固体吸附废水中某种或几种污染物，以回收或去除污染物，从而使废水得到净化的方法。

（4）反渗透法　反渗透法是利用半透膜将浓、稀溶液隔开，以压力差作为推动力，施加超过溶液渗透压的压力，使其改变自然渗透方向，将浓溶液中的水压渗到稀溶液一侧，可实现废水浓缩和净化目的。

（5）吹脱法　当氨氮浓度大大超过微生物允许的浓度时，在采用生物处理过程中，微生物受到NH_3—N的抑制作用，难以取得良好的处理效果。赶氨脱氮往往是废水处理效果好坏的关键。在制药工业废水处理中，常用吹脱法来降低氨氮含量，如乙胺碘呋酮废水的赶氨脱氮。

2. 生物处理技术

利用微生物生命活动过程对废水中污染物进行转移和转化作用，达到废水净化的目的。其优点是：生物转化过程不需要高温、高压，在温和条件下经过酶催化即可高效完成；生物处理不仅去除了有机物、病原体、有毒物质，还能去除异味、提高透明度、降低色度等；生物处理不投加化学药剂，避免了对水质造成二次污染。

（1）好氧生物处理　活性污泥法、深井曝气法、生物流化床法、生物接触氧化法、SBR法、氧化塘法等均为好氧生物处理方法。

（2）厌氧发酵处理　厌氧生物处理在断绝与空气接触的条件下，依赖兼性厌氧菌和专性厌氧菌的生物化学作用，对有机物进行生物降解。

（3）前处理－厌氧－好氧的组合

① 前处理：使物料的理化性质适合于后续厌氧消化工艺要求，去除生物抑制物质，提高废水的可生化性。主要方法有生物水解酸化、沉淀、絮凝、过滤等。

② 厌氧处理：具有利用厌氧工艺负荷高、COD去除率高、耐冲击负荷等优点，可大幅度降低COD，并回收沼气，脱色。主要方法有UASB、普通厌氧消化工艺、二相工艺。

③ 好氧处理：使厌氧处理出水经过处理能够达标排放。对于高氮、高COD废水，厌氧－好氧组合工艺可以脱氮。

总之，废水的处理方法很多，实践操作中应取长补短，相互补充，因为很难用一种方法就能达到良好的治理效果。一种废水究竟采用哪种方法处理，首先是根据废水的水质和水量、水排放时对水的要求、废物回收的经济价值、处理方法等特点，然后通过调查研究，进行科学试验，并按照废水排放的指标、地区的情况和技术可行性确定。

3．今后研究和实践趋势

（1）实行以废治废，节约能源。

（2）资源回收与再利用。

（3）推行绿色化生产工艺和清洁化生产管理，实施生产工艺的闭路循环。

（4）采取清污分流，避免重复污染。

（5）开发新型废水处理技术和处理装置，特别是复合反应器的研究开发。

（6）在上游生产过程中采用更加先进的生产工艺，提高生产原料的利用率，加强生产过程的控制力度，尽量减少污染物的排放量。

任务三　发酵废气的治理

发酵制药过程中，发酵罐不断排出废气，其中夹带部分发酵液和微生物。中小型发酵罐厂采用在排汽口接装冷凝器回流部分发酵液，以避免发酵液体积的大幅下降。大型发酵罐的排汽处理一般接到车间外，经沉积液体后从烟囱排出。当发生染菌事故后，尤其发生噬菌体污染后，废气中夹带的微生物一旦排向大气将成为新的污染源，所以必须将发酵尾气进行处理。目前国内发酵行业普遍采用的方法是将排气途径经碱液处理后排向大气。发生噬菌体污染后，虽经碱液处理，吸风口空气中尚有噬菌体存在，这些噬菌体又难于经过滤除去。利用噬菌体对热耐受力差的特点，在空气预处理流程中，将贮罐紧靠着空压机，此时的空气温度很高，空气贮罐停留一段时间可达到杀灭噬菌体的作用。

任务实施评分标准

1．仪器设备的规范操作……………………………………………20 分
2．优化方案的设计……………………………………………………10 分
3．称量与计算…………………………………………………………20 分
4．染菌的判断…………………………………………………………20 分
5．污染处理……………………………………………………………20 分
6．实训室整理…………………………………………………………10 分

问题与讨论

1．微生物制药的发酵方式有哪些？特点是什么？
2．简述发酵过程影响因素。
3．试述温度、pH、溶解氧、碳源、氮源、泡沫等对发酵的影响。
4．设计一份针对发酵培养条件的优化方案。
5．阐述消毒、灭菌方法的选择原则。
6．影响培养基灭菌的因素有哪些？
7．试述染菌对发酵的影响。
8．试述发酵异常现象及原因分析。
9．试述噬菌体的污染和防治。

模块六　微生物制药生产下游技术

◎ 能力目标

1. 能做出预处理方案并对材料的异常情况提出相应的措施。
2. 能分析材料的特性进行发酵液的预处理。
3. 能独立进行细胞破碎操作。
4. 能掌握絮凝、盐析、沉淀、结晶、萃取、离心等分离纯化技术及设备操作。
5. 能利用超滤膜等膜技术、离子交换设备进行物质的纯化。
6. 能进行相关分离纯化设备的操作与维护。
7. 具备生化产品分离纯化工及相应岗位的职业技能和应用技能解决实际问题的能力。

◎ 知识目标

1. 能阐述生物材料的预处理控制要点。
2. 能阐述发酵液特性和除杂方法。
3. 能阐述絮凝的基本原理和影响因素。
4. 能列举细胞破碎的方法。
5. 能说出离心分离的基本原理，设备的使用原理。
6. 能阐述盐析法的原理、影响因素及其注意事项。
7. 能阐述沉淀法的原理及其影响因素。
8. 能阐述浓缩、结晶、干燥基本原理及方式。
9. 能阐述萃取技术方式及基本原理。
10. 能阐述乳化和去乳化的方法。
11. 能阐述膜和色谱分离技术的基本要求。

◎ 任务描述

微生物制药生产的下游技术，即以含有目的物的生物原材料为出发点，设法将细胞（菌体）富集或除去，使所需的目标产物转移至液相中，并以含目的物的液相为出发点，进行分离纯化等一系列操作，最终获得合格的所需要的目的产物。

◎ 学前准备

1. 讨论发酵液预处理的目的。
2. 查找文献和相关资料了解进行分离纯化常用的方法。

项目一　发酵液预处理及其常用技术方法

发酵液成分很复杂，包括菌体，残存的固体培养基，未被微生物完全利用的糖类、无机盐、蛋白质，以及微生物的各种代谢产物等。预处理就是要根据发酵产品、所用菌种和发酵液特性来选择。微生物发酵液的特性具体体现在以下几个方面。

（1）发酵产物浓度较低，大多为1% ~10%，悬浮液中大部分是水。

（2）悬浮物颗粒小，相对密度与液相相差不大。

（3）固体粒子可压缩性大。

（4）液相黏度大。

（5）性质不稳定。

（6）成分复杂，杂质较多，随时间变化，如易受空气氧化、微生物污染、蛋白质酶水解等作用的影响。

以上使固液分离变得相当困难，应进行适当预处理才行，其中改善发酵液过滤特性的方法有：

（1）降低液体黏度　常用的方法有加水稀释法和加热法。

（2）调整 pH　此法是发酵工业中发酵液预处理较常用的方法之一，方法简单有效、成本低廉。

（3）加入反应剂　加入反应剂可和某些可溶性盐类发生反应，生成不溶性沉淀，如 $CaSO_4$、$AlPO_4$等。

（4）加入助滤剂　助滤剂是一种不可压缩的多孔微粒，它能使滤饼疏松，滤速增大。助滤剂有硅藻土、纤维素、石棉粉、珍珠岩、白土、炭粒、淀粉等，最常用的是硅藻土。

任务一　发酵液的相对纯化

发酵液中存在大量的蛋白质、细胞碎片、多糖、金属离子等杂质，会对后续处理有较大影响，在分离之前必须去除。

一、杂蛋白质的去除方法

1．变性沉淀法

蛋白质从有规则的排列变成不规则的结构，并失去原有的生理活性，这个过程称为蛋白质的变性。变性的蛋白质在水中溶解度变小，并从溶液中析出的方法称为变性沉淀法。可使蛋白变性的方法有：

（1）加热法（破坏水化层）　例如，柠檬酸发酵液加热至80℃，杂蛋白质会变性凝固，同时发酵液黏度也会降低，这就大大提高了过滤的速度。注意：热处理的方法只适合于对热较稳定的目的药物成分。比如，对热敏感的药物青霉素等就不能用这种方法来处理。要严格控制加热的温度和时间。

（2）化学试剂法　常用的有加盐、加有机酸、加酚等。例如，核酸抽提的过程中加入有机溶剂氯仿，蛋白质就会成为絮状沉淀除去。

（3）pH 改变法　溶液的酸碱性发生剧烈变化时，会引起蛋白质的变性而沉淀。

2. 等电沉淀法

蛋白质在等电点时溶解度最小，能沉淀除去。很多蛋白质的等电点在酸性范围内，有些蛋白质在等电点时仍有溶解度，可结合其他方法去除。

3. 吸附法

加入某些吸附剂或沉淀剂吸附杂蛋白质而将其除去。例如，四环素生产中，采用黄血盐和硫酸锌的协同作用生成亚铁氰化钾的胶状沉淀来吸附蛋白质；在枯草芽孢杆菌发酵中，加入氯化钙和磷酸氢二钠，两者生成庞大的凝胶，把蛋白质、菌体及其他不溶性粒子吸附并包裹在其中而除去。

二、不溶性多糖的去除方法

不溶性多糖较多时，发酵液黏度增大，固液分离比较困难，通常采用酶将其转化为单糖以提高过滤速度。例如，在发酵液中加入 α – 淀粉酶，能将培养基中多余的淀粉水解成单糖，降低发酵液的黏度，提高滤速。

三、高价金属离子的去除方法

对成品质量影响较大的无机杂质主要有 Ca^{2+}，Mg^{2+}，Mn^{2+}，Fe^{3+} 等高价金属离子，可用草酸、磷酸盐或黄血盐等产生沉淀。例如，用草酸去除庆大霉素中的 Ca^{2+} 等，可以改善后续纯化步骤中离子交换的效率。

Ca^{2+} + 草酸、草酸钠→草酸钙沉淀（注意回收草酸）

Mg^{2+} + 三聚磷酸钠（$Na_5P_3P_{10}$）→三聚磷酸钠镁可溶性络合物

Fe^{3+} + 黄血盐［$K_4Fe(CN)_6$］→普鲁士蓝沉淀

任务二　凝聚和絮凝

通过预处理技术不仅可以去除混合物中的杂质，而且还可以改变料液的物理性质，如黏度等，以实现固液分离。

一、凝　　聚

凝聚是指在某些电解质作用下，使胶粒之间双电层的排斥作用降低，电位下降，吸引作用加强，破坏胶体系统的分散状态，而使胶体粒子聚集的过程。简单来讲，在中性盐作用下，由于双电层排斥电位的降低而使胶体体系不稳定的现象。生产中常用的凝聚剂大多为阳离子型无机类电解质和金属氧化物类。前者如 $AlCl_3 \cdot 6H_2O$、$Al_2SO_4 \cdot 18H_2O$、$FeCl_3$、$ZnSO_4$、$MgCO_3$，后者如 Fe_3O_4、$Ca(OH)_2$ 或石灰等。

阳离子对负电荷的凝聚能力次序为：$Al^{3+} > Fe^{3+} > H^{+} > Ca^{2+} > Mg^{2+} > K^{+} > Na^{+} > Li^{+}$。

二、絮凝作用

絮凝是指利用带有多种官能团的高分子线性化合物能在分子上吸附多个微粒的能力，通过架桥作用将许多微粒聚集在一起，形成粗大的松散絮团的过程。絮凝可以增大悬浮液中固体粒子的大小，提高其沉降速度，降低发酵液黏度。絮凝技术作为一种有效的生化分离方法，被广泛应用于细胞体、细胞碎片及可溶性蛋白质的处理中，成为连续发酵和分离生化产品过程中常采用的预处理方法。

絮凝剂从化学结构看，主要分为四类：高聚物、无机盐、有机溶剂及表面活性剂，主要几种絮凝剂见表6－1。按活性功能团所带电性不同可分为阴离子型（含羧基）、阳离子型（含胺基）和非离子型。

表6－1　　絮凝剂的种类及应用

	絮凝剂种类	絮凝剂	絮凝细胞
高聚物	核酸	DNA	细菌
	蛋白质	—	细菌
	纤维素	—	酵母
	聚电解质	聚丙烯酰胺	细菌
		聚乙烯亚胺	细菌
	多糖	葡聚糖	细菌
		壳聚糖	酵母
有机物	溶剂	乙醇	酵母
		丙酮	酵母
	其他有机物	腐殖酸	酵母
		鞣酸、单宁	酵母
无机物	金属离子	镁盐	细菌、酵母
		钙盐	细菌、酵母
		铝盐	酵母、藻类
	无机盐	硼酸盐	酵母

影响絮凝作用的主要因素：

① 高分子絮凝剂的性质和结构：线性结构的高分子絮凝剂的絮凝作用大；环状或支链结构的有机高分子絮凝剂的效果较差；分子质量越大，絮凝作用越大，但影响溶解度。

② 操作温度：温度升高，絮凝加快。一般为20～30℃。

③ pH：料液pH的变化常会影响离子型絮凝剂中功能团的解离度，从而影

响分子链的伸展状态，解离度增大，由于链节上相邻离子基团间的静电排斥作用，而使分子链从卷曲状态变为伸展状态，所以架桥能力提高。

④ 搅拌速率和时间：一般搅拌速率为40～80r/min，搅拌时间为2～4min。

任务三 细 胞 破 碎

细胞破碎是采用物理、化学、酶或机械的方法，在一定程度上破坏细胞壁和细胞膜，设法使胞内产物最大程度地释放到液相中。

一、细胞破碎效果的检查

破碎率定义：被破碎的细胞的数量占原始细胞数量的百分数，即

$$Y(\%)=100\times[(N_0-N)/N_0]$$

式中 N_0——原细胞数

N——破碎后残存的正常细胞

N_0和N可通过直接测定法、目的产物测定法和测定导电率得到。

二、细胞破碎的方法

细胞破碎方法见表6－2和表6－3。

表6－2 细胞破碎方法1

分类		作用机理	适应性
物理破碎	高压匀浆法	液体剪切作用	可达较高破碎率，可大规模操作，不适合丝状菌和革兰阳性菌
	珠磨法	固体剪切作用	可达较高破碎率，可较大规模操作，大分子目的产物易失活，浆液分离困难
	超声破碎法	液体剪切作用	对酵母菌效果较差，破碎过程升温剧烈，不适合大规模操作
	渗透压法	渗透压剧烈改变	破碎率较低，常与其他方法结合使用
	反复冻融法	反复冻结－融化	破碎率较低，不适合对冷冻敏感的目的产物
	干燥法	改变细胞膜的渗透性	条件变化剧烈，易引起大分子物质失活
	X－press法	固体剪切作用	破碎率高，活性保留率高，对冷冻敏感的目的产物不适合
化学破碎	酶溶法	酶分解作用	高度专一性，条件温和，浆液易分离，溶酶价格高，通用性差
	化学渗透法	改变细胞膜渗透性	一定选择性，浆液易分离，但释放率较低，通用性差

表 6-3　　细胞破碎方法 2（按是否使用外加作用力）

分类		作用机理	适应性
机械法	珠磨法	固体剪切作用	可达较高破碎率，可较大规模操作，大分子目的产物易失活，浆液分离困难
	高压匀浆法	液体剪切作用	可达较高破碎率，可大规模操作，不适合丝状菌和革兰阳性菌
	超声破碎法	液体剪切作用	对酵母菌效果较差，破碎过程升温剧烈，不适合大规模操作
	X-press 法	固体剪切作用	破碎率高，活性保留率高，对冷冻敏感的目的产物不适合
非机械法	酶溶法	酶分解作用	高度专一性，条件温和，浆液易分离，溶酶价格高，通用性差
	化学渗透法	改变细胞膜的渗透性	一定选择性，浆液易分离，但释放率较低，通用性差
	渗透压法	渗透压剧烈改变	破碎率较低，常与其他方法结合使用
	冻结融化法	反复冻结-融化	破碎率较低，不适合对冷冻敏感的目的产物
	干燥法	改变细胞膜渗透性	条件变化剧烈，易引起大分子物质失活

三、选择破碎方法的依据

各种破碎方法有各自的优缺点及适用范围，这就需要在破碎不同种类的细胞时选择合适的破碎方法，以达到更有效和低成本的破碎细胞。

破碎方法的选择依据主要根据：处理量；产物对破碎条件（温度、化学试剂、酶等）的敏感性、产物在细胞中的位置及生化物质的稳定性；细胞的数量和细胞壁的强度；破碎程度；提取分离的难易。

总之，适宜的细胞破碎条件应该从高的产物释放率、低的能耗和便于后续提取这三方面进行权衡。

四、破碎技术的发展方向

不管是机械法还是非机械法、物理方法还是化学方法，各种方法都有自身的局限性。选择破碎方法时，需要考虑细胞的数量和细胞壁的强度、产物对破碎条件（温度、化学试剂、酶等）的敏感性、要达到的破碎程度及破碎所必要的速度等。同时还应把破碎条件与上游生产和后面的提取步骤结合起来考虑。

1. 多种破碎方法相结合

每种细胞破碎技术都有不足和应用的局限性，但也有许多独特的优点。进行方法的改进和优化组合，可达到进一步的完善，如纳米级微生物细胞破碎机就是对细胞破碎技术的改进。化学法与酶法取决于细胞壁的化学组成，机械法取决于细胞结构的机械强度，而化学组成又决定了结构的机械强度，组成的变化必然影响到强度的差异，这就是化学法或酶法与机械法相结合的原理。

2. 与上游过程相结合

在发酵培养过程中，培养基、生长期、操作参数（如 pH、温度、通气量、稀释率）等因素对细胞破碎都有影响，因此细胞破碎与上游培养有关。其研究方向主要考虑以下几方面。

（1）避开细胞破碎工艺　主要是将具有溶菌作用的葡聚糖酶基因导入宿主，或利用基因工程技术破坏与细胞壁形成有关的基因，使重组细胞的通透性明显提高，可用于进行胞外蛋白质的生产。

（2）细胞自溶　为了省略细胞破碎工艺，采用基因修饰法，控制细胞溶解。例如，质粒 EclE1 的自杀基因 *Kil* 的基因产物可使细胞完全溶解。

（3）耐高温产品的基因表达　利用蛋白质工程和基因工程使基因产品具有耐高温的特性，在破碎细胞过程中，不必使用低温冷冻系统，可以节省可观的能耗，降低成本；同时其他杂蛋白质因受热变性，可简化后续的分离纯化工艺。

3. 与下游过程相结合

细胞破碎与固液分离紧密相关，对于可溶性产品来讲，碎片必须除净，否则将造成层析柱和超滤膜的堵塞，缩短设备的寿命。因此必须从后分离过程的整体角度来看待细胞破碎操作，机械破碎操作尤其如此。可将细胞破碎和双水相萃取融合，即在细胞破碎前制备细胞悬浮液时，按双水相组成的要求加入聚乙二醇（PEG）和其他成相组分，利用球磨或其他方法进行细胞破碎。

任务四　固 液 分 离

固液分离是指将发酵液中的悬浮固体如细胞碎片、菌体以及蛋白质沉淀物或其絮凝体分离除去。常用方法：过滤、沉降和离心分离。

一、过　滤

过滤是以某种多孔性物质为介质，在外力的作用下，悬浮液中的流体通过介质孔道，而固体颗粒被截留下来，从而实现固液分离的过程。

原理：过滤介质两侧的压力差是推动力，如重力、加压、抽真空或离心惯性力。助滤剂是一种颗粒均匀、质地坚硬、不可压缩的多孔微粒，能使滤饼疏松，滤速增大。

为加快过滤速度、提高过滤质量可在过滤介质表面预涂一层助滤剂，助滤剂能直接在发酵液中形成填充凝固剂来改善过滤性能等方法。助滤剂按一定的比例均匀加入待过滤混合液中，可以有效地降低滤饼比阻。在生物制药行业中主要用于粗制提取液的澄清、半成品乃至成品等液体的除菌。

工业上除常用的助滤剂外，还有一种称珠光石的工业产品（即珍珠岩粉），成分为二氧化硅，价格便宜，也常作为助滤剂使用。助滤剂必须不吸附或很少吸附发酵产品。

二、沉　降

沉降是依靠外力的作用，利用分散物质（固相）与分散介质（液相）的密度差异，使之发生相对运动，而实现固液分离的过程。

原理：利用重力和惯性离心力进行沉降。应用于凝聚或絮凝后分离固体粒子细小的悬浮液。

三、离心分离

离心分离是生产中广泛使用的一种固液分离手段，它在生物制药中应用十分广泛。谷氨酸结晶的分离，发酵液菌体、细胞的回收或去除，血球、胞内细胞器、病毒以及蛋白质的分离，以及液液相的分离都大量使用离心分离技术。

离心分离与过滤相比，具有分离速度快、效率高、液相澄清度好、操作时卫生条件好等优点，适合于大规模的分离过程。但是，离心分离设备投资费用高，能耗较大，固相干燥程度不如过滤操作。

原理：依靠惯性离心力的作用而实现的沉降过程称为离心。对于两相密度差较小、颗粒粒度较细的非均相体系，在重力场中的沉降效率很低，甚至不能完全分离，若改用离心可以大大提高沉降速度、缩小设备尺寸。

离心的密度梯度一般用蔗糖配制。将事先调配好的不同浓度的蔗糖溶液，依浓度由大到小逐层加入离心管中，即可形成密度梯度。

项目二　发酵产品常用的分离纯化技术方法

分离纯化过程就是通过物理、化学或生物等手段，或结合这些方法，将某混合物系分离纯化成两个或多个组成彼此不同的产物的过程。通俗地讲，就是将某种或某类物质从复杂的混合物中分离出来，通过提纯技术使其以相对纯的形式存在。

分离纯化过程贯穿在整个生产工艺过程中，是获得最终产品的重要手段，且分离纯化设备和分离费用在总费用中占有相当大的比重。随着现代工业和科学技术的发展，产品的质量要求不断提高，对分离技术的要求也越来越高，从而促进了分离纯化技术的不断提高。

任务一　沉淀分离技术

一、盐析分离技术

在高浓度中性盐存在的情况下，蛋白质等生物大分子在水溶液中的溶解度降低并析出沉淀的现象称为盐析。盐析沉淀法简称盐析法。蛋白质、多肽、多糖和核酸等生物大分子都可以用盐析法进行分离。优点是：成本低、不需特殊设备、操作简单、安全、应用范围广、对许多生物活性物质具有稳定作用。但盐析法分离的分辨率不高，一般用于生物分离纯化的初步纯化阶段。盐析分离技术原理如图 6－1 所示。

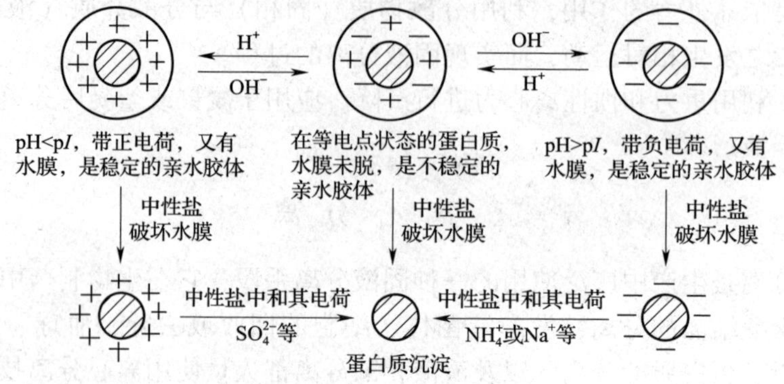

图 6－1　盐析分离技术原理

1．盐析所用无机盐的挑选原则

（1）要有较强的盐析效果。

（2）要有足够大的溶解度，且溶解度受温度的影响尽可能小。

（3）不影响蛋白质等生物大分子的活性。

（4）来源丰富，价格低廉。常用的盐主要有硫酸铵、硫酸镁、硫酸钠、磷酸二氢钠等。实际应用中以硫酸铵最为常用。

2．影响盐析的因素

（1）盐饱和度的影响。

（2）样品浓度的影响　一般较适当的样品浓度是 2.5% ~3.0% 。

（3）pH 的影响　两性生化物质在等电点 pI 附近溶解度最低，最容易析出沉淀。

（4）温度的影响　盐析最好在低温（0 ~4℃）下操作，以免丧失活力。

二、有机溶剂沉淀技术

利用有机溶剂能显著降低蛋白质等生物大分子在水溶液中的溶解度，而使之沉淀析出的方法，称为有机溶剂沉淀法。有机溶剂沉淀法不仅适用于蛋白质的分离纯化，还常用于酶、核酸、多糖等物质的分离纯化。

1．有机溶剂沉淀机理

（1）有机溶剂能降低水溶液的介电常数，使溶质分子（如蛋白质分子）之间的静电引力增大，从而促使它们之间互相聚集，并沉淀出来。

（2）有机溶剂的亲水性比溶质分子的亲水性强，会抢夺本来与亲水溶质结合的自由水，破坏其表面的水化膜，使溶质分子之间的相互作用增大而发生聚集，从而沉淀析出。

常用于生物大分子沉淀的有机溶剂有乙醇、丙酮、异丙酮和甲醇等，其中，乙醇是最常用的有机溶剂沉淀剂，因为它具有沉淀作用强、沸点适中、无毒等优点，广泛用于蛋白质、核酸、多糖、核苷酸、氨基酸等的沉淀过程。

2. 影响有机溶剂沉淀的因素

（1）温度　温度影响有机溶剂的沉淀能力，一般温度越低，沉淀越完全。

（2）pH　一般地说，两性生化物质在等电点 p*I* 附近溶解度最低，最容易沉淀析出。

（3）样品浓度　通常蛋白质的初浓度以0.5% ~2%为宜，黏多糖则以1% ~2%较为合适。

（4）中性盐浓度　较低浓度中性盐的存在可减少蛋白质变性。

（5）某些金属离子。

三、等电点沉淀法

利用两性生化物质在等电点时溶解度最低，以及不同的两性生化物质具有不同的等电点这一特性，对蛋白质、氨基酸等两性生化物质进行分离纯化的方法称为等电点沉淀法。

当溶液的 pH 等于溶液中某两性生化物质的等电点时，该两性生化物质分子表面的静电荷为零，分子间的静电斥力消除，使分子能聚集在一起而沉淀下来。不同的两性生化物质，等电点不同。以蛋白质为例，不同的蛋白质具有不同的等电点，根据这一特性，依次改变溶液 pH，可将不同的蛋白质分别沉淀析出，从而达到分离纯化的目的。

四、选择性变性沉淀法

这种方法主要是破坏杂质，保存目的物。其原理是利用蛋白质、酶和核酸等生物大分子对某些物理或化学因素敏感性不同，而有选择性地使之变性沉淀，达到分离纯化的目的。

选择性变性沉淀方法：

（1）利用表面活性剂或有机溶剂引起变性　例如，在制备核酸时，加入氯仿、十二烷基硫酸钠等有选择性地使蛋白质变性沉淀，从而与核酸分离。

（2）利用生物大分子对热的稳定性不同，加热破坏某些组分，而保留另一些组分　例如，由黑曲霉发酵制备脂肪酶时，常混杂有大量淀粉酶，把混合粗酶液在40℃水溶液中保温2.5h（pH为3.4），90%以上的淀粉酶将受热变性而除去。

（3）选择性地酸碱变性　利用酸碱变性有选择性地除去杂蛋白质在生物分离中的例子很多。例如，用2.5%的三氯乙酸处理胰蛋白酶、抑肽酶或细胞色素c粗提取液，均可除去大量杂蛋白质，而对所提取的酶活性没有影响。

五、有机聚合物沉淀法

有机聚合物是20世纪60年代发展起来的一类沉淀剂，最早被用来沉淀分离血纤维蛋白原和免疫球蛋白以及一些细菌与病毒，近年来被广泛应用于核酸和酶的分离纯化。这类有机聚合物包括不同相对分子质量的聚乙二醇（PEG）、聚乙烯吡咯烷酮和葡萄糖等。其中应用最多的是聚乙二醇，它的亲水性强，溶于水和许多有机溶剂，对热稳定，有广范围的分子质量。在生物大分子的制备中，用的较多的是相对分子质量为6000～20000的PEG。

任务二 结晶技术

结晶是指固体物质以晶体状态从蒸气、溶液、或者熔融的物质中析出的过程。它是获得纯净固态物质的一种单元操作。结晶分为溶液结晶、熔融结晶、升华结晶和沉淀结晶。在工业生产中大多数结晶是溶液结晶。

一、结晶的特点

（1）结晶操作可以从含杂质较多的溶液中分离出高纯度的晶体（形成混晶的情况除外）。

（2）因沸点相近的组分其熔点可能有显著差别，故高熔点混合物、相对挥发度小的物系及共沸物、热敏性物质等难分离物系，可考虑采用结晶操作单元。

（3）结晶操作能耗低，对设备要求不高，一般无三废排放。

（4）结晶产品外观优美，生产操作弹性大。

二、结晶的基本原理

当固体物质与其溶液接触时，如溶液尚未饱和，则固体溶解；当溶液恰好达到饱和时，固体与溶液达到动态平衡，溶解速度与结晶速度相等，此时溶质在溶剂中的溶解量达到最大限度，如果溶质量超过此限度，则有晶体析出。结晶是使溶质以晶态从溶液中析出的过程。

三、结晶的过程

将一种溶质放入溶剂中，由于分子的热运动，必然发生两个过程：① 固体的溶解，即溶质分子扩散进入溶液内部；② 溶质的沉积，即溶质分子从液体中扩散到固体表面。因此，结晶包括三个过程，即过饱和溶液的形成、晶核的形成、晶体的成长。

1．过饱和溶液的形成

溶液的过饱和是结晶的推动力。过饱和溶液的制备一般有四种方法：① 饱和溶液冷却；② 部分溶剂蒸发；③ 化学反应结晶法；④ 解析法。

工业生产中，还常将上述几种方法合并使用。例如，制霉菌素结晶就是并用饱和溶液冷却和部分溶剂蒸发两种方法。先将制霉菌素的乙醇提取液真空浓缩10倍，再冷却至5℃，放置2h即可得到制霉菌素结晶；维生素B_{12}的结晶并用饱和溶液冷却和解析法两种方法，在维生素 B_{12} 的原液中加入 5～8 倍的丙酮，使结晶原液呈浑浊为止，在冷库中放置 3d，就可得到紫红色的维生素 B_{12} 结晶。

2. 晶核的形成

晶核是在过饱和溶液中最先析出的微小颗粒，是结晶的中心。晶核的大小通常在几纳米至几十微米。单位时间内在单位体积溶液中生成的新晶核的数目称为成核速度。成核速度是决定晶体产品粒度的首要因素。工业结晶过程要求有一定的成核速度，如果成核速度超过要求，将导致细小晶体生成，影响产品质量。

(1) 成核速度的影响因素　成核速度主要与溶液的过饱和度、温度以及溶质种类有关。

(2) 晶核的诱导　自动成核的机会很少，添加晶种能诱导结晶，晶种可以是同种物质或相同晶形的物质，有时惰性的无定形物质也可作为结晶的中心，如尘埃也能导致结晶。

3. 晶体的生长

在过饱和溶液中已有晶核形成或加入晶种后，以过饱和度为推动力，晶核或晶种将长大，这种现象称为晶体的生长。影响晶体生长速度的因素主要有杂质、过饱和度、温度、搅拌速度等。

四、影响结晶析出的主要条件

影响晶体形成的因素有很多，主要有以下条件：

(1) 溶液浓度　一般地说，生物大分子的浓度控制在 3% ～5% 比较适宜，小分子物质如氨基酸浓度可适当增大。

(2) 样品纯度　一般来说，结晶母液中目的物的纯度应达到 50% 以上，纯度越高越容易结晶。

(3) 溶剂　溶剂对于晶体能否形成和晶体质量的影响十分显著。故选用合适的溶剂是结晶首先考虑的问题。许多生物小分子结晶使用的混合溶剂有水－乙醇、醇－醚、水－丙酮、石油醚－丙酮等。

(4) pH　一般来说，两性生化物质在等电点附近溶解度低，有利于达到过饱和而使晶体析出，所选择 pH 应在生化物质稳定范围内，尽量接近其等电点。例如，5% 的溶菌酶溶液调 pH 为 9.5～10，在 4℃放置过夜便可析出晶体。

(5) 温度　生化物质的结晶温度一般控制在 0～20℃，对富含有机溶剂的结晶体系则要求更低的温度。

五、结 晶 操 作

结晶操作既要满足产品生产规模的要求，又要符合产品质量、粒度的要求。我国发酵产品的结晶过程有分批结晶和连续结晶，目前仍以分批操作为主，分批操作的结晶设备一般比连续结晶设备简单。连续操作有很多显著的优点，特别是当生产规模大至一定水平，采用连续操作更为合理。

1. 分批结晶

分批冷却结晶有以下四种操作方式：

① 不加晶种，迅速冷却；② 不加晶种，缓慢冷却；③ 加晶种，迅速冷却；④ 加晶种而缓慢冷却。

2. 连续结晶

连续结晶操作有以下几项要求：产品粒度分布符合质量要求；生产强度高；晶垢的产生速度尽量慢，以延长结晶的操作周期；维持结晶器的操作稳定性。因此，在连续结晶的操作中往往要采用细晶消除、粒度分级排料、清母液溢流等技术。

连续结晶有以下优点：① 冷却法和蒸发法（真空冷却法除外）采用连续结晶操作费用低，经济性好。② 结晶工艺简化，相对容易保证质量。③ 生产周期短，节约劳动力费用。④ 连续结晶设备的生产能力可比分批结晶提高数倍甚至数十倍，相同生产能力则投资少，占地面积小。⑤ 连续结晶操作参数相对稳定，易于实现自动化控制。

但是连续结晶也有缺点，主要有：① 换热面和器壁上容易产生晶垢，并不断积累，使运行后期的操作条件和产品质量逐渐恶化。② 与分批结晶相比，产品平均粒度较小。③ 操作控制上比分批操作困难，要求严格。

任务三　萃取技术

萃取技术是利用不同物质在选定溶剂中具有不同的溶解度的原理，进行不同物质的分离纯化技术，适用于抗生素等小分子物质的分离纯化。

萃取技术优点：① 选择性好，分离效果好；② 对热敏性物质破坏小，且耗能低；③ 生产能力大，周期短；④ 便于连续操作，容易实现自动化控制等。广泛应用于抗生素等小分子物质的分离纯化。

生产中萃取操作一般应包括下面三个过程：① 混合：料液和萃取剂密切接触；② 分离：萃取相与萃余相分离；③ 溶剂回收：萃取剂从萃取相（有时也需从萃余相）中除去，并加以回收。

一、溶剂萃取

1. 溶剂的选择

萃取用的有机溶剂应对产物有较大的溶解度和良好的选择性。遵循一个简单的规律：相似物容易溶解在相似物中，即分子的极性。极性液体互相混合并溶解盐类和极性固体，而非极性化合物溶剂是低极性或没有极性的液体。选择溶剂时还应注意：① 与料液的互溶度应尽可能小；② 毒性低；③ 化学稳定性高，腐蚀性低，挥发性小；④ 价格便宜，来源方便，便于回收。

工业上常用的溶剂有乙酸乙酯、乙酸戊酯和丁酯等。

2. 水相条件的影响

（1）pH　直接影响表观分配系数。另外对选择性有影响。

（2）温度　会影响生化物质的稳定性，所以一般在室温或低温下进行。同时影响分配系数 K 和萃取的速度。

（3）盐析　硫酸铵、氯化钠等可降低产物在水中的溶解度，还能减小有机溶剂在水相中的溶解度。

（4）溶剂　能和产物形成复合物，使产物更易溶于有机溶剂相中，提高分配系数。

3. 乳化和去乳化

乳化是一种液体（分散相）分散在另一种不相混溶的液体（连续相）中的现象。乳化产生后会使有机溶剂相和水相分层困难。原因是发酵液中存在的蛋白质和固体颗粒等物质，这些物质具有表面活性剂的作用，使有机溶剂和水的表面张力降低，水易于以微小液滴的形式分散于油相，称为油包水型 W/O 乳浊液，相反为 O/W 型乳浊液。

去乳化即破坏乳浊液。

去乳化方法：

（1）过滤或离心分离破乳法。

（2）化学法　加电解质中和离子型乳油液的电荷而促进乳化液的分离。

（3）物理法　加热、稀释、吸附等。

（4）顶替法　加入表面活性更大、但因其碳链较短难以形成坚固的保护膜的物质，取代界面上的乳化剂。

（5）转型法　如在 O/W 中加入亲油性乳化剂，使乳化液有生成 W/O 的倾向，但又不稳定，从而达到破乳的目的。

最好的方法是防止乳化，如蛋白质是乳化起因，就应设法去除蛋白质。

4. 萃取的方式

根据混合 - 分离的操作方式，可以分为单级萃取和多级萃取，多级萃取又分为多级错流萃取和多级逆流萃取。

（1）单级萃取　只使用一个混合器和一个分离器的萃取。特点是流程最简单，单收率不高。

（2）多级错流萃取　每级都加入新鲜萃取溶剂，溶剂消耗多，萃取液产物平均浓度较稀，但萃取较完全。

（3）多级逆流萃取　料液走向与萃取走向相反，萃取剂只在最后一级加入，萃取剂消耗少，萃取液产物平均浓度高，产物收率最高。

二、双水相萃取法

双水相萃取就是利用物质在互不相溶的两水相间分配系数的差异来进行萃取

的方法。

1. 双水相形成

大多数亲水性聚合物水溶液与第二种亲水性聚合物混合，达到一定浓度时，会产生两相，两种高聚物分别溶于互不相溶的两相中。

高聚物之间的不相溶性，使得它们无法相互渗透，不能形成均一相，从而具有相分离的倾向，在一定条件下，即能分为两相。

2. 影响双水相分配的因素

影响双水相分配的因素有组成双水相体系的高聚物类型、高聚物的平均分子质量和分子质量分布、高聚物的浓度、成相盐和非成相盐的种类、盐的离子浓度、pH、温度等。不同聚合物的水相系统显示出不同的疏水性，聚合物的疏水性按下列次序递增：葡萄糖硫酸盐糖＜葡萄糖＜羟丙基葡聚糖＜甲基纤维素＜聚乙二醇＜聚丙三醇，这种疏水性的差异对目的产物与相的相互作用是重要的。

3. 双水相萃取的应用

可用于分离和纯化酶、核酸、生长素、病毒、干扰素等。常用的双水相系统为聚乙二醇/葡聚糖和聚乙二醇/无机盐，后者中聚乙二醇/硫酸盐或磷酸盐系统最为常用。

三、反胶团萃取

反胶团萃取就是利用表面活性剂在有机溶剂中自发形成的内含亲水微环境的反胶团，使生物分子溶于此亲水微环境，进而进行萃取的分离方法。若将表面活性剂溶于非极性的有机溶剂中，并使其浓度超过某一临界浓度，便会在有机溶剂内形成聚集体，称为反胶束。

在反胶束中，表面活性剂的非极性基团在外与非极性的有机溶剂接触，而极性基团则排列在内形成一个极性核。此极性核具有溶解极性物质的能力，极性核溶解于水后，就形成了“水池”。

反胶团萃取的优点：① 成本低；② 选择性高；③ 操作方便；④ 放大容易；⑤ 萃取剂（反胶团相）可循环利用；⑥ 蛋白质不易变性。

四、超临界流体萃取

超临界流体萃取就是将超临界流体作为萃取剂，从固体或液体中萃取出某些高沸点或热敏性成分，达到分离和提纯的目的。

超临界流体是物质处于临界温度、临界压力之上的一种流体状态，兼有气体、液体两重性的特点，即密度接近液体，而黏度和扩散系数与气体相似。不仅具有与液体溶剂相当的萃取能力，而且具有传质扩散速度快的优点，具体有：

（1）具有较高的扩散性，从而减小了传质阻力，这对多孔疏松的固态物质和细胞材料中的化合物的萃取特别有利。

（2）对改变操作条件（如压力、温度）特别敏感，这就提供了操作上的灵活性和可调性。

（3）具有低的化学活性和毒性。

最适用于分离价值高、难于用常规方法分离的生物化合物。除了用在化工、医药等行业外，还可用在烟草、香料、食品等方面。

超临界流体萃取过程由萃取阶段与分离阶段组成。典型流程有：

（1）等温法　等温条件下，萃取相减压、膨胀，溶质从分离槽下部取出。气体经压缩机加压后返回萃取槽。

（2）等压法　等压条件下，萃取相加热、升温，气体和溶质分离。溶质从分离槽下部取出，气体冷却、压缩后回到萃取槽。

（3）吸附法　溶质被分离槽中的吸附剂吸附，气体压缩后回到分离槽。

任务四　色 谱 技 术

色谱技术是一组相关分离方法的总称，是利用混合物中各组分理化性质（分子形状和大小、带电状态、溶解度、吸附能力、分配系数、分子极性以及分子亲和力等）的差别，使各组分以不同程度分布在两相中，其中一个相为固定的（称为固定相），另一个相则流过此固定相（称为流动相），造成流动相对固定相做单向相对运动。流动相推动样品中各组分经固定相向前迁移，使各组分、迁移速度不同，而对物质进行分离。这一技术具有分离效率高、应用范围广、分析速度快、样品用量少、易于自动化及能够与其他方法配合使用等优点，已成为近代生物学、生物化学、分子生物学、生物工程等学科中的重要研究手段，并发展成为一门对物质进行分离、分析、纯化与鉴定的综合性技术。

一、色谱技术分类

色谱技术分类方法有多种，同一个色谱类型可以有不同的名称。

（1）按照固定相的附着方式，可以分为柱色谱和平板色谱。前者固定相装在色谱柱内，后者固定相呈平板状。纸色谱中固定相是滤纸附着的水膜，固定相均匀涂布在塑料（或玻璃、金属）板上称为薄层色谱，若将固定相涂布在软支持物上则称为薄膜色谱。

（2）按照分离原理，可以分为吸附色谱、分配色谱、离子交换色谱、凝胶色谱和亲和色谱（包括络合和螯合）。

（3）按照流动相物理状态，可分为液相色谱和气相色谱。液相色谱根据固定相物理状态不同又包括液－液色谱和液－固色谱，同理气相色谱包括气－液色谱和气－固色谱。其中若流动相处于临界温度和临界压力下，则称为超临界流体色谱（LLC）。

二、色谱分离技术的特点

（1）分离效率高，每米柱长可达几千至几十万的塔板数。

（2）应用范围广，从极性到非极性、离子型到非离子型、小分子到大分子、无机到有机等。

（3）活性物质、热稳定到热不稳定的化合物，尤其是对生物大分子样品的分离，是其他方法无法代替的。

（4）选择性强。

（5）高灵敏度的在线检测，可采用不同的高灵敏度检测器进行连续的在线检测。

（6）快速分离。

（7）过程自动化操作。

三、吸附色谱分离技术

吸附色谱分离技术就是利用溶质与吸附剂之间的分子吸附力（范德华力，包括色散力、诱导力、定向力以及氢键）的差异而实现分离。关键要素是吸附剂（固定相）和展开剂（流动相）的选择。

常用的吸附剂：氧化铝、硅胶、活性炭、纤维素、聚酰胺、硅藻土。

对展开剂的选择。展开剂极性越大，对同一化合物的洗脱能力越大，因此，可以根据实验结果调整展开剂的极性以获得最佳的分离效果。展开剂选择的原则：① 对被分离组分应具有一定的解吸附能力，极性应比被分离物质的极性略小；② 展开剂应对被分离物质具有一定的溶解能力。

吸附色谱的操作程序：

（1）根据要分离组分的性质（包括极性、分子质量、分子结构）选择合适的固定相和流动相。

（2）吸附操作　选择合适的操作条件（温度、pH、流速），进行装柱、平衡、上样，测定穿透样品含量以调整操作参数。

（3）洗脱　采用有机溶剂洗涤、调节 pH 以及体系离子强度等方法，最大限度地回收目标产物。

四、离子交换色谱分离技术

离子交换色谱分离技术是以离子交换树脂作为固定相，选择合适的溶剂作为流动相，使溶质按照离子交换亲和力的不同而得到分离的方法。

常用的离子交换剂有离子交换树脂、离子交换纤维素、离子交换琼脂糖凝胶和交联葡聚糖离子交换剂等基本类型。

确定了色谱所用的交换剂的类型后，要对其进行适当的处理方可使用。处理包括以下四个步骤：

（1）除去交换剂中的杂质。

（2）交换剂的溶胀　通过这一步使交换剂的带电基团更多地暴露在溶液中。

（3）除去交换剂中很小的细粒，否则将影响流速。

（4）离子交换剂的平衡离子转变成所需要的形式，即改型。例如，将阳离子交换树脂转换成 Ca^{2+} 与肝素钠交换获得肝素钙，将弱酸性阳离子交换树脂转换成 NH_4^+ 型分离细胞色素 c。

离子交换色谱多采用柱色谱的方式进行，即在色谱柱中装上处理好的离子交换剂，色谱分离混合物中的各种样品或对其组成进行定性定量测定。该法广泛用于蛋白质、核酸、氨基酸、核苷酸、生物碱等可解离代谢物的分离纯化。

五、凝胶色谱分离技术

凝胶色谱以凝胶为固定相，是一种根据各物质分子大小不同而进行分离的色谱技术，又称为分子筛色谱、空间排阻色谱或尺寸排阻色谱。凝胶色谱有许多优点：① 分离条件温和，因此不易引起生物样品的变性失活。② 样品回收率高，几乎可达100%。③ 实验的可重复性高。④ 一次装柱后可反复使用多次，因此操作简单、快捷而且经济。目前此法广泛用于生物大分子如蛋白质、酶、核酸、多糖等的分离和提纯（包括脱盐、浓缩等），还可用于蛋白质分子质量的测定。

（1）凝胶　是一种不带电荷的具有三维空间的多孔网状结构的物质，凝胶的每个颗粒的细微结构就如一个筛子。当混合物随流动相流经凝胶柱时，较大的分子不能进入所有的凝胶网孔而受到排阻，它们将与流动相一起首先流出，较小的分子能进入部分凝胶网孔，流出的速度较慢，更小的分子能进入全部凝胶网孔，而最后从凝胶柱中流出。

（2）应用　凝胶色谱主要用于脱盐、分级分离及分子质量的测定。

（3）应用举例

① 去热原：将离子交换树脂制备的无盐水通过羟型 DEAE－A－25 凝胶，可制得无热源水，用于注射。

② 纯化青霉素：用葡聚糖凝胶 G－25（粒度为 20～80μm）分离青霉素中的一些高分子杂质（青霉素聚合物、青霉噻唑蛋白），去除这些强烈致敏性的全抗原。

六、亲和色谱分离技术

前面讨论的各种分离方法是根据混合物中各组分之间的理化性质（溶解度、电荷、分子大小等）的差异来纯化的。这些方法的主要缺点是具有相似性质的组分难于分离。而亲和色谱是利用生物大分子物质能与相应的配基专一可逆地结合，若将配基共价连接在固相载体上制成吸附系统，则通过色谱柱的生物大分子就能以其高亲和力与配基特异结合，使之与其他杂质分离开来，从而达到纯化的目的。其过程包括载体活化、配基连接、吸附、洗脱。如图 6－2 所示。

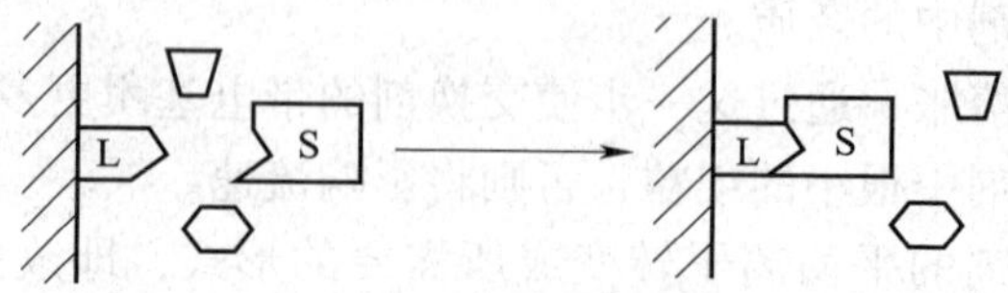

图 6－2　样品分子和配基的亲和作用

具有类似生物物理性质的组分可能具有完全不同的生物专一性。因此，利用这种不同的生物专一性作为分离的基础，其提纯的效率远大于其他色谱，甚至从粗抽提液中经亲和色谱一步就能提纯几百至几千倍，产率可达到 75% ~95% 。在温和条件下操作简便，分离快速，尤其对分离含量极少而又不稳定的活性物质最有效。

此法主要用于各种蛋白质（如酶、抗原或抗体、激素受体、转运蛋白）、核酸甚至细胞器和细胞等的分离纯化。

七、高效液相色谱分离技术

HPLC 是在传统柱色谱的基础上，引入了气相色谱的理论和技术，并加以改进而发展起来的，它与传统柱色谱的不同之处在于应用了颗粒很小的填充剂（ <40μm），新型填充剂的不断涌现和完善是 HPLC 实现的前提。填充剂颗粒很小，又配备了高压输液泵以加快流动相的流速，可达到加快分析速度的目的，而且，HPLC 的分离速度、自动化程度及检测灵敏度均高于柱色谱。

1．HPLC 的特点

（1）高压　液相色谱法以液体为流动相（称为载液），液体流经色谱柱，受到阻力较大，为了迅速地通过色谱柱，必须对载液施加高压，一般可达 15 ~35MPa。

（2）高速　流动相在柱内的流速较经典色谱快得多，一般可达 1 ~10mL/min。高效液相色谱法所需的分析时间较经典液相色谱法少得多，一般少于 1h。

（3）高效　近来研究出许多新型固定相，使分离效率大大提高。

（4）高灵敏度　高效液相色谱已广泛采用高灵敏度的检测器，进一步提高了分析的灵敏度。例如，荧光检测器灵敏度可达 10 ~11μg/mL，另外，用样量小，一般为几微升。

（5）适应范围宽　气相色谱法与高效液相色谱法的比较：气相色谱法虽具有分离能力好、灵敏度高、分析速度快、操作方便等优点，但是受技术条件的限制，沸点太高的物质或热稳定性差的物质都难于应用气相色谱法进行分析。而高效液相色谱法，只要求试样能制成溶液，而不需要汽化，因此不受试样挥发性的限制。对于高沸点、热稳定性差、相对分子质量大（大于 400 以上）的有机物（这些物质占有机物总数的 75% ~80% ），原则上都可应用高效液相色谱法进行分离、分析。据统计，在已知化合物中，能用气相色谱分析的约占 20% ，而能用液相色谱分析的占 70% ~80% 。

2. 高效液相色谱仪的分析原理

高效液相色谱按其固定相的性质可分为高效凝胶色谱、疏水性高效液相色谱、反相高效液相色谱、高效离子交换液相色谱、高效亲和液相色谱以及高效聚焦液相色谱等类型。用不同类型的高效液相色谱分离或分析各种化合物的原理，基本上与相对应的普通液相层析的原理相似，就是利用待分离的各种物质在两相中的分配系数、吸附能力等亲和能力的不同来进行分离。其不同之处是高效液相色谱灵敏、快速、分辨率高、重复性好，且需在色谱仪中进行，如图6-3所示。

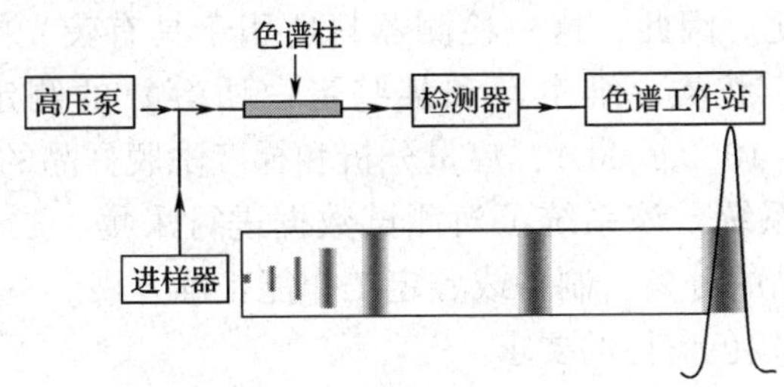

图6-3　高效液相色谱仪的分析原理

3. 高效液相色谱仪各个系统的组成和特点

高效液相色谱仪主要有进样系统、输液系统、分离系统、检测系统和数据处理系统。

(1) 进样系统　一般采用隔膜注射进样器，在进样间完成进样操作，进样量是恒定的。这对提高分析样品的重复性是有益的。

(2) 输液系统　该系统包括高压泵、流动相贮存器和梯度仪三部分。高压泵的一般压强为14.7~44MPa，流速可调且稳定。当高压流动相通过层析柱时，可降低样品在柱中的扩散效应，可加快其在柱中的移动速度，这对提高分辨率、回收样品、保持样品的生物活性等都是有利的。

(3) 分离系统　该系统包括色谱柱、连接管和恒温器等。色谱柱一般长度为10~50cm（需要两根连用时，可在两者之间加一连接管），内径为2~5mm，由优质不锈钢、厚壁玻璃管或钛合金等材料制成，柱内装有直径为5~10μm粒度的固定相（由基质和固定液构成）。固定相中的基质是由机械强度高的树脂或硅胶构成，它们都有惰性、多孔性和比表面积大的特点。其表面经过机械涂渍（与气相色谱中固定相的制备一样），或者用化学法偶联各种基团（如磷酸基、季铵基、羟甲基、苯基、氨基或各种长度碳链的烷基等）或配体的有机化合物。

此外，高效液相色谱的恒温器可使温度从室温调到60℃，通过改善传质速度、缩短分析时间，就可增加层析柱的效率。

(4) 检测系统　高效液相色谱常用的检测器有紫外检测器、示差折光检测器和荧光检测器三种。

① 紫外检测器：该检测器适用于对紫外光（或可见光）有吸收性能样品的

检测，灵敏度高（检测下限为 10^{-10}g/mL）、线性范围宽、对温度和流速变化不敏感、可检测梯度溶液洗脱的样品。

② 示差折光检测器：凡具有与流动相折光率不同的样品组分，均可使用示差折光检测器检测。目前，糖类化合物的检测大多使用此检测系统。这一系统通用性强、操作简单，但灵敏度低（检测下限为 10^{-7}g/mL）、流动相的变化会引起折光率的变化，因此，它既不适用于痕量分析，也不适用于梯度洗脱样品的检测。

③ 荧光检测器：凡具有荧光的物质，在一定条件下，其发射光的荧光强度与物质的浓度成正比。因此，这一检测器只适用于具有荧光的有机化合物（如多环芳烃、氨基酸、胺类、维生素和某些蛋白质等）的测定，其灵敏度很高（检测下限为 10^{-14} ~ 10^{-12}g/mL），痕量分析和梯度洗脱样品的检测均可采用。

（5）数据处理系统　该系统可对测试数据进行采集、贮存、显示、打印和处理等操作，使样品的分离、制备或鉴定工作能正确开展。

4. 现代高效液相色谱柱的要求

超纯 B 型球形硅胶：峰形好、柱效高。

不能有使色谱性能降低的直径小于 5nm 的微孔。

粒径尺寸从 3μm 到 10μm：能满足从分析到制备色谱规模的需求。

色谱柱柱床装填好：使用寿命长、柱效高。

封尾彻底：峰形好、使用寿命长。

批与批之间的重现性好。

不同的相具有不同的选择性：能更好地实现分离。

键合相化学稳定性好：适用的 pH 范围广，使用寿命长。

任务五　膜分离技术

膜是在一种流体相间有一层薄的凝聚相物质，把流体相分隔开来成为两部分，这一薄层物质称为膜；膜本身是均一的一相或由两相以上凝聚物构成的复合体；被膜分开的流体相物质是液体或气体；膜的厚度应在 0.5mm 以下，否则不能称其为膜。

膜分离是指能以特定形式限制和传递流体物质的分隔两相或两部分的界面。膜的形式可以是固态的，也可以是液态的。被膜分割的流体物质可以是液态的，也可以是气态的。膜至少具有两个界面，膜通过这两个界面与被分割的两侧流体接触并进行传递。膜对流体可以是完全透过性的，也可以是半透过性的，但不能是完全不透过性的。膜在生产和研究中的使用技术被称为膜技术。

一、膜组件（MM）

膜组件有管式、中空纤维、螺旋卷绕式和平板式。共同的特点是：① 尽可能大的膜表面积；② 可靠的支撑装置；③ 可引出透过液；④ 膜表面浓度差极化达到最小。

二、微滤（MF）

微滤是以多孔细小薄膜为过滤介质，将微粒从溶液中除去的操作。应用范围主要是从气相和液相中截留微粒、细菌以及其他污染物，以达到净化、分离、浓缩的目的。特别适用于微生物、细胞碎片、微细沉淀物和其他在微米级范围的粒子。

分离原理：利用筛分原理，分离、截留直径为0.1～10 μm的粒子，即微滤膜的孔径为0.1～10 μm。采用压力为0.05～0.5MPa。

药物的灭菌主要采用热压法。但是热压法灭菌时，细菌的尸体仍留在药品中。对于热敏性药物，如胰岛素、血清蛋白等不能采用热压法灭菌。对于这类情况，微孔膜有突出的优点，经过微孔膜过滤后，细菌被截留，无细菌尸体残留在药物中。常温操作也不会引起药物的受热破坏和变性。许多液态药物，如注射液、眼药水等，用常规的过滤技术难以达到要求，必须采用微滤技术。

微滤技术应用领域有气体、溶液的净化。如大气中悬浮的尘埃、纤维、花粉等，溶液和水中存在的微小固体颗粒和微生物，都可借助微孔膜去除。微孔膜对食糖溶液和啤酒、黄酒等酒类进行过滤，可除去食糖中的杂质和酒类中的酵母、霉菌及其他微生物，提高食糖的纯度和酒类产品的清澈度，延长存放期。由于是常温操作，不会使酒类产品变味。

三、超滤（UF）

以膜两侧的压力差为驱动力，通过膜表面的微孔结构对不同分子质量的物质进行选择性分离，只允许水及比膜孔径小的小分子物质通过，达到溶液的净化、分离、浓缩的目的。超滤的分离原理也可基本理解为筛分原理，它可分离分子质量从1000～1000000Da的可溶性大分子物质，对应孔径为（0.002～0.1 μm）。采用压力为0.1～1MPa。

超滤膜的应用也十分广泛，它的应用领域涉及化工、食品、医药、生化等。主要可归纳为在医药和生化工业中用于处理热敏性物质，分离浓缩生物活性物质，从生物中提取药物等；食品工业中的废水处理，在牛奶加工厂中用超滤技术可从乳清中分离蛋白和低分子质量的乳糖；果汁、酒等饮料的消毒与澄清，应用超滤技术可除去果汁的果胶和酒中的微生物等杂质，使果汁和酒在净化处理的同时保持原有的色、香、味，操作方便，成本较低。

四、反渗透膜分离技术（RO）

渗透作用是两种不同浓度的溶液隔以半透膜（允许溶剂分子通过，不允许溶质分子通过的膜），水分子或其他溶剂分子从低浓度的溶液通过半透膜进入高浓度溶液中的现象，或水分子从水势高的一方通过半透膜向水势低的一方移动的现象。反渗透则是利用外压将渗透过程逆转，达到分离物质的目的。

其原理为在高于溶液渗透压的压力作用下，只有溶液中的水透过膜，而所有溶液中大分子、小分子有机物及无机盐全被截留住。理想的反渗透膜应被认为是无孔的，它分离的基本原理是溶解扩散（也有毛细孔流学说），膜孔径为0.1～1nm，采用压力为1～10MPa。

反渗透膜最早应用于苦咸水淡化。随着膜技术的发展，反渗透技术已扩展到化工、电子及医药等领域。

五、反渗透与超滤、微孔过滤的比较

反渗透、超滤和微孔过滤都是以压力差为推动力使溶剂通过膜的分离过程，它们组成了分离溶液中离子、分子到固体微粒的三级膜分离过程。

一般来说，分离溶液中相对分子质量低于500的低分子物质，应该采用反渗透膜；分离溶液中相对分子质量大于500的大分子或极细的胶体粒子可以选择超滤膜，而分离溶液中的直径0.1～10μm的粒子应该选微孔膜。以上关于反渗透膜、超滤膜和微孔膜之间的分界并不是十分严格、明确的，它们之间可能存在一定的相互重叠。

六、膜的污染、清洗及消毒

1. 膜的污染

膜的污染是指由于膜表面形成了附着层或膜孔堵塞等外部因素，导致膜性能下降的现象，这种现象会使膜产生透过流量与分离特性的不可逆变化。

各种膜污染的来源有：

微粒膜：颗粒堵塞造成的。

超滤膜：浓差极化造成的。

反渗透膜：膜表面对溶质的吸附和沉积作用造成的。

膜污染不仅造成透过通量的大幅度下降，而且影响目标产物的回收率。为保证膜分离操作高效稳定地进行，必须对膜进行定期清洗，除去膜表面及膜孔内的污染物，恢复膜的透过性能。

2. 膜的清洗

在药品分离生产中，常用的清洗方法有物理方法、化学方法以及物理化学方法相结合。

（1）物理方法　借助于液体流动产生的机械力，将膜面上的污染物冲刷掉，一般是用高速流水冲洗，分为正向清洗和反向冲洗两种方法。物理方法的效果可使得膜面上的沉积物变得松散，沉积物脱离膜而随液流流走。对吸附作用造成的膜污染和浓差极化形成的凝胶层没有效果。

（2）化学方法　通常是用化学清洗剂（如稀碱、稀酸、醇、表面活性剂、络合剂和氧化剂等）对膜进行清洗。使用的清洗剂要具有良好的去污能力，同时又不能损害膜的过滤性能。

（3）物理化学方法相结合　例如，发酵液超滤分离膜组件的清洗，每运转一周，用 pH11 的碱液浸泡膜组件，除去蛋白质沉淀物和有机污染物，或用热的表面活性剂去油污，然后用水冲洗。

3. 膜的消毒

无机膜：高温灭菌。

有机高分子膜：化学消毒法，用乙醇、甲醛、环氧乙烷等浸泡膜组件，使用前用洁净水冲洗干净。

清洗操作是膜分离过程不可缺少的步骤，但清洗操作是造成膜分离过程成本增加的重要原因。因此，在采用有效清洗操作的同时，得采取必要的措施防止或减轻膜污染。

4. 对料液进行适当的预处理

调节溶液的 pH 使电解质处在稳定的状态；加入络合剂，把能形成污染的物质络合起来，避免沉淀；膜分离前加入一些沉淀剂，用沉降的方式除去颗粒。

5. 膜的保存

分离膜的保存对其性能极为重要。主要应防止微生物的污染、水解作用、冷冻对膜的破坏和膜的收缩变形。

微生物的破坏主要发生在醋酸纤维素膜；而水解和冷冻破坏则对任何膜都可能发生。温度、pH 不适当和水中游离氧的存在均会造成膜的水解。冷冻会使膜膨胀而破坏膜的结构。

膜的收缩主要是在湿态保存时的失水。收缩变形使膜孔径大幅度下降，孔径分布不均匀，严重时还会造成膜的破裂。

七、其他膜分离技术

1. 纳滤技术（NF）

介于反渗透和超滤之间的压力驱动膜分离的过程，孔径范围在几纳米左右。与其他压力驱动型膜分离过程相比，出现较晚。

纳滤膜是 20 世纪 80 年代在反渗透复合膜基础上开发出来的，是超低压反渗透技术的延续和发展分支，早期被称作低压反渗透膜或松散反渗透膜。目前，纳滤膜已从反渗透技术中分离出来，成为独立的分离技术。

纳滤（NF）的概念：通过纳滤膜的选择透过作用，借助推动力，使混合物中的溶剂和相对分子质量低于 300 的小分子物质通过，从而达到分离的技术，是介于超滤与反渗透之间的一种膜分离技术。纳滤膜的孔径为纳米级，因此称为纳滤。

纳滤的原理：一是膜的粒径排斥，位阻理论（非荷电分子）；二是静电排斥，静电理论（荷电分子）。

其特点为：

（1）截留孔径在 1nm 左右。

（2）集浓缩与透析为一体，用于从溶液中脱除一价无机盐和水。

纳滤膜对无机盐有一定的截留率，因为它的表面分离层是由聚电解质构成，对离子有静电作用。

（3）允许一价无机盐的透过减低了渗透压，因此操作压力低，节约能耗。

纳滤恰好填补了超滤与反渗透之间的空白，它能截留透过超滤膜的那部分小分子质量的有机物，透析被反渗透膜所截留的无机盐。而且，纳滤膜对不同价态离子的截留效果不同，对单价离子的截留率低（10% ~80%），对二价及多价离子的截留率明显高于单价离子（90%）。不同截留分子质量的膜所截留物质分类如图6-4所示。

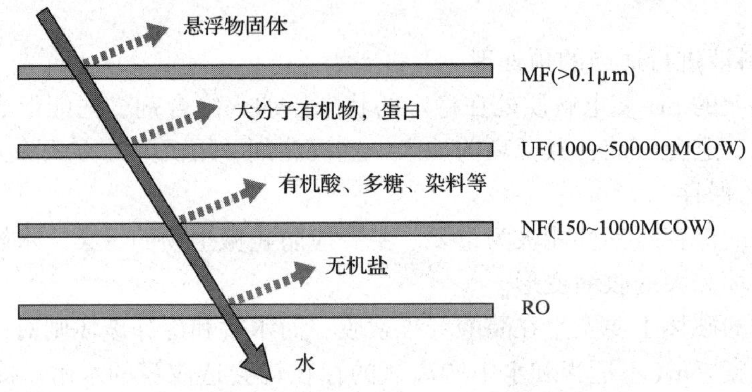

图6-4　不同截留分子质量的膜截留物质分类

影响纳滤分离的因素：操作条件的影响、压力等；料液性质的影响、粒径、电荷等；纳滤膜的性质。

纳滤膜及其技术的应用领域：由于该技术对低价离子与高价离子的分离特性良好，因此在硬度高和有机物含量高、浊度低的原水处理及高纯水制备中颇受瞩目；在医药行业可用于氨基酸生产、抗生素回收等方面；在发酵制药生产中，由于目的产物的浓度低，产品脱水浓缩是重要的提取工序。在发酵生产的脱水浓缩工艺中采用无相变、低能耗的一级或多级纳滤，可以极大减少后续工艺中所用溶媒及能耗，同时可以提高收率和产品质量，具有显著的经济效益。

2. 膜蒸馏技术（MD）

膜蒸馏技术是膜技术与蒸馏过程相结合的膜分离过程，它以疏水微孔膜为介质，在膜两侧蒸汽压差的作用下，料液中挥发性组分以蒸气形式透过膜孔，从而实现分离的目的。

膜蒸馏的传递机理：① 水从热料液主体向膜表面扩散的过程；② 在高温侧膜表面上水的汽化过程；③ 汽化的水蒸气以扩散方式，通过膜孔到达冷水侧膜表面；④ 水蒸气在冷水侧膜表面冷凝的过程。

膜蒸馏具有以下优点：① 截留率高（若膜不被润湿，可达100%）；② 操作温度比传统的蒸馏操作低得多，可有效利用地热、工业废水余热等廉价能源，降低能耗；③ 操作压力较其他膜分离低；④ 能够处理反渗透等不能处理的高浓度水。

影响膜蒸馏的因素：膜的性能——蒸馏膜采用疏水微孔膜；料液的性质——料液的黏度适当小些，可增加水的蒸汽压；操作条件——冷热两侧的浓度差越大、料液的流速越大，分离过程越易进行。

膜蒸馏技术应用于高纯水的制取、料液的浓缩脱水，特别适用于热敏性药液的浓缩。

任务六　浓缩干燥技术

一、浓　　缩

浓缩是生物制品生产中常用的工艺之一，用溶剂进行有效成分或营养成分提取后，回收溶剂一般用浓缩的方法；物质的提取液由于固体物含量过低，需要经过浓缩达到一定的含量；提取液进行后续处理时，也常需要提高浓度，如结晶、喷雾干燥等，都要设计浓缩这道工艺。浓缩虽然是比较简单的工艺，但若采用工艺不当，也会造成一定损失。在工厂中浓缩主要有蒸发浓缩、常压浓缩、真空浓缩等方法，近 20 年来，又出现了反渗透膜浓缩等新技术。浓缩设备一般由加热器、蒸发器、冷凝器和溶剂接收器组成。

1．蒸发浓缩

蒸发是使浓状物料浓缩的方法之一。凡是液体或水果、蔬菜压汁均可用蒸发的方法进行浓缩。传统蒸发就是利用加热使液料沸腾而使汽体飞入空间。而现代蒸发则改用低温、低压蒸发的方法，以免损坏有效成分。

蒸发器主要由加热室（器）和分离室（器）两部分组成。加热室的作用是利用水蒸气为热源加热被浓缩的料液。

2．冷冻浓缩

冷冻浓缩是利用冰与水溶液之间的固液相平衡原理的一种浓缩方法。采用冷冻浓缩方法，溶液在浓度上是有限度的。当溶液中溶质浓度超过低共溶浓度时，过饱和溶液冷却的结果表现为溶质转化成晶体析出，此即结晶操作的原理。

3．常压浓缩

常压浓缩是在常压下使溶液进行蒸发，如果溶剂为有机溶剂，常常进行冷凝回收，以便回收利用并防止空气污染。

4．真空浓缩

真空浓缩又称减压浓缩，在工业生产中应用极为普遍，在食品生产中应用最多。真空浓缩设备主要有以下几种：① 降膜式浓缩设备；② 双效升（降）膜式浓缩设备；③ 间歇式单效盘管式真空浓缩锅；④ 单效升膜式浓缩设备。

二、干　　燥

干燥是用热能加热物料，使物料中水分蒸发而干燥或者用冷冻法使水分结冰后升华而除去的单元操作；通常是生物产品分离的最后一步。

在恒定的干燥条件下（保持干燥介质的温度、湿度、流动速度不变、干燥介质大大过量），进行物料的干燥实验，将所得数据作图，以干燥时间为横坐标，以物料湿含量和物料温度为纵坐标，可得干燥曲线。湿物料表面被非结合水所湿润，物料表面温度是该空气状态下的湿球温度，此时，传热推动力（温度差，Δt）以及传质推动力（饱和蒸汽压差，Δp_V）是一个定值，因此，干燥速率也是一个定值。实际上，该阶段的干燥速率决定于物料表面水分汽化的速率、决定于水蒸气通过干燥表面扩散到气相主体的速率，因此，又称为表面汽化控制阶段。此时的干燥速率几乎等于纯水的汽化速度，和物料湿含量、物料类别无关，影响因子主要有空气流速、空气湿度、空气温度等外部条件。物料湿含量降至临界点以后，便进入降速干燥阶段。

在降速干燥阶段，非结合水已经被蒸发，继续进行干燥，只能蒸发结合水。结合水的蒸汽压恒低于同温下纯水的饱和蒸汽压，传质、传热推动力逐渐减小，干燥速率随之降低，干燥空气的剩余能量被用于加热物料表面，物料表面温度逐渐升高，局部干燥。这一阶段，干燥速率取决于水分和蒸汽在物料内部的扩散速度。因此，也称为内部扩散控制阶段，与外部条件关系不大。主要影响因素为物料结构、形状和大小。针对热敏性物质开发的单元操作有：

（1）瞬时快速干燥　接触时间短、气流温度高。

（2）喷雾干燥　时间短、热效低、可同时造粒。

（3）气流干燥　接触时间较长。

（4）沸腾干燥　接触时间最长，热效最高。

（5）低温干燥　适用于黏稠状物料，活性保持最好。

（6）微波干燥　时间短，效率高。

（7）红外干燥　温度高，干燥速度快。

项目三　微生物制药生产下游技术常见问题及影响因素

微生物制药生产下游技术是药物生产的重要一环。下游技术需要对目标产物进行快速分离纯化，需要对原料液进行高度浓缩，需要借助新型的分离技术和材料，需要除去有害人类健康的物质，需要采用利于保持目标产物产品质量的操作条件，以达到产品要求的高质量、高纯度。因此，其费用高达生产成本一半以上，甚至达到80%。而在下游技术中常见问题主要有工艺设备、乳化、重金属盐的去除，以及在分离纯化过程中的一些其他影响因素，这些都会影响产品的质量和纯度。

一、工艺设备

微生物制药的下游技术工艺复杂，设备多，设备的结构、操作方式、操作条件等都会影响产品的转化率、质量和成本；冯建立、许振良等人自制超滤膜对红霉素发酵液去乳化进行研究，解决了絮凝去除蛋白质和多糖效果较差的问题，提高了萃取的收率和质量。

二、乳化及影响因素

乳化属于胶体化学范畴，是指一种液体以细小液滴（分散相）的形式分散在另一种不相容的液体（连续相）中，这种现象属于乳化现象，生成的液体称为乳状液或乳浊液。

在液液萃取的过程中，往往会在两相界面产生乳化现象，这种现象对萃取的过程是不利的，给料液的分离带来了麻烦，即使采用离心机，也难将两相完全分离，如果萃取后的废水效价过高（夹带溶媒），单位收率就会降低，经萃取的一次 BA 夹带滤液会造成后续工序的精制困难。

其中影响乳化的各种因素除了设备外，还有乳化温度、乳化时间、搅拌速度等。

1．乳化温度

乳化温度对乳化好坏有很大的影响，但对温度并无严格的限制，如若油、水皆为液体时，就可在室温下依靠搅拌达到乳化。一般乳化温度取决于两相中所含有高熔点物质的熔点，还要考虑乳化剂种类及油相与水相的溶解度等因素。此外，两相的温度需保持接近或相同，尤其是对含有较高熔点（70℃以上）的蜡、脂油相成分，进行乳化时，不能将低温的水相加入，以防止在乳化前将蜡、脂结晶析出，造成块状或粗糙不均匀乳状液。一般来说在进行乳化时，油、水两相的温度皆可控制在 75～85℃，如油相有高熔点的蜡等成分时，则此时乳化温度就要高一些。另外在乳化过程中如黏度增加很大，所谓太稠而影响搅拌，则可适当提高一些乳化温度。若使用的乳化剂具有一定的转相温度，则乳化温度也最好选在转相温度左右。乳化温度对乳状液微粒大小有时也有影响。而用非离子乳化剂进行乳化时，乳化温度对微粒大小影响较弱。

2．乳化时间

乳化时间显然对乳状液的质量有影响，而乳化时间的确定，要根据油相水相的容积比、两相的黏度及生成乳状液的黏度、乳化剂的类型及用量，还有乳化温度。但乳化的时间，是为使体系进行充分的乳化，是与乳化设备的效率紧密相连的，可根据经验和实验来确定乳化时间。例如，用均质器（3000r/min）进行乳化，仅需 3～10min。

3．搅拌速度

乳化设备对乳化有很大影响，其中之一是搅拌速度对乳化的影响。搅拌速度适中是为使油相与水相充分混合；搅拌速度过低，显然达不到充分混合的目的；搅拌速度过高，会将气泡带入体系，使之成为三相体系，而使乳状液不稳定。因此，搅拌中必须避免空气的进入，真空乳化机具有很优越的性能。

三、消除乳化的方法

（1）长时间静置　将乳浊液放置过夜，一般可分离成澄清的两层。

（2）水平旋转摇动分液漏斗　当两液层由于乳化而形成界面不清时，可将分液漏斗在水平方向上缓慢地旋转摇动，这样可以消除界面处的泡沫，促进分层。

（3）用滤纸过滤　对于由于有树脂状、黏液状悬浮物存在而引起的乳化现象，可将分液漏斗中的物料用质地密致的滤纸进行减压过滤，过滤后物料则容易分层和分离。

（4）加乙醚　相对密度接近1的溶剂，在萃取或洗涤过程中，容易与水相乳化，这时可加入少量的乙醚，将有机相稀释，使相对密度减小，容易分层。

（5）补加水或溶剂，再水平摇动　向乳化混合物中缓慢地补加水或溶剂，再进行水平旋转摇动，则容易分成两相。至于补加水还是补加溶剂更有效，可将乳化混合物取出少量，在试管中预先进行试探。

（6）加乙醇　对于由乙醚或氯仿形成的乳化液，可加入5～10滴乙醇，再缓缓摇动，可促使乳化液分层。但此时应注意，萃取剂中混入乙醇，由于分配系数减小，有时会带来不利的影响。

（7）离心分离　将乳化混合物移入离心分离机中，进行高速离心分离。

（8）加无机盐及减压　对于乙酸乙酯与水的乳化液，加入食盐、硫酸铵或氯化钙等无机盐，使之溶于水中，可促进分层。另外，将乳化部分取出，小心地温热至50℃，或用水泵进行减压排气，都有利于分离。对于由乙醚形成的乳化液，可将乳化部分分出，装入一个细长的筒形容器中，向液面上均匀地筛撒充分脱水的硫酸钠粉末，此时，硫酸钠一边吸水，一边下沉，在容器底部可形成水溶液层。

四、重金属的去除

来自药品原材料、辅料及生产设备中的重金属，是在生产过程中被带入药品的，尽管经过精制纯化等工艺处理，也很难完全除净。《中国药典》对重金属的定义如下：是指在实验条件下能与硫代乙酰胺或硫化钠作用显色的金属杂质，重金属离子有多种，由于在药品生产中或药品杂质中遇到铅的机会较多，铅易积蓄中毒，故检查时以铅为代表。

1. 重金属的危害

重金属元素的毒性作用主要是，由于它们进入体内并与体内酶蛋白上的—SH和—S—S—键牢固结合，从而使蛋白质变性，酶失去活性，组织细胞出现结构和功能上的损害。

（1）汞（Hg）　对人主要危害神经系统，使脑部受损，造成汞中毒脑症，引起的四肢麻、运动失调、视野变窄、听力困难等症状，重者心力衰竭而死亡。

（2）镉（Cd）　在人体中积累会引起急性、慢性中毒，急性中毒会使人呕血、腹痛，最后导致死亡；慢性中毒会使肾功能损伤、破坏骨骼、致使骨痛、骨质软化、瘫痪。

（3）铬（Cr）　对皮肤、黏膜、消化道有刺激和腐蚀性，致使皮肤充血、糜烂、溃疡、鼻穿孔、患皮肤癌，可在肝、肾、肺积聚。

（4）铜（Cu）　易蓄积，会引发骨痛病，造成自然骨折和骨软化。

（5）砷（As）　慢性中毒会引起皮肤病变、神经、消化和心血管系统障碍，有积累性毒性作用，破坏人体细胞的代谢系统。

（6）铅（Pb）　主要对神经、造血系统和肾脏造成危害，损害骨骼造血系统，会引起贫血、脑缺氧、脑水肿，出现运动和感觉异常。

2．重金属污染来源

受污染的原料和辅料；产物在采集、运输和加工过程中的污染，如工艺设备、接触器皿等；有一些药物含有这些元素，例如，铅粉、铅丹、密陀僧中含有铅，朱砂中含有汞，雄黄中含有砷，入药后易引起重金属含量超标。

3．重金属污染的去除措施

（1）针对原料和辅料的污染　应对原材料和辅料进行质量检测。

（2）针对在采集、运输和加工过程中的污染　加强对于产品采集、运输和加工的过程控制，避免产品的再次污染。

（3）针对含有矿物元素的药品　生产的过程中，尽量避免使用这些原料和辅料，或者寻找其替代品。

对于分离纯化来说，往往要把发酵液进行提取、分离和浓缩等工艺，以达到提高活性成分含量的目的。提取和浓缩的过程就是一个富集的过程，往往合格的原料经过富集后，提取物中的重金属会超过标准，尤其是水提的天然产物，更容易出现这种现象，所以必须通过相关的工艺降低产品中的重金属含量。同时，在生产过程中，对于被重金属污染或者超标的原料，也可以采取主动措施，通过一定的工艺，降低产品中的重金属残留，以使重金属保持在限量以下。

（4）采用先进的分离纯化设备和技术　膜过滤对于溶于水而分子质量比较大的成分，可以采用膜过滤的方法进行脱盐，从而达到除去产品中重金属的目的。

（5）硫酸铵的使用　过滤多用高浓度的硫酸铵溶液，因为在此种情况下，硫酸铵密度较大，若用离心法需要较高离心速度和长时间离心操作，耗时耗能。但硫酸铵中常含有少量的重金属离子，对蛋白质巯基有敏感作用，使用前必须用 H_2S 处理。将硫酸铵配成浓溶液，通入 H_2S 至饱和，放置过夜，用滤纸除去重金属离子，浓缩结晶，100℃烘干后使用。

五、分离纯化工艺中的影响因素

1．盐析的影响因素

（1）蛋白质浓度　高浓度蛋白质溶液可以节约盐的用量，但许多蛋白质的

K_s 常数十分接近。若蛋白质浓度过高，会发生严重的共沉淀作用；在低浓度蛋白质溶液中盐析，所用的盐量较多，而共沉淀作用比较少，因此需要在两者之间进行适当选择。一般认为2.5%～3.0%的蛋白质浓度比较适中。

（2）离子强度和类型　一般说来，离子强度越大，蛋白质的溶解度越低。在进行分离的时候，一般从低离子强度到高离子强度顺次进行。每一组分被盐析出来后，经过过滤或冷冻离心收集，再在溶液中逐渐提高中性盐的饱和度，可使另一种蛋白质组分盐析出来。

（3）pH　一般来说，蛋白质所带净电荷越多，溶解度越大；净电荷越少，溶解度越小。在等电点时蛋白质溶解度最小。

（4）温度　在低离子强度溶液或纯水中，蛋白质溶解度在一定范围内随温度增加而增加。但在高浓度下，蛋白质、酶和多肽类物质的溶解度随温度上升而下降。在一般情况下，蛋白质对盐析温度无特殊要求，可在室温下进行，只有某些对温度比较敏感的酶要求在0～4℃下进行。

2. 有机溶剂沉淀的影响因素

（1）温度　温度影响有机溶剂的沉淀能力，一般温度越低，沉淀越完全。

（2）pH　一般地说，两性生化物质在等电点 p*I* 附近溶解度最低，最容易沉淀析出。

（3）样品浓度　通常蛋白质的初浓度以0.5%～2%为宜，黏多糖则以1%～2%较为合适。

（4）中性盐浓度　较低浓度中性盐的存在可减少蛋白质变性。

3. 结晶的影响因素

影响结晶的因素主要有以下几点：

（1）浆料的过饱和度　这个主要由温度来控制，温度越低，过饱和度越低。过饱和度越大，则产生晶核越多，结晶体粒径越小。

（2）停留时间　时间越长，产生的结晶体粒径越大。停留时间与液位有关，液位越高，停留时间越长。

（3）容器的搅拌强度　搅拌越强，容易破碎晶体，结晶体粒径越小。

（4）杂质成分　杂质成分越多，则比较容易形成晶核，结晶体粒径越小。

4. 絮凝作用的主要影响因素

（1）高分子絮凝剂的性质和结构　线性结构的高分子絮凝剂，絮凝作用大。环状或支链结构的有机高分子絮凝剂的效果较差。分子质量越大，絮凝作用越大，但影响溶解度。

（2）操作温度　温度升高，絮凝加快。一般为20～30℃。

（3）pH　料液pH的变化常会影响离子型絮凝剂中功能团的解离度，从而影响分子链的伸展状态，解离度增大，由于链节上相邻离子基团间的静电排斥作用，而使分子链从卷曲状态变为伸展状态，所以架桥能力提高。

（4）搅拌速率和时间　一般搅拌速率为40～80r/min，搅拌时间为2～4min。

任务实施评分标准

1. 仪器设备的规范操作……………………………………20分
2. 预处理方案的设计………………………………………20分
3. 分离纯化的技术操作……………………………………20分
4. 影响因素的分析判断……………………………………10分
5. 污水的处理………………………………………………20分
6. 实训室整理………………………………………………10分

问题或讨论

1. 凝聚和絮凝的原理及区别是什么？
2. 影响盐析的因素有哪些？
3. 影响有机溶剂沉淀的因素有哪些？
4. 影响结晶析出的主要条件有哪些？
5. 萃取技术有哪些优点？
6. 什么是乳化和去乳化？
7. 超临界流体萃取的优点有哪些？
8. 简述色谱分离技术的特点。
9. 简述离子交换色谱分离技术过程。
10. 简述高效液相色谱分离技术的特点。
11. 什么是反渗透膜分离技术？
12. 简述反渗透与超滤、微孔过滤的区别。
13. 如何进行膜的清洗？

模块七　微生物制药的主要产品

◎ 能力目标

1. 能熟练进行微生物菌种的初步分离、纯化、鉴定及保藏。
2. 能合作完成药物发酵生产控制操作。
3. 能合作完成生产产品的分离、提取和精制。
4. 能拟定生产工艺方案。
5. 具备生物制药工艺员及相应岗位的职业技能和应用技能解决实际问题的能力。

◎ 知识目标

1. 能阐述青霉素、红霉素等抗生素的结构特点、理化性质及作用机理。
2. 能说出青霉素、红霉素等生产菌的生物学特性。
3. 能阐述青霉素、红霉素等抗生素发酵制药的工艺特点、要求及发酵控制过程。
4. 能阐述氨基酸类药物的基础知识及氨基酸类药物生产的基本技术和方法。
5. 能阐述赖氨酸生产的工艺流程、技术、操作要点、相关参数的控制。
6. 能说出药物维生素的基础知识、生产的基本技术和方法。
7. 能阐述维生素 C 生产的工艺流程、技术、操作要点、相关参数的控制。
8. 能阐述酶及酶抑制剂药物的基础知识、生产的基本技术和方法。
9. 能说出典型酶类药物 L－天冬酰胺酶和酶抑制剂洛伐他汀的生产工艺流程、生产技术及其操作要点。
10. 能说出生物农药的生产技术和生物农药的理化性质及作用机理等知识。
11. 能说出生物农药苏云金芽孢杆菌生产的工艺特点、要求及发酵控制过程。
12. 能说出免疫调节剂药物的作用与用途，环孢菌素 A 的结构特点、理化性质、作用机理、发酵制药的工艺特点、要求及发酵控制过程。

◎ 任务描述

本模块内容是微生物制药主要代表产品的生产工艺控制和产品提取，任务是让学生在走向顶岗实习之前进行一些必备的基本知识和基本技能的训练，通过青霉素、红霉素、赖氨酸、维生素 C、酶及酶抑制剂、生物农药和免疫调节剂等产品的整个生产工艺流程来训练学生，使其掌握发酵生产的工艺流程、技术及其操作要点、相关参数的控制，加深学生对发酵技术的理解和应用。

◎ 学前准备

1. 菌种制备

(1) 熟悉无菌操作技术。

(2) 熟悉玻璃仪器洗涤、棉塞制作。

(3) 熟悉培养基配制、灭菌。

(4) 熟悉菌种的接种、传代、恒温培养。

(5) 熟悉菌种生长特点、形态外观。

(6) 熟悉灭菌方法和消毒药物名称、使用方法及其作用机理。

(7) 熟悉菌种孢子制备操作。

(8) 熟悉摇瓶种子制备操作。

(9) 熟悉菌种保藏方法。

(10) 了解常规无菌检查方法。

2. 备料准备

(1) 熟悉原料名称、性状、规格、质量标准。

(2) 按生产计划计算备料量。

(3) 按工艺配比计算原料用量。

(4) 熟悉衡器、容器使用方法。

3. 发酵工艺控制操作

(1) 了解各种管道走向、用途。

(2) 了解发酵过程温度、压力、pH、泡沫控制方法。

(3) 了解补料方法。

(4) 熟悉发酵终点判断。

4. 产品下游操作

(1) 了解产品提取使用原料名称、性质、规格、质量标准。

(2) 熟悉产品提取工艺流程。

(3) 熟悉产品提取工序的单元操作。

(4) 了解提取所需原料配比、收率、定额回收率等计算。

(5) 了解产品分离、精制使用原料名称、性质、规格、工艺流程、质量标准。

(6) 了解分离、精制所需原料配比、收率、定额回收率等。

(7) 熟悉产品干燥方法。

(8) 熟悉成品质量标准。

项目一　抗生素的生产——以青霉素生产为例

自古以来，微生物药物就开始用于防病治病。抗生素就是这类药物，它已经为人类健康做出了巨大的贡献，并且是目前使用最广泛的抗菌药物，将来仍然是非常有前途的药物。

狭义上抗生素是由微生物产生的，在低浓度下能抑制其他微生物生长和活动，甚至可杀死其他微生物的小分子天然有机化合物。有研究者认为，抗生素应该定义为：由生物（包括微生物、植物、动物）在其生命活动过程中所产生的一类在低浓度下就能选择性地抑制其他细菌或其他细胞生长的生理活性物质。广义的抗生素还包括一些抗肿瘤药、杀虫剂和除草剂。

抗生素是微生物的次生代谢产物，既不参与组成细胞结构，也不是细胞内的贮存性养料，对生产菌本身无害，但对某些微生物有拮抗作用。抗生素通过生物化学方式干扰菌类的一种或几种代谢机能，使菌类受到抑制或将其杀死。据研究，抗生素的作用位点大致有以下几种：有的抑制细胞壁的形成，有的影响细胞膜的功能，有的干扰蛋白质的合成，有的阻碍核酸的合成。

β - 内酰胺类抗生素是分子中含有 β - 内酰胺环的一类天然和半合成抗生素的总称，通过抑制肽聚糖转肽酶及 D - 丙氨酸羧肽酶的活性抑制肽聚糖合成，从而干扰细胞壁合成。这种干扰是不可逆的，且杀菌浓度和抑菌浓度很接近。由于动物细胞没有细胞壁，更不含肽聚糖结构，这种优良的选择性毒性，对动物细胞的合成没有影响。从 1929 年，英国的 Fleming 发现了青霉菌的分泌物可抑制葡萄球菌生长，直到 1940 年，Florey 和 Chain 等分别自青霉菌发酵液中提取得到青霉素结晶，从此以青霉素为代表的 β - 内酰胺类抗生素成为一类高效、安全的抗细菌感染药物。

任务一　青霉素概述

青霉素又称盘尼西林、配尼西林，是发现最早、最卓越的一种 β - 内酰胺类抗生素，包括常称的青霉素 G、青霉素钠、苄青霉素钠、青霉素钾、苄青霉素钾。青霉素是从青霉菌培养液中提取的，分子中含有青霉烷，能破坏细菌细胞壁并在细菌细胞的繁殖期起杀菌的作用。最初青霉素的生产菌是音符型青霉菌（*Penicillium notatum*），生产能力只有几十个单位，不能满足工业需要。随后找到了适于深层培养的橄榄形青霉菌，即产黄青霉（*Penicillium chrosogenum*），生产能力为 100U/mL。经过 X 射线、紫外线诱变，生产能力达到 1000 ~ 1500U/mL。随后经过诱变，得到不产生色素的变种，目前生产能力可达 66000 ~ 70000U/mL。青霉素是抗生素工业的首要产品。中国为青霉素生产大国，国内生产的青霉素已占世界产量的近 70%，国内较大规模的生产企业有华北制药、哈医药、石药、鲁抗医药，目前国产青霉素发酵单位可达 66000 ~ 70000U/mL，而世界青霉素工业发酵水平达 100000U/mL 以上。

一、青霉素的作用机理

作用于细胞壁的肽多糖合成的第三阶段，线性肽多糖在转肽酶的催化下进行交联，肽多糖链之间每两条肽链结合时均释放出一个 D - 丙氨酸，青霉素与肽多糖的 D - 丙胺酰 - D - 丙氨酸二肽相似，竞争性地与转肽酶结合，使转肽酶不能催化多肽链之间的交联，而从起到抑菌的作用。因此，青霉素对生长中的细胞有效，对静止细胞无效。

二、青霉素的分子结构及其衍生物

青霉素的基本母核为β-内酰胺环和噻唑烷环并联组成的N-酰基-6-氨基青霉烷酸，侧链上的R基可为不同的取代基，如图7-1所示。侧链基团不同，形成不同的青霉素，发酵液中有8种天然青霉素，主要是青霉素G（图7-2）。工业应用的有青霉素钠、青霉素钾、普鲁卡因、二苄基乙二胺盐。

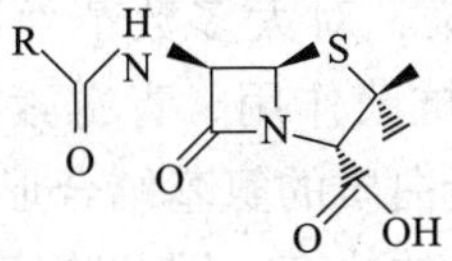

图7-1 青霉素母核

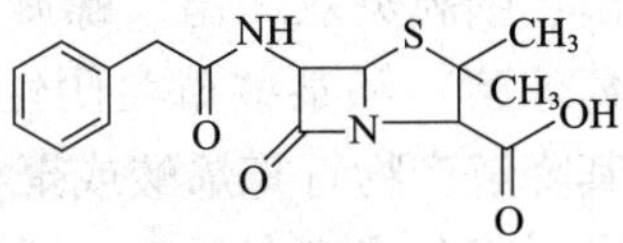

图7-2 青霉素G

三、青霉素理化性质

青霉素是有机酸，易溶于醇类、酮类、酯类和醚类，能与碱金属、碱土金属及有机胺类结合成盐类。青霉素游离酸在水中溶解度很小，而且会很快失去活性。青霉素钾、钠盐易溶于水和甲醇，几乎不溶于乙醚、氯仿、乙酸戊酯等，略溶于乙醇、丁醇、乙酸乙酯等，而水的存在会加速其溶解。工业上通过将青霉素G游离酸与乙酸钾反应生成钾盐，使之从乙酸丁酯相中结晶析出，可得到高纯度的青霉素G钾盐。工业上应用的青霉素G盐有青霉素G钠、青霉素G钾、普鲁卡因青霉素G、二苄基乙二胺青霉素G，理化性质见表7-1。

表7-1　　青霉素G盐类的理化性质

名称	分子式	分子质量	熔点或分解温度/℃	比旋度	生物活性/（U/mg）	水中溶解度
青霉素G钠	$C_{16}H_{17}O_4N_2SNa$	356.4	215	+298°	1667	易溶
青霉素G钾	$C_{16}H_{17}O_4N_2SK$	372.5	214~217	+285°	1593	易溶
普鲁卡因青霉素G	$C_{16}H_{17}O_4N_2S \cdot C_{13}H_{20}O_2N_2 \cdot H_2O$	588.7	129~130	+176°	1010	0.5%
二苄基乙二胺青霉素G	$2C_{16}H_{17}O_4N_2S \cdot C_{16}H_{20}N_2 \cdot 4H_2O$	981.2	110~117	+130°	1310	0.014%

青霉素具有一定的吸湿性，吸湿性的大小与内在质量有关，纯度越高，吸湿性越小，也越易于存放。青霉素盐的稳定性与其含水量和纯度有很大关系，干燥纯品很稳定，对热也稳定，可进行干热灭菌。青霉素的水溶液则很不稳定，而且随pH和温度的变化影响很大，低温下稳定，而高温下易失

活。一般在 pH5 ~7 时较稳定，pH6 ~6.5 时最稳定。青霉素遇酸、碱和金属离子都不稳定，会发生开环、重排和降解等反应，内酰胺环破坏后，青霉素便失去了活性。

四、青霉素应用

青霉素在临床上的应用是能控制敏感金黄色葡萄球菌、链球菌、肺炎双球菌、淋球菌、脑膜炎双球菌、螺旋体等引起的感染，对大多数革兰阳性菌（如金黄色葡萄球菌）和某些革兰阴性菌及螺旋体有抗菌作用。青霉素的优点是毒性小，但其降解产物青霉烯酸或聚合产物与体内蛋白质的氨基结合形成青霉噻唑酸蛋白，会引起免疫变态反应，即过敏反应，会导致休克，因此临床使用中首先需要皮试。

青霉素是各种半合成抗生素的原料。青霉素的缺点是对酸不稳定，不能口服，排泄快，对革兰阴性菌无效。人们研制了各种半合成青霉素，克服天然青霉素的缺点，如氨苄青霉素耐酸，磺苄青霉素对抗铜绿假单胞菌，乙氧萘青霉素耐酸、耐酶，又能口服等。青霉素经过扩环后，形成头孢菌素母核，成为半合成头孢菌素的原料。

五、青霉素生产菌的生物学特性

1. 生物学特性

青霉素生产菌种按孢子形态，分为绿色孢子和黄色孢子的两种产黄青霉（*Penicillium chrosogenum*）菌株；深层培养中菌丝形态为球状和丝状两种，目前我国生产上采用的是绿色丝状菌株。菌落平坦或皱褶，圆形，边沿整齐或呈锯齿或扇形。气生菌丝形成大小梗，上生分生孢子，排列呈链状，似毛笔，称为青霉穗。孢子黄绿至棕灰色，圆形或圆柱形。

2. 发酵条件下的生长过程

产黄青霉菌在深层培养条件下生长，经历三个代谢阶段，分为 7 个不同的时期，每个时期各有其菌体形态特征。在规定时间取样，通过显微镜检查（生产上习惯称为镜检）这些形成变化，可用于过程控制。

（1）第一阶段　菌丝生长繁殖期，这个时期培养基中糖及含氮物质被迅速吸收，丝状菌孢子发芽长出菌丝，菌丝浓度增加很快，此时青霉素分泌量很少。

第 1 期：分生孢子萌发，形成芽管，原生质未分化，具有小泡，分支旺盛。

第 2 期：菌丝繁殖，原生质体具有嗜碱性、类脂肪小颗粒。

第 3 期：形成脂肪包涵体，积累贮藏物，没有空泡，嗜碱性很强。

（2）第二阶段　青霉素分泌期，这个时期菌丝生长趋势减弱，间隙添加葡萄糖作碳源和花生饼粉、尿素作氮源，并加入前体，此期间丝状菌 pH 要求在

6.2～6.4，青霉素分泌旺盛。

第4期：脂肪包涵体形成小滴并减少，形成中小空泡，原生质体嗜碱性减弱，开始产生抗生素。

第5期：形成大空泡，有中性染色大颗粒，菌丝呈桶状，脂肪包涵体消失，青霉素产量最高。

（3）第三阶段　菌丝自溶期，此时丝状菌的大型空泡增加并逐渐扩大自溶。

第6期：出现个别自溶细胞，细胞内无颗粒，仍然呈桶状，释放游离氨，pH上升。

第7期：菌丝完全自溶，仅有空细胞壁。

用显微镜检查菌丝形态变化或根据发酵过程中生化曲线测定进行补糖，这样既可以调节pH，又可以提高和延长青霉素发酵单位。除补糖外，氮源的补加也可以提高发酵单位，控制发酵。1～3期为菌丝生长期，第3期的菌体适宜作为种子。4～5期为生产期，生产能力最强，通过工程措施延长此期，可获得高产。在第6期到来之前结束发酵。

任务二　青霉素生产

一、菌 种 培 养

1. 生产孢子的制备

将沙土保藏的孢子用甘油、葡萄糖、蛋白胨组成的培养基进行斜面培养，经传代活化，最适生长温度在25～26℃，培养6～8d，形成单菌落，再传斜面，培养7d，生长形成绿色斜面孢子。

孢子制成悬液，接入到优质小米或大米固体培养基上。在25℃，相对湿度为50%，生长7d，制备米孢子。

每批孢子必须进行严格摇瓶试验，测定效价及杂菌情况。

2. 种子罐和发酵罐培养工艺

青霉素大规模生产时采用三级发酵，一级发酵通常在小罐中进行，将生产孢子按一定接种量移入种子罐内，25℃培养40～45h，菌丝浓度达40%（体积分数）以上，菌丝形态正常，即移入繁殖罐内，此阶段主要是让孢子萌芽形成菌丝，制备大量种子供发酵用。二级发酵主要是在一级发酵的基础上使青霉菌菌丝体继续大量繁殖，通常在25℃培养13～15h，菌丝体积达40%以上，残糖在1.0%左右，无菌检查合格便可作为种子。按30%接种量移入发酵罐，此时的发酵为三级发酵，除了继续大量繁殖菌丝外，主要是生产青霉素，对溶解氧要求极高，通气量偏大，要求高功率搅拌，$100m^3$的发酵罐搅拌功率在200～300kW，罐压控制在0.04～0.05MPa。产黄青霉菌发酵条件见表7－2。

表 7－2　　产黄青霉菌发酵条件

发酵级别	主要培养基	空气流量（体积比）	搅拌速度/（r/min）	培养时间/h	pH	培养温度/℃
一级	葡萄糖、玉米浆、乳糖等	1∶3	300～350	40～50	自然 pH	25±1
二级	玉米浆、葡萄糖等	1∶（1～1.5）	250～280	13～15	自然 pH	25±1
三级	花生饼粉、葡萄糖、尿素、麸质粉、玉米浆硝酸铵、硫代硫酸钠等	1∶（0.7～1.8）	150～200	按青霉素生产趋势决定停止发酵	前60h pH 为 5.7～6.3，以后为6.3～6.6	前60h 为6℃，以后24℃

二、青霉素的发酵过程控制

在青霉素的生产中，培养基的主要营养物只够维持青霉菌在前40h 生长，而在40h 后，使代谢产物积累到最大。如图 7－3 所示。靠低速连续补加葡萄糖和氮源等，使菌处于半饥饿状态，延长青霉素的合成期，可大大提高产量。所需营养物限量的补加常用来控制营养缺陷型突变菌种，

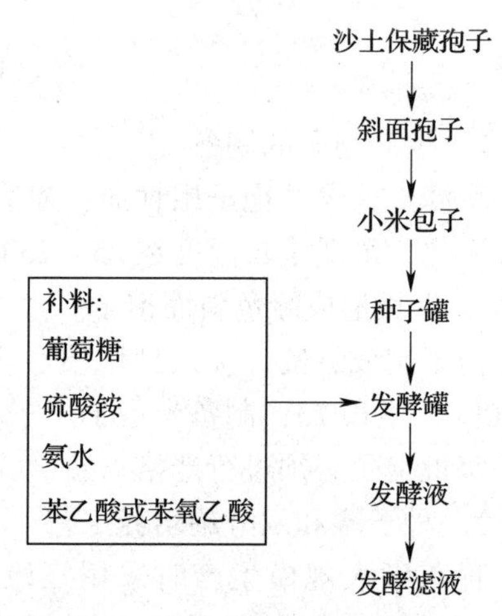

图 7－3　青霉素发酵生产工艺流程图

1. 培养基

青霉素发酵中采用补料分批操作，对葡萄糖、铵盐、苯乙酸进行缓慢流加，维持一定的最适浓度。葡萄糖流加时波动范围较窄，浓度过低使抗生素合成速度减小或停止，过高则导致呼吸活性下降，甚至引起自溶，葡萄糖浓度是根据 pH、溶氧或 CO_2释放率予以调节。

（1）碳源的选择　生产菌能利用多种碳源，如乳糖、蔗糖、葡萄糖、阿拉伯糖、甘露糖、淀粉和天然油脂。从经济核算角度，生产成本中碳源占 12% 以上，对工艺影响很大。糖与 6－APA 结合形成糖基－6－APA，影响青霉素的产量。葡萄糖、乳糖结合能力强，而且随时间延长而增加。发酵初期，利用快效的葡萄糖进行菌丝生长。当葡萄糖耗竭后，利用缓效的乳糖，使 pH 稳定，分泌青霉素。目前普遍采用淀粉的酶水解产物，葡萄糖化液流加，而不是流加葡萄糖，以降低成本。

（2）氮源　玉米浆是玉米淀粉生产时的副产品，是最好的氮源，含有多种氨基酸及其前体苯乙酸和衍生物。玉米浆质量不稳定，可用花生饼粉或棉子饼粉

取代。也可补加无机氮源。

（3）无机盐　需要硫、磷、镁、钾等。铁有毒，应控制在30μg/mL以下。

（4）流加控制

补糖：根据残糖、pH、尾气中CO_2和O_2含量，控制残糖在0.6%左右，pH开始升高时加糖。

补氮：流加硫酸铵、氨水、尿素，控制氨基氮为0.05%。

添加前体：不加侧链前体时，青霉菌产生多种青霉素混合物。因此在合成阶段，苯乙酸及其衍生物、苯乙酰胺、苯乙胺、苯乙酰甘氨酸等均可为青霉素侧链的前体，直接掺入青霉素分子中，具有刺激青霉素合成的作用，但浓度大于0.19%时对细胞和合成有毒性，还能被细胞氧化。策略是需要流加低浓度前体，一次加入量低于0.1%，保持供应速率略大于生物合成的需要。

2. 温度

生长的适宜温度为30℃，合成的适宜温度是25℃。虽然在20℃下青霉素破坏少，但周期很长。生产中采用变温控制，不同阶段控制不同温度。在菌丝生长阶段采用较高的温度，前期控制在25～26℃，以缩短生长时间。在生产阶段适当降低温度，后期降温控制于24℃，以利于青霉素合成。温度过高则会降低发酵产率，增加葡萄糖的消耗，降低转化率。

3. pH

青霉素合成的适宜pH为6.4～6.6，避免超过7.0。青霉素碱性条件下不稳定，易水解。缓冲能力弱的培养基中，pH降低，意味着加糖率过高而造成酸性中间产物积累；pH上升，说明加糖率过低不足以中和蛋白质产生的氨或其他生理碱性物质。前期pH控制在5.7～6.3，中后期pH控制在6.3～6.6，通过补加氨水进行调节。pH较低时，加入$CaCO_3$、通氨调节或提高通气量。pH上升时，加糖或天然油脂。一般直接加酸或碱自动控制。

4. 溶氧

溶解氧浓度低于30%饱和氧浓度时，青霉素的产率急剧下降；低于10%饱和氧浓度时，则造成不可逆的损害。所以不能低于30%饱和溶解氧浓度。通气比一般为1∶0.8（体积比）。溶解氧浓度过高，菌丝生长不良，呼吸强度下降，影响生产能力的发挥。维持适宜的搅拌速度，保证气液混合，提高溶解氧，根据各阶段的生长和耗氧量不同，调整搅拌转速。

5. 菌丝生长速度与形态、浓度

对于在每个有固定通气和搅拌条件的发酵罐内进行的特定好氧过程，都有一个使氧传递速率（OTR）和氧消耗速率（OUR）在某一溶氧水平上达到平衡的临界菌丝浓度，超过此浓度，OUR＞OTR，溶氧水平下降，发酵产率下降。在发酵稳定期，湿菌可达15%～20%，丝状菌干重约为3%，球状菌干重在5%左右。因流加的物料较多，在发酵中后期一般每天带放一次，每次带放量占总发酵液的10%左右。

6. 消泡

发酵过程泡沫较多，需要加入消泡剂，包括天然油脂（如玉米油）、化学消泡剂。少量多次。前期不宜多加入，以免影响呼吸代谢。

青霉素的发酵过程控制十分精细，一般2h取样一次，测定发酵液的pH、菌体浓度、残糖、残氮、苯乙酸浓度、青霉素效价等指标，同时取样做无菌检查，发现染菌应立即结束发酵。染菌后pH波动大，青霉素在几个小时内会被全部破坏。

任务三　青霉素的提取工艺过程

青霉素不稳定，发酵液预处理、提取和精制过程要条件温和、快速、防止降解，提取工艺流程如图7－4所示。从发酵液中提取青霉素，早期曾使用过活性炭吸附法，目前多采用溶媒萃取法。由于青霉素性质不稳定，整个提取过程应在低温、快速、严格控制pH的条件下进行，注意对设备清洗消毒时减少污染，尽量避免或减少青霉素效价的破坏损失。

一、预处理与过滤

发酵结束后，青霉素存在于发酵液中，而且浓度较低，含量仅为百分之几。发酵液中含有大量杂质，如菌体细胞、核酸、杂蛋白质、细胞壁多糖、残留的培养基、色素、金属离子、其他代谢产物等，它们影响后续工艺的有效提取，因此必须对其进行预处理。目的在于浓缩青霉素，去除大部分杂质，改变发酵液的流变学特征，便于后续的分离纯化过程。

发酵液在萃取之前需预处理。青霉素易降解，发酵液用10%硫酸调节pH4.5～5.0，加入0.07%溴代十五烷吡啶（PPB）为絮凝剂，0.7%硅藻土为助滤剂，沉淀蛋白质，然后经真空转鼓过滤或板框过滤，除掉菌丝体及部分蛋白质。发酵液及滤液应冷却至10℃以下，过滤收率一般在90%左右。滤液pH为6.2～7.2，蛋白质含量为0.05%～0.2%。需要进一步除去蛋白质。

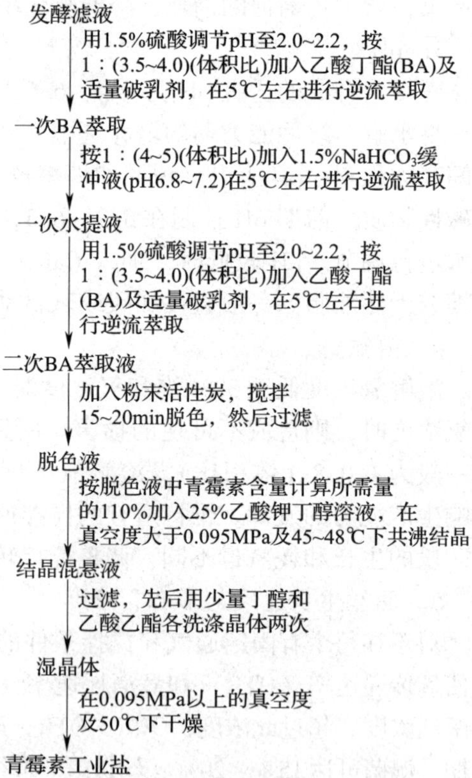

发酵滤液
↓ 用1.5%硫酸调节pH至2.0~2.2，按1：(3.5~4.0)(体积比)加入乙酸丁酯(BA)及适量破乳剂，在5℃左右进行逆流萃取
一次BA萃取
↓ 按1：(4~5)(体积比)加入1.5%$NaHCO_3$缓冲液(pH6.8~7.2)在5℃左右进行逆流萃取
一次水提液
↓ 用1.5%硫酸调节pH至2.0~2.2，按1：(3.5~4.0)(体积比)加入乙酸丁酯(BA)及适量破乳剂，在5℃左右进行逆流萃取
二次BA萃取液
↓ 加入粉末活性炭，搅拌15~20min脱色，然后过滤
脱色液
↓ 按脱色液中青霉素含量计算所需量的110%加入25%乙酸钾丁醇溶液，在真空度大于0.095MPa及45~48℃下共沸结晶
结晶混悬液
↓ 过滤，先后用少量丁醇和乙酸乙酯各洗涤晶体两次
湿晶体
↓ 在0.095MPa以上的真空度及50℃下干燥
青霉素工业盐

图7－4　青霉素提取工艺流程图

二、萃　　取

青霉素的提取采用溶剂萃取法，其原理是青霉素游离酸易溶于有机溶剂，而青霉素盐易溶于水。利用这一性质，在酸性条件下青霉素转入有机溶剂中，调节pH，再转入中性水相，反复几次萃取，即可提纯浓缩。选择对青霉素分配系数高的有机溶剂很重要，工业上通常用乙酸丁酯和乙酸戊酯，萃取2～3次。

（1）一次BA萃取　用1.5%硫酸调节pH至2.0～2.2，按1:（3.5～4.0）（体积比）加入乙酸丁酯（BA）及适量破乳剂，在5℃左右进行逆流萃取。

（2）一次水提取　按1:（4～5）（体积比）加入1.5% $NaHCO_3$缓冲液（pH6.8～7.2），5℃左右进行逆流萃取。

（3）二次BA萃取　用1.5%硫酸调节pH至2.0～2.2，按1:（3.5～4.0）（体积比）加入乙酸丁酯（BA）及适量破乳剂，在5℃左右进行逆流萃取。

几次萃取后，浓缩10倍，浓度几乎达到结晶要求，萃取总收率在85%左右。为减少青霉素降解，整个萃取过程应在低温下（10℃以下）进行，萃取罐用冷冻盐水冷却。

三、脱　　色

萃取液中添加活性炭，除去色素、热原。每升萃取液中加入150～250g活性炭，搅拌15～20min，过滤，除去活性炭。

四、结　　晶

萃取液一般通过结晶提纯青霉素，在2次萃取液中青霉素纯度为70%左右，结晶后纯度达98%。青霉素钾盐在乙酸丁酯中溶解度很小，在2次乙酸丁酯萃取液中加入乙酸钾－乙醇溶液，青霉素钾盐就直接结晶析出。如果加入乙酸钠－乙醇溶液，得到青霉素钠盐。

然后采用共沸蒸馏结晶，进一步提高纯度。将钾盐溶于0.5mol/L KOH溶液，调pH至中性，加2.5倍体积无水丁醇。在16～26℃、0.67～1.3kPa下蒸馏。水和丁醇形成共沸物而蒸出，钾盐结晶析出。结晶经过洗涤、干燥后，得到青霉素钾盐产品。

项目二　红霉素的生产

红霉素是1952年从红色糖多孢菌的培养液中分离出来的一种碱性抗生素，是多组分的。其中以红霉素（即红霉素A）为主要组分，而B、C、D、E在发酵液中也有一定数量。它们的抗菌谱相同，但抗菌活力不同，其中以A为最强，其他几种组分都比A小。红霉素B的体外抗菌活力只有红霉素A的75%～85%，红霉素 C 和 D 约为 50%，红霉素 E 仅有 10% ~15% 的活性，红霉素 B 和红霉素 C 的毒性比红霉素 A 大数倍。因此在临床上，所使用的是红霉素 A 及其各种盐类。现用的红霉素生产菌在其生物合成过程中不产生红霉素 B，故红霉素 C 为国产红霉素的主要杂质。

任务一　红霉素概述

一、红霉素的作用机理

红霉素主要是与敏感细菌的核糖核蛋白体的 50S 亚单位相结合，抑制肽酰基转移酶，影响核糖核蛋白体的移位过程，妨碍肽链增长，抑制细菌蛋白质的合成，是抑菌剂。红霉素对革兰阳性菌的作用比对革兰阴性菌强，是因为它进入前者的量比进入后者的量大 100 倍左右。

二、红霉素的分子结构及其衍生物

红霉素是由红霉内酯与去氧氨基己糖和红霉糖三个亚单位构成的十四元大环内酯类抗生素，也是最早使用于临床的大环内酯类抗生素。红霉内酯环含有 13 个碳原子，内酯环的 C3 通过氧原子与红霉糖相联结，C5 通过氧原子与去氧氨基己糖相联结，红霉糖本身不含氮，是含有一个甲氧基的己糖，去氧氨基己糖是3 - 二甲氨基去氧己糖。如图 7 - 5 所示。其中根据 R_1 和 R_2 基团的不同，红霉素又可分为红霉素 A（R_1—OH，R_2—OCH_3）、红霉素 B（R_1、R_2—OH）、红霉素 C（R_1—OH，R_2—OCH_3）和红霉素 D（R_1—H，R_2—OH）四种。红霉素各组分的结构见表 7 - 3。

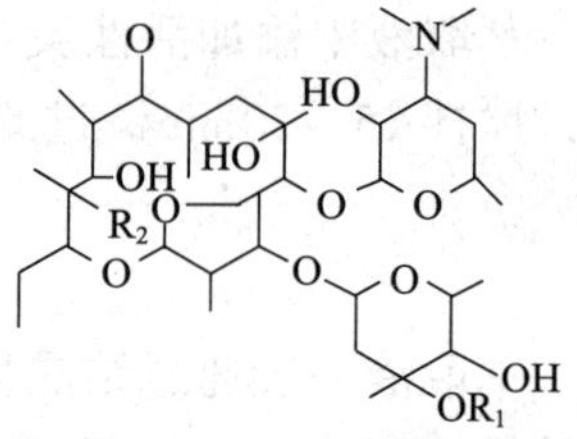

图 7 - 5　红霉素分子结构

表 7 - 3　红霉素各组分的结构

名称	R_1	R_2	分子式	分子质量	相对生物学效价/%
红霉素 A	CH_3	OH	$C_{37}H_{67}O_{13}$	733.9	100
红霉素 B	CH_3	H	$NC_{37}H_{67}O_{12}N$	717.9	75 ~85
红霉素 C	H	OH	$C_{36}H_{65}O_{13}N$	719.9	25 ~50
红霉素 D	H	H	$C_{36}H_{65}O_{12}N$	703.4	25

三、红霉素理化性质

红霉素可以有 3 种不同的结晶形式，它们的结晶水含量和熔点都各不相同，其中有 2 个晶形的熔点为 130 ~132℃，另一个为 190 ~192℃。虽然晶形不同，但生物活性和其他性质都未改变。风干红霉素含水量为7%～10%。当晶体完全失水后，就变成无定形粉末，但仍不失去活性。

红霉素味苦，呈碱性，能与草酸、乳酸和盐酸等无机或有机酸类形成在水中溶解度较大的盐类。红霉素的脱氧氨基己糖部分的醇羟基能与有机酸形成酯类衍生物，如苯甲酸酯、丙酸酯和软脂酸酯等。临床应用的盐类有红霉素丙酸酯十二烷基硫酸盐（无味红霉素）、乳糖酸红霉素盐和硬脂酸红霉素盐。

红霉素微溶于水，易溶于醇类、丙酮、氯仿、乙酸乙酯、乙酸戊酯等有机溶剂，在水中溶解度随温度升高而下降，55℃下溶解度最低。红霉素在干燥状态和在pH6～8水中是稳定的。在碱性溶液中抗菌性能较强，在酸性溶液中易被破坏，pH小于4时几乎完全失效，糖苷键易水解，酸水解后生成脱水红霉素，进一步水解为红霉糖胺和红霉糖。红霉糖水解生成二甲氨基己糖和丙醛。

四、红霉素应用

红霉素是广谱抗生素，对革兰阳性菌作用强，如对金黄色葡萄球菌（包括耐青霉素菌株）、溶血性链球菌、肺炎球菌、白喉杆菌、炭疽杆菌和梭菌属等有较强抗菌作用；对部分革兰阴性菌（如淋球菌、脑膜炎双球菌等）也较有效。临床上主要用于治疗呼吸道感染、皮肤与软组织感染、胃肠道感染等。其副作用较少，尤其适用于青霉素过敏者。20世纪80年代研发了半合成红霉素衍生物，如罗红霉素、克拉霉素、阿齐霉素等，克服了红霉素的胃酸稳定性差、口服不完全和生物利用度低等缺点。

五、红霉素生产菌的生物学特性

红霉素的生产菌种是红色糖多孢菌（*Saccharopolyspora erythrea*），早期也称为红色链霉菌（*Streptomyces erythrea*）。在固体培养基上，菌落呈草帽形，由淡黄色变为褐红色，培养基中无色素。气生菌丝白色，孢子丝呈现不规则的螺旋状，3～5圈。孢子白色至深米色，球形，孢子背面产生红色或红棕色。光线抑制孢子形成，要避光培养。灰色焦状菌落的生产能力很差，应注意培养基的组成。

任务二　红霉素生产

一、菌 种 培 养

红霉素采用3级发酵工艺进行生产，经历斜面种子、摇瓶种子、发酵罐种子和发酵培养等阶段。

1. 生产孢子的制备

红霉素斜面孢子培养基组成为淀粉1.0%、硫酸铵0.3%、氯化钠0.3%、玉米浆1.0%、碳酸钙0.25%、琼脂2.2%，pH为7.0～7.2，斜面培养温度为

37℃。湿度为50%左右，避光培养，因为光会抑制孢子的形成。玉米浆会影响孢子质量和外观，应该严格使用。培养7～10d，斜面上长成白色至深米色孢子，色泽新鲜、均匀、无黑色，背面产生红色色素，后转红棕色。在母瓶斜面孢子中挑选优良孢子区域或单菌落接入子瓶，37℃培养7～9d，每批子瓶斜面孢子数应不少于1亿个，斜面孢子可于冰箱保存1～2个月。

2. 种子罐和发酵罐培养工艺

将种子瓶斜面孢子制成孢子菌悬液，用微孔接种的方式接种到一级种子罐中。培养基组成包括淀粉、糊精、葡萄糖、黄豆饼粉、蛋白胨、硫酸铵、氯化钠、碳酸钙、硫酸镁、磷酸二氢钾等，pH7.0。在35℃下，通气比为1∶1.5，培养60～70h。然后接种到二级种子罐中，在33℃下，通气比为1∶1.5，培养40h。种子罐在后期采用补料花生饼粉、蛋白胨、酵母粉和氨水等，增加基质，满足对营养成分消耗的需求。检查菌丝、发酵单位、无菌要求等，合格种子进行发酵。见表7－4所示。

表7－4　　红霉素发酵条件

发酵级别	主要培养及组分	空气比	培养时间	pH范围	培养温度
种子罐（一级）	花生饼粉、蛋白胨、硫酸铵、淀粉、葡萄糖等	1∶1.5	65h	6.6～7.2	35℃
繁殖罐（二级）	花生饼粉、蛋白胨、硫酸铵、淀粉、葡萄糖等	1∶1.5	40h	6.6～7.2	33℃
发酵罐（三级）	黄豆饼粉、玉米浆、淀粉、硫酸铵、葡萄糖、磷酸二氢钾等	1∶1.5	6～7d	6.6～7.2	31℃

二、红霉素发酵过程控制

1. 培养基

发酵培养基的组成包括淀粉、葡萄糖、黄豆饼粉、蛋白胨、硫酸铵、氯化钠、碳酸钙、硫酸镁、磷酸二氢钾等。最适碳源是蔗糖，其次是葡萄糖、淀粉，生产中用葡萄糖（80%）和淀粉（20%）混合碳源。为了降低成本和节约粮食，生产上常用母液糖代替固体葡萄糖。

黄豆饼粉是主要氮源，其次是蛋白胨、硫酸铵等。

丙醇是红霉素合成的前体，加入丙醇、丙酸或丙酸钠能显著提高红霉素产量。丙醇比丙酸毒性小，代谢较稳定，是适宜的流加前体。在pH6.5以上，菌丝体变浓时，开始流加，每隔24h补加1次，总量为0.7%～0.8%。

2. 温度

红霉素生产菌对温度较敏感，高温生长加快，但易衰老自溶，并增加红霉素

C 的含量。发酵过程温度控制在 31℃，48h 黏度达到高峰，衰老较慢。若前期 33℃培养，则菌丝生长繁殖速度加快，40h 黏度即达最高峰，但衰老自溶也快，影响产量。因此，发酵过程温度控制在 31℃，维持较长发酵时间。

3. pH

发酵过程中维持 pH6.6～7.2，菌丝生长良好，不自溶，发酵单位稳定。红霉素合成最适 pH6.7～6.9。pH 低于 6.5 红霉素合成减少，对生物合成不利；pH 高于 7.2 菌丝易自溶，且会导致红霉素 C 比例增加，红霉素 A 的含量降低，影响成品质量。在发酵后期，可滴加氨水，调节 pH，增加氮源，提高产量和质量。

4. 溶氧

红霉素生产中需要供给溶氧，发酵罐的通气比一般为 1∶(0.8～1.2)，最初发酵 12h，通气量控制在 0.4m^3/（m^3·min）；12h 后，增加通气量，控制在 0.8～1.0m^3/（m^3·min）。增大通气量、适当提高搅拌转速会提高发酵单位，但必须加强补料，防止菌丝早衰自溶，并且搅拌转速不能太高。较佳的通气量的控制可减少动力的消耗，同样达到高产优质。过低的通气量也会导致发酵液转稀。

5. 菌丝生长与补料

红霉素的发酵周期为 150～160h，为了提高红霉素的发酵单位，还需要中间补料。发酵过程中还原糖控制在 1.2%～1.6%，每隔 6h 加入一次葡萄糖，直至放罐前 12～18h 停止加糖。黏度对红霉素成品质量影响很大，黏度越高，红霉素 C 含量越高。根据黏度大小，适时补料有机氮源。黏度低时增加补氮源量，黏度高减少补氮源量，黏度过高还可适当补水，放罐前 24h 停止补加氮源。根据红霉素生物合成途径，红霉素 C 转为红霉素 A 需要甲基供体，生产上一般以丙酸或丙醇作为前体，以提高红霉素 A 的产量。一般在发酵开始后 24～39h，当发酵液较浓、pH 高于 6.5 时，开始补入，每隔 24h 加一次，共加 4～5 次，总量为 0.7%～0.8%。发酵后期，滴加氨水也可以提高发酵单位和成品质量。

发酵过程中，发酵液的黏度对红霉素 A、红霉素 C 的比例有直接影响，在一定黏度范围内，红霉素 C 的含量与发酵液黏度呈负相关关系，因此，适当提高发酵液黏度能减少红霉素 C 的比例，从而保证成品质量。通过降低搅拌转速、降低罐温、增加有机氮源补给、滴加氨水等均能提高发酵液的黏度，但黏度过高又会影响溶氧浓度，导致发酵单位下降，所以需因地制宜进行发酵工艺控制。

6. 消泡

发酵培养基中黄豆饼粉的存在会导致较多的泡沫产生，可用植物油（豆油或菜油）作消泡剂。

三、红霉素的提取工艺过程

红霉素的分离纯化方法有溶剂萃取法、离子交换法及大孔树脂吸附法三种，目前国内外主要采用溶剂萃取法和大孔树脂吸附法，而其中溶剂萃取法所得成品生物效价不高，需通过丙酮结晶后才能达到国家药典标准，因此，可利用与中间盐沉淀相结合的工艺来进行。

1. 溶剂萃取纯化工艺

红霉素是一种弱碱，溶于有机溶剂，在酸或中性 pH 下与酸形成盐，根据溶解度进行溶剂萃取分离制备。目前一般采用 0.05% 甲醛和 3% ~5% 硫酸锌溶液来沉淀蛋白质，既可以防止其在溶媒萃取时产生乳化现象，又可促使菌丝结团加快滤速。但是，硫酸锌呈酸性，而红霉素在酸性条件下会被破坏，用 20% NaOH 调节 pH 至 7.2 ~7.8，板框式压滤。也可用 5% ~7% 碱式氯化铝溶液取代硫酸锌，避免锌离子毒性对滤渣处理的难度。至于乳化的防止和去除一般可利用去乳化剂十二烷基磺酸钠，减轻溶剂萃取时的乳化现象和红霉素的损失，它在碱性条件下留在水相中，不影响成品的色泽。

酸化和碱化的 pH 对萃取收率的影响很大。碱化时高 pH 有利于萃取，但太高会引起破坏，乳化严重。碱化时 pH 控制在 10 ±0.5，酸化时控制在 4.9 ±0.3。

滤液用（BA）乙酸丁酯（pH10）萃取，红霉素进入乙酸丁酯相（一级萃取）。对萃取液用乙酸 - 磷酸氢二钠为缓冲液调节 pH4.0，得到缓冲液萃取相（二级萃取）。当红霉素转入缓冲液后，用 pH10 左右的乙酸丁酯进行萃取（三级萃取），提高温度，降低红霉素在水中的溶解度，提高收率。

对于萃取液，可采用乳酸盐沉淀法进一步提高效价。红霉素分子中碱性糖的二甲胺基可与乳酸成盐从乙酸丁酯中析出。向萃取液中加入乳酸（pH6.0），搅拌混匀，形成红霉素乳酸盐湿晶体。用适量乙酸丁酯洗涤，55℃干燥得到干晶体。加入 10% 丙酮水溶液（pH6.0），溶解晶体，得到红霉素溶液。加入氨水进行碱转化（pH10），转化为红霉素碱，55℃下水解。对湿晶体水洗至 pH7 ~8，55℃下干燥，得到红霉素成品（图 7 –6）。

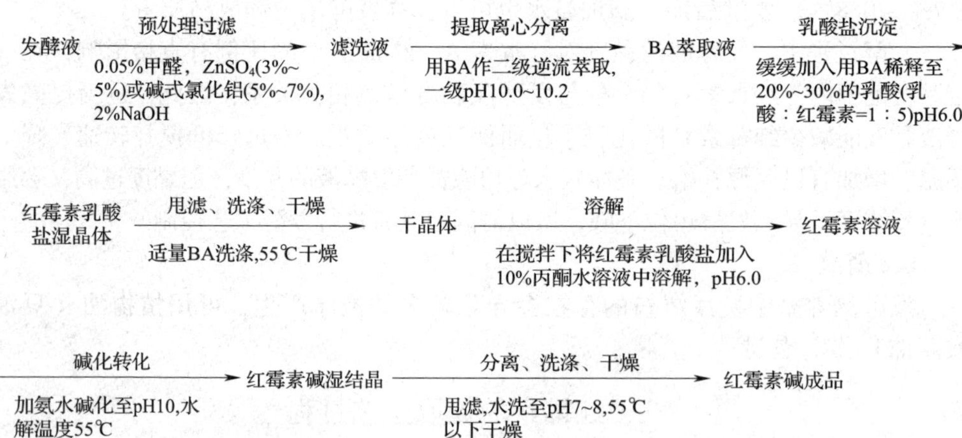

图 7 –6　溶剂萃取结合红霉素乳酸盐沉淀法的工艺流程

2. 大孔树脂吸附纯化工艺

红霉素在中性和酸性条件下呈阳离子状态，可用大孔离子交换树脂吸附分离制备。常用大孔树脂 CAD－40 或 SIP－1300 等为吸附剂，通过动态吸附，对滤洗液中的红霉素有效吸附。滤洗液通过双串联柱吸附，达到饱和吸附。用 40℃水快速洗涤树脂，再用等体积 pH10 氨水通过树脂。用 2% 氨水混合的乙酸丁酯（1∶0.5）解析树脂，红霉素集中在最初的 1～2h 内。从溶液中吸附红霉素，收率接近 100%，可以代替一次乙酸丁酯提取红霉素，以后的工序可采用二次乙酸丁酯中红霉素碱的溶剂法提取工艺。乙酸丁酯解析液在 pH4.7～5.2 的乙酸缓冲液中萃取，用乙酸丁酯在 38～40℃下萃取，在丙酮水溶液中结晶，干燥得到红霉素成品。提取总收率相当或高于溶剂法，成品效价（一次结晶）在 935U/mg 以上（图 7－7）。

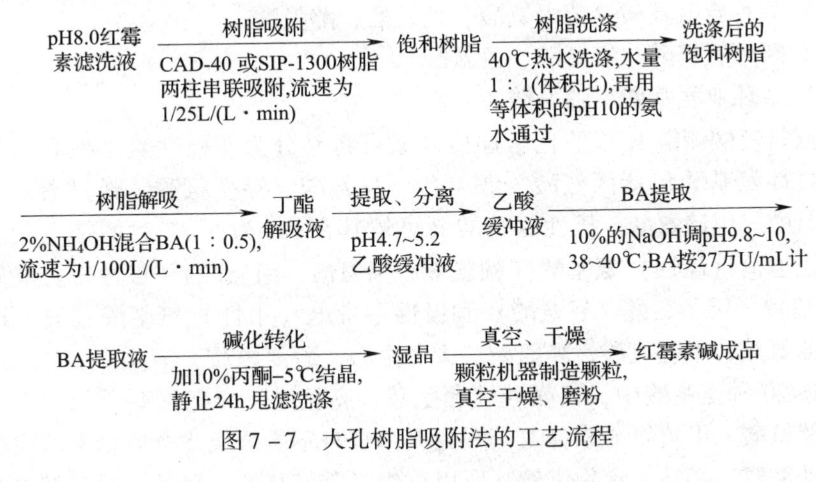

图 7－7　大孔树脂吸附法的工艺流程

项目三　氨基酸的生产

氨基酸是组成蛋白质的基本单位，是有机体不可缺少、不可替代的营养、生存和发展的重要物质，在新陈代谢、信息传递方面起着重要作用。任何一种氨基酸的缺乏或代谢失调，都会导致机体代谢紊乱，甚至引起病变。因而氨基酸被广泛应用于医药、食品及饲料等行业。本项目的内容是氨基酸类药物的生产，了解氨基酸类药物的基本知识，旨在让学生在进行氨基酸类药物生产之前进行基本的知识贮备，在此基础上开展典型的氨基酸的生产。

任务一　氨基酸的结构、种类和性质

一、氨基酸的结构

氨基酸是同时含有氨基和羧基的有机化合物。除脯氨酸外，所有的氨基酸都

为 α－氨基酸。除甘氨酸外，α－碳原子均为不对称碳原子，具有立体异构现象和旋光性，均是 L 型氨基酸。

二、氨基酸的种类

从各种生物体中发现的氨基酸已有 180 多种，但是参与蛋白质组成的常见氨基酸只有 20 种，这些氨基酸称为组成型氨基酸或基本氨基酸。

按照组成型氨基酸的 R 侧链的化学结构，可将其分为四类。

（1）脂肪族氨基酸　包括一氨基一羧基氨基酸（甘氨酸、丙氨酸、丝氨酸、亮氨酸、异亮氨酸、甲硫氨酸、半胱氨酸、缬氨酸、苏氨酸）、一氨基二羧基氨基酸及其酰胺（天冬氨酸、谷氨酸、天冬酰胺、谷氨酰胺）和二氨基一羧基氨基酸（赖氨酸、精氨酸）。

（2）芳香族氨基酸　苯丙氨酸、色氨酸、酪氨酸。

（3）杂环氨基酸　组氨酸、色氨酸。

（4）杂环亚氨基酸　脯氨酸。

根据氨基酸侧链 R 基的化学性质，又可将其分为非极性氨基酸和极性氨基酸。非极性氨基酸包括丙氨酸、缬氨酸、亮氨酸、异亮氨酸、脯氨酸、苯丙氨酸、色氨酸、甲硫氨酸。极性氨基酸又可依其在 pH 为 6～7 时的带电状态分为极性带正电荷（碱性）氨基酸（赖氨酸、精氨酸、组氨酸）、极性带负电荷（酸性）氨基酸（天冬氨酸、谷氨酸）和极性不带电（中性）氨基酸（甘氨酸、丝氨酸、苏氨酸、半胱氨酸、酪氨酸、天冬酰胺、谷氨酰胺）三类。

上述 20 种氨基酸中，苏氨酸、缬氨酸、亮氨酸、异亮氨酸、苯丙氨酸、色氨酸、赖氨酸、甲硫氨酸 8 种氨基酸为人体自身不能合成或合成量不能完全满足生命活动需要，必须由食物供给，所以称为必需氨基酸。另外，对于精氨酸和组氨酸，人体在婴儿生长期内或代谢障碍等情况下会出现内源合成不足，也需从外源补充，故称为半必需氨基酸。

在蛋白质的组成中，除上面常见的基本氨基酸外，从少数蛋白质中还分离出一些特有的氨基酸，如动物结缔组织的纤维状胶原蛋白质中的 4－羟脯氨酸和 5－羟赖氨酸等，它们都是在蛋白质生物合成以后经专一酶的作用修饰而成的，因此不归入基本氨基酸之列。

D 型氨基酸在自然界中也是客观存在的，如炭疽杆菌中的 D－谷氨酸、青霉素分解产物的 D－缬氨酸等。由此可见，氨基酸具有多态性。

三、氨基酸的性质

1．氨基酸的一般物理性质

氨基酸为无色晶体，熔点极高，一般在 200～300℃。味感随种类而异，如谷氨酸的钠盐有鲜味，是味精的主要成分。还有的有甜味、苦味等。溶解性随溶剂、氨基酸种类而异。一般溶于稀酸、稀碱、稀盐溶液中，但不能溶于有机溶剂。

色氨酸、酪氨酸和苯丙氨酸分别在279nm、278nm和259nm波长处有最大吸收值，蛋白质中由于含有这些氨基酸，所以也有紫外吸收能力，一般最大吸收波长在280nm处。氨基酸和蛋白质的这种特性是用紫外分光光度法测定溶液中氨基酸和蛋白质含量的基础。因用紫外分光光度计测定后用相应公式计算，可以得到溶液中相应的氨基酸和蛋白质的含量。

2. 氨基酸的化学通性

氨基酸均为两性电解质，各有一定的等电点。除甘氨酸外都有旋光性。α－氨基酸共同进行两性解离、酰化、酯化、脱羧及脱氨基反应、结合反应及与甲醛和亚硝酸的反应等。另外，还有特殊基团相应的反应，如酪氨酸的酚羟产生米伦反应与福林－达尼斯反应、精氨酸的胍基产生坂口反应等。

3. 氨基酸及其衍生物的药用价值

谷氨酸钙盐及镁盐、氢溴酸谷氨酸、L－色氨酸、5－羟色氨酸、甲硫氨酸、L－组氨酸、左巴等氨基酸或其衍生物可用于治疗脑及神经系统疾病。

谷氨酸及其盐酸盐、谷氨酰胺、乙酰谷酰胺铝、甘氨酸及其铝盐，以及组氨酸盐酸盐等酸或其衍生物可用于治疗消化道疾病。

精氨酸盐酸盐、磷葡精氨酸、谷氨酸钠、甲硫氨酸、鸟氨酸、乙酰甲硫氨酸、赖氨酸盐、L－苏氨酸、L－胱氨酸及天冬氨酸等氨基酸或其衍生物可用于治疗肝病。例如，L－谷氨酸、天冬氨酸、L－精氨酸可促进氨代谢，改善高血氨症状，治疗肝昏迷。

偶氮丝氨酸、*N*－乙酰－L－苯丙氨酸、*N*－乙酰－L－缬氨酸、氯苯丙氨酸、磷天冬氨酸及重氮氧代正亮氨酸等氨基酸的衍生物可用于肿瘤的治疗。

L－亮氨酸、L－色氨酸、L－苏氨酸、L－缬氨酸、L－丝氨酸可用于改善营养状态，维持脂肪代谢。L－异亮氨酸、L－赖氨酸、L－缬氨酸、L－苏氨酸、L－亮氨酸等可促进蛋白质等的合成。

另外，L－色氨酸能促进红细胞再生和乳汁合成；L－天冬酰胺可辅助治疗乳腺小叶增生；L－脯氨酸参与能量代谢及解毒；乙酰半胱氨酸可溶解黏液，祛痰；L－苏氨酸可辅助治疗贫血；L－胱氨酸能促进毛发生长；L－谷氨酸可促进红细胞生成，抗癫痫；L－酪氨酸可改善肌肉运动，治疗震颤性麻痹症等。

氨基酸还可以和其他氨基酸配合使用，制成各种复方氨基酸合剂，如复方氨基酸输液剂是大面积烧伤、外伤、感染及手术前后恢复体力的不可缺少的营养剂。

任务二　氨基酸类药物的生产技术

氨基酸的生产始于1820年用蛋白质酸水解生产氨基酸，1850年化学合成氨基酸，1956 年分离到谷氨酸棒状杆菌，日本采用微生物发酵法工业化生产谷氨酸成功，1957 年谷氨酸钠（味精）的生产商业化，推动了氨基酸生产的大发展。目前构成天然蛋白质的 20 种氨基酸的生产技术主要有天然蛋白质水解技术、微生物发酵生产技术、酶法合成技术、化学合成法。微生物发酵生产技术和酶法合成技术是主要的生产技术。

一、天然蛋白质水解技术

以毛发、血粉及废蚕丝等蛋白质为原料，通过酸、碱或酶水解成多种氨基酸混合物，经离心纯化获得各种药用氨基酸的技术称为天然蛋白质水解技术。目前用水解法生产的氨基酸有 L－胱氨酸、L－精氨酸、L－亮氨酸、L－异亮氨酸、L－组氨酸、L－脯氨酸及 L－丝氨酸等。

水解法生产氨基酸的过程包括水解、分离和精制三个步骤。

1．水解

目前蛋白质水解方法分为酸水解法、碱水解法及酶水解法三种。

（1）酸水解法　蛋白质原料用 6 倍的 6～10mol/L 盐酸或 8mol/L 硫酸于 110～120℃（回煮沸）水解 12～24h，除酸后即得多种氨基酸混合物。此法优点是水解迅速而彻底，产物全为 L 型氨基酸，无消旋作用。缺点是色氨酸全部被破坏，丝氨酸及酪氨酸部分被破坏，且产生大量废酸污染环境。

（2）碱水解法　蛋白质原料经 6mol/L 氢氧化钠溶液或 4mol/L 氢氧化钡溶液于 100℃水解 6h，即得多种氨基酸混合物。该法水解迅速而彻底，且色氨酸不被破坏，但含羟基或巯基的氨基酸全被破坏，且产生消旋作用。工业上多不采用。

（3）酶水解法　蛋白质原料在一定 pH 和温度条件下经蛋白水解酶作用，分解成氨基酸和小肽的过程称为酶水解法。此法优点为反应条件温和，不需特殊设备，氨基酸不被破坏，无消旋作用。缺点是水解不彻底，产物中除氨基酸外，尚含较多肽类。工业上很少用该法生产氨基酸，主要用于生产水解蛋白及蛋白胨。

2．分离

氨基酸分离方法较多，通常有溶解度法、特殊试剂沉淀法、吸附法及离子交换法等。

（1）溶解度法　溶解度法是依据不同氨基酸在水或其他溶剂中的溶解度差异而进行分离的方法。另外，由于氨基酸是两性电解质，因而有等电点，且在等电点时溶解度最小，最容易沉淀析出，因此可利用此性质，用溶解度法结合等电点沉淀法来分离氨基酸，且效果更好。

（2）特殊试剂沉淀法　特殊试剂沉淀法是采用某些有机或无机试剂与相应氨基酸形成不溶性衍生物而分离氨基酸的方法。例如，精氨酸可与苯甲醛生成水不溶性苯亚甲基精氨酸沉淀，后者用盐酸除去苯甲醛即可得精氨酸。

(3) 吸附法　吸附法是利用吸附剂对不同氨基酸吸附力的差异进行分离的方法。例如，颗粒活性炭对苯丙氨酸、酪氨酸及色氨酸的吸附能力大于对其他非芳香族氨基酸的吸附能力，故可从氨基酸混合液中将上述氨基酸分离出来。

(4) 离子交换法　氨基酸为两性电解质，在特定条件下，不同氨基酸的带电性质及解离状态不同。离子交换法就是利用离子交换剂对不同氨基酸吸附能力的差异，通过静电引力将溶液中的待分离氨基酸吸附在树脂上，然后利用合适的洗脱剂将被吸附的氨基酸从树脂上洗脱下来，对氨基酸混合物进行分组或获得单一成分，从而达到分离、纯化和浓缩的目的。

用阳离子交换柱时，氨基酸一般按照酸性、中性、碱性氨基酸的顺序先后被洗脱下来。在带相同电荷的情况下，极性大的氨基酸先被洗脱下来。用阴离子交换柱时，氨基酸的洗脱顺序与用阳离子交换柱时相反。

常规的离子交换法是采用苯乙烯磺酸型强酸性阳离子交换树脂分别将酸性氨基酸、中性氨基酸、碱性氨基酸进行分离。其交换顺序为：

精氨酸 > 赖氨酸 > 组氨酸 > 苯丙氨酸 > 亮氨酸 > 蛋氨酸 > 缬氨酸 > 丙氨酸 > 甘氨酸 > 谷氨酸 > 丝氨酸 > 苏氨酸 > 天冬氨酸

离子交换法具有成本低、操作方便、提取率高、设备简单等优点，常用于蛋白质、氨基酸、核酸、酶及抗生素等的分离提纯。

3. 精制

分离出的特定氨基酸中常含有少量其他杂质，需进行精制。结晶是纯化精制物质的有效手段，常用的有结晶和重结晶技术。例如，丙氨酸在稀乙醇或甲醇中溶解度较小，且 pI 为 6.0，故丙氨酸可在 pH6.0 时，用 50% 冷乙醇结晶或重结晶加以精制。也可采用溶解度法或结晶与溶解度法相结合的技术精制氨基酸。

二、微生物发酵生产技术

微生物发酵生产技术是利用某种能够合成所需氨基酸的微生物，通过对其诱变处理，选育出营养缺陷型及氨基酸结构类似物抗性突变株，以解除代谢调节中的反馈抑制和反馈阻遏作用，从而使其过量积累所需氨基酸，以氨或尿素为氮源，以糖为碳源，通过微生物的发酵繁殖，直接生产氨基酸，或利用微生物细胞中酶的作用，将培养基中前体物质转化为特定氨基酸的技术。微生物发酵生产氨基酸的基本过程包括培养基配制与灭菌处理、菌种诱变与选育、菌种培养、灭菌及接种发酵、产品提取及分离纯化等步骤。

发酵所用菌种主要是细菌、酵母菌，现代生物工程采用细胞融合技术及基因重组技术改造微生物细胞，已获得多种高产氨基酸杂种菌株及基因工程菌。氨基酸发酵方式主要是液体通风深层培养法，其过程是由菌种试管培养逐级放大，直至吨、数百吨发酵罐。发酵结束，除去菌体，其分离纯化、精制方法及过程与水解法相同。

目前绝大部分氨基酸可通过发酵法生产，该法具有原料成本低、反应条件温和极易实现大规模生产等优点，是一种非常经济且目前广泛采用的生产方法。其缺点是产物浓度低、设备投资大、工艺管理要求严格、生产周期长、成本高。

三、酶法合成技术

酶法合成技术也称为酶工程技术，实际上是在微生物菌体中或微生物细胞提取的特定酶的作用下使某些化合物转化成相应氨基酸的技术。1973 年用固定化菌体进行工业规模生产天冬氨酸，是世界上首次在发酵工业中用固定化菌体。

酶工程法与直接发酵法生产氨基酸的反应本质相同，都属酶转化反应，但前者为单酶或酶的高密度转化，而后者为多酶低密度转化。

酶工程技术工艺简单，产物浓度高，转化率及生产效率较高，副产物少。固定化酶或细胞可进行连续操作，节省能源和人力，并可长期反复使用。

目前医药工业中，用酶工程法生产的氨基酸已有十多种：DL－蛋氨酸、DL－天冬氨酸、DL－氨酸、DL－苯丙氨酸、DL－色氨酸、DL－丙氨酸及 DL－苏氨酸等，分别经氨基酰化酶拆分获得了相应的 L－氨基酸，并已投入工业化生产。

四、化学合成法

化学合成法是借助有机合成及化学工程相结合的技术生产氨基酸，虽然可用于制造目前所有已知的氨基酸，但不意味着具有工业生产价值。由于应用化学合成法所得的氨基酸一般是外消旋体，必须经过拆分才能得到光学纯产物。故用化学合成法生产氨基酸时除考虑合成工艺条件外，还要考虑异构体的拆分与 D－异构体的消旋利用，三者缺一势必将影响其应用价值。而应用不对称合成方法进行合成，又面临成本昂贵，对于大量需求的氨基酸无实用价值，对于部分特需氨基酸则有意义，如 L－多巴，已经可以工厂化手性加氢合成。

任务三　赖氨酸的发酵生产

赖氨酸的化学名称为 2，6－二氨基已酸（$C_6H_{14}O_2N_2$），有 L 型和 D 型两种光学异构体。其结构式为：

$$H_5N^+—CH_2CH_2CH_2CH_2—\underset{}{\overset{\displaystyle NH_2 \atop |}{CH}}—COO^-$$

游离赖氨酸易与空气中的二氧化碳结合，因此赖氨酸的结晶制取较困难，其商品态一般为赖氨酸盐酸盐。赖氨酸盐酸盐为白色结晶，无臭，熔点为 263℃，比旋光度为 +21，在水中的溶解度随不同温度而异：0℃时 53.6g/100mL，50℃时 111.5g/100mL，70℃时 142.8g/100mL。

L－赖氨酸是人和动物的必需氨基酸之一。缺少赖氨酸，其他氨基酸就不能利用或者受限，因此，赖氨酸被称为人体第一必需氨基酸。L－赖氨酸可以促进人体对营养物质和关键物质（如蛋白质、钙）的吸收，改善人类膳食营养和动物营养，调节体内代谢平衡，促进生长发育，提高智力，提高免疫力。赖氨酸还可降低血液中甘油三酯含量，提高血脑屏障通透性，有助于药物进入脑组织细胞，预防心脑血管疾病，促进疱疹康复。临床上可用于治疗赖氨酸缺乏引起的发育不良、食欲不振、体重减轻、负氮平衡、牙齿发育不良、贫血，作为儿童和恢复病人的营养剂，以及治疗人颅脑损伤等。赖氨酸铝可治疗胃溃疡；赖氨酸乳清酸盐（赖乳清酸）为护肝药物；三甲赖氨酸可促进细胞增殖，作为免疫增强药物。

一、菌种培养

赖氨酸发酵一般根据接种量及发酵罐规模采用二级或三级种子培养。

1．斜面种子的制备

斜面种子培养基组成：牛肉膏1%，蛋白胨1%，NaCl 0.5%，葡萄糖0.5%（保藏斜面不加），琼脂2%，pH7.0～7.2。经0.1MPa、30min灭菌，在30℃保温24h，检查无菌，放冰箱备用。

培养条件：菌种活化后于30～32℃恒温培养18～24h。

2．种子罐和发酵罐培养工艺

一级种子培养基组成　葡萄糖2.0%，$(NH_4)_2SO_4$0.4%，$K_2HPO_4$0.1%，玉米浆1%～2%，豆饼水解液1%～2%，$MgSO_4 \cdot 7H_2O$ 0.04%～0.05%，尿素0.1%，pH7.0～7.2，0.1MPa、灭菌15min。

培养条件：以1000mL的三角瓶中，装200mL一级种子培养基，高压灭菌，冷却后接种，接种量为5%～10%。在30～32℃振荡培养15～16h，转速100～120r/min。

二级种子培养基　以淀粉水解糖代替葡萄糖，其余成分同一级种子培养基。

培养条件：温度为30～32℃，通风比为1∶0.2，搅拌转速为200r/min，培养8～11h。

若生产规模较大，则可采用三级种子培养，其培养基配方和培养条件基本与二级种子的相同，只是培养时间稍短，为6～8h。

工业生产中，对培养条件和原材料质量都应严格控制，以保证种子种龄的稳定性。

发酵培养基：淀粉水解糖13.5%，$KH_2PO_4 \cdot 7H_2O$ 0.1%，$MgSO_4 \cdot 7H_2O$ 0.05%，$(NH_4)_2SO_4$1.2%，玉米浆1.0%，$(NH_2)_2CO_3$0.4%，毛发水解废液1.0%，甘蔗糖蜜2.0%，pH6.7，在5m^3发酵罐中投入培养液3t，加甘油聚醚1L。

发酵条件：在 1.01×10^5Pa 压力下，加热至 118～120℃灭菌 30min，立即通入冰盐水冷却至 30℃，按 10%（体积分数）比例接种，以 1∶0.6（体积比）通气量于 30℃发酵 42～51h，搅拌速度为 180r/min。

二、L－赖氨酸的发酵过程控制

赖氨酸的发酵生产分为两个时期：发酵前期和产酸期。发酵前期为菌体生长期，时长 0～12h，这个时期主要是菌体生长，很少产酸。菌种经过 0～12h 的生长后，即开始产赖氨酸。整个发酵阶级时间为 38h 左右。

1．种龄和接种量

一般在采用二级种子扩大培养时，接种量为 2%～5%（体积分数），种龄一般为 8～12h。当采用三级种子扩大培养，接种量为 10%（体积分数），种龄一般为 6～8h。一般应控制所接种的种子处于指数期。

2．供氧量

赖氨酸的生产需要一定的溶氧条件。因为赖氨酸生产菌的糖酵解酶系的活性、三羧酸循环酶系的活性均与氧的供给量有关，氧的供给量直接影响到糖的消耗速度和赖氨酸的生成量。在供氧充足的条件下，细菌呼吸充足，赖氨酸的产量增加。若供氧不足，则细菌呼吸受抑制，赖氨酸的产量有所降低。若供氧严重不足，则细菌呼吸进一步受到抑制，丙酮酸脱氢酶系的活性明显降低，菌株主要利用二氧化碳固定系统来合成天冬氨酸，天冬氨酸的来源减少了，因此，赖氨酸产量很少而积累乳酸，乳酸增多，使体系的 pH 下降，进一步抑制了菌株合成赖氨酸。研究表明，当氧分压为 4～5kPa，即通气比为 1∶(0.3～0.6)（体积比），并不断地进行搅拌（搅拌速度为 180r/min，以提高氧在发酵液中的溶解度）时，赖氨酸的生成量可达最大值。

3．温度

在发酵过程中，需要维持适当的温度，才能使菌体生长和代谢产物的生物合成顺利地进行。棒状杆菌菌体生长的最适温度与赖氨酸合成的最适温度不一致，因此，采用分段调节控制策略，前期控制在 32℃，中后期控制在 30℃。幼龄菌对温度敏感，在发酵前期，提高温度，生长代谢加快，产酸期提前，但菌体的酶容易失活，菌体衰老，赖氨酸产量反而减少。

4．pH

赖氨酸发酵的最适 pH 为 6.5～7.0，控制范围为 pH6.5～7.5。在发酵过程中，应尽量保持 pH 平稳。通过在发酵过程中直接补加碱或补料的方式来控制，特别是补料效果比较明显。当 pH 偏低时，可通过加尿素和氨水来控制，它们不仅可以稳定 pH，还可以补充氮源。若用尿素，则根据 pH 变化、菌体生长、残糖等调节，少量多次。如果用氨水，则采用流加方式调节 pH。pH 偏高时，可加生理酸性物质硫酸铵，以达到提高氮含量和调节 pH 的双重目的。

5. 生物素

生物素可促进草酰乙酸的合成，从而促进天冬氨酸的生成。同时，过量的生物素可促进细胞内合成的谷氨酸对谷氨酸脱氢酶的反馈抑制作用，从而抑制谷氨酸的大量合成而使代谢主要朝着合成天冬氨酸的方向进行，天冬氨酸的供给增加，赖氨酸的生成量相应提高。因此，在以葡萄糖、丙酮酸为唯一碳源的体系中，添加过量的生物素（200～500μg/L），可明显提高赖氨酸的产量。

6. 硫酸铵

硫酸铵对赖氨酸发酵影响很大，当硫酸铵作为无机氮源含量适宜时，菌体生长较快，赖氨酸的产量较高；但含量过高时，菌体迅速生长，赖氨酸的产量反而降低。因此，硫酸铵的适宜用量一般为4.0%～4.5%。

7. 泡沫的影响及其控制

氨基酸发酵中，为了供氧和增加物质与能量的传递，必须进行通气与搅拌，同时由于代谢气体的逸出及培养基中糖、蛋白质、代谢物等稳定泡沫的表面活性物质的存在，会使发酵液中产生一定数量的泡沫，因而泡沫伴随在整个过程中。不同消泡剂抑制泡沫的同时会影响微生物的生长环境，对发酵水平影响很大。由于目前所用的聚醚类消泡剂对菌体的生长和代谢有一定的抑制作用，而新型复合消泡剂（聚醚类有机硅消泡剂）分子结构中有短链聚硅氧烷疏水基团和聚醚亲水基团，它具有优良的水溶性和表面活性。为提高赖氨酸发酵的产能，使用新型复合消泡剂（聚醚类有机硅消泡剂）消泡效果较好、用量少、效率高且消泡速度快、稳定性好，因此可以取代常用的聚醚型消泡剂。实验证明，聚醚类有机硅消泡剂比普通聚醚类消泡剂用量少54.8%，改善了菌体的生长和代谢环境，从而使发酵单罐总酸提高了12.80%，糖酸转化率提高了6.88%。

8. 其他因子

赖氨酸发酵生产的产量还受一些其他因子的影响。例如，维生素B_1也可促进赖氨酸生成；在发酵培养基中添加一定浓度的铜离子，可提高糖质原料发酵赖氨酸的产量；采用乙酸和糖混合发酵，赖氨酸产量比单独糖质原料高得多。

三、L－赖氨酸的提取工艺过程

赖氨酸的提炼过程包括发酵液预处理、提取和精制三个阶段。

1. 发酵液的预处理

发酵液的预处理，包括去除菌体和影响提取收率的杂质离子。去除菌体的方法有离心分离法和添加絮凝剂沉淀两种方法。

离心分离法用高速离心机（4500～6000r/min）分离除去，菌体小需反复分离，成本高。添加絮凝剂沉淀法是先将发酵液调节到一定的pH，加适宜的絮凝剂如聚丙烯酰胺，使菌体絮凝而沉淀，加助滤剂过滤除去。

钙离子一般通过添加草酸或硫酸，生成钙盐沉淀而除去。经验证明，发酵液经过预处理后，提取收率明显提高。

2. 赖氨酸的提取

从发酵液中提取赖氨酸通常有四种方法。沉淀法，利用赖氨酸生成难溶性盐而沉淀分离，或使赖氨酸结晶析出；有机溶剂抽提法；离子交换树脂吸附法；电渗析法。目前工业生产均采用离子交换树脂吸附法提取赖氨酸，该法回收率高，产品纯度高。

赖氨酸是碱性氨基酸，等电点（p*I*）为 9.59。在 pH2.0 左右能最大程度地被强酸性阳离子交换树脂吸附。pH7.0 ~ 9.0 被弱酸性阳离子交换树脂吸附。

强酸性阳离子变换树脂和弱酸性阳离子交换树脂对纯赖氨酸溶液和发酵液中的赖氨酸的吸附量是不同的。弱酸性阳离子交换树脂对纯赖氨酸的吸附能力大，但对发酵液中的赖氨酸吸附能力大为降低，这是因为发酵液中除赖氨酸外，还有相当多杂质。

（1）赖氨酸提取的树脂设计　阴离子交换树脂对赖氨酸的交换量低，树脂的耐久性也差，且成本高，来源困难，故不能采用碱性树脂提取。在赖氨酸的离子交换法提取和洗脱方法中，根据不同树脂对赖氨酸的提取和洗脱的实验结果，确定 732 树脂是目前用于提取赖氨酸的较好的国产树脂。732 树脂在酸性范围内不同 pH 时对赖氨酸的交换量与溶液中的杂质有关。对于从发酵液中提取，在赖氨酸主要呈正二价离子的 pH（<2.0）条件下，赖氨酸离子与可电离杂质的竞争有较大的优势，吸附量多，有利于提取，但在生产上，pH 过低时须考虑设备管道的腐蚀问题，工业生产应选择在 pH = 2 左右。

（2）732 树脂的处理

① 水漂洗：先用去离子水反复漂洗，除去碎粒和杂质。

② 醇浸泡：将去离子水排净，加入 95% 的乙醇，使液面超过树脂面 5cm 左右。充分搅拌后再浸 24h，以除去醇溶性杂质。排掉乙醇，再用去离子水洗至无色、无醇味。

③ 装柱、酸碱活化处理：用 1mol/L 盐酸流洗（盐酸体积为树脂体积的 5 ~ 6 倍，流速为每分钟树脂体积的 1/50），并浸泡 10 ~ 12h，用去离子水洗至流出液 pH6.5 以上。再用 1mol/L 氢氧化钠溶液洗涤（用量、流速同上），用去离子水洗至流出液 pH8。最后用 1mol/L 盐酸、1mol/L 氨水洗涤（用量、流速同上），用去离子水洗至流出液 pH8，获铵型树脂备用。

④ 树脂的再生：首先用大量水冲洗使用后的树脂，以除去树脂表面和空隙内部吸附的各种杂质，然后用 1mol/L 盐酸、去离子水洗至流出液 pH5 以上，再用 1mol/L 氨水、去离子水洗至流出液 pH8，备用（用量、流速同上）。

（3）离子交换法工艺条件及控制要点　离子交换过程中采用动态法离子交换柱交换操作方式，以提高分离效果和树脂利用率，$1m^3$ 树脂可吸附赖氨酸盐酸盐 100kg 左右，离子交换柱中交换速度一般小于 0.1m/min。为提高床层利用率，实际离子交换过程一般采用多柱串联操作。

① 上柱吸附

上柱方式：上柱方式有正上柱和反上柱两种。正上柱时上柱液自上而下通过树脂层，属于多级交换，交换容量较大，是一种常用的上柱方式。当发酵液含菌体等固体物较多时采用反上柱，以免流速较快，造成树脂堵塞。反上柱是上柱液自下而上通过树脂层，属于单级交换，交换容量较小。

离子交换量：离子交换量又称上柱量，是指一次通过树脂层的料液所含的赖氨酸的量，它反映了树脂能力的大小。正上柱时，每吨树脂一般可吸附 90 ~ 100kg 赖氨酸盐酸盐，反上柱时可吸附 70 ~ 80kg 赖氨酸盐酸盐。当流出液 pH5. 5 ~ 6 时，表明吸附达到饱和。一般交换吸附 2 ~ 3 次。

上柱流速：为了进行有效的交换，离子交换过程中必须使赖氨酸料液与树脂有充分的接触时间。如果液相流速过大，固液接触时间太短，树脂与上柱液来不及充分交换，就会导致交换区拉长，较早发生渗漏现象，影响处理质量；如果速度太慢，则会减小处理流量，降低处理效率。因此，要控制上柱流速。上柱流速应根据上柱液性质、树脂的性质、柱大小及上柱方式等具体情况决定。应在小柱中进行试验，确定合适的上柱流速。一般正向上柱时流速大些，赖氨酸料液以 10L/min 的流速吸附；反上柱时流速小些。

上柱后，将饱和树脂用 100L 去离子水洗涤，以除去残留在树脂中的可溶性和非可溶性杂质，提高赖氨酸质量，同时使树脂疏松以利洗脱，直到流出液澄清。

② 洗脱（解析）与收集：洗脱是离子交换法提取 L – 赖氨酸的关键步骤。串联洗脱顺序与吸附顺序相反。

常用洗脱剂：洗脱赖氨酸所采用的洗脱剂有氨水、氨水和氯化铵混合液、氢氧化钠溶液等。

氨水优点是洗脱液经浓缩除氨后，含杂质较少，有利于后续工序精制，且在树脂处理时不需转型操作；缺点是过滤液中的阳离子（如 Ca^{2+}、Mg^{2+} 等）也被树脂吸附，不易洗脱而残留在树脂中，且随着操作次数的增加而积累，造成树脂吸附氨基酸的能力降低。因此，在树脂使用一段时间后，需要用酸或食盐溶液进行再生处理，增加工序。

氨水和氯化铵混合液特点是可以洗脱被树脂吸附的 Ca^{2+} 等阳离子，提高树脂的交换容量，由于在碱性条件下赖氨酸先被洗脱，然后才有 Ca^{2+} 等离子被洗脱，因此，可采取分段收集方法，使赖氨酸和 Ca^{2+} 等阳离子分离。同时，通过调节氨水与氯化铵的物质的量之比为 1∶1，可直接使赖氨酸形成单盐酸盐，不需要另外用酸中和。

氢氧化钠溶液特点是没有氨味，操作容易，但在洗脱液中 Na^{+} 含量较高，对后续的提纯精制产生影响。

洗脱剂的浓度：洗脱剂的浓度对洗脱效果有一定影响。一般来说，为了浓缩，需用较高浓度的洗脱剂；为了分离，只能用适当浓度的洗脱剂。如果洗脱剂浓度太高，则达不到分离纯化的目的；如果洗脱剂浓度太低，则洗脱时间长，收集不集中，收集液体积大，赖氨酸浓度低。使用氨水洗脱时，一般浓度为3.6% ~5.4%。如果用5%的氨水洗脱，收集液赖氨酸平均浓度可达6% ~8%，洗脱高峰段赖氨酸盐酸盐含量可达15% ~16%。

洗脱方式、洗脱速度及洗脱液的收集：一般采用单柱顺流洗脱。为了使洗脱集中，赖氨酸浓度高，应控制好洗脱液流速。一般比上柱流速慢些，多用6L/min的速度洗脱，可根据柱的大小而异。若洗脱速度太慢，则洗脱周期长，并且会造成堵柱；若洗脱速度太快，则拖尾现象较严重。

洗脱时用pH试纸和茚三酮检查流出液，洗脱开始半小时后用pH试纸检测，每1min一次，当pH接近8.0时再用纸层析法检测，每10min一次，当有赖氨酸流出时即可收集。一般为pH9.5 ~12。前后流分中赖氨酸浓度低而氨含量高，可合并于洗脱用的氨水中，以提高收率。一般收率可达90% ~95%。

为提高赖氨酸离子交换提取的经济效益，减少环保问题，有报道在赖氨酸提取中采用美国的ISEP连续离子交换系统，使吸附、冲洗树脂、洗脱收集在系统中同时进行，该技术具有树脂用量少、树脂交换容量大、节省冲洗水、减少废水量等特点。

3. 赖氨酸的精制

赖氨酸的精制主要是通过浓缩结晶完成的。

（1）赖氨酸的浓缩与除氨　经过离子交换提取的赖氨酸洗脱液，体积较大，赖氨酸含量较低，为60 ~80g/L，还含有较多的氨，为10 ~15g/L，因此需要进行浓缩和除氨。为了收集蒸发出来的氨蒸气可采用单效蒸发。

一般采用真空蒸发形式，以降低蒸发液体的沸点，提高加热蒸汽与液体之间的温差，并避免赖氨酸受热被破坏。真空蒸发的主要条件如下：70℃以下，真空度0.08MPa左右，加热蒸气压力约为0.02MPa。一般以真空度稍高、温度稍低为好。但真空度不能太高，因为真空度越高，水的汽化潜热越大，耗用的蒸汽越多，真空发生装置的动力消耗也越大，因此对于单效蒸发应选择适宜的真空度。蒸发的氨水蒸气经冷却，收集液氨。

浓缩液浓缩至19 ~20°Bé（注：°Bé为波美度，是表示溶液浓度的一种方法。当测得波美度后，从相应化学手册的对照表中可以方便地查出溶液的浓度，质量分数）。赖氨酸盐酸盐含量为340 ~360g/L，料液成黏稠状，放出料液，用浓盐酸调节pH4.9，再继续浓缩至22 ~23°Bé，即得赖氨酸盐酸盐的浓缩液。若在碱性溶液中浓缩，则温度不宜过高，时间不宜过长，否则会生成DL-赖氨酸。

（2）赖氨酸盐酸盐的结晶与分离　将赖氨酸盐酸盐浓缩液放入搅拌罐中，搅拌结晶16 ~20h，为了使结晶不太细，结晶过程应控制温度，最好在5℃左右。

结晶完毕停止搅拌，用离心机分离，用少量水洗晶体表面附着的母液。母液经浓缩，结晶，再结晶，直至不能析出结晶时，将母液稀释，上离子交换柱吸附回收赖氨酸。所得的晶体为赖氨酸盐酸盐粗晶体。

（3）赖氨酸盐酸盐的脱色、浓缩、重结晶与干燥　结晶析出的赖氨酸盐酸盐粗晶体含量为78% ~84%，除含有一定水分（15% ~20%）外，还含有色素等杂质，要制造食品级和医药级赖氨酸盐酸盐需要进一步精制纯化。其方法是将赖氨酸盐酸盐粗晶体加蒸馏水至原体积的1/4，搅拌均匀，用浓盐酸调节pH4.9，加热至70~80℃使其溶解成16°Bé浓度，加入3% ~5%（质量分数）活性炭，搅拌脱色，过滤得赖氨酸盐酸盐清液。将清液在0.8MPa真空度、70℃以下，真空蒸发至21~22°Bé，放入结晶罐中搅拌结晶，16~20h后经离心分离除去母液，晶体用少量水洗去表面附着的母液。赖氨酸盐酸盐晶体在60~80℃下进行干燥至含水0.1%以下，然后粉碎至60~80目，包装即得成品。

项目四　维生素C的生产

维生素C又称抗坏血酸，是细胞氧化-还原反应中的催化剂，它释放两个氢原子后变成氧化型维生素C，有供氢体存在时，脱氢抗坏血酸可以再接受两个氢原子变成抗坏血酸，参与机体新陈代谢。维生素C有助于增加机体对感染的抵抗力，清除胞内外自由基，有助于防止细胞癌变。维生素C在体内又参与激素、神经递质、胶原蛋白合成以及外来化合物的解毒作用等。广泛应用于医药、食品、饲料等领域。

本项目的内容是药物维生素C的生产，了解此类微生物药物的基本知识，旨在让学生在进行维生素类药物生产之前进行基本的知识贮备，在此基础上开展典型药物维生素C的生产。

任务一　维生素的种类和性质

一、维生素的种类

维生素是一类生物生长和代谢所必需的微量有机化合物，既不是细胞的组成物质，也不是能量物质，起代谢调节作用。

根据溶解性，把维生素分为水溶性和脂溶性两类。水溶性维生素包括B族维生素和维生素C，其衍生物多为辅酶和辅基。脂溶性维生素包括维生素A、维生素D、维生素E、维生素K等，在食物中与脂肪共存。

维生素无统一命名，按英文命名，如维生素A、维生素B、维生素C、维生素D、维生素E、维生素K、维生素H等。按化学本质命名，如硫胺素、核黄素、生物素等。按生理功能命名，如抗坏血酸、生育酚等。

二、维生素的生理功能

维生素在体内的作用主要是调节酶活性和代谢活性，以辅酶或辅基形式参与酶反应。人体内不能合成维生素，缺乏它会导致疾病发生，出现相应的缺乏症。

三、维生素的生产工艺研究

各种维生素在化学结构上无相似之处，有多羟基不饱和内酯衍生物（维生素C等）、芳香族（维生素K等）、杂环族（维生素E等）、脂肪族、脂环族和甾体类。主要维生素的生产方式有三种，微生物发酵、化学合成和天然提取。主要的维生素药物及生产方式见表7-5。

表7-5　主要的维生素药物及生产方式

名称	结构特点	主要品种	生产方式
维生素C	烯醇式己糖酸内酯	抗坏血酸，抗坏血酸钠，抗坏血酸钙	细菌发酵，化学合成
维生素B_1	氨基嘧啶环和噻唑环构成	硫胺素盐酸盐，硫胺素单硝酸盐	化学合成
维生素B_2	核糖醇和6，7-二甲基异咯嗪的缩合物	核黄素，磷酸核黄素钠	细菌发酵，化学合成
维生素B_3	吡啶的衍生物	烟酸，烟酰胺	化学合成
维生素B_5	丙氨酸与二羟基二甲基丁酸缩合	泛酸，右旋泛酸钙	化学合成
维生素B_6	吡啶的衍生物	吡哆醇盐酸盐，吡哆醛-5-单磷酸酯	化学合成
维生素B_9	蝶啶、对氨基苯甲酸和谷氨酸组成	叶酸	化学合成
维生素B_{12}	咕啉环，含钴的螯合物	氰钴胺，羟基钴胺，钴胺素	细菌发酵
维生素H	噻吩环和咪唑环结合，戊酸侧链	d-生物素	发酵
维生素A	紫罗兰酮、异戊烯和伯醇基组成	维生素A醋酸酯，维生素A棕榈酸酯	化学合成
维生素D	视固醇类物质	维生素D_2，生物素D	化学合成
维生素E	苯并二氢吡喃的衍生物	D-α-生育酚，DL-α-生育酚，D-α-生育酚醋酸酯	化学合成，提取
维生素K	二甲基萘醌衍生物	维生素K_1，维生素K_3	化学合成
硫辛酸	含硫的八碳羧酸	—	化学合成

四、维生素生产现状

我国维生素工业起源于20世纪50年代末，1957年经自行设计在东北制药总厂建造了一套30t/年采用莱氏法工艺的维生素C装置，1958年投入生产。进入20世纪70年代，B族维生素已能自行生产，维生素C两步法生产工艺的研究成功在国际上引起了轰动。20世纪80年代，我国已基本形成除维生素H以外的各种维生素的生产体系。20世纪90年代以来，我国各种维生素及中间体的生产技术相继有了突破性的进展，有效地促进了维生素的发展。在2001年维生素H投产成功后，中国已是全球极少数能够生产全部维生素品种的国家之一，并且不少维生素品种产量已位居世界前列，同时也是全球最大的维生素出口国之一，一些产品的生产工艺及产品质量在国际上处于领先地位。

根据中国化学制药工业协会和饲料工业协会统计，目前我国各类维生素总年产能力约为20万t。其中，氯化胆碱约10万t，占全球总量的40%；维生素C产量4.8万t，占全球总量的40%；维生素E产量1.2万t，占全球总量的30%；维生素A产量3000t，占全球总量的10%；其他维生素约2万t。国内每年饲料级维生素市场需求量约12万t，占全球饲料级维生素市场需求量的近1/5。我国已成为世界维生素消费的重要市场。我国维生素原料主要集中在河北、辽宁、江苏、浙江、上海、湖北和广东等省市。

任务二　维生素C的结构、性质和生产方法

一、维生素C的结构和性质

维生素C又称L－抗坏血酸（图7－8），是目前世界上产销量最大、应用范围最广的维生素产品。目前全世界维生素C的产量约为10万吨/年，全球市场销售额为5亿美元。华北制药、东北制药、江苏江山制药、石家庄维生药业的维生素C年生产能力都在1.5万吨以上，年总产量超过6万吨。

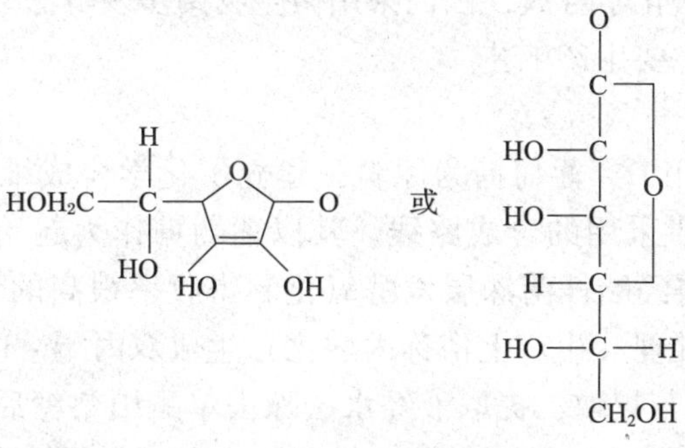

图7－8　维生素C结构式

维生素 C 分子中有 2 个手性碳原子，存在 4 种旋光异构体（图 7－9），但只有 L－（+）型活性最高，其他 3 种临床效果很低或无活性。

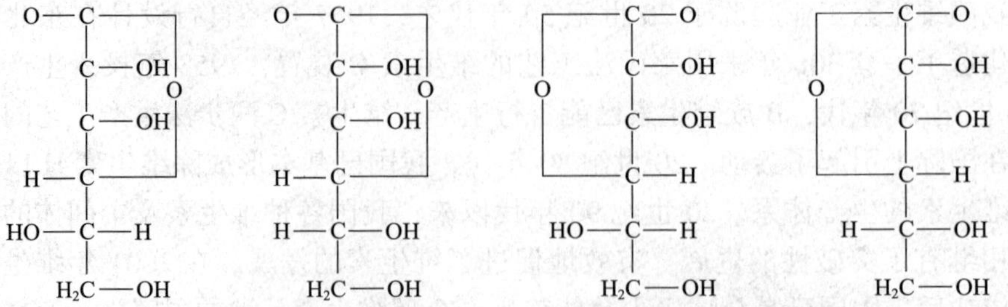

(1) L–抗坏血酸　(2) D–抗坏血酸　(3) L–异抗坏血酸　(4) D–异抗坏血酸

图 7－9　维生素 C 4 种旋光异构体结构

维生素 C 是白色结晶或结晶性粉末，无臭，味酸，熔点为 190～192℃，同时分解，易溶于水和甲醇，呈酸性反应，有旋光性，略溶于乙醇和丙酮，不溶于乙醚、氯仿、石油醚等有机溶剂。维生素 C 没有游离羧基，呈内酯环状，是一种强还原剂，易受光、热、氧化等破坏，形成具有双酮基结构的氧化型维生素 C，尤其在碱性或有铜等金属离子时，分解很快。内酯环水解后，进一步发生脱羧反应而生成糠醛，聚合后变色，这是贮存中变色的主要原因。溶液通常无色—浅黄色—黄色—棕色，在干燥结晶状态较稳定。因此，应在避光、避热、干燥、无金属离子或充惰性气体的容器中保存。

临床上维生素 C 用以防治坏血病和抵抗传染病，促进伤口和骨折愈合以及在治疗中作为辅助治疗药物和保健品。维生素 C 的代谢产物 L－苏糖酸具有改善细胞对维生素 C 的吸收利用和滞留作用，市场上有些维生素 C 制剂添加 L－苏糖酸以提高疗效。

二、维生素 C 的生产方法

维生素 C 生产的工艺路线报道有多种，但只有两种形成了工业化生产。目前国际上采用莱氏法化学合成，国内采用微生物两步发酵法。两步发酵法优于莱氏法，成为目前的主要生产工艺。

1．莱氏法

1933 年莱氏利用 D－葡萄糖为原料，建立了化学合成维生素 C 的工艺。至 1971 年已有 7 条可供采用的合成路线。其以葡萄糖作为起始原料，经催化加氢制成 D－山梨醇，再经醋杆菌深层发酵氧化制得收率很高的 L－山梨糖，L－山梨糖经丙酮和硫酸处理（生产上俗称丙酸化）生成双丙酮－L－山梨糖（简称双酮糖），再用苯或甲苯提取，提取液经水法除去单酮山梨糖后，蒸去溶剂而分离出来，用高锰酸钠氧化、水解、酯化、转化、中和，便得维生素 C。

该法生产的维生素 C 产品质量好、收率高，达 60%，而且生产原料易获得，中间产物化学性质稳定，一直是国外生产维生素 C 的重要方法。此法也存在着很多缺陷，如生产工序繁多、劳动强度大、大量有机溶剂的使用易造成环境污染等。

2. 两步发酵法

两步发酵法是中国科学院微生物研究所和北京制药厂于1975 年合作而研发的，此法进一步发展了维生素 C 的生产，是目前唯一成功应用于维生素 C 工业生产的微生物转化法。以 D－葡萄糖为原料，加氢催化生成 D－山梨醇，再加入假单孢杆菌氧化获得 L－山梨糖。L－山梨糖通过小菌氧化葡萄糖酸杆菌和大菌巨大芽孢杆菌、蜡状芽孢杆菌等伴生菌混合发酵得维生素 C 前体 2－酮基－L－古龙酸（简称 2－KGA）。采用弱碱性离子交换树脂从发酵液中直接提取 2－酮基－L－古龙酸，用甲醇－硫酸溶液洗脱，将洗脱液直接内酯化、烯醇化为维生素 C。

3. 新两步发酵法

日本园山高康等最先采用葡萄糖串联发酵法，该法经过的是 2，5－二酮基－D－葡萄糖酸途径，即葡萄糖经过中间体 2，5－二酮基－D－葡萄糖酸（简称 2，5－DKG）再生成 2－KGA，该过程由两种微生物完成。将能够氧化 D－葡萄糖积累 2，5－DKG 和还原 2，5－DKG 生成 2－KGA 菌株进行串联发酵，即所谓的“新两步发酵法”（图 7－10）。

D–葡萄糖 —欧文菌→ 2,5–二酮–D–葡萄糖酸 —棒杆菌→ 2–酮–L–古龙酸 ——→ 维生素C

图 7－10　新两步发酵法工艺流程

新两步发酵法省掉了从 D－葡萄糖加氢生成 D－山梨醇的步骤，大大简化了“莱氏法”的工艺程序，原料方面也比我国的两步发酵法有所简化，收率也很高，很有应用前途。该法在工艺程序，原料方面都有所简化，收率高，应用前途广，但存在中间产物不稳定、生产效率较低、成本高等问题。实现工业化生产还需进一步完善。

4. 一步发酵法

一步发酵法就是由葡萄糖氧化直接生成 2－KGA 的过程，称为 2－酮基－L－古龙酸途径，该路线简单而具有吸引力，但能够完成此一步转化的菌株至今尚未在自然界中发现，人们正积极尝试用基因工程手段获得一步发酵法生产菌株。

该法发展了新两步发酵法。通过一个基因工程菌将葡萄糖直接氧化生成维生素 C 前体 2－酮基－L－古龙酸，技术路线简单（图 7－11）。目前人们已经分离了棒状杆菌 2，5－DKG 还原酶基因并将该基因重组到欧文菌，从而使生产工艺简化为一步。随着重组技术的发展，一步发酵法将成为工业化生产维生素 C 的一条新途径。

D–葡萄糖 —工程菌→ 2–KGA ——→ 维生素C

图 7－11　一步发酵法工艺流程

在上述几种方法中，目前二步发酵法是我国生产维生素C的主要工艺方法。随着分子生物学技术手段的发展，新二步发酵法和一步发酵法将是生产维生素C的主要工艺方法。下面以二步发酵法为例实施维生素C的生产。

任务三　二步发酵法生产工艺过程

一、D－山梨醇的化学合成

山梨醇和葡萄糖都是六碳糖类化合物，而且两者的差别在于C－1基团。因此将D－葡萄糖C－1上的醛基还原成醇基，即得D－山梨醇。工业生产中，采用催化氢化D－葡萄糖，控制压力，在氢作还原剂、镍作催化剂的条件下，将醛基还原成醇羟基，从而制备D－山梨醇。

将50%葡萄糖溶液在75℃下加入活性炭，除去杂质。用石灰乳液调节pH8.4，压入氢化反应器，加入镍催化剂，通入氢气，在3.43×10^3kPa、140℃下反应，不吸收氢气时为反应终点。反应过程严格控制pH8.0～8.5，否则葡萄糖的C－2位差向异构化产物甘露糖会被还原形成甘露醇。反应结束后，静置沉降除去催化剂，反应液经过离子交换树脂、活性炭处理后，减压浓缩，得到含量60%～70%的D－山梨醇，为无色透明或微黄色透明黏稠液体，收率在97%左右。

二、2－酮基－L－古龙酸的微生物发酵

采用两种微生物进行两步生物转化，制备2－酮基－L－古龙酸。首先将D－山梨醇转化成L－山梨糖，再进一步转化为2－酮基－L－古龙酸。

1. 第一步发酵

从D－山梨醇到L－山梨糖只是把C－2位的羟基氧化为羰基，保持其他基团不发生变化，这个反应的特异性可通过微生物转化得以实现。虽然多种醋酸杆菌（*Acetobacter*）都可作为转化菌，但黑醋酸杆菌（*Acetobacter melanogenum*）更好。

黑醋酸杆菌是一种小短杆菌，属革兰阴性菌（G^-），生长温度为30～36℃，最适温度为30～33℃。黑醋酸杆菌保存于斜面培养基中，每月传代一次，置于0～5℃冰箱内。以后菌种从斜面培养基移入三角瓶种液培养基中，在30～33℃振荡培养48h。要求菌形正常，无杂菌，方可进入生产。

醋酸杆菌经种子扩大培养，接入发酵罐，种子和发酵培养基主要包括山梨醇、玉米浆、泡敌、酵母膏、碳酸钙等成分，pH5.0～5.2，山梨醇浓度控制在24%～27%，培养温度29～30℃，通气比为1∶(1～0.7)。测定发酵液中山梨糖，当浓度不再增加时，结束发酵，约10h，D－山梨醇转化为L－山梨糖的生物转化率达98%以上。发酵液经低温60℃灭菌20min，冷却至30℃，作为第二步发

酵的原料。

2. 第二步发酵

从L－山梨糖到2－酮基－L－古龙酸需要将C－1位羟基氧化为羧基，保持其他基团不发生变化。许多微生物，包括假单孢杆菌、葡萄糖酸杆菌、醋酸杆菌、气杆菌、芽孢杆菌等能使L－山梨糖转化为2－酮基－L－古龙酸。其中醋酸杆菌、葡萄糖酸杆菌和芽孢杆菌的转化活力最强，而且，搭配使用两种混合菌，产物的收率达到最高水平。单独使用一种菌，一般产量很低。葡萄糖酸杆菌，细胞呈长或短杆状，生鞭毛或不具鞭毛，能在pH4.5时生长，可氧化葡萄糖生成葡萄糖酸，并具有多元醇生酮作用。最适生长温度为30～35℃（弱氧化葡萄糖酸杆菌）或18～21℃（氧化葡萄糖酸杆菌）。

工业生产中，采用氧化葡萄糖酸杆菌（*Gluconobacter oxydans*，俗称小菌）和巨大芽孢杆菌（*Bacitlus megaterium*，俗称大菌）混合培养。前者为产酸菌，后者为搭配菌。可能的机理是前者把L－山梨糖转化为L－艾杜糖（把C－1位羟基氧化为醛基），后者进一步转化为2－酮基－L－古龙酸（把C－1位醛基氧化为羧基）。

生产维生素C的发酵罐均在100m^3以上，瘦长型的气升式反应器，无机械搅拌。种子和发酵培养基的成分类似，主要有L－山梨糖、玉米浆、尿素、碳酸钙、磷酸二氢钾等，pH为7.0。大、小菌经二级种子扩大培养，接入含有第一步发酵液的发酵罐中，29～30℃下通入大量无菌空气，培养72h左右结束发酵，残糖0.5%以下。由L－山梨糖生成2－酮基－L－古龙酸的转化率可达70%～85%。

任务四　维生素C的发酵过程工艺要点控制

一、山梨糖初始浓度

在一定的温度（30℃）、压力（表压0.05MPa）、pH（6.7～7.0）和溶解氧浓度（10%～60%）下存在一个极限浓度，此极限浓度为80mg/mL，当山梨醇的浓度大于该浓度时，将抑制菌体生长，表现为产酸前期长、产酸速率变小，使发酵产率下降。从生产角度考虑，希望得到尽可能高的酸浓度，要求山梨糖初始浓度越高越好。因此，较适宜的初始浓度为80mg/mL。在产酸中期，菌体生长正常时，高浓度的山梨糖对发酵收率影响不大。因此，在发酵过程中滴加山梨糖或一次补加山梨糖均能提高发酵产物的浓度。

二、溶　　氧

在发酵过程中，溶解氧不但是菌体生长所必需的条件，而且也是反应物之一。发酵前期是菌体生长期，应该供氧充足，处于高溶解氧状态，促进生长，缩短前期。发酵中期是主要产酸期，产酸率和耗糖率为常数，溶解氧浓度应该控制在适宜的范围内，一般20%即可。发酵后期菌体活力下降，生产能力减慢，根据产酸浓度和残糖及时结束发酵。

三、pH

发酵过程中如果pH降至6.4是不利的，可通过连续的调节使pH维持在6.7~7.9。

四、葡萄糖酸杆菌数量

在整个发酵期间，保持一定数量的氧化葡萄糖酸杆菌是发酵的关键。可根据芽孢的形成时间来控制发酵。伴生的芽孢杆菌开始形成芽孢时，产酸菌株开始产生2-酮基-L-古龙酸，直到完全形成芽孢后和出现游离芽孢时，产酸量达到高峰。滴加碱液调pH，使保持7.0左右。温度略高（31~33℃）、pH在7.2左右、残糖量0.8mg/mL以下，即为发酵终点。此时游离芽孢及残存芽孢杆菌菌体已逐步自溶成碎片，用显微镜观察已无法区分两种细菌细胞的差别，整个产酸反应到此也就结束了。

任务五　维生素C的提取工艺过程

一、2-酮基-L-古龙酸的分离纯化

经两步发酵后，发酵液中仅含8%左右的2-酮基-L-古龙酸，且残留菌丝体、蛋白质和悬浮的固体颗粒等杂质，常采用加热沉淀、化学凝聚、超滤分离提纯。传统工艺是加热沉淀，发酵液经静沉降后，用盐酸调节pH至蛋白质等电点，并加热使蛋白质凝固，然后用高速离心机分离出菌丝、蛋白质和微粒。

酸化上清液通过732氢型离子交换树脂柱，控制流出液的pH。当流出液达到一定pH时，更换树脂进行交换。收集流出液和洗脱液，在加热罐内调节pH至等电点，加热至70℃，加入活性炭，升温90~95℃维持10~15min，快速冷却，过滤。

滤液再次通过阳离子交换柱，控制流出液pH1.5~1.7，酸化为2-酮基-L-古龙酸的水溶液。在45℃下减压浓缩，冷却结晶，离心分离，用冰乙醇洗涤，得到2-酮基-L-古龙酸，提取率在80%以上。

二、维生素C的制备

2-酮基-L-古龙酸的C-4位内酯化、C-2位烯醇化后才能得到

维生素 C，在酸或碱催化剂作用下实现。目前，工业生产中常采用碱转化法催化 2－酮基－L－古龙酸生成维生素 C。

1. 酸转化

配料比 2－酮基－L－古龙酸：38% 盐酸：丙酮＝1∶0.4（质量/体积）：0.3（质量/体积）。先将丙酮与一半古龙酸加入转化罐搅拌，再加入盐酸和余下的古龙酸。打开蒸汽阀，缓慢升温至 30～38℃，关汽阀。自然升温至 52～54℃，保温约 5h，反应到达高潮，结晶析出。罐内温度稍有上升，最高可达 59℃，严格控制温度不能超过 60℃。高潮期后，维持温度在 50～52℃，至总保温时间为 20h。降温 1h，加入适量乙醇，冷却至－2℃，放料。甩滤 0.5h 后用冰乙醇洗涤，甩干，再洗涤，甩干 3h 左右，干燥后得粗维生素 C。

酸转化工艺的设备简单，流程短，但维生素 C 破坏较严重，质量较差。设备腐蚀严重，三废问题没有很好解决，逐渐被淘汰。

2. 碱转化

2－酮基－L－古龙酸在甲醇中用浓硫酸催化酯化生成 2－酮基－L－古龙酸甲酯，加 $NaHCO_3$ 转化生成维生素 C 钠盐，经氢型离子交换树脂酸化，在 50～55℃下减压烘干，得到粗品维生素 C。

碱转化工艺流程较长，投资较大，但设备腐蚀少，中间体易分离，产品质量较好。由于使用碳酸氢钠，带入了大量钠离子；转化后母液中产生大量的硫酸钠，严重影响母液套用及成品质量。

3. 维生素 C 的精制

粗品维生素 C 溶解后，加入活性炭（粗维生素 C∶活性炭＝1∶0.05，质量比），搅拌脱色。在保温条件下压滤至结晶罐内，冷却至 45～50℃，加入晶种，缓慢冷却至－2℃，过滤，用冰乙醇洗涤，低温干燥，得到精品维生素 C，收率 90%。

项目五　酶及酶抑制剂的生产

酶是一类由生物活性细胞产生的具有高效率、高度专一性、活性可调节的生物催化剂。存在于细胞内的酶称为胞内酶，在细胞内合成而分泌到细胞外起作用的酶称为胞外酶。除核酶外，几乎所有的酶都是具有催化活性的蛋白质。蛋白酶中，少数是由单一蛋白质组成的，大多数则为复合蛋白质，即由酶蛋白和辅助因子组合成的完整的酶分子，称为全酶。酶蛋白是起催化作用的主体，辅助因子起着重要的辅助作用。非蛋白部分（辅助因子）与酶蛋白结合较松，极易脱落，可以透析分离的称为辅酶；与酶蛋白部分结合较紧，不能分开的小分子部分则称为辅基。全酶的酶蛋白本身无活性，需要在辅助因子存在下才有活性。辅助因子可以是无机离子，也可以是有机化合物，它们都属于小分子化合物。生物体内酶的种类很多，而辅酶（基）种类较少。

酶类药物是直接用酶的各种剂型以改变体内酶活力，或改变体内某些生理活性物质和代谢产物的数量等，从而预防、诊断和治疗某些疾病的一类特殊酶类。生物体内的生化反应几乎都是在酶的催化作用下进行的，因此，酶在生物体内的新陈代谢中起着至关重要的作用，一旦酶的正常生物合成或酶活力受到影响，生物体的代谢就会出现障碍，甚至引起病变。若及时给机体补充所必需的酶，则代谢受阻状况可得到缓解或解除。因此，酶类药物的生产和应用日益受到重视。

酶类药物是以动植物的组织、器官，微生物发酵液，动植物细胞培养液等作为起始材料，采用生物学工艺或分离纯化技术制备，并以生物学技术和分析技术控制中间产物和成品质量制成的、既具有酶活性又有药效的活性制剂。各种动物器官、组织和体液中含有酶的种类和数量差别甚大。通常所含酶的总量并不很少，但每一种酶的含量很少，常在百万分之几至百分之几。因此，酶的提取、分离、纯化与质量检测需要较高水平的生物化学技术。

任务一　酶 类 概 述

一、酶类药物的特点和分类

1. 酶类药物的特点

酶类药物作为具有药理作用的一类特殊酶类，一般具有以下的特点。

（1）用量少，药效高　酶类药物是作为生物催化剂，通过催化生物体内生化反应而表现其药效的，因此，只需少量的酶制剂就能催化血液或组织中较低浓度的底物发生化学反应，发挥有效的药理作用。

（2）纯度高，特别是注射用的酶类药物纯度更高。

（3）通常在生理 pH（中性环境）下具有最高活力和稳定性。例如，胰淀粉酶作用的最适 pH 为 6.7～7.0。

（4）酶类药物都不同程度地存在免疫原性问题。

（5）酶类药物是生物活性物质，有时工艺条件的变化会导致其失活。因此，对酶类药物，除了用通常采用的理化法检验外，还需用生物检定法进行检定，以证实其生物活性。

2. 酶类药物的分类

根据药用酶的临床应用，可将其分为以下几类。

（1）助消化的酶类　这类酶研究最早，品种最多。可以用于补充内源消化酶的不足，促进食物中蛋白质、脂肪、糖类等营养物质的消化吸收，治疗消化器官疾病和由其他各种原因所致的食欲不振、消化不良等，使消化系统恢复正常消化机能。

（2）抗炎净创的酶类　这是目前在治疗上发展最快、用途最广的一类酶。这类酶大多数是蛋白质水解酶，能够分解发炎部位纤维蛋白的凝结物，消除伤口周围的坏疽、腐肉和碎屑，如胰蛋白酶、菠萝蛋白酶、糜蛋白酶等；有些则是核酸和多糖水解酶，能够降解脓液中的核蛋白和黏多糖，降低脓液的黏性，达到净洁创口、消除痂皮、排除脓液、抗炎消肿的目的，如溶菌酶、α-淀粉酶、DNA酶和RNA酶等。给药的方法有外敷、喷雾、灌注、注射、口服等。

（3）与治疗心血管疾病有关的酶类　这类酶主要有凝血酶、抗栓酶、降血脂酶、降血压酶等。凝血酶是指在机体意外出血的情况下，促进血液凝固，起止血作用的药用酶，如凝血致活酶、立止血等。抗栓酶是与纤维蛋白溶解作用有关的酶类，用于血栓的预防和治疗。目前临床常用的抗栓酶主要有链激酶、尿激酶、蚓激酶、纤溶酶和蛇毒溶栓酶等。降血脂酶能降低血脂，用于防治动脉粥样硬化，如弹性蛋白酶等。降血压酶有扩张血管、降低血压的作用，如激肽释放酶。

（4）抗肿瘤的酶类　这类酶可在一定程度上预防和治疗某些肿瘤，如L-天冬酰胺酶是一种引人注目的抗白血病药物，它能选择性地剥夺某些类型肿瘤组织的营养成分，干扰或破坏肿瘤组织代谢，而正常细胞能自身合成天冬酰胺，故不受影响。谷氨酰胺酶能治疗白血病、腹水瘤、实体瘤等。乙酰-神经氨酸苷酶是一种良好的肿瘤免疫治疗剂。

（5）与生物氧化还原电子传递有关的酶类　这类酶主要有细胞色素c、超氧化物歧化酶（SOD）、过氧化物酶等。细胞色素c是参与生物氧化的一种非常有效的电子传递体，是组织缺氧治疗的急救和辅助用药；超氧化物歧化酶用于治疗类风湿性关节炎、放射病，在抗衰老、抗辐射、消炎等方面也有显著疗效。

（6）其他药用酶　PEG-腺苷脱氢酶用于治疗严重的联合免疫缺陷症；透明质酸酶用作药物扩散剂；青霉素酶能分解青霉素分子中的13-内酰胺环，使其变成青霉噻唑酸，消除青霉素引起的过敏反应；有机磷解毒酶用以治疗有机磷农药中毒，缓解中毒症状；弹性蛋白酶有降血压和降血脂作用；激肽释放酶能治疗同血管收缩有关的各种循环障碍；组织葡聚糖酶能预防龋齿等。在一些由于特异性酶缺乏所引起的先天性代谢异常疾病的治疗中，药用酶的替代治疗是改善代谢紊乱的有效措施。

二、酶类药物的生产

酶类药物的生产技术主要有直接提取酶技术、动植物细胞培养产酶技术和微生物发酵产酶技术。

1. 直接提取酶技术

直接提取酶技术又称生化制备技术，即从符合要求的含酶生物材料中制取酶的方法。一般包括四个步骤：酶原材料的选取和原材料的预处理等。

（1）酶原材料的选取　酶原材料的选取应遵循材料来源广、目的酶含量高、价格低廉、容易制取等原则。动物酶采用肝、肾、心肌、血液、胃液、尿液、乳汁、胃肠黏膜、腿股肌等，很多都是取自动物产品加工的新鲜下脚料；植物酶则尽量用加工废弃物，如果皮、米糠、榨油的饼粕、非食用种子等。尽可能设计综合利用材料的联产工艺路线，以取得最大的经济效益。例如，从胰脏中提取胰岛素、弹性蛋白酶、激肽释放酶，从猪或牛血中同时提取超氧化物歧化酶、凝血酶等。

（2）原材料的预处理　胞外酶可以直接提取分离，而对胞内酶，一般应根据各种生物组织的细胞特点、性质和处理量，选择适当的方法破碎组织细胞，使酶从其中释放出来，以利于提取。常用的原材料预处理的方法有几种。

① 机械法：利用机械剪切力破碎细胞。一般先用绞肉机将材料破碎成组织糜后匀浆。在实验室常用的有组织捣碎机、匀浆器、研钵和研磨等。工业则用高压匀浆泵或高速珠磨机。

② 冻融法：将材料冷冻到 -10℃左右，再缓慢溶解至室温，反复多次而达到破壁作用，从而使酶释放出来。冷冻一方面能使细胞膜的疏水键结构破裂，从而增加细胞的亲水性能；另一方面在细胞内形成冰粒，剩余细胞液的盐浓度增高，引起细胞突然膨胀而破裂。多用于动物性材料，对于细胞壁较脆弱的菌体，也可采用此法。

③ 酶解法：利用微生物本身产生的酶进行组织自溶或利用溶菌酶、蛋白水解酶、糖苷酶、脱氧核糖核酸酶、磷脂酶等外源性的酶对细胞膜或细胞壁的降解作用使细胞酶解破碎。微生物发酵生产胞内酶时，可用自溶法大规模操作，植物细胞用纤维素酶、半纤维素酶和果胶酶混合酶去壁，效果显著。酶解法常与冻融法等破碎方法联合使用。

④ 丙酮粉法：用丙酮将组织细胞迅速脱水干燥制成丙酮粉，不仅可减少酶变性，而且可因细胞结构成分的破坏使酶蛋白与脂质结合的某些化学键断开，从而促使某些结合酶释放至溶液中。常用方法是将匀浆（或组织糜）悬浮于 0.01mol/L pH6.5 的磷酸盐缓冲液中，于 0℃下边搅拌边慢慢加入 5～10 倍体积的 -15℃无水丙酮中，静置 10min，离心过滤取其沉淀物，用冷丙酮反复洗数次，真空干燥即得含酶丙酮粉。丙酮粉在低温下可保存数年。

2. 动植物细胞培养产酶技术

与微生物细胞相比，动植物细胞大几倍至数十倍，倍增时间长几倍至几十倍，培养周期长，对培养基的要求高，培养过程需要供氧，却又不耐搅拌等剪切力强的操作条件，尤其是动物细胞无壁，对剪切力更敏感。动物细胞属于异养型细胞，很多营养成分不能自己合成，因而对培养基成分要求苛刻，往往需加血清或其代用品；大多数动物细胞，有附壁生长（黏附于某种固体物上生长）的特点，因而要实现大规模培养更加困难。

3．微生物发酵产酶技术

微生物发酵产酶法是指选育优良的酶生产菌，采用适宜的发酵工艺，提供适当的营养和生长环境，使生产菌大量增殖，同时合成所需要的酶，再进行提取分离纯化，获得目的酶。其工艺过程与其他发酵产品相似，包括高产菌种的选育、发酵工艺过程及条件控制、酶产品的提取分离纯化。微生物发酵产酶法的技术关键如下。

（1）高产菌株的选育　优良菌种的选育是提高酶产量的关键，筛选符合生产需要的菌种是发酵生产酶的首要环节。高产菌株可从三种途径中获得：从自然界分离筛选；用物理或化学的方法诱变育种；用基因重组与细胞融合技术育种。

（2）发酵工艺过程及条件控制　获得了酶的高产菌株，还必须探索产酶的最适培养基、培养条件（如培养温度、pH 和通气量等），才能发挥菌株的最大产酶性能。工业生产中还应摸索出一系列发酵和提取分离纯化工程和工艺条件，并进行严格的过程控制，以获得最佳的综合效果，取得良好的经济效益。

（3）发酵方法　微生物发酵产酶的主要方式有固体发酵法、液体深层发酵法和固定化细胞或固定化原生质体发酵法。

任务二　酶抑制剂

酶抑制剂就是对生物体内的酶活性有抑制作用的物质。微生物产生的酶抑制剂的研究与开发，是由日本著名的微生物学家梅泽滨夫提出的。他自发现卡那霉素以后，又发现了一些具有酶抑制剂作用的抗生素，这为开发微生物资源提供了新的途径和领域，从而将微生物来源的生物活性物质从抗生素扩大到了新的领域。

此前的酶抑制剂都来自动植物，种类较少，分子质量较大；而来自于微生物的酶抑制剂分子质量小，结构多种多样，特异性强，毒副作用低，并且产生酶抑制剂的微生物种类较多，真菌、放线菌和细菌均能产生，尤其是放线菌。

随着病理学、生理学的进步，许多病都能从酶的水平上加以阐明。不少非感染性的生理疾病与人体某些酶的失控有关，抑制或促进其活性，可以达到预防或治疗这些生理性疾病的目的。有目的、有计划地寻找酶抑制剂，特别是从微生物代谢产物中筛选酶抑制剂，是近年来的热门研究领域。其主要研究方向有 β－内酰胺酶抑制剂、胆固醇生物合成酶抑制剂、肾素－血管紧张素系统酶抑制剂等。

一、β－内酰胺酶抑制剂

β－内酰胺类抗生素包括青霉素类、头孢菌素类及非典型β－内酰胺类等，为品种最多、研究进展最快、临床上应用最广泛的一大类药物。在世界抗生素市场中β－内酰胺类抗生素占主导地位。从第一个β－内酰胺类抗生素——青霉素上市至今已有70多年历史，由于长期大量的应用，细菌对这类抗生素的耐药越来越严重。细菌产生耐药性的机制主要有产生钝化酶灭活抗生素、抗生素作用靶点发生变异、细菌外膜通透性改变以及增强抗生素外排等。而产生β－内酰胺酶是β－内酰胺类抗生素耐药的主要原因，该酶水解β－内酰胺环使这类抗生素失效。解决这一问题的途径是将β－内酰胺酶抑制剂与β－内酰胺类抗生素配合，通过酶抑制剂灭活β－内酰胺酶，使抗生素发挥原有的抗菌作用。

20世纪70年代初，人们开始从微生物中筛选β－内酰胺酶抑制剂，最早发现一株橄榄色链霉菌发酵液中存在能抑制β－内酰胺酶的化合物，被称为橄榄酸。虽然橄榄酸因为体内代谢快，穿透细菌细胞壁或细胞膜的能力较差等原因未能应用于临床，但促进了微生物中β－内酰胺酶抑制剂筛选工作的开展。1976年从棒状链霉菌的代谢产物中分离得到了克拉维酸，它是一种强的β－内酰胺酶抑制剂，对金葡菌β－内酰胺酶、质粒介导的酶以及克雷伯氏菌、变形杆菌及脆弱拟杆菌等产生的染色体介导的酶都有较强的抑制作用。克拉维酸是第一个被应用于临床的β－内酰胺酶抑制剂，它本身所具的抗菌活性很弱，但它与羟氨苄青霉素组成的复合剂奥格门汀、与羧噻吩青霉素组成的复合剂替门汀都具有很好的协同作用，并应用于临床。

二、蛋白酶抑制剂

蛋白酶与很多生命活动，比如炎症、癌变、免疫应答、病毒侵染等疑难病症有着密切的关系，因此找到蛋白酶的抑制剂对攻克这些疾病有着重要的促进作用。对于微生物来源的蛋白酶抑制剂，其主要生产菌是链霉菌和少数细菌。

由于蛋白酶根据其对合成底物的作用方式可分为内切酶和外切酶，对它的抑制剂我们也根据这个分类进行阐述。

1. 内切酶抑制剂

蛋白内切酶主要是一些蛋白水解酶，根据被抑制催化残基的结构，可以分为丝氨酸蛋白酶、巯基蛋白酶、羧基蛋白酶和金属蛋白酶。

目前已经发现的主要蛋白内切酶抑制剂中，亮肽素、抗痛素、糜蛋白酶抑制剂、抑弹性蛋白醛、碱性蛋白酶抑制素、硫醇蛋白酶抑素等属于丝氨酸－巯基蛋白酶抑制剂；胃酶抑素A－H、抑胃酶酮A、环噻唑霉素等属于羧基蛋白酶抑制剂；放线酰胺素等属于金属蛋白酶抑制剂。

2. 外切酶抑制剂

蛋白外切酶主要是一些存在于细胞膜上的酶类，包括氨肽酶、酯酶、磷酸酯酶等。相对应的这些抑制剂主要是氨肽酶 A 抑制剂、氨肽酶 B 抑制剂、氨肽酶 M 抑制剂、酯酶抑制剂、磷酸化酶抑制剂等。

三、糖水解酶抑制剂

糖水解酶主要包括糖苷酶和淀粉酶。这些酶类对生物体内正常的代谢至关重要，正常情况下，这些酶的活力和含量是稳定的，当机体受到损伤时，这些酶活力会明显增强。例如，在肿瘤、肝脏疾病患者中，β-葡萄糖苷酶活力上升明显；另外，淀粉酶活力的升高也能判断机体是否患有糖尿病、肥胖症、腮腺炎等病。因此这些酶抑制剂的研究和发现对上述疾病的预防和治疗都起到积极的作用。

四、脂质代谢酶抑制剂

1. 磷脂酶

磷脂酶能选择性地分解磷脂中的酯键，按照作用方式，可分为 A、B、C 和 D 四组，A 是磷脂-2-酰基水解酶，B 是溶血卵磷脂酰基水解酶，C 是磷脂酰胆碱磷水解酶，D 是磷脂酰胆碱磷脂水解酶。磷脂酶 C 抑制剂可选择性地抑制与生长因子和癌基因信号相关的酶，可开发为抗癌药。磷脂酶 A 抑制剂具有良好的抗炎症作用。

2. 胆固醇生物合成酶抑制剂

冠状动脉粥样硬化性心脏病简称冠心病，是严重危害人类健康的一种常见病，已成为发达国家人口死亡的主要原因之一。其病理特征为脂肪（主要成分为胆固醇）沉积于动脉内壁形成斑块，构成动脉血管粥样硬化。血中总胆固醇（TC）或低密度脂蛋白（LDL）的水平与冠心病的发生率密切有关，降低血中总胆固醇水平可有效地预防或治疗冠心病。血中胆固醇主要从饮食中吸收和由内源生物合成，限制其中任一途径，均可达到降低血浆胆固醇水平的目的。

胆固醇生物合成从乙酰 CoA 开始，经甲羟戊二酰 CoA、甲羟戊酸、异戊烯醇焦磷酸酯、鲨烯等大约 20 多步反应最终合成胆固醇，参与胆固醇生物合成的各种酶的形成和其活力的高低都会影响最终产物的生成量。从微生物代谢中已经发现了多种胆固醇生物合成酶抑制剂，如 HMG-CoA 还原酶抑制剂、HMG-CoA 合成酶抑制剂、鲨烯合成酶抑制剂等，其中尤其是微生物来源的 HMG-CoA 还原酶抑制剂在临床中的成功应用，开创了降血脂药物研究的新领域。

（1）HMG-CoA 还原酶抑制剂　日本远藤等于 1973 年从橘青霉的代谢产物中

发现一个抑制 HMG – CoA 还原酶的活性物质 ML – 236B（美伐他汀），实验研究表明它在动物和人体内有很好的降低胆固醇的效果。1979 年远藤等从红色红曲霉的发酵液中分离出一个抑制 HMG – CoA 还原酶活性更强的物质 monacolin K。1980 年 Alberts 等报道从土曲霉的发酵液中发现一个HMG – CoA还原酶抑制剂，称为 mevinolin（洛伐他汀），后经 Alberts 等研究证实，mevinolin 与 monacolin K 为相同的物质。1983 年 Sirizawa 等报道，通过微生物转化 ML – 236B 而获得一个新的羟基化化合物，称为普伐他汀。其他根据这些化合物结构合成或半合成的衍生物还有辛伐他汀、阿伐他汀、氟伐他汀、罗伐他汀等，除美伐他汀作为工具药外，其他几个均应用于临床，并且在市场上均表现出众。这类药物针对病因，疗效显著，毒副作用小，耐受性好，用这类药物治疗高血脂病时可降低冠心病和心肌梗死的发病率和死亡率，降低率达 50% ~60% 。这类药物的发现是长期以来寻找降血脂药物的一个突破性进展。

洛伐他汀为第一个上市的 HMG – CoA 还原酶抑制剂，它具有显著的降血脂效果，一般可使血浆总胆固醇下降 30% ~40% ，低密度脂蛋白下降 35% ~40% ，甘油三脂中等程度下降，还有升高高密度脂蛋白的作用。它的结构中有类似 HMG – CoA 的基团（图 7 – 12），在肝脏中内酯环水解开环，成为有活性的结构。洛伐他汀纯品为白色针状结晶，易溶于甲醇、乙醇、丙酮、乙酸乙酯、苯等有机溶剂，游离酸不溶于水。

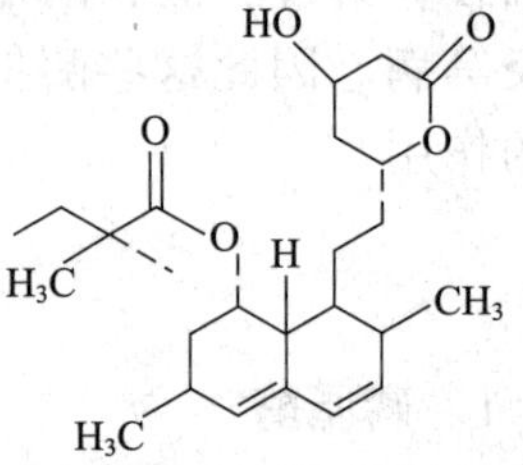

HO O O O O H H_3C CH_3 H_3C

图 7 – 12　洛伐他汀的结构

（2）HMG – CoA 合成酶抑制剂　HMG – CoA 合成酶将短链脂肪酸前体乙酰 CoA 和乙酰 CoA 缩合成羟甲基戊二酰 CoA，是整个胆固醇生物合成途径必经的第一步反应。抑制该酶活性可以降低体内胆固醇的合成，为寻找降血脂药提供新的途径。

1233A 又称 F – 244、L – 659699，最早由 Aldridge 等于 1971 年从 *Cephalosporin* 菌株发酵液中筛选到的抗真菌活性物质。后来在 1987 年 Creenspan 等在筛选胆固醇生物合成酶抑制剂过程中，分别从 *Scopulariopsis* sp. 和 *Fusarium* sp. 的发酵液中分离得到专一性抑制剂，IC_{50} 值为 0. 65μmol/L。

（3）鲨烯合成酶抑制剂　HMG – CoA 还原酶抑制剂类药物通过减低体内甲羟戊酸的水平来达到抑制胆固醇生物合成的目的。这类药物在临床上疗效显著，但从人体的代谢途径可以发现，甲羟戊酸除了在胆固醇生物合成中占有重要地位外，它还是一些非甾体类异戊二烯，如多萜醇、泛琨和异戊烯 tRNA 的必需前体。因此，HMG – CoA 还原酶抑制剂在有效抑制胆固醇生物合成的同时，也影响了人体的其他一些重要的代谢途径。基于这些研究，对胆固醇生物合成的抑制出现作用于单一甾体生物合成途径的抑制，其中比较引人注目的靶酶为鲨烯合成酶（SQS）。

鲨烯合成酶（EC2.5.1.2）是类异戊二烯途径的一个重要支点，它是催化甾体生物合成的第一个限速步骤。鲨烯合成酶通过催化法尼基二磷酸（FPP），经还原性二聚作用，产生中间体前鲨烯二磷酸，在 NADPH 的还原作用下得到鲨烯。因为鲨烯合成酶在胆固醇生物合成途径中的关键位置，且对该酶的抑制不会影响到细胞中重要的非甾体多聚类异戊二烯。因此目前对鲨烯合成酶及其抑制剂的研究已成为降血脂药物发展的一个重要方向。

对于微生物来源的鲨烯合成酶抑制剂的研究始自 20 世纪 90 年代初。目前已从微生物代谢物中发现多个具有鲨烯合成酶抑制活性的酶抑制剂，如 Zaragozic acid A、B 和 C 等。ZAs 族化合物的结构与前鲨烯焦磷酸（PSPP）的结构相类似，都具有一个酸性中心和两条长疏水侧链，可竞争性抑制鲨烯合成酶。一些 ZAs 族化合物对鲨烯合成酶的 IC_{50} 为 5～26nmol/L。

任务三　L－天冬酰胺酶的生产

一、L－天冬酰胺酶

1. 结构和性质

L－天冬酰胺酶是从大肠杆菌菌体中提取分离的酰胺基水解酶，其商品名为 Elspar，可用于治疗白血病。L－天冬酰胺酶分子式为 $C_{14}H_{17}NO_4S$，相对分子质量为 295.35。L－天冬酰胺酶呈白色粉末状，微有吸湿性，溶于水，不溶于丙酮、氯仿、乙醚及甲醇。冻干品在 2～5℃下可稳定存放数月；干品在 50℃下持续 15min，活力降低 30%，60℃下 1h 内失活；20% 水溶液，室温下贮存 7d，5℃下贮存 14d 均不减少酶的活力。最适 pH 为 8.5，最适作用温度为 37℃。

2. 药理作用与临床应用

L－天冬酰胺酶是抗肿瘤类药物，它能将血清中的 L－天冬酰胺水解为天冬氨酸和氨，而天冬酰胺是细胞合成蛋白质及增殖生长所必需的氨基酸。正常细胞有自身合成天冬酰胺的功能，而急性白血病等肿瘤细胞则无此功能，因而当用天冬酰胺酶使天冬酰胺急剧缺失时，肿瘤细胞既不能从血中取得足够的天冬酰胺，又不能自身合成，其蛋白质合成受障碍，增殖受抑制，细胞大量破坏而不能生长、存活。L－天冬酰胺酶对急性粒细胞型白血病和急性单核细胞白血病都有一定疗效，对恶性淋巴瘤也有较好的疗效，对急性淋巴细胞白血病缓解率在 50% 以上。目前多与其他药物合并应用于治疗肿瘤。

二、L－天冬酰胺酶的生产

利用大肠杆菌 ASl－375 微生物发酵生产技术生产 L－天冬酰胺酶的工艺流程如图 7－13 所示：

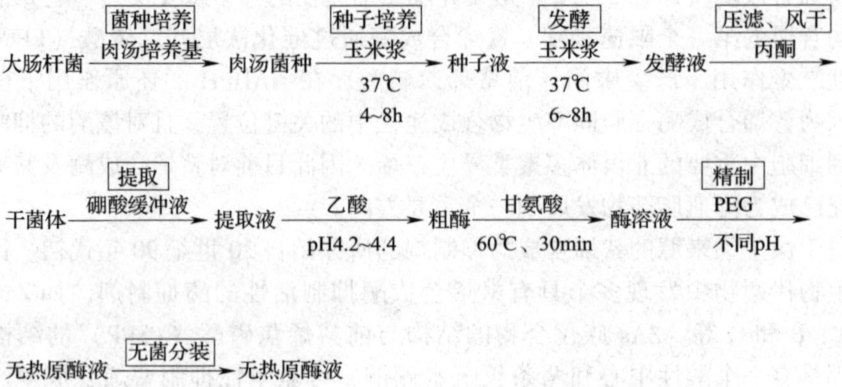

大肠杆菌 —[菌种培养 / 肉汤培养基]→ 肉汤菌种 —[种子培养 / 玉米浆 / 37℃ / 4~8h]→ 种子液 —[发酵 / 玉米浆 / 37℃ / 6~8h]→ 发酵液 —[压滤、风干 / 丙酮]→

干菌体 —[提取 / 硼酸缓冲液]→ 提取液 —[乙酸 / pH4.2~4.4]→ 粗酶 —[甘氨酸 / 60℃、30min]→ 酶溶液 —[精制 / PEG / 不同pH]→

无热原酶液 —[无菌分装]→ 无热原酶液

图 7－13　发酵生产 L－天冬酰胺酶工艺流程

1. 菌种培养

L－天冬酰胺酶发酵工艺经历菌种培养、种子培养和发酵菌种培养等阶段。

（1）菌种培养　将大肠杆菌 ASl－375 接种于肉汤培养基，于 37℃ 培养 24h，获得肉汤菌种。

（2）种子培养　按 1% ～1.5% 接种量将肉汤菌种接种于 16% 玉米浆培养基中，37℃ 通气搅拌培养 4～8h。

（3）发酵菌种培养　使用玉米浆培养基，接种量为 8%，37℃ 通气搅拌培养 6～8h，得发酵液。

2. 提取工艺过程及其控制要点

（1）预处理　离心分离发酵液，获菌体，加 2 倍量丙酮搅拌，压滤，滤饼过筛，自然风干成菌体干粉。

（2）提取、沉淀、热处理　每千克菌体干粉加入 0.01mol/L pH8.3 的硼酸缓冲液 10L，37℃ 保温搅拌 1.5h，降温到 30℃ 以后，用 5mol/L 乙酸调节 pH 至 4.2～4.4，进行压滤，滤液中加入 2 倍体积的丙酮，放置 3～4h，过滤，收集沉淀，自然风干，即得干粗制酶。取粗制酶，加入 0.3% 甘氨酸溶液，调节 pH 至 8.8，搅拌 1.5h，离心，收集上清液，加热到 60℃ 保温 30min 进行热处理后，离心弃去沉淀，上清液中加入 2 倍体积的丙酮，搅匀，析出沉淀，离心，收集酶沉淀。用 0.01mol/L、pH8.0 磷酸缓冲液溶解沉淀后，再离心弃去不溶物，收集上清液，即得酶溶液。

（3）精制、冻干　将上述酶溶液调节 pH 至 8.8 后，离心收集上清液，将清液再调节 pH 至 7.7，加入 50% 聚乙二醇，使浓度达到 16%。在 2～5℃ 下放置 4～5d，离心得沉淀。用蒸馏水溶解沉淀后，加入 4 倍量的丙酮，沉淀，同法重复 1 次，沉淀再用 0.05mol/L、pH6.4 的磷酸缓冲液溶解，50% 聚乙二醇处理，即得无热源的 L－天冬酰胺酶。将其溶于 0.5mol/L 磷酸缓冲液，在无菌条件下用 6 号垂熔漏斗过滤，分装，冷冻干燥，制得注射用 L－天冬酰胺酶成品，每支 1 万或 2 万单位。

任务四　洛伐他汀的生产

1992 年四川抗生素研究所开始对洛伐他汀进行研究，并于 1996 年首获新药证书和生产批文，随后洛伐他汀的有关生产技术很快在国内多家制药厂推广开来。目前，生产洛伐他汀所采用的微生物主要有三大类：青霉菌、红曲霉和土曲霉，其中土曲霉是工业生产中最常用的菌种。

一、菌 种 培 养

大规模深层液体发酵技术已经广泛用于洛伐他汀生产，现今的发酵技术大多是二级或三级发酵。通常采用两种培养基，一种用于培养种子，另一种用于产物的合成。种子培养基的优化目标在于促进菌体的生长，生产培养基优化的目标在于高产和降低生产成本。

种子培养基：葡萄糖 10%，豆粕 2%，蛋白胨 0.5%，麦精 0.5%，氯化钠 0.2%，磷酸二氢钾 0.05%，硫酸镁 0.05%。

发酵培养基：葡萄糖 12%，硫酸铵 0.8%，硫酸镁 0.05%，P－2000 0.1%，酵母粉 0.4%～1.4%，蛋白粉 0.3%～0.8%，鱼粉 0.2%～1.2%。

以上两种培养基均调 pH 为 5.5，糊化后分装于 250mL 三角瓶中，装量 50mL，经 108～118kPa、121～124℃灭菌 20min，冷却后使用。

菌种冷冻管用 37℃温水融化，接入 PDA 斜面，28℃培养 5d，洗下斜面孢子接入大米培养基中，继续培养 7d 得到成熟米孢子。

成熟米孢子接入种子培养基中，摇瓶培养 24h 接入发酵培养基，发酵周期为 240h。

二、洛伐他汀的发酵过程控制

1. 培养基

(1) 碳源和氮源　洛伐他汀发酵生产中，碳源和氮源的选择对发酵过程至关重要，它们不仅决定了菌丝的生长和洛伐他汀的产量，还严重影响发酵工艺的调控。

一般来说，在氮源限制的条件下，用缓慢利用的碳源发酵，能取得比较高的洛伐他汀产率和最终产量，同时氮源的类型也影响洛伐他汀的产率。微生物快速利用的碳源和氮源，如葡萄糖和蛋白胨等，可导致在发酵 24～48h 内菌丝不可控制的生长，从而引起发酵液黏性的上升，溶氧的迅速下降，最终使洛伐他汀的产量下降，但是适量的快速利用碳源和氮源也有利于菌丝的快速生长，这一点已广泛用于种子培养基及发酵前期的菌丝生长。缓慢利用的碳源和氮源，如麦芽糊精等能更好地提高洛伐他汀的产量，并且有利于最佳菌球形态的形成；同样缓慢利用的乳糖和豆饼粉也是不错的组合。还有研究发现用甘油作为碳源，能大幅度提高洛伐他汀的产量。因此现在已开始有采用乳糖、甘油、葡萄糖混合式碳源和蛋白胨、豆饼粉、玉米浆混合式氮源的方法组合配方，取得了不错的效果。

碳氮比例的研究，氮源一般是营养限制性因素，直接决定了最终菌丝浓度的大小，当氮源浓度相同时，最终的菌丝浓度不会有大的差异；而碳源对菌丝浓度几乎没有影响，然而在氮源浓度不变的情况下，增加碳源的量，就能大幅度增加洛伐他汀的产量。所以说洛伐他汀发酵过程中，在保证合适菌丝浓度的前提下，适当选择一个比较高的碳氮比（C/N），能大幅度提高洛伐他汀的产量。Ykema 等对 C/N 进行优化，发现 C/N 在 15:1 到 60:1 之间时，比较适合洛伐他汀发酵。而 Casas Lpez 等研究进一步表明，40:1 的 C/N 比较合适。

Hassan Hajjaj 等研究发现，以葡萄糖和谷氨酸盐组成培养基，当葡萄糖耗尽时，洛伐他汀才开始合成，而以乳糖为培养基碳源时，乳糖几乎没有消耗，洛伐他汀就已经开始合成。

总的来说，洛伐他汀的合成发生在氮源受限的静止期，在这个时期，碳源被转化成洛伐他汀。也许处于氮源饥饿状态，更有利于洛伐他汀的合成。

（2）其他营养成分　Kimura 等在研究洛伐他汀合成时提出：蛋氨酸是洛伐他汀合成的重要前体物质。而且在洛伐他汀合成过程中有甲基化这一步，蛋氨酸可能参与了甲基化，所以适量加入蛋氨酸可以提高洛伐他汀的产量。Long Shan 等的研究表明，一开始就加入蛋氨酸，洛伐他汀的产量并没有提高，在 72h 时加入适量的蛋氨酸，洛伐他汀的产量提高 20%；而在 120h 后加入蛋氨酸，洛伐他汀的产量将不会再有提高。这可能表示土曲霉控制的聚酮体合成酶被蛋氨酸激活了。同时研究发现：单加入 L－蛋氨酸反而大大降低了洛伐他汀的产量，D－蛋氨酸在 72h 加入会产生和加入蛋氨酸消旋体一样的效果。

大规模发酵中由于水质的影响，容易造成磷的匮乏，因此有时需在培养基中加入磷酸盐。基于 Lee Hendrickson 提出的洛伐他汀生物合成路线的推测，醋酸盐、琥珀酸盐和柠檬酸盐对洛伐他汀发酵的影响也在研究中。在洛伐他汀发酵中已有报道：琥珀酸盐和柠檬酸盐的添加的确能提高发酵产量，醋酸盐则抑制其发酵产量。

2. 温度

洛伐他汀发酵最适合的温度是 28℃。

3. pH

pH 的变化是菌体代谢变化的综合反应，从它的变化中可以推测出菌体生长代谢及抗生素合成的基本状态。不同的微生物对最适 pH 的要求不同。洛伐他汀发酵最适的 pH 取决于所采用的微生物，且与培养基的成分有关。土曲霉发酵洛伐他汀生产中最适 pH 一般在 5.8 ~6.3，最小值出现在 48h，这恰好是土曲霉中洛伐他汀重要合成基因聚酮体合成酶基因 pksM 转录表达的时期，这可能也是培养基优化的重要参考。

4. 通气

土曲霉洛伐他汀发酵是在深层液体中进行的，充分供氧是生产菌生命活动和合成洛伐他汀所必需的条件。加强通气和搅拌措施对提高溶解氧非常重要。加强搅拌措施可细分为提高搅拌速度和选择高效的搅拌器。在洛伐他汀发酵中，需要较高的溶解氧，采用高的搅拌速度成为必然，但同时会带来高的剪切力，特别是在搅拌叶尖端处，打碎菌丝和菌球，会使培养基黏度上升，反而造成供氧不足，影响洛伐他汀的产量。因此，发酵中必须选择一套能增加液体静压力和减少能耗较有效的叶轮，同时对发酵罐的高径比也有一定的要求。有条件的话，为了维持所需的溶解氧水平，除了提高搅拌转速和通气量，还可以在通入的空气中补充氧气，来提高发酵罐的供氧能力。一般来说，溶解氧最低不能低于 35% 的饱和度，后期一般维持在 70% 的饱和度是比较适宜的。

5. 补料

洛伐他汀是真菌的次级代谢产物，其在发酵液中 85% 以上都存在于胞内，故要得到较高的产率，高的细胞量必不可少，这就需要进行细胞的高密度培养。所以选择合适的操作方式对于菌体的高密度增殖和代谢产物生成会产生很大的影响。

常见的补料方式有间歇流加、连续流加两大类。Hosobuchi 等做了洛伐他汀发酵补料方式的研究，在洛伐他汀发酵中连续补加甘油或麦芽糖，培养基采用甘油、麦芽糖和葡萄糖混合碳源，洛伐他汀产量同间歇流加相比提高了20% ~ 30% 。在发酵过程中，pH 的严格控制和碳源的缓慢利用，与洛伐他汀高产密切相关。

1995 年 Gerson 等采用间歇补加葡萄糖的方法，参照溶解氧，自动化控制葡萄糖的补加，最终使洛伐他汀的质量浓度达到了 102mg/L。随后 Ykema 等采用连续流加补料的对比研究，同时分别连续流加碳源和氮源，比仅连续流加碳源，洛伐他汀的产量提高了 16% 。

Kumar 等则在 1000L 的发酵罐中采用间歇流加碳源（麦芽糖糊精）和氮源（玉米浆）的方法，培养 288h 后，洛伐他汀产量提高了 73% ，大大提高了洛伐他汀的生产率。

6. 消沫剂

在洛伐他汀发酵后期会产生大量的泡沫，易造成逃液及染菌。消沫剂的添加可以消除其产生的泡沫，提高菌体的摄氧率和培养基的消耗，因此能提高洛伐他汀的产量。常用的消沫剂有聚丙二醇、豆油或者是两者的混合物。

三、洛伐他汀的提取工艺过程

1. 洛伐他汀提取工艺流程

如图 7 – 14 所示。

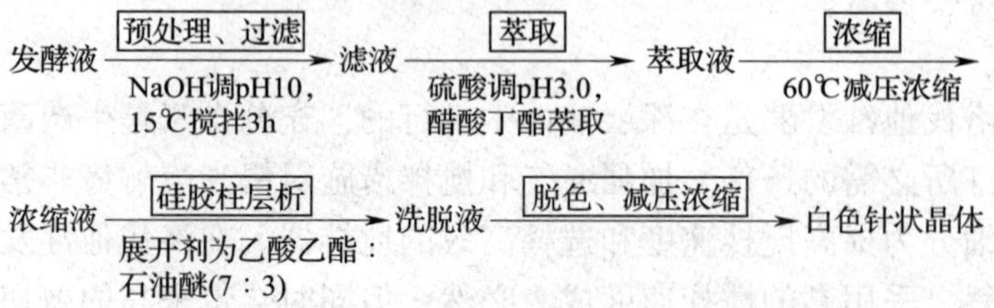

发酵液 —预处理、过滤（NaOH调pH10，15℃搅拌3h）→ 滤液 —萃取（硫酸调pH3.0，醋酸丁酯萃取）→ 萃取液 —浓缩（60℃减压浓缩）→

浓缩液 —硅胶柱层析（展开剂为乙酸乙酯：石油醚(7：3)）→ 洗脱液 —脱色、减压浓缩→ 白色针状晶体

图 7－14　洛伐他汀提取工艺流程

2．提取工艺过程及其控制要点

（1）洛伐他汀发酵法的生产菌主要为土曲霉。发酵生成的洛伐他汀以游离酸为主，由于游离酸在水中溶解度较小，因而大部分存在于菌丝体中。发酵到达终点时，先将发酵液调至碱性，使洛伐他汀溶出，然后再过滤去除菌体。

（2）洛伐他汀在酸性条件下易溶于甲醇、醋酸丁酯等有机溶剂中，将滤液调 pH3 后，将其萃取到醋酸丁酯中。

（3）丁酯萃取液经减压浓缩后上硅胶层析柱，用乙酸乙酯和石油醚 7∶3 的混合溶剂展开，收集含洛伐他汀部分的洗脱液，经活性炭脱色后减压浓缩，可析出洛伐他汀晶体。

项目六　生物农药的生产

任务一　生物农药概述

一、生物农药的种类及发展概况

生物农药是指直接利用生物产生的生物活性物质或生物活体作为农药，以及人工合成与天然化合物结构相同的农药。生物农药具有生产原料来源广泛，对非靶标生物安全、毒副作用小、对环境兼容性好等特点，对人、牲畜、农作物比较安全，通常情况下一般不导致对农作物和环境的污染，已成为全球农药产业发展的新趋势。

根据药源，生物农药可分为植物生物农药、动物生物农药和微生物生物农药等类型。植物生物农药是指从植物体中提取具有抗菌抗病毒或杀虫效果的成分，或者从植物体中分离纯化有农药活性的新物质作为结构模板，进行结构的多级优化，从而制造低毒高效新农药，称这种农药为植物源农药。动物生物农药是指由动物产生的毒素或激素（如脑激素和性信息素等），它们对害虫有毒杀效果，或者抑制昆虫的生长发育和干扰新陈代谢，从而控制害虫对农作物、森林和果树的危害。微生物农药包括真菌、细菌、放线菌、酵母菌和病毒等。

随着分子生物学技术、基因工程、细胞工程、蛋白质工程、发酵工程、酶工程等高新技术的飞速发展，并逐渐渗入到生物农药生产中，使其展现出良好的应用前景和巨大的社会和经济效益。生物农药的优越特性（节能、环保、保护资源）比以往任何时期都更加受到世界各国政府的重视，成为各国生物技术研究机构和公司的研究热点。目前科学家们已研制出一系列选择性强、效能高、无污染的生物农药。

目前世界上生物农药使用量最多的国家有墨西哥、美国和加拿大等国，占世界总量的44%。欧洲的生物农药使用量占全世界的20%，亚洲占13%，大洋洲占11%，拉丁美洲和加勒比湾占9%，非洲占3%。

我国生物农药的研究始于20世纪50年代初，至今已有60年的历史。在国家主管部门的扶持下，经过近30年的发展，已逐步形成了具有良好试验条件的科研院所、高校、国家及部级重点实验室，以及其他具备一定工作条件的研究单位。在生物农药的资源筛选评价、遗传工程、发酵工程、产后加工和工程化示范验证方面已经自成体系，拥有一大批生物农药生产企业。在生物农药研究的关键技术与产品开发方面已取得了一批重大成果，如苏云金杆菌杀虫剂、农用抗生素、棉铃虫NPV、杀虫真菌剂等技术产品已经达到或部分超过国外同类先进水平，不但满足了国内市场需求变化，而且走出了国门，进入了亚洲和欧美市场。加强生物农药新产品研发，加快生物农药产业发展速度，增加生物农药市场份额，满足了我国无公害农产品、绿色食品和有机食品生产中病虫害防治的需要，缓解了农药残留带来的环境污染问题，已成为我国科技界、产业界关注的问题。

二、生物农药的发展趋势

近十几年来，生物药物的研究与开发发展迅猛，取得了一大批引人瞩目的重大成果。新技术和新方法的不断涌现，为生物药物领域注入了新的生机和活力，随着基因高效表达研究的深入和生物信息理论的突破，生物农药发展跨入了“生物信息技术”时代，以发现新先导化合物和验证新型药物靶标为重要目标的新药物创制得到了蓬勃的发展。产品剂型由短效向持效发展，由不稳定向稳定发展，从效果单一向多样化发展。基因组学、功能基因组学、蛋白质组学和生物信息学等前沿技术与生物农药研究的紧密结合，化学、物理学理论和结构生物学、计算机和信息科学等基础学科与药物研究的交叉和渗透，使生物药物研究、开发和应用的深度和广度不断地拓展。

当前国内外生物农药发展的总体趋势，一是以基因重组为核心的战略高技术竞争日趋激烈，关键技术创新显著加快，最新的分子生物学手段越来越多地被应用到生物农药研究开发中，转基因生物农药新品种不断涌现；二是生物农药的研究开发与应用向更安全和环保的方向发展，这是新型生物农药与传统化学农药相比更具优势的一面；三是产品更新换代速度加快，生物农药产业已成为农业产业最具前景的发展领域。基因工程微生物的研究十分活跃，并先于植物抗病虫遗传工程进入了实用化阶段。生物技术广泛用于生防微生物的遗传改良，并显示出巨大潜力，为新一代微生物农药的深入研究开发奠定了基础。未来生物农药产业具有三大发展趋势：① 各国政府高度重视，科研成果层出不穷；② 研发经费投入加大，投资主体趋于多元化；③ 产业聚集度高，市场前景看好。

未来的生物农药研发将更多采用现代分子生物技术，遗传改造天然菌株或重组高效工程菌株，创制高效、安全、稳定的基因工程生物农药，突破微生物农药剂型单一和生产工艺落后的技术瓶颈，建立和优化现代发酵生产工艺，建立和规范生产质量标准，降低生产成本，推进生物农药的产业化进程。

任务二　苏云金芽孢杆菌杀虫剂的生产

苏云金芽孢杆菌杀虫剂（Bt）是联合国粮农组织和世界卫生组织推荐，目前在世界上生产和使用量最大的生物杀虫剂。与化学杀虫剂相比，其主要特点是：对人畜及其他有益生物无害，无环境污染，害虫不易对其产生抗药性，是具有广阔应用前景的生物农药。

苏云金芽孢杆菌简称苏云金杆菌，1901 年由日本学者 Ishiwata 从病死家蚕中分离出来，1911 年由柏林纳从地中海粉螟的患病幼虫中分离出来，并以其发现地点德国苏云金省而命名。苏云金芽孢杆菌是内生芽孢的革兰阳性土壤细菌，在芽孢形成初期会形成杀虫晶体蛋白，对敏感昆虫有特异性的防治作用，其制剂是目前世界上产量最大的微生物杀虫剂。其杀虫谱已由无脊椎动物节肢动物门中的鳞翅目扩大到双翅目、鞘翅目、直翅目等 9 个目的昆虫；同时还发现了对螨类、线形动物门中的动植物寄生线虫、原生动物门中的鞭毛虫、变形虫和草履虫以及扁形动物门中的扁虫、吸虫、绦虫等有特异毒性的菌株。目前不少亚种已被成功应用于农业，用来防治粮食作物、蔬菜、棉花、大豆、烟草、果树等多种害虫。

Bt 制剂的主要杀虫活性成分是伴孢晶体（也称杀虫晶体蛋白或 δ - 内毒素）。杀虫晶体蛋白（ICPs）可占培养物生物量总干重的 20% ~30%，分子质量在 27 ~150kDa。Bt 的杀虫机制为：伴孢晶体被昆虫吞食后，在中肠的碱性环境和蛋白酶的作用下，δ - 内毒素被分解与激活，成为具有杀虫活性的毒性肽。毒性肽与幼虫肠上皮细胞膜的专一受体结合，导致膜穿孔，肠道内溶物渗入血腔，同时芽孢趁机侵入增殖，引起足以致死的败血症，导致昆虫全身麻痹或痉挛而死。

苏云金芽孢杆菌对营养物质的要求不高，在含氮 0.075% ~0.225%、含糖 0.1% ~1.5% 和糖氮比 0.44 ~20.0 的环境下就能很好的生长。国际上生产此菌的主要原料为酵母浸出液、大豆粉、淀粉、葡萄糖等。虽然由此生产的 Bt 成品效价高，但存在着原料成本高的问题，造成粮食产品的浪费，从而失去了与化学农药的竞争力。针对苏云金杆菌菌种发酵效价低、杀虫谱窄、见效慢、菌种退化等问题，可以采用诱变的方法筛选高毒力的菌株。选择合适的诱变剂量，将化学诱变和物理诱变结合，能显著提高突变率。目前许多科学家致力于采用遗传工程的办法，对原有的基因重组改造，构建成杂种基因或工程菌，以提高杀虫效率，扩大杀虫谱，延长有效期或改进制剂效能。商品化的苏云金杆菌杀虫剂主要源自库斯塔克亚种，如 HD－1 及类似菌株。

1956 年前苏联发表了用液体培养基摇瓶培养 Bt，并用于防治菜青虫的报道，从而拉开了 Bt 液体培养的序幕。Bt 制剂之所以能广泛应用，关键在于能通过液体深层发酵大规模生产。其生产工艺流程如图 7－15 所示。

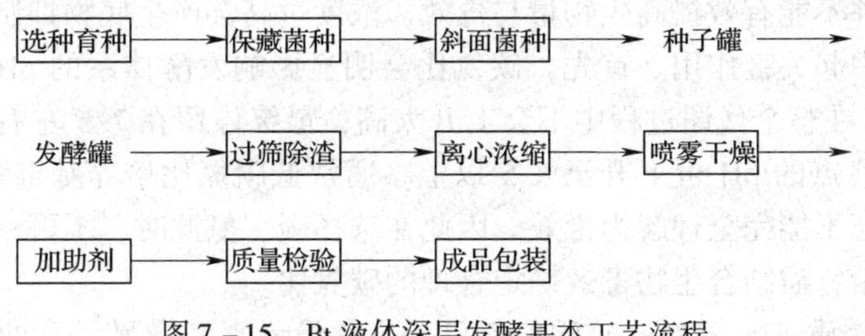

图 7－15　Bt 液体深层发酵基本工艺流程

一、菌种培养

1. 生产菌种

苏云金芽孢杆菌 HD－1。

2. 斜面培养基

牛肉膏 3g，胰蛋白胨 10g，NaCl 5g，琼脂 15～20g，水 1000mL，pH7.4。

3. 液体培养基

胰蛋白胨 5.0g/L、酵母膏 5.0g/L、葡萄糖 1g/L、Na_2HPO_4 0.8g/L，pH7.2。

二、苏云金芽孢杆菌的发酵过程控制

液体发酵是目前苏云金芽孢杆菌杀虫剂大规模生产中的主要发酵方式，其产品杀虫毒力与其发酵水平有着密切的关系。发酵过程的研究主要集中在培养基组分和浓度、培养过程的通气量、温度、溶解氧量等因素对芽孢数、伴孢晶体及毒力效价影响的相关性上。

1. 培养基

（1）碳源　常用作碳源培养 Bt 的主要是糖类。单糖如葡萄糖可直接被 Bt 吸收，多糖需经菌体产生的胞外淀粉酶水解成葡萄糖等单糖再被吸收。培养基中含有适量葡萄糖，可以促进菌体生长，缩短发酵周期。但在工业生产中培养基灭菌时，受 Fe^{2+}、PO_4^{3-} 的影响，葡萄糖易焦糖化，需单独灭菌，使操作过程变得复杂；而且由于葡萄糖代谢产酸，大量葡萄糖会使 pH 迅速下降，产生碳源抑制，使代谢进程受阻。因此淀粉、糊精、糖蜜和甘油等多糖都被用作 Bt 发酵的常用碳源，它们可以克服葡萄糖代谢过快的弊病，保持发酵后期有一定的糖源。

（2）氮源　工业上常用的氮源有黄豆粉、棉籽饼粉、花生饼粉、玉米浆等，其中玉米浆还有较强的缓冲能力，对 Bt 的生长有利。不同菌株对氮源种类具有选择性，而不同氮源又影响同一菌株对各类昆虫的毒效。因此在每一个新菌株用于生产之前，都需要进行最适培养基的选择。无机氮源通常难以被利用，但新近研究表明，无机氮能增加蛋白质水解活性，蛋白质水解活性可进一步影响晶体蛋白的稳定性。目前对无机氮源的研究还在不断深入。

（3）碳氮比　碳、氮源充足是微生物正常生长代谢的必要条件，但同步增加碳、氮源并不能有效提高生物量与毒效，浓度过高会产生底物抑制，研究发现碳氮比在其中起关键作用。首先，碳氮比会明显影响发酵体系的 pH，高碳氮比培养基的 pH 在整个代谢过程中不会上升太高，最终停留在 7.5 左右；而低碳氮比时，发酵终点的 pH 可上升至 8.5 以上。通常低碳氮比培养基毒素产量略高，但毒素产量还不能完全理解为毒效。因此在选择碳、氮源时，不可一味追求生物量与毒素产量，需结合生物毒效确定合理的碳氮比。

（4）矿物质　Bt 需要的矿质养料可分为常量元素和微量元素两大类。常量元素包括磷、镁、钠、钾和钙，主要参与细胞组成、能量转移、物质代谢以及调节细胞原生质状态或细胞通透性等。微量元素有锰、锌、硅、铜和铁，它们多为辅酶或辅基。Bt 对微量元素的需要量很少，通常在水和其他养料成分中作为杂质存在的含量足以满足其需要。总之，在 Bt 发酵生产中，这些矿质元素的加入量一般为：KH_2PO_4或 K_2HPO_4 0.075% ~0.2%；$MgSO_4 \cdot 7H_2O$ 0.075% ~0.3%；$CaCO_3$ 0.075% ~0.15%；$MnSO_4 \cdot H_2O$、$FeSO_4 \cdot 7H_2O$ 均为 0.002%。

2．温度

Bt 的生长代谢与温度密切相关。温度直接影响细胞内酶的形成与活性，关系到细胞对营养物质的吸收与利用，并影响到菌体数量与伴孢晶体质量。大量研究表明，Bt 的最适生长温度为 28 ~32℃，发酵时温度过高，会导致 Bt 毒素基因丢失或蛋白质失活，毒效降低；温度过低，则生长缓慢，发酵周期延长。不同苏云金亚种甚至同一亚种的不同菌株，其最佳发酵温度也有所不同，发酵时需针对菌株特性选择最具经济效益的温度。

3．pH

pH 不仅影响芽孢的萌发，也影响芽孢的形成。研究表明，初始 pH 为 7.0 左右时，芽孢萌发率最高，当 pH <6.5 或 >8.0 时，萌发率均在45%以下。发酵过程中，Bt 先利用碳源增殖，糖代谢产生大量有机酸，pH 下降，随后在酶的作用下，有机酸进一步被异化，pH 逐渐回升，芽孢与晶体开始形成。伴孢晶体的蛋白质转化合成过程需要酶的参与，而这种酶的合成与酶活最适 pH 均为中性，pH 在 6.5 以下或 9.1 以上该酶的活性急剧下降。若 pH 不能回升，芽孢和晶体难于形成，若 pH 过早升高，又会使营养体增殖提前结束，影响到芽孢和晶体的产量。另外，过高的碱性对伴孢晶体还有一定的溶解作用，会降低发酵液的毒效。发酵过程中可以流加缓冲液，或采用酸碱进行调解，以控制最佳 pH。由此可见，采用适宜的 pH 调节剂，对 Bt 的发酵过程进行有效调控，是 Bt 发酵生产的关键因素。

4. 搅拌速度与通气量

Bt 是一种好气性芽孢杆菌，在分解和利用发酵基质以及合成自身物质时要消耗大量氧气。因此随着细菌的生长，必须不断补充大量的氧才能满足菌体的正常生长。同时氧的存在也可提供一个较高的氧化还原电位，维持细胞内氧化酶系的活性。在液体深层发酵过程中，搅拌速度和通气比显得尤为重要，搅拌速度通常为 400～600r/min，通气比一般控制在 1:（0.6～1.2）。通气比过大易产生大量泡沫，从排气口冲出，导致污染，同时也影响氧传递，因此在发酵液中添加消泡剂是十分必要的。在发酵的不同阶段，通气比可以适当调节。发酵前期，菌数低，耗氧少，通气比为 1:（0.6～1.0）即可；进入指数期，耗氧增大，通气比需提高为 1:（1.0～1.2），同时配合搅拌以强化供氧。为防止细胞受损，不宜采用剪切式搅拌。

5. 接种

工业生产过程中通常采用三级发酵培养，即摇瓶→种子罐→发酵罐。从种子罐到发酵罐通常有两种接种方式：芽孢接种和营养体接种。芽孢接种可杀灭杂菌及噬菌体，获得较高的同步率，但芽孢萌发慢，延迟期较长。严格控制灭菌条件，避免污染，采用活性营养体接种，芽孢产率可能更高。

三、苏云金芽孢杆菌杀虫剂的提取工艺过程

苏云金芽孢杆菌的工业生产普遍采用深层发酵法，产生的伴孢晶体、芽孢、营养期杀虫蛋白以及 Zwitternicin A 等增效因子是其主要的活性成分。发酵液后处理的核心问题就是将伴孢晶体等杀虫成分及其增效因子与发酵液分离，去除占质量 90% 以上的水分，得到干燥的工业原粉。为了不破坏发酵液的杀虫活性，浓缩过程要遵循低温、快速的原则。发酵液的浓缩处理主要有板框压滤法、减压浓缩法和离心分离法。板框压滤法是苏云金芽孢杆菌工业生产较早采用的一种浓缩方法，过滤前需要加入大量惰性填料，很难获得高效价粉剂。减压浓缩法是在较低温度下将发酵液浓缩到一定体积的方法，存在能耗高、效率低等缺点，目前已较少使用。离心分离法仍是目前苏云金芽孢杆菌大规模生产中应用最广泛的方法，但上清液的分离造成了增效成分流失以及晶体、芽孢的损失，发酵液离心分离脱除 69% 的上清液后浓缩液的效价损失 53.4%、晶体损失 11.3%。

超滤是一种在加压下物质通过滤膜的分离技术。在泵的作用下，发酵液在超滤膜上运动，大于膜孔径的物质被截留下来，小于膜孔径的物质则通过滤膜被分离。超滤膜采用聚砜材料膜或醋酸纤维素膜。这是一种过程简单、无相变发生、无外加助剂且能耗极少的分离手段，超滤范围可以根据超滤膜孔径大小将分子质量在 500～1000000kDa 的物质与水相分离。

超滤膜安装完毕后，向循环罐中加入发酵液，开启泵，通过调节进出口阀压力，使发酵液流速为 1～2m/s。随着水分的不断排除，发酵液浓度不断

提高，超滤通量逐渐缓慢下降，当发酵液浓缩至初浓度的5~6倍时，停止超滤，浓缩液用于干燥或制剂处理。采用醋酸纤维素膜或聚砜材料膜为介质超滤，由于芽孢和晶体的直径大于超滤膜的孔径，芽孢和晶体的透过率为0，回收率为100%。

Bt发酵液经第一级无机膜过滤，伴孢晶体、芽孢等物质被截留，浓缩4.3倍，得到的上清液由第二级无机膜处理，将分子质量大于700kDa的物质截留，浓缩8倍。将第一级膜和第二级膜的浓缩物混匀，添加增效剂、分散剂等物质后干燥，即为农药干粉成品。无机膜浓缩工艺与离心浓缩相比，电耗降低45%，污水的COD由31000mg/L降至2500mg/L，产品收率达80%以上。

使用超滤浓缩法最大的缺点是超滤速度下降，为了保证足够的超滤通量，超滤膜要及时清洗。但超滤液通量随着膜孔径增大而增大。发酵液固形物含量越低，分离时间越短、浓缩比越高。

工业生产中一般不将发酵液直接喷雾干燥，因为直接干燥不仅耗费大量能源，而且培养基残留营养成分混入制剂易于吸潮。发酵液通过浓缩处理达到一定浓度后，喷雾干燥的蒸发负荷会大大减轻，物料黏壁现象也会明显改善。为了解决发酵液离心浓缩带来的毒力效价严重损失的问题，杨自文等对发酵液直接喷雾干燥进行了研究，发现发酵液未经任何处理直接喷雾干燥，得到的粉剂含水量为9.4%，其效价和晶体收率分别为95.7%和99.8%；而当发酵液中添加6.8%碳酸钙后直接喷雾干燥，得到的粉剂含水量为4.5%，效价和晶体收率分别为100.6%和101.7%。可见发酵液添加碳酸钙喷雾干燥可以改善物料性状、提高菌粉收率和质量。进一步分析可知，若仅考察喷雾干燥这一过程，效价和晶体的损失率很小，因此发酵液直接喷雾虽然能耗高，但原粉和效价收率的提高有可能完全补偿能量消耗，对降低生产成本和提高生产效率具有积极意义。

项目七　免疫调节剂的生产

免疫调节剂是一种能够调节机体免疫功能的物质，从广义上讲，它属于免疫佐剂，其特点是具有双向免疫反应调节功能，即对于不同免疫状态下的机体可作为免疫增强剂提高机体免疫反应，或作为免疫抑制剂降低机体免疫反应性。因此可以根据作用的性质将免疫调节剂分为免疫增强剂和免疫抑制剂。

任务一　免疫调节剂概述

一、微生物产生的免疫增强剂

随着人们对疾病治疗观念的转变，治疗的重点已经由直接杀伤外源性病原体转向调整生物机体自身功能，因此免疫增强剂在医学的应用引起了广泛的关注。

免疫增强剂的研究已成为应用医学最活跃的领域之一。

免疫增强剂是指单独或与抗原同时使用时能增强机体免疫应答的物质。虽然免疫增强剂的种类繁多，不下十几类上百种，但是理想的免疫增强剂并不多见。本文主要介绍几种微生物来源的免疫增强剂。

1. 多糖类免疫调节剂

(1) 香菇多糖　香菇多糖是从香菇实体中提取、分离、纯化获得的多糖。在医学临床上主要作为抗肿瘤药物与其他化疗药物联合使用。

香菇多糖是一种宿主防卫增强剂，能恢复或加强宿主对淋巴细胞、激素及其他生物活性因子的作用，刺激免疫活性细胞。同时，香菇多糖也可激活补体，增加巨噬细胞非特异性细胞毒作用及增加中性粒细胞对肿瘤结的浸润，促使宿主因癌症及感染而引起体内平衡失调的恢复。另外，它能诱导不同的抗肿瘤效应细胞，如T-杀伤细胞、自然杀伤细胞和细胞毒性巨噬细胞，这些效应细胞可选择性或非选择性地作用于靶细胞。需要注意的是，香菇多糖的免疫增强作用或抗肿瘤功能与其剂量有关，过量时就会减少其作用。

(2) 云芝多糖（CVP）　云芝多糖是从担子菌纲、多孔菌科、云芝属真菌云芝或培养的菌丝中提取的一种多糖类物质，目前也主要被用作一种辅助性抗肿瘤物。功能上主要具有明显抗肿瘤、免疫调节、促进多种细胞因子的产生、抗损伤、促进受损肝细胞恢复和改善某些老年性疾病症状等作用。其调节机制是云芝多糖能增强超氧化物歧化酶（SOD）和谷胱甘肽过氧化物酶（GSH-Px）的活性，有效提高机体活性氧的能力，从而避免病理状态下活性氧对机体的损伤。

2. 分子类免疫增强剂

(1) 卡介苗（BCG）　卡介苗是一种非特异性免疫增强剂，可增强巨噬细胞的吞噬活性，活化淋巴细胞，提高机体细胞免疫和体液免疫水平，是一种常用的免疫增强剂。

其免疫增强作用有多种成分共同完成：卡介苗素（BCG-PSN）和卡介苗多糖（BCG-PSA）是良好的巨噬细胞激活剂；卡介苗胞壁酰二肽（BCG-MDP）和卡介苗细胞壁骨架（BCG-CWS）具有免疫佐剂功能；卡介苗甲醇提取残余物（BCG-MER）则对恶性黑色素瘤有较好的治疗效果。现用于治疗恶性黑色素瘤，或在肺癌、急性白血病、恶性淋巴瘤根治性手术或化疗后作为辅助治疗，均有一定疗效。此外，死卡介苗可用于小儿哮喘性支气管炎的治疗、小儿感冒的预防以及成人慢性气管炎的防治。

(2) 干扰素（IFN）　干扰素作为抗病毒因子已被公认为是一种临床治疗病毒性疾病和肿瘤的有效生物反应调节剂。干扰素通过诱生多种抗病毒蛋白来抑制病毒在细胞内的复制，能增强巨噬细胞的能力，增强NK细胞的杀伤活性，增强免疫调节作用，同时对免疫功能的自身稳定也有调节作用。

目前我国共有4种基因工程干扰素批准上市，包括重组人干扰素 $\alpha-1b$、

α－2a、α－2b 和 γ－干扰素。

(3) 白介素－2　白介素－2 是一种淋巴因子，也是非特异性的免疫增强剂，具有促进淋巴细胞生长、提高吞噬细胞的活性、刺激淋巴细胞分泌免疫干扰素（γ－干扰素）和抗体等多种功能，在抗病毒、抗肿瘤和增强机体免疫功能等方面有显著作用。由于慢性 HBV 感染者白介素－2 活性显著下降，细胞毒性 T 细胞的功能降低，不能有效地清除感染的肝细胞，故白介素－2 可用于乙型肝炎的抗病毒治疗。同样，白介素－2 也是通过重组的工程菌进行生产并应用的。

实际上，同属于分子类免疫增强剂的还有肿瘤坏死因子（TNF）、转移生产因子（TGF）和集落刺激因子（CSF）等。

3. 其他

乌苯美司是梅泽滨夫等人在 1976 年从橄榄网状链霉菌的发酵液中分离得到的，能抑制细胞膜的氨肽酶 B 和亮氨酸氨肽酶，并可提高免疫细胞功能的免疫增强剂。乌苯美司能够刺激巨噬细胞、T 细胞、骨髓细胞，促进各种免疫细胞产生细胞因子，如 IL－1、IL－2 等，活化自然杀伤细胞、细胞毒 T 细胞等发挥抗肿瘤作用。临床对急性白血病、恶性黑色素瘤、肺癌、胃癌等有明显的缓解作用。

二、微生物产生的免疫抑制剂

免疫抑制剂是指能够抑制免疫反应的药物。它能抑制淋巴细胞增殖、分化，影响淋巴细胞的功能。选择性免疫抑制剂对淋巴细胞有专一性作用，对红细胞生成几乎没有影响、无毒性或毒性极微，不损害宿主对细菌和真菌的感染防御机制或者不损害宿主对肿瘤的防御机制。

微生物产生的免疫抑制剂应用于器官移植中的抗排斥作用，治疗自身免疫性疾病，如风湿性关节炎、全身性红斑狼疮、多发性硬化病、霉菌病、臆性肾小球性肾炎、炎性肌病、自身免疫溶血性贫血等，以及治疗各种因机体过度免疫引起的过敏反应，如特应性皮肤炎。正是这些免疫抑制剂的应用，使人类器官移植的成功率得到大大的提高。临床上研究或应用的微生物来源的免疫抑制剂除了环孢菌素 A 外，还有他克莫司（FK506）、雷帕霉素（RPM）、咪唑立宾（MZB）和麦考酚酸（MPA）等。

1. 他克莫司（FK506）

他克莫司是 1984 年 Kino 等从日本北部土壤中分离出的链霉菌新种橄榄灰链霉菌 FERM BP－927 产生的代谢产物，是 23 元环的大环内酯，具有抗丝状真菌烟曲霉和 F*usarium exysporum* 的活性，但对酵母和细菌没有作用。

他克莫司在大鼠心脏移植实验、狗和狒狒的肾移植实验，狗和猴的肝移植实验模型中都显示了强有力的免疫抑制效果。他克莫司由于在动物实验中获得成功而应用于临床，开始作为一种援救药物用于对常规免疫抑制剂环孢菌素、皮质类甾醇和硫唑嘌呤无反应的器官排斥；后用于临床中的肝移植和肾移植。从效果来看，使用他克莫司比使用环孢菌素所取得的效果好，他克莫司的效力比环孢菌素高100多倍，严重的不良反应较少，并有较强的亲肝效应（如再生、修复和保护肝细胞）。实际上他克莫司是第一种用于肝脏再生和修复的口服药。另外，他克莫司也用于肾、心脏、肺、胰腺、小肠和胰岛细胞移植。

2. 雷帕霉素（RPM）

雷帕霉素是从土壤样品中分离的链霉菌AYB－944所产生的结构中含三烯的一种亲脂性大环内酯抗真菌抗生素，后来发现在链霉菌AYB－1206中雷帕霉素产量更高，且杂质少。

在作为抗生素方面，雷帕霉素可以抑制酵母和某丝状真菌，但对细菌没有作用。在作为免疫抑制剂方面，雷帕霉素是一种极强的小鼠胸腺细胞增殖（由PHA诱导）抑制剂，至少比CsA强10倍；对外用血单核细胞（PBMC），RPM的抗增殖的有效作用比环孢菌素A强50～500倍。雷帕霉素对小鼠、大鼠、猪、犬、猴的肾移植和心脏移植的抗排斥作用比环孢菌素A强数十倍，比他克莫司强数倍。更有意义的是它能同环孢菌素A和他克莫司联合用药，相同剂量的3种药物一起使用，不但比单独应用更有效，且比雷帕霉素＋麦考酚酸或环孢菌素A＋麦考酚酸的两种药物联合应用时效果更佳。

3. 咪唑立宾（MZB）

咪唑立宾为咪唑核苷，是日本1971年为了代替硫唑嘌呤从*Penicillum sp.*中开发出的免疫抑制剂，在20世纪70年代后期应用于临床。咪唑立宾免疫作用机制是抑制T和B细胞免疫反应，抑制DNA合成，同时使细胞内三磷酸鸟苷耗竭，加入GMP或GIP可抵消它们的抑制作用。从实际情况看，咪唑立宾具有不错的免疫抑制作用，尤其是体液免疫。临床上还可减少皮质激素的用量，感染发生率低，是一种安全、有效、耐受性好的药物。主要用于肝功能不正常、严重白细胞减少的患者。

4. 环孢菌素A（CsA）

1969～1970年，瑞士山道士公司在筛选抗真菌药物时，从光泽柱孢菌和多孔木霉菌的代谢产物中发现具有窄谱抗真菌活性的环孢菌素A。环孢菌素是一种中性、高亲脂性的由11个氨基酸组成的聚肽，相对分子质量为1120。目前已经发现的环孢菌素已达30多种，其生产菌也达15种之多，只是每个菌株都是以环孢菌素A产量最多。

环孢菌素A是一种非极性物质，不溶于水、石油醚，溶于甲醇、乙醇、丙酮、乙酸乙酯等有机溶剂。

环孢菌素A的作用机理主要是，通过抑制钙调磷酸酶的活性而抑制IL－2的表达，从而抑制T淋巴细胞增殖、分化等，影响淋巴细胞的功能。

人体器官移植发生的免疫排斥作用往往导致器官移植失败，环孢菌素A的发现大大地增加了器官移植的成功率，尤其进入20世纪90年代以后，使得器官移植的成功率从原来的50%提高到80%以上。另外，环孢菌素A对自身免疫性疾病，如类风湿性关节炎、系统性红斑狼疮、牛皮癣、哮喘、再生障碍性贫血、皮肤肌炎、内源性葡萄膜炎及肾病综合征等的治疗有效，对血吸虫病、疟疾也有一定疗效，还可防止艾滋病病毒的扩散。

任务二　环孢菌素A的生产

国内环孢菌素A生产基本流程：培育米孢子，进入一级种子罐，再进入二级种子罐，最后进入发酵罐。发酵结束放罐，发酵产物过滤，弃滤液，用酒精浸提滤渣，收集浸泡液，过柱浓缩，除杂质，有机萃取，除杂质，进一步浓缩，结晶得到环孢菌素粗粉，再用乙酸乙酯溶解，真空减压蒸出乙酯，过硅胶柱层析得到纯的环孢菌素A（精粉）。

一、菌种培养

环孢菌素A采用三级发酵工艺进行生产，经历斜面种子、摇瓶种子、发酵罐种子和发酵培养等阶段。

环孢菌素A生产菌是由瑞士山道微生物研究室从美国和挪威的土样中发现的半知菌菌株：光泽柱孢菌和多孔木霉，只有多孔木霉，能进行沉没培养，是现今大规模生产使用的菌株。多孔木霉在6～33℃下均能生长，最适温度为24℃。菌落表面呈白色，羊毛状，背面为黄色，孢子形成后是分散的。主要分生孢子梗宽度为2.0～3.8μm。带有瓶梗的侧梗产生瓶梗串，但最后常变为单个的瓶梗。瓶梗的基部膨大，并延长而成一个细而长的颈，透明，近球形到椭圆形分生孢子在细小的顶端积累。

1．培养基

（1）斜面培养基成分　麦芽汁20g、酵母提取物4g、琼脂20g，加蒸馏水至1L。

（2）种子培养基成分　葡萄糖40g、$MgSO_4 \cdot 7H_2O$ 0.5g、KH_2PO_4 2g、$NaNO_3$ 3g、KCl 0.5g、$FeSO_4 \cdot 7H_2O$ 10mg，加蒸馏水至1L，灭菌后pH5.2。

（3）发酵培养基　葡萄糖40g、酪胨5g、$MgSO_4 \cdot 7H_2O$ 0.5g、KH_2PO_4 2g、$NaNO_3$ 3g、KCl 0.5g、$FeSO_4 \cdot 7H_2O$ 10mg，加蒸馏水至1L，灭菌后pH5.2。

2．种子罐和发酵罐培养工艺

在内装50L种子培养基的75L种子罐中接种5×10^9个孢子，搅拌速度为200r/min，培养72h，pH由5.4降至4.3。将此一级种子液接种于内装500L发酵培养基的750L发酵罐中，搅拌速度为150r/min，培养6d，培养液从第4d起转为黄色，并出现大量各种形状孢子。将300L二级种子液接入内装3000L发酵培养基的4500L发酵罐中，100r/min搅拌12d，7d后菌丝开始分裂，出现大量孢子。环孢菌素A为150～200mg/L；环孢菌素C为50～100mg/L。

二、环孢菌素 A 的发酵过程控制

对环孢菌素 A 生产工艺的改进应主要在菌种选育方面，培育环孢菌素 A 高产突变株，如根据磷酸盐在环孢菌素合成过程中的重要作用，有人建议通过紫外线等诱变方法培育去磷酸盐调节突变株，促进菌体本身较快地生长，获得较高浓度的环孢菌素 A。

发酵方面，根据得到的高产突变株，对原有的斜面、发酵配方以及装量、pH、灭菌时间、培养温度等条件进行优化。另外，发酵过程增加补料工艺，适当延长发酵周期或连续发酵可能取得较好的效果。

Kobel 鉴于环孢菌素类结构上的差异取决于 2 位上的氨基酸，故于培养基中加入某一特定氨基酸以增加某特定环孢菌素组分的产量，有效浓度为 8g/L 的 DL－α－Abu、L－Ala、L－Thr、L－Val、L－Nva，环孢菌素的总量都有所变化。证明加入不同环孢菌素 2 位氨基酸可影响细胞中氨基酸库的组成，从而使生物合成朝着所期望的方向进行，因此可通过加入外源氨基酸来控制环孢菌素的生物合成。

国内环孢菌素 A 生产厂家的环孢菌素发酵单位和有效组分含量普遍较低（发酵单位约 1500g/mL，有效成分含量在 70% 左右），而根据国外有关文献报道，用 *Tolypocladium inflatum* 发酵生产环孢菌素 A 的发酵单位在 1994 年就达到了 1500g/mL，近年来也有生产水平达到和超过 3000g/mL、有效成分在 85% 以上的例子。所以，国内外生产水平还有一定的差距。但是，环孢菌素 A 市场潜力巨大，与环孢菌素 A 相关的研究也是药物研发领域的热点。通过筛选高产菌株和优化生产工艺，相信环孢菌素 A 生产水平会不断提高，同时也创造了巨大的经济和社会效益。

三、环孢菌素 A 的提取工艺过程

通过研究发酵液性质，发现环孢菌素 A 发酵液的单位有 30% 左右在胞外。而环孢菌素是一种多肽类化合物，不溶于水，能溶于乙酯、甲醇和丙酮。根据这些性质，选择最佳的萃取剂、柱层析的载体和洗脱剂、结晶溶剂，可以提高产品的含量和纯度。

目前环孢菌素 A 工业化纯化制备方法是先通过有机溶媒提取，利用环孢菌素 A 的溶解性差异，多次萃取将环孢菌素 A 转移至有机混合相中，再利用葡聚糖凝胶过滤或硅胶柱层析的方法收集高纯度产品，最后经脱色、结晶、洗涤和干燥获得成品。分离提取发酵液用等体积乙酸丁酯抽提，分离出的溶剂液减压蒸馏，用此法处理 3000L 发酵液可得 3300g 粗品。结晶溶媒以丙酮为最佳，收率及质量均较理想。但这些工艺前处理有机溶剂用量大，处理设备要求容积大。硅胶层析用梯度洗脱的方法，效率和收率低，色素去除效果差，产品需活性炭脱色。工艺路线如图 7－16 所示。

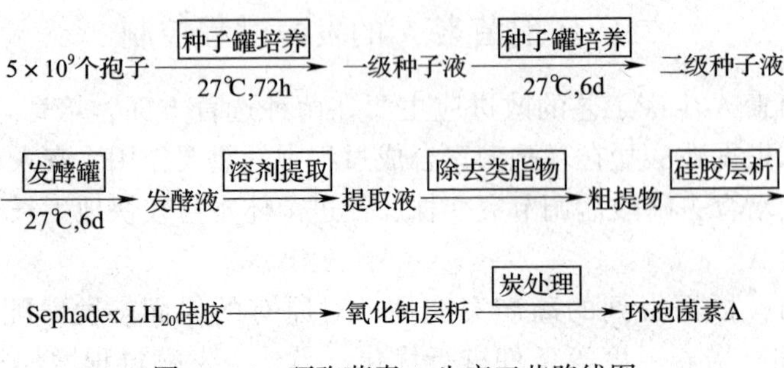

图 7－16　环孢菌素 A 生产工艺路线图

任务实施评分标准

1. 无菌操作……10 分
2. 菌种和种子培育操作……20 分
3. 种子罐操作……20 分
4. 发酵罐操作……20 分
5. 产品提取操作……20 分
6. 实训室整理……10 分

问题与讨论

1. 简述青霉素抗生素的结构特点、理化性质及作用机理。
2. 青霉素发酵过程中如何进行控制？
3. 青霉素常用的分离纯化方法有哪些？为什么？
4. 简述红霉素抗生素的结构特点、理化性质及作用机理。
5. 红霉素发酵过程中如何进行控制？
6. 红霉素常用的分离纯化方法有哪些？为什么？
7. 氨基酸类药物生产技术有哪些？
8. 简述赖氨酸的发酵工艺条件及其控制要点。
9. 试述赖氨酸发酵生产的一般工艺流程。
10. 维生素 C 的生产方法有哪些？
11. 讨论两步发酵法生产维生素 C 的工艺优点。
12. 讨论酶类药物的生产技术有哪些？
13. 讨论 L－天冬酰胺酶的生产工艺流程及其操作要点。
14. 讨论酶抑制剂洛伐他汀的生产工艺流程及其操作要点。
15. 简述生物农药的种类及发展趋势。
16. 讨论苏云金芽孢杆菌杀虫剂的发酵生产技术及控制要点。
17. 简述苏云金芽孢杆菌杀虫剂的分离提取及精制方法。
18. 讨论免疫调节剂药物的常见品种、作用与用途。
19. 简述环孢菌素 A 的结构特点、理化性质及作用机理。
20. 讨论环孢菌素 A 发酵制药菌种培养及发酵过程控制。

模块八　药品质量控制

◎ 能力目标

1. 能熟练掌握药品质量标准。
2. 能准确分析影响药品质量的因素和表现。
3. 能有效进行药品质量监控。
4. 能准确理解药品生产质量管理规范并运用到生产中。

◎ 知识目标

1. 熟悉现行的药品质量标准。
2. 掌握影响药品质量因素的表现及原因分析。
3. 学会如何进行药品生产原材料、生产工艺、药检、储存等方面的监控。

◎ 任务描述

药品是用于治疗、预防和诊断疾病的特殊商品，与人们生命健康息息相关。只有使用合格的药品，才能发挥应有的疗效，才能保证患者的用药安全。因此，分析影响药品质量、了解各种药品的理化性质，熟知各种因素对药品产生的影响，找出正确而合理的贮藏方法，才能有效保证药品质量。由于药品质量是生产出来的，而不是检验出来的，因此，除了不断提高质量标准来增强质量可控性以外，加强药品生产全过程的监控，对确保药品质量更为重要。

◎ 学前准备

通过查找资料学习《药品生产质量管理规范》（2010 修订）和《药品经营质量管理规范》（2013 年修订），相关网站网址：国家食品药品监督管理总局 http：//www. sda. gov. cn。

任务一　药品质量标准

药品质量标准是国家对药品质量、规格及检验方法所做的技术规定，是药品生产、供应、使用、检验和药政管理部门共同遵循的法定依据。我国现行的药品质量标准分为法定标准和企业标准两种。

制定药品质量标准的目的是保证用药的安全、合理、有效，促进药品质量的提高，是政府管理药品的依据，同时有利于促进药品的国际交流和推进进出口贸易的发展。

一、药品质量标准的分类

药品质量标准分为法定标准和企业标准两种。法定标准又分为国家药典、行业标准和地方标准。药品生产一律以药典为准，未收入药典的药品以行业标准为准，未收入行业标准的以地方标准为准。无法定标准和达不到法定标准的药品不准生产、销售和使用。

1．法定标准

（1）国家药典　《中华人民共和国药典》简称《中国药典》，是卫生部编写的一部具有民族化、科学化、大众化的药典。

（2）行业标准　根据《中华人民共和国标准化法》的规定：由我国各主管部、委（局）批准发布，在该部门范围内统一使用的标准，称为行业标准。例如，化工、冶金、轻工、纺织、交通、能源、水利等，都制定有行业标准。当同一内容的国家标准公布后，则该内容的行业标准即行废止。

（3）地方标准　根据《中华人民共和国标准化法》和《中华人民共和国标准化实施条例》有关规定，对没有国家标准和行业标准而又需要在省、自治区、直辖市范围内统一的要求，可以制定地方标准（含标准样品的制定）。在公布国家标准或行业标准之后，该地方标准即行废止。

2．企业标准

企业标准是对企业范围内需要协调、统一的技术要求，管理要求和工作要求所制定的标准。企业标准由企业制定，由企业法人代表或法人代表授权的主管领导批准、发布。企业标准一般以“Q”作为企业标准的开头。企业标准虽然是我国标准体系中最低层次的标准，但这不是从标准的技术水平的高低来划分的。

3．临床研究用药品标准（新药）

在新药临床试验阶段，由新药研制单位制定，并经国家药品监督管理部门批准的一个临时性质量标准。该标准仅在临床试验期间有效，并仅供研制单位和临床试验单位使用。

4．暂行或试行药品标准（新药）

（1）暂行标准（试生产）。

（2）试行标准（正式生产初期）。

二、制订药品质量标准的原则

（1）从人民健康需要出发，坚持质量第一的观点。

（2）同一品种新药原则上只能制订一个部级标准，并有二年试行期，期满后修订转为正式标准。

（3）后申报的标准必须达到已申报的标准水平；若比已申报的标准先进，则按先进的药品标准修订。

（4）同时申报新药的，要统一标准，按其中高的标准制订，若因生产水平及工艺条件不同造成杂质项目检查有不同的，可将杂质检查项目共存。

（5）从药品的生理效用和临床应用的方法合理性来制订。

总之，要体现安全有效、技术先进、经济合理的方针。

任务二　药品质量影响因素及表现

一、影响药品质量原因分析

1．药品生产企业自身对药品质量的影响

（1）硬件建设　生产企业硬件建设包括厂房、设备和检验仪器等。有的药品生产厂房是在原有厂房的基础上改建扩建的，在适应新的《药品生产质量管理规范》（GMP）要求上难免有一些不足之处，有的厂房虽然是新建的，但是在整体布局和空气净化方面还存在一些不完善的地方，这些都影响着药品的质量。落后的生产设备和检验仪器对药品质量也起着一定的影响。

（2）软件管理　软件管理包括检验操作规程、质量检验记录、生产操作规范、生产批记录、销售记录、职工培训计划等。有些企业软件的制定与实际情况不完全吻合，受一些因素的制约，执行起来有一定的难度。

2．药品销售、使用过程对药品质量的影响

药品销售、使用单位是否从合法渠道购进药品，药品在运输过程中有没有做到很好的防护（雨淋、暴晒、需要低温运输的没有做到低温运输等），质检人员在入库验收中把关严不严，有没有按药品的理化性质进行合理仓储，都会对药品有影响。在一些药品零售单位和个体诊所还存在药品拆零现象，破坏了药品的原包装，可能导致药品理化性质的改变，也容易引起混批现象，导致药品过期失效。

二、影响药品质量因素的表现

1．人的因素对药品质量的影响

药品质量是制药企业生产管理、质量管理和检验水平的综合反应。相对于其他因素来说，人的因素处于第一位。制药企业的操作人员、管理人员、技术人员等对药品质量的优劣起着关键性的影响。包括对药品质量的重视程度、责任心的强弱、研究改进和提高药品质量的积极性、技术熟练程度，身体条件和精神状态的好坏等。人的因素既影响着药品质量，也影响着企业的信誉。制药企业的领导、技术和管理人员如不能熟练地掌握本职业务，纵使有新材料、新设备、新技术也生产不出来优质的药品。质量第一应是干部职工行动的准则之一，是制药企业维系生存的关键所在。

2．生产厂房、设备及检验仪器对药品质量的影响

生产高质量的药品，必须要具备符合 GMP 的厂房、先进的生产设备。对那些破旧的、运行不稳定的生产设备要及时进行维修或更新。检验仪器要定期经计量检定部门进行校验，并保持良好的状态，确保万无一失。例如，注射剂灌装间的空气洁净度如达不到 100 级净化要求，其生产的成品按照质量标准检验就很难

保证无菌检查和可见异物检查符合要求；如果用感量1mg的分析天平称量平均装量在0.3g以下的胶囊剂的装量，就不能保证称量结果的准确。优劣的药品是通过科学的生产流程、严格的操作生产出来的。

3．药品自身特性对其质量的影响

（1）湿度与水分　水是化学反应的媒介，而水解又是药物降解的重要途径。影响药物水解的因素很多，主要是水分、湿度、化学结构等。其中化学结构是药物水解的内因，一些具有酯类、酰胺类药物容易发生水解，如抗生素类、维生素类等。水分在这些固体制剂的表面形成肉眼不易察觉的液膜，化学反应就在这些液膜中进行。一般来说，固体药物受水分影响的降解速度与相对湿度成正比，水分含量越高，分解越快。为了防潮还可采取：

① 堆放药品时，地下架设枕木或垫高，使药箱与地面有足够的距离。

② 用吸湿剂降潮：常用的吸湿剂有生石灰、炉灰、木炭。并在室内外设置温湿度计，采用密封、通风与吸潮相结合的办法，将湿度控制在60%～75%，以保证该类药品质量的稳定。

（2）光线　在光的影响下进行的化学反应被称为光化反应。这主要是由光波中的短波所引起的，尤其是紫外线的作用最为显著。紫外线常起着催化作用而使药品氧化分解或加速这些过程，使药品分子内部发生复杂的聚合、缩合等作用，生成有色或颜色不同的物质。例如，肾上腺素受光的作用变为肾上腺素红；含碘制剂可析出游离碘而呈棕黄色；吗啡阿托品晶注射液遇光后变质生成双吗啡毒性增大。这类易感光变质药品必须盛于棕色玻璃瓶中，或在普通容器外面包上不透明的黑纸，密闭贮藏于避光处，避免光照氧化。医院门诊药房药架上药宜小量分装，用完再添加，再次添加药品时，应把瓶子擦洗干净。

（3）温度　有些药品需要有稳定而适宜的温度，过热或过冷都会促使其变质，尤其是对生物制品、抗生素、维生素等药品影响更大。温度升高可加快药品的化学反应速度，促使氧化作用，使药物发生化学变化或物理变化，一是加速变质，例如，蛋白质变性、糖浆剂发酵变酸等；二是挥发减量，温度过高可使具有挥发性或沸点低的挥发油、薄荷脑、乙醚等药品加速挥发，挥发后因含量的变化而影响疗效；三是破坏剂型，例如，栓剂软化、糖衣片黏连、胶囊破裂等失去原有剂型的作用。

温度过低可使一些药品产生沉淀、冻结、凝固，有的变质破坏，有的则使容器破裂而损失。例如，蛋白质制剂以及抗生素等生物制品、乳状、胶体溶液等，温度过低易析出沉淀或分层变性。因此对这类怕热防冻药品的贮藏要注意，在夏季应将怕热药品放在阴凉干燥处，或放冷库内，在仓库向阳面应将门窗装上窗帘，防止日光照射。

（4）时间　药物贮存过久，也会逐渐变质失效，因此，一些药物如抗生素类、生物制品类、各种疫苗都规定了有效期。这对保证药品质量，确保用药安全有效，有着重要作用。凡是购进这类药品除了在采购时注意把关外，在药品入库时要严格建立有效期药品登记簿，出库时坚持执行先进先出、先期先出的原则，对存量较多、有效期较长的药品，应经常检查其质量，到了有效期的药品即使保存很合理，外观再好，也不能继续使用。对性质较稳定无有效期，但生产批号已有5年的产品，也不得擅自用于临床，如数量大，可经药品检验所重新鉴定其质量，如果仍符合药品标准规定，可根据其检验结果酌情延长使用时间。

（5）微生物　水溶液易被微生物所污染，尤其在含有营养性物质如糖、蛋白质等时，更易使微生物滋长与繁殖。例如，葡萄糖注射液、各种糖浆剂等均易滋长微生物。有的输液染菌后出现霉团、云雾状、浑浊、产气等现象，如果使用这种输液，会引起脓毒症、败血症、内毒素中毒甚至死亡。有些药品即使含菌素很多，在外观上也没有任何变化。因此，这类药品除了在生产中需要严格无菌外，在贮藏时务必保持包装完整、瓶塞紧盖、封口严密，置于25℃以下避光保存。

4．药品的运输、贮藏条件对其质量的影响

药品在生产、经营、使用过程中，都要经过运输、贮藏等环节。药品在运输过程中要防止日晒、撞击、雨淋，特别是不耐热的药品在运输过程中一定要采取冷藏措施等。贮藏药品的仓库一般要保持通风，具备温、湿度控制的条件，具备无防措施，堆放的药品要三不靠，药品要分类摆放，合格药品、不合格药品要严格区分开。如果贮藏不当，会引起其理化性质的改变，例如，维生素C片在贮藏过程中，与空气接触、温度过高、强光照射都能够使其氧化。

任务三　药品质量监控

药品质量的控制应该从源头抓起，应对原料药品的购入、检验、贮存、定期复检和生产投料等环节进行严格监管。

一、原料药质量监控

1．原料药品的购入

必须来源合法，其生产厂家应是经依法批准的，所生产的原料应具有国药准字批准文号，不能以食准字号等其他批文的原料生产药品。

2．生产原药材应按有关质量标准全检合格后才能投料

生产原药材应按有关质量标准全检合格后才能投料，尤其应重视中药饮片包装的监督检查，对实行批准文号管理的中药饮片，如阿胶、血竭等，若标签内容未标注批准文号，应视作无批准文号，依法按假药论处；未实行批准文号管理的中药饮片、无标签或标签内容未注明生产批号，应按劣药论处；标签内容中未标示规格产地、生产企业、生产日期等内容，应依法要求企业停止使用。对于饮片质量问题，因其与药材产地、采集时间、加工炮制等因素有密切关系，只有经批

批抽样全检，才能确认其非药用部分比例、有效成分的含量以及是否因受化肥或农药袋包装的污染，影响药品质量。

3. 原料药品的定期复检

因中药材及中药饮片的性质特殊，易受贮存养护环境影响而改变质量：含挥发油类药材（如薄荷、荆芥、当归等），久贮挥发油易损失；含油脂类药材（如桃仁、杏仁），易泛油；含糖类、蛋白质药材（如桔梗、党参），易长霉；其他质量不够稳定的成分，如穿心莲、丹参。在日常监管工作中发现许多企业未按有关质量管理规定，对超过规定期限的原料进行复检或送检处理。

4. 生产投料

投料的监管直接影响药品生产的质量，精确地投料是保证药品质量的关键。日常监管中应重点抽查生产投料有关问题的详细记录，从中发现质量隐患。当前，有的企业为降低成本竟然偷工减料、低限投料或未按净药材计算投料量，使药品质量受到影响，对此，药监部门应该实行强有力的监管。

二、生产工艺的监控

生产工艺是指导药品生产和保证产品质量的关键技术，如果不能正确执行，就不能生产出合格的药品。

1. 制剂工艺规程方面

生产过程完全符合规定的程序，同样是保证药品质量的关键，针对产品特点和结合自己的管理经验，每个企业都设定了质量管理规则，并细化成每个部门、每个人、每个步骤都必须严格遵守的标准操作规程。例如，有的无菌药品生产企业，利用空气压力差来保证无菌空间的洁净，外部空气不能进入无菌空间。但是，一旦发生停电，在备用电源启动前，空气倒灌就可能造成污染，根据操作规程，无菌生产线灌注工作就要停止，消毒无菌后才能重新开始，如不严格遵守相应规程，就难以最大限度地减少误差，保证药品质量。对此环节应加强监控。

2. 提取工艺方面

违规的提取操作包括以水提替代醇提，或为提高出膏率，违规延长提取时间，改变提取温度等。特别是中药浸膏的委托生产，有的提取厂家采取劣质原料提取或以水提替代醇提，取消醇沉工艺，加长水提时间，加入淀粉在稠膏中烘干等手段增加出膏量。目前，对于大规模制药生产中只规定了一个处方应产出制剂的数量，定性质量是有的，但没有明确的成分定量指标，无法达到全面质量控制的目的。在过程控制中应加以解决，尤其是委托加工点在辖区以外的，应严密防止监控脱节。

3. 从生产记录监控中发现问题

(1) 物料平衡监控　物料平衡异常时，应追踪原因，检查是否未按处方、工艺投料，是否出现混料差错，在得出合理解释后才可确认有无潜在的质量问题。

（2）生产周期监控　生产周期超过正常时间，应追查中间是否有停水停电现象，提取物在放置时间中是否发生质变（发酵、长霉），成品是否有异常。

（3）生产环境监控　有的企业为了节省开支，洁净车间生产中不开空气净化系统，阴凉库不开空调，对此需从有关环境温、湿度记录上检查。

（4）退货监控　一是销售价格是否正常，如低于成本价，应追踪是否有偷工减料现象；二是在退货记录中查看退货原因，是否有质量问题，并跟踪到原批生产记录；三是检查不合格品处理记录，看是否按规定实施监督或销毁，有无改头换面进行包装再销售现象。

4．从自检记录中发现问题

对质量部门提出的整改意见，落实有关部门是否采纳。日常监督中曾发现有的企业在落实自检制度时已看到影响质量的问题，但企业法人为了减少损失而最终未采纳质量管理部门的意见，仍继续销售问题药品。

三、药品生产过程中污染途径的控制

（1）在管理方面　应重视对操作间的清扫及设备洗净的标准合理及实施情况的监管；通过查看人员档案资料，看直接接触药品的有关人员是否定期进行身体健康检查，以防生产人员带有病菌病毒污染药品，看限制非生产人员进入药品生产车间的制度是否严格执行。

（2）在装备方面　应从设备维修养护记录查看直接接触药品的机械设备、工具、容器的清扫、养护，是否严格按 SOP（Standard Operating Procedure，常缩写并简称为 SOP，即标准作业程序）执行，注意防止机械润滑油对药品的污染；对无菌操作等洁净区，应按规定进行微粒、沉降菌的检查以及定期灭菌。

四、药品检验 SOP 的监管

虽然高质量的药品是生产出来的，而不是检验出来的，但确实只有经过检验合格的药品，才能最终走向市场。无论生产规程执行得多么严格，要保证丝毫没有差错也不现实，这就要求检验部门对生产的全过程和产品进行不断监测和检验。所以，加强对检验部门是否认真遵守药品检验 SOP 的监管至关重要。例如，即使是用于微生物培养的培养基，也必须经验证，以证明其培养效果是符合要求。

五、药品的贮存监管

药品生产的原料，在投料之前都有一段贮存期，这期间贮存养护不当，极易发生虫蛀、受潮、霉变、泛油等。另外，药品生产中的半成品、成品也有规定的贮存条件。在日常监管中，要随时监控生产企业是否具有能够保证药品贮存质量要求的温、湿度，常温库、阴凉库、冷库规模是否与其所生产的品种、数量相适应，对贮存温湿度记录是否如实反映实际并及时按要求调控等工作加强监管。

任务实施评分标准

1. 药品生产质量管理规范的学习和运用……………………………………30分
2. 药品质量标准的掌握……………………………………………………20分
3. 药品质量影响因素分析…………………………………………………30分
4. 药品质量监控的掌握……………………………………………………20分

问题与讨论

1. 药品（质量）标准的涵义，制定药品质量标准的目的是什么？
2. 药品质量标准的分类有哪些？
3. 制订药品质量标准的原则是什么？
4. 分析药品质量的影响因素及表现。
5. 从原料药品的购入、检验、贮存、定期复检和生产投料等方面谈谈药品质量的监控。

第二部分　微生物制药技术技能训练

实训一　培养基的制备与消毒、灭菌技术

任务一　培养基的制备

◎ 任务描述

培养基是指由人工配制的，适合微生物生长繁殖或产生代谢产物的营养基质。培养基的组成及各成分含量对微生物的生长有很大影响。

由于微生物具有不同的营养类型，对营养物质的要求也各不相同，加之实验和研究的目的不同，所以培养基的种类很多，使用的原料也各有差异。但从营养角度分析，培养基中一般含有微生物所必需的碳源、氮源、无机盐、生长因子以及水分等。另外，培养基还应具有适宜的pH、一定的缓冲能力、一定的氧化还原电位及合适的渗透压。

◎ 能力目标

1. 独立进行玻璃器皿的清洗与包扎技术。
2. 能准确称量培养基配制的成分。
3. 能根据微生物不同的营养需要，配制不同的培养基。

◎ 知识目标

1. 准确说出制备、分装培养基的方法。
2. 能阐述培养基的类型。

◎ 实验原理

各类微生物对营养的要求不尽相同,因而培养基的种类繁多。培养细菌常用牛肉膏蛋白胨培养基,培养放线菌常用高氏1号培养基,培养霉菌常用蔡氏培养基或马铃薯培养基,培养酵母菌常用麦芽汁培养基或马铃薯葡萄糖培养基。另外还有固体、液体、加富、选择、鉴别等培养基之分。在配制培养基时,根据各类微生物的特点,就可以配制出适合不同种类微生物生长发育所需要的培养基。

培养基除了满足微生物所必需营养物质外，还要求有一定的酸碱度和渗透压。霉菌和酵母菌的pH偏酸；细菌、放线菌的pH为微碱性。所以每次配制培养基时，都要将培养基的pH调到一定的范围。

◎ 工作任务书

任务进度	达到目标	负责人
工作准备	掌握微生物的营养类型； 查找资料，了解相关微生物培养知识； 查找微生物培养基配制标准作业程序（SOP）并相互交流； 填写相关实验预习报告	
工作过程	能够熟练完成实验用器皿的清洗与包扎工作； 能够正确熟练完成培养基的配制工作； 能够熟练掌握培养基的配制流程； 能够仔细观察和填写记录	
工作结束	整理实验场所，清洗实验器皿，做好相关设备维护； 正确处理实验材料	
报告填写	正确如实记录实验过程操作，完成实验报告	

一、玻璃器皿的清洗与包扎

◎ 实验流程

准备工作→清洗玻璃器皿→干燥玻璃器皿→包扎玻璃器皿→填写实验报告

1．准备工作

材料准备单

材料与试剂	1	中性洗涤剂，皂粉，重铬酸钾洗液
	2	1% 稀盐酸
	3	蒸馏水
	4	棉花，纸条，报纸，橡胶手套，棉绳
仪器设备	试管，锥形瓶，培养皿，烧杯，洗涤架，移液管，软毛刷，烘箱，电吹风，超声波清洗机	

2．清洗玻璃器皿

制备培养基的过程中需要用到各种玻璃器皿，使用前要根据不同的情况，进行清洗。

（1）新购进玻璃器皿的清洗　先用自来水初步刷洗，去除包装的污垢，用中性洗涤剂刷洗，流水冲净，浸泡于1% 稀盐酸中过夜，再用流水重新冲净，倒置于洗涤架上晾干水分，以备后续包扎灭菌。

（2）重复使用的玻璃器皿的清洗　如被化学试剂污染的玻璃器皿，必须经过清水浸泡处理才能进行清洗。如被病原菌污染，则必须经过适当消毒后，才能进行清洗。洗涤时先用软毛刷和中性洗涤剂刷洗，刷洗时不留死角，去除器皿内外表面的杂质，必要时也可使用超声波清洗，之后用流水冲洗干净。如仍未能洗净，将器皿浸泡于重铬酸钾洗液中，该洗液有高度的腐蚀性，故操作必须戴橡胶手套。浸泡12~24h后取出，自来水冲洗10次以上，蒸馏水冲洗不少于3次。

3．干燥玻璃器皿

洗净的玻璃器皿可倒置于洗涤架上在室内晾干。急用时也可放在搪瓷盘上，放烘箱烘干，或用电吹风吹干。

4．包扎玻璃器皿

玻璃器皿在灭菌前必须经过正确的包扎以避免外界污染，及保持灭菌后的无菌状态。

培养皿洗净烘干后每5~8套叠在一起，用牢固的报纸卷成一筒，两端打折，以免散开。锥形瓶在棉塞与瓶口外再包一层牛皮纸，用棉绳以活结扎紧。移液管以拉直的曲别针一端塞入棉花（勿用脱脂棉），要求松紧适中，管口不要外露棉花纤维。每支吸管用一条宽4~5cm的纸条包扎，以45°左右的角度螺旋形卷起来，吸管的尖端在头部，吸管的另一端用剩余纸条打结，不使散开，标明容量。灭菌后，同样要在使用时才从吸管中间拧断纸条抽出移液管。

5．填写实验报告

填写实验报告，记录玻璃器皿清洗包扎的操作过程。

[**思考讨论**]

（1）烘箱烘干玻璃器皿时，温度应如何设定？

（2）查找资料，给出重铬酸钾洗液的配制方案。

（3）清洗包扎完毕的玻璃器皿应如何处理？

二、营养琼脂培养基的配制

◎ 实验流程

准备工作→称量→溶解→调pH→分装→包扎标记→灭菌→质量检查→保存→填写实验报告

注意事项：

（1）称取培养基时要准确，按要求操作，需加热煮沸的应煮沸，需加热溶解的应溶解，溶解过程中要不断用玻璃棒搅拌。

（2）干燥培养基一般已校正过pH，但配制时也需再验证。若与所需pH不符，可用酸或碱液进行校正，校正时灭菌前的培养基pH可比最终pH高0.2左右。

（3）培养基不应有沉淀。如有沉淀，应于溶化后趁热过滤，灭菌后使用。液体培养基用滤纸进行过滤；固体或半固体培养基如有特殊要求，可用多层纱布进行过滤。

（4）培养基分装量不超过容器的2/3，以免灭菌时溢出，包装时盖子必须塞紧，以免松动脱落造成染菌。

（5）培养基配置后应在2h内灭菌，避免细菌繁殖。

（6）灭菌后的培养基应存放于冷暗处，避免污染，尽快使用。

（7）用水浴或微波炉加热溶化琼脂培养基，已溶化的培养基应一次用完，避免反复加热，剩余培养基不宜再用。

（8）使用电炉时不可离开，严禁易燃物品靠近，使用完毕应立即拔下电源。

（9）保持好培养箱的卫生，并定期对培养箱的温度进行校验。

（10）每批培养基应有配制记录，包含名称、配制量、配制者、配制日期、复核者、用途等。

1. 准备工作

材料准备单

材料与试剂	1	营养琼脂培养基干粉
	2	蒸馏水
	3	1mol/L NaOH溶液，1mol/L HCl溶液
	4	pH试纸，棉绳，牛皮纸，标签纸
仪器设备	药匙，量筒，锥形瓶5个，玻璃棒，电热套，烧杯，高压蒸汽灭菌器，恒温箱	

2. 称量

按照培养基瓶签所示，准确称量一定培养基干粉于烧杯中，称量时要迅速，防止受潮。

3. 溶解

把700～800mL蒸馏水倒入烧杯中，在电热套上小火加热，并不断用玻璃棒搅拌，防止液体溢出。待培养基干粉完全溶解后，停止加热，加水并补足水分至1000mL。

4. 调pH

根据培养基对pH的要求，用NaOH或HCl溶液调至所需pH，滴加时需注意缓慢少量，注意搅拌，用pH试纸进行测定。

5. 分装

趁热分装培养基至5个锥形瓶中，每瓶约200mL。分装时注意勿使培养基沾染在管口或瓶口上，避免污染。

6. 包扎标记

用牛皮纸包扎锥形瓶瓶口，做好标记。

7. 灭菌

分装好的培养基应在2h之内灭菌。按瓶贴规定的条件121℃、压力0.1MPa情况下灭菌15min，保存备用。如需倒平板，将培养基冷却到50℃左右进行。

8. 质量检查

每批培养基制备好后，应仔细检查一遍，如发现破裂、水分浸入、色泽异常、沾染等，均应挑出弃去，并测定其最终 pH。将全部培养基放入（36 ±1）℃恒温箱培养过夜，如发现有菌生长，即弃去。

9. 保存

培养基应存放于冷暗处，最好能放于普通冰箱内。放置时间不宜超过一周，倾注的培养基平板不宜超过 3d。每批培养基均须附有该批培养基制备记录副页或标签。培养基配制记录见表 1。

表 1　　培养基配制记录

干粉培养基名称	来源批号	配制日期	配制方法	配制人	复核人	备注
营养琼脂培养基			取营养琼脂培养基干粉____g，加纯化水____mL，加热溶解后，调节 pH____，分装至____mL 三角瓶，同法配制____瓶			

10. 填写实验报告

填写实验报告，记录利用培养基干粉配制营养琼脂培养基的操作过程。

［**思考讨论**］

（1）为什么分装好的培养基要尽快灭菌？

（2）培养基为什么要进行质量检查？

三、牛肉膏蛋白胨培养基的配制

◎ 实验流程

准备工作→称量→溶解→调 pH→溶化琼脂→分装→包扎标记→灭菌→搁置斜面倒平板→质量检查→保存→填写实验报告

1. 准备工作

牛肉膏蛋白胨培养基是一种应用最广泛和最普通的细菌基础培养基，它含有牛肉膏、蛋白胨和 NaCl。其中牛肉膏为微生物提供碳源和能源，磷酸盐、蛋白胨主要提供氮源，而 NaCl 提供无机盐。在配制固体培养基时还要加入一定量琼脂作凝固剂。琼脂在常用浓度下 96℃时溶化，一般实际应用时在下面垫以石棉网煮沸溶化，以免琼脂烧焦。琼脂在 40℃时凝固，通常不被微生物分解利用。由于这种培养基多用于培养细菌，因此，要用稀酸或稀碱将其 pH 调至中性或微碱性，以利于细菌的生长繁殖。

材料准备单

材料与试剂	1	蛋白胨，牛肉膏，琼脂，NaCl
	2	蒸馏水
	3	1mol/L NaOH 溶液，1mol/L HCl 溶液
	4	pH 试纸，棉绳，棉塞，试管帽，牛皮纸，标签纸
仪器设备	药匙，量筒，pH 计，锥形瓶 5 个，玻璃棒，电热套，电炉，烧杯，高压蒸汽灭菌器，恒温箱	

2. 称量

1000mL 牛肉膏蛋白胨培养基的配方：牛肉膏 3.0g，蛋白胨 10g，NaCl 5.0g，固体培养基添加琼脂 15～20g，液体培养基不添加琼脂。按照培养基配方，依次称取各种药品，放入大小适中的烧杯中，琼脂先不要加入。蛋白胨易受潮，需加盖，称量时要迅速。

3. 溶解

用量筒取一定量（约占总量的 1/2）蒸馏水倒入烧杯中，在放有石棉网的电炉上小火加热，并不断用玻璃棒搅拌，防止液体溢出。待各种试剂完全溶解后，停止加热，补足水分。

4. 调 pH

在未调 pH 前，先用精密 pH 试纸测量培养基的原始 pH，如果 pH 偏酸，用滴管向培养基中逐滴加入 1mol/L NaOH，边加边搅拌，并随时用 pH 试纸测其 pH，直至 pH 达 7.2～7.4。反之，则用 1mol/L HCl 进行调节。注意 pH 不要调过头，以免回调，否则，将会影响培养基内各离子的浓度。对于有些要求 pH 较精确的微生物，其 pH 的调节可用酸度计进行。

5. 溶化琼脂（液体培养基无此步骤）

牛肉膏蛋白胨固体或半固体培养基需加入一定量琼脂。琼脂加入后，置电炉上一面搅拌一面加热，直至完全溶化后停止搅拌，补足水分（水需预热）。

6. 分装

液体分装高度为试管高度的 1/4 左右；固体分装高度为管高的 1/5；半固体分装高度为试管高度的 1/3；锥形瓶装量一般不超过容积的一半。分装时注意勿使培养基沾染在管口或瓶口，避免污染。如图 1 所示。

7. 包扎标记

将上述分装好的培养基加试管帽或棉塞，外包牛皮纸，用棉绳系好，贴标签或用记号笔注明培养基名称、配制者姓名、配制日期等。

8. 灭菌

分装好的培养基应在 2h 之内灭菌。灭菌条件为 121℃，压力 0.1MPa，时间 20min，保存备用。

9. 搁置斜面倒平板

（1）搁置斜面　将灭菌的试管培养基冷至 55～60℃，将试管棉塞端搁在木条上。如图 2 所示。

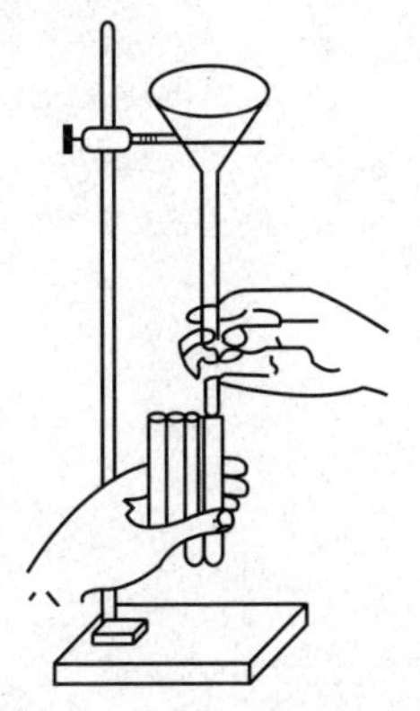

图 1　分装的操作方法

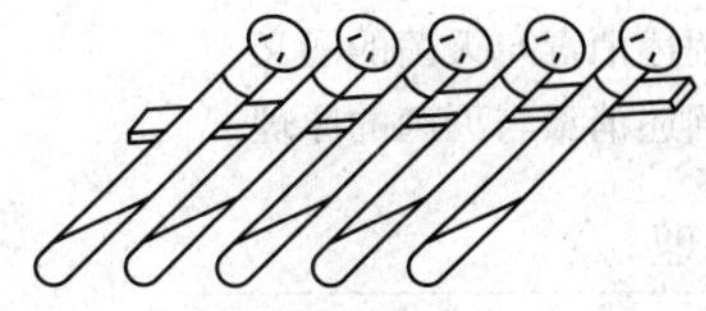

图 2　搁置斜面

（2）倒平板　培养基冷却到 50℃左右进行。右手持装有灭菌培养基的三角瓶，在酒精灯火焰旁操作，左手拿平皿并松动试管塞或瓶塞，用手掌边缘和小指、无名指夹住拔出。如果试管内或三角瓶内的培养基一次可用完，则管塞或瓶塞不必夹在手指中。瓶口在火焰上灭菌，左手将培养皿盖在火焰附近打开一缝，迅速倒入培养基约 15mL，加盖后，轻轻摇动培养皿，使培养基均匀分布，平置于桌面上，待凝后即可成平板。如图 3 所示。

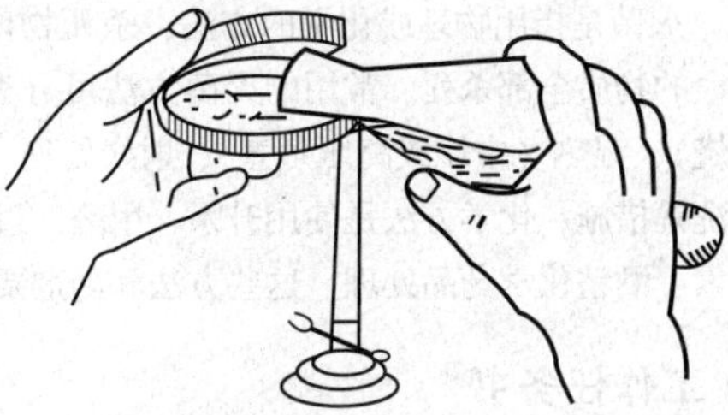

图 3　倒平板

10. 质量检查

方法同营养琼脂培养基的配制。

11. 保存

方法同营养琼脂培养基的配制。

12. 填写实验报告

填写实验报告，记录配制牛肉膏蛋白胨培养基操作过程。

［**思考讨论**］

（1）制备培养基的一般程序是什么？

（2）制备培养基时需注意什么问题？

（3）培养基配制完成后，为什么必须立即灭菌？如何进行无菌检查？

任务二　消毒、灭菌技术

◎ 任务描述

消毒、灭菌常用于表示物理或化学方法对微生物的杀灭程度。利用消毒与灭菌，可达到杀灭和控制有害微生物的目的，有助于保证药品质量安全，预防传染病发生。

◎ 能力目标

1. 能根据工业化生产需要，选择适宜的消毒灭菌方法。
2. 能正确规范操作培养基的高压蒸汽灭菌。

◎ 知识目标

1. 准确说出培养基灭菌的方法。
2. 能阐述消毒与灭菌的涵义。
3. 能阐述消毒与灭菌的原理。

◎ 实验原理

消毒原理：一是通过分子碰撞原理，即通过消毒剂分子碰到病原微生物：杀灭病原微生物。二是通过分子碰撞原理接触病原体，干扰病原体的重要酶系统，影响菌体代谢，主要有氧化剂和卤素类消毒剂。三是通过正负电子碰撞原理，即消毒剂所带正电荷能主动吸引和吸附表面具有负电荷的物体，正负电子相吸引，使消毒剂分子与细菌、病毒蛋白质接触，产生杀灭作用，如目前广泛使用的季铵盐类阳离子表面活性剂。

灭菌是指用物理或化学的方法，杀死物体表面和孔隙内的一切微生物或生物体，即把所有有生命的物质全部杀死。常用的灭菌方法可分为物理的和化学两类，即：物理方法如干热（烘烧和灼烧）、湿热（常压或高压蒸煮）、射线处理（紫外线、超声波、微波）、过滤、清洗和大量无菌水冲洗等措施；化学方法是使用升汞、甲醛、过氧化氢、高锰酸钾、来苏水、漂白粉、次氯酸钠、抗菌素、酒精化学药品处理。这些方法和药剂要根据工作中的不同材料、不同目的适当选用。

◎ 工作任务书

任务进度	达到目标	负责人
工作准备	掌握消毒与灭菌的概念； 查找资料，了解常用的消毒与灭菌知识； 查找企业中消毒液配制 SOP 并相互交流； 查找微生物培养基灭菌岗位 SOP 并相互交流； 填写相关实验预习报告	
工作过程	能够正确熟练完成培养基的灭菌工作； 熟悉相关仪器设备的使用； 能够仔细观察和填写记录	
工作结束	整理实验场所，清洗实验器皿，做好相关设备维护； 正确处理实验材料	
报告填写	正确如实记录实验过程操作，完成实验报告	

一、配制常用消毒液

◎ 实验流程

准备工作→计算→复核→称量→保存→填写实验报告

注意事项：

(1) 配制消毒剂时必须二人复核操作，并注意劳动保护，配制过程要填写记录。

(2) 配制消毒剂必须戴保护用品，避免烧伤。

(3) 在指定地点配制消毒剂，避免造成污染。

(4) 消毒剂定期更换，每月轮换使用。

1. 准备工作

材料准备单

材料与试剂	1	95% 乙醇，5% 新洁尔灭液，30% 双氧水液，5% 甲酚皂液
	2	纯化水
	3	橡胶手套，口罩，护目镜
	4	标签纸
仪器设备	量筒，玻璃棒，烧杯，计算器，记号笔，酒精计，消毒液专用容器	

2. 计算

采用稀释法配制消毒剂，其公式：

$$cV = c_1V_1$$

式中　c——浓溶液的浓度

V——需用浓溶液的体积

c_1——稀溶液的浓度

V_1——欲配制稀溶液的体积

欲配制 75% 酒精 1000mL，经计算需 95% 酒精约 789mL，加水补足体积至 1000mL。也可使用酒精计测量。

欲配制 0.1% 新洁尔灭溶液 1000mL，经计算需 5% 新洁尔灭液约 20mL，加水补足体积至 1000mL。

欲配制 3% 双氧水液 1000mL，经计算需 30% 双氧水液约 100mL，加水补足体积至 1000mL。

欲配制 2% 甲酚皂液 1000mL，经计算需 5% 甲酚皂液约 400mL，加水补足体积至 1000mL。

3. 复核

另一同学进行复核，并填写消毒液配制记录，见表 2。

表 2　　**消毒剂配制记录**

配制时间	消毒剂名称	原液浓度	消毒剂浓度	配液总量	原液用量	稀释剂用量	配制人	复核人

4. 称量

称量需两人配合，配制者都必须戴保护用品，按照复核结果量取消毒剂原液和纯化水。

5. 保存

配制好的消毒剂置于干燥容器内密闭保存。盛装容器壁上贴标签注明名称、配制日期、配制人等。

6. 填写实验报告

填写实验报告，记录配制消毒液的操作过程。

[**思考讨论**]

(1) 什么是消毒？常用的消毒剂都有哪些？其作用机理是怎样的？

(2) 为什么生产企业中消毒剂要定期更换？

二、培养基及玻璃器皿的高压蒸汽灭菌

◎ 实验流程

准备工作→转移→灭菌→分类保存→填写实验报告

1. 准备工作

高压蒸汽灭菌是将待灭菌的物品放在一个密闭的加压灭菌锅内，通过加热，使灭菌锅隔套间的水沸腾而产生蒸汽。待水蒸气急剧地将锅内的冷空气从排气阀中驱尽，关闭排气阀，继续加热，此时由于蒸汽不能溢出，而增加了灭菌器内的压力，从而使沸点增高，得到高于100℃的温度，导致菌体蛋白质凝固变性而达到灭菌的目的。在同一温度下，湿热的杀菌效力比干热大，其原因一是湿热中细菌菌体吸收水分，蛋白质较易凝固；二是湿热的穿透力比干热大；三是湿热的蒸汽有潜热存在，这种潜热，能迅速提高被灭菌物体的温度，从而增加灭菌效力。

灭菌的温度及维持的时间随灭菌物品的性质和容量等具体情况而有所改变。通常为0.1MPa、121.3℃灭菌15～20min（本次实验也采用此条件）；不耐高压的培养基则可采用流通蒸汽灭菌或间歇灭菌。

材料准备单

材料与试剂	1	待灭菌培养基，待灭菌玻璃器皿（包扎完毕）
	2	纯化水
	3	灭菌筐
	4	标签纸，待灭菌标志牌
仪器设备	高压蒸汽灭菌器，干燥烘箱	

2. 转移

将已制备好的待灭菌培养基，包扎完毕的待灭菌玻璃器皿整齐放置到适宜的

灭菌筐中，摆放要疏松，不可太挤，否则阻碍蒸汽流通，影响灭菌效果。放好待灭菌标志牌，将其转移至灭菌室中。

3. 灭菌

按照灭菌器使用标准操作规程检查仪器设备是否处于正常状态，将灭菌筐放入灭菌器，注意三角瓶与试管口均不要与桶壁接触，以免冷凝水淋湿包口的纸而透入棉塞。设置灭菌温度、灭菌时间等参数，启动灭菌程序。

4. 分类保存

灭菌完毕，当灭菌器压力读数降至“0”时，打开放气阀，排气后打开灭菌器。填写灭菌器使用记录，见表3。

表3　　灭菌器使用记录

灭菌器型号				
使用日期	使用时间	设备状态	使用人	备注

把灭菌后的玻璃器皿转移至干燥烘箱，注意不要摆放太密，不得使器皿与烘箱的内层底板直接接触，烘箱温度可设置为80℃，时间持续2h，温度降至60～70℃时方可打开箱门，取出物品，否则玻璃器皿会因骤冷而爆裂。

将已灭菌好的培养基按其用途分类贮藏备用，贴好相应的标签。培养基贮藏标签见表4。

表4　　培养基贮藏标签

培养基名称		培养基批号	
配制数量		贮存温度	
配制人		配制日期	
灭菌人		灭菌日期	
使用期限			

5. 填写实验报告

填写实验报告，记录培养基及玻璃器皿的高压蒸汽灭菌的操作过程。

[思考讨论]

（1）什么是灭菌？常用的灭菌方式都有哪些？其作用机理是怎样的？

（2）为什么待灭菌的物品不能摆放太挤？

（3）假设有某位同学毕业后在大型输液生产企业的灭菌岗位工作，他需要哪些知识与素质？

（4）查找资料，简述灭菌在制药工业上的应用。

实训二　微生物的分离纯化与培养技术

任务一　无菌操作技术的应用

◎ 任务描述

无菌操作技术是防止微生物进入物品和机体，保持无菌物品及无菌区域不被污染的规范化操作技术。在药品生产中，由于受到各种要素（制药厂房环境的空气、制药用水、操作人员、物料、设备等）的影响，都可能导致药品的微生物污染。因此，必须树立严格的无菌观念，熟练掌握无菌操作技术，防止微生物污染环境或感染操作人员，以保证产品质量安全。

◎ 能力目标

1. 能阐述无菌操作技术操作要点。
2. 能独立进行无菌技术操作。

◎ 知识目标

1. 能阐述无菌操作技术的基本概念。
2. 能阐述无菌物品、无菌区、非无菌区的概念。
3. 讨论无菌操作技术在药品生产中的应用。

◎ 实验原理

无菌操作技术主要是指在微生物实验工作中，控制或防止各类微生物的污染及其干扰的一系列操作方法和有关措施，其中包括无菌环境设施、无菌实验器材及无菌操作方法等。

微生物学实验技术所用玻璃器皿，不但要像化学实验那样要求清洁，而且还要无菌（玻璃器皿、接种工具、材料要灭菌），实验过程中要严格进行无菌操作。实验结束后若桌面被菌液污染，可用3%来苏尔液擦拭干净，带菌工具（吸管、塑料吸嘴、玻璃刮棒、染色涂片等）洗涤前浸泡在3%来苏尔液中，消毒后再清洗。有微生物污染的废物要集中处理，不能污染环境。

在微生物实验中，菌种的移植、接种和分离工作等，都要排除杂菌的污染，才能获得纯的符合要求的微生物纯培养体。为此，除严格按无菌操作进行外，尚需要有一个无杂菌污染的工作环境。通常，可在酒精灯旁进行无菌接种；小规模的操作可以使用无菌箱（接种箱）或超净工作台；工作量大的使用无菌室（接种室）；要求严格的可在无菌室内再结合使用超净工作台。

无菌操作技术包括无菌环境、无菌器材和无菌操作三个方面。

无菌环境只是相对而言的，是指人们利用物理或化学的方法，在某一可控制空间内使微生物数量降低至最低限度，接近于无菌的一种空间。而无菌室和无菌柜、超净工作台就是这样的空间。

无菌器材是无菌技术的主要组成部分，微生物检验和实验用器材可分为两类：① 器材灭菌：凡是检验中使用的器材，能灭菌处理的必须灭菌，如玻璃器皿（包括注射器、吸管、滴管、三角瓶、试管等）、培养基、稀释剂、无菌衣、口罩、胶管、乳胶头；金属器材（如外科刀、剪、镊子、针头等）凡能包裹的，应先用包装纸包裹后，再进行灭菌。② 器材消毒：凡检验用器材无法灭菌处理的，使用前必须经消毒处理，如无菌室内的凳、试管架、天平、工作服等，这些虽然无法灭菌，但是可以消毒。消毒可用化学药品熏蒸、喷洒或擦拭。

上述的无菌环境条件只是相对而言，实际上不可能保持环境的绝对无菌。因此关键是要严格进行正确的无菌操作。

◎ 工作任务书

任务进度	达到目标	负责人
工作准备	复习掌握微生物的特点； 查找微生物污染引起药品质量安全事故的案例； 掌握无菌物品、无菌区的概念； 填写相关实验预习报告	
工作过程	能够正确进行无菌操作工作； 能够熟练掌握无菌操作的流程； 能够仔细观察和填写记录	
工作结束	整理实验场所，清洗实验器皿，做好相关设备维护；正确处理实验材料	
报告填写	正确如实记录实验过程操作，完成实验报告	

一、0.1g/mL 氨苄青霉素钠溶液的配制

◎ 实验流程

准备工作→操作实施→无菌物品保管→填写实验报告

注意事项：

有青霉素过敏史的同学最好戴口罩操作，以免吸入药粉。

1. 准备工作

材料准备单

材料与试剂	1	氨苄青霉素钠冻干粉针（规格：2g/瓶）1 瓶
	2	无菌去离子水 100mL
	3	消毒溶液：75% 乙醇或 0.2% 新洁尔灭
仪器设备	无菌纱布，无菌持物镊，50mL 灭菌试剂瓶 1 个，10mL 灭菌移液管，灭菌移液管，生物安全柜或超净工作台，微量移液器，灭菌吸头，酒精灯	

（1）操作环境准备　无菌操作的环境要保持清洁卫生，光线明亮，操作台面平整干燥，最好有专门的无菌室并配备超净工作台、生物安全柜等设备。无菌操作前30min，减少人员走动，避免尘埃飞扬。

无菌室应具有空气除菌过滤的单向流空气装置，操作区洁净度A级或放置同等级别的超净工作台或生物安全柜，室内温度控制18～26℃，相对湿度控制45%～65%。无菌室在使用前，应开启净化系统运行1h以上，同时开启超净台或生物安全柜及紫外灯。

（2）工作人员准备　工作人员应做好个人准备，戴好帽子、口罩，修剪指甲并洗手，必要时穿无菌衣、戴无菌手套。无菌手套的戴法如图4所示。

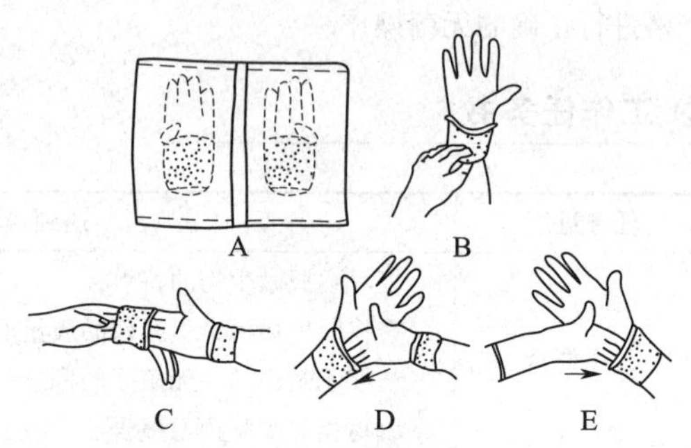

图4　无菌手套的戴法

戴无菌手套前洗净擦干双手。核对手套型号及有效期。打开手套袋，注意避开无菌区。手套可分别或同时取出。双手分别捏住袋口外层，打开，一手持手套翻转折部分（手套内面），取出；另一手五指对准戴上。将戴好手套的手指插入另一只手套的翻折面（手套外面），取出，同法将另一手套戴好，戴手套时不可强拉。最后将两手套翻折面套在工作衣袖外面。注意手套外面为无菌区，应保持其无菌。手套戴好后，双手置胸前，以免污染。脱手套时将手套口翻转脱下，不可用力强拉手套边缘或手指部分。

2. 操作实施

（1）工作人员应面向无菌区，身体与无菌区保持一定距离，约20cm，手臂应保持在腰部或操作台台面以上，不可跨越无菌区，避免面对无菌区谈笑、咳嗽、打喷嚏。使用无菌纱布浸渍消毒溶液（75%酒精或0.2%新洁尔灭）擦拭工作台面。使用75%乙醇对注射用氨苄青霉素钠瓶进行消毒，开启紫外灯消毒半小时，超净工作台（或生物安全柜）空气过滤器自净不少于半小时。点燃酒精灯，酒精灯外焰周围可视为无菌区。

（2）所用物品均应在使用前进行严格灭菌，无菌物品一经取出，即使未用，也不可放回无菌容器内。打开无菌包，取出本次工作所用的灭菌离心管、无菌持物镊、灭菌吸头等。

（3）酒精灯外焰周围开启无菌去离子水及灭菌试剂瓶，手持处尽量远离管口瓶口，使用移液管取14mL无菌去离子水至灭菌试剂瓶中。开盖后及盖回前，管口瓶口应过火焰1～2次，以杀死可能附着在管口瓶口的细菌。如无菌物品疑有污染或已被污染，应予更换并重新灭菌。

（4）用无菌持物镊开启氨苄青霉素钠冻干粉针安瓿瓶。使用移液器吸取

2mL无菌水至氨苄青霉素钠冻干粉针安瓿瓶，反复吹打，使冻干粉末溶解，注意不使产生气泡，之后转移至装有14mL无菌去离子水的灭菌试剂瓶；继续取2mL无菌水至上述安瓿瓶，重复洗涤转移两次，使灭菌试剂瓶装有20mL浓度为0.1g/mL的氨苄青霉素钠溶液，贴标签做好标记。

(5) 操作结束后清理操作台面，用75%乙醇或0.2%新洁尔灭溶液擦拭工作台面，打开紫外灯消毒半小时。填写无菌室使用记录。

3. 无菌物品保管

(1) 无菌物品必须与非无菌物品分开放置。

(2) 无菌物品不可暴露于空气中，应存放于无菌包或无菌容器中，无菌包外需标明物品名称、灭菌日期，并按失效期先后顺序排放。

(3) 定期检查无菌物品的灭菌日期及保存情况。无菌包在未被污染的情况下保存期一般为7d，过期或受潮应重新灭菌。

4. 填写实验报告

填写实验报告，记录配制0.1g/mL氨苄青霉素钠溶液的操作过程。

[**思考讨论**]

现有灭菌氨苄青霉素钠溶液（10mg/mL）1瓶，规格为10mL/瓶，请给出操作方案，说明如何将其配制成0.1mg/mL的溶液。

二、无菌室的清洁操作

◎ 实验流程

准备工作→杂物处理→超净工作台清洁→门、墙面、天棚、地面清洁→清洁效果评价→清洁工具存放→填写实验报告

1. 准备工作

材料准备单

类别	序号	内容
材料与试剂	1	纯化水
	2	清洁剂：2%洗涤灵，洗洁精
	2	消毒溶液：75%乙醇或0.2%新洁尔灭
	3	铬酸洗液
清洁工具	水桶，丝光毛巾，橡胶手套，PVC塑料管及连接件，专用洁净布，专用拖把，专用毛刷，登高具或专用长竿	
仪器设备	蒸汽消毒釜，高压蒸汽灭菌器	

(1) 应经常用消毒液擦洗无菌室的桌面及墙壁，用乳酸或甲醛熏蒸无菌室。

(2) 无菌室在使用前，应先打开紫外光灯灭菌30min。

（3）经常对无菌室做无菌程度检查。

（4）进入无菌室前，应先做好个人卫生工作，换工作服、工作鞋，戴口罩。工作服、工作鞋、口罩只准在无菌室内使用，不准穿着到其他地方，并定期洗换和消毒灭菌。

（5）接种的试管、三角瓶等应做好标记，注明培养基、菌种的名称和日期。移入无菌室内的所有物品，均须在缓冲室内用75%酒精擦拭干净。

2. 杂物处理

将实验使用过的杂物、器皿经传递窗传递出无菌室，废弃的活菌培养物及盛装所用器皿应放入蒸汽消毒釜，不能高压灭菌的应在铬酸洗液中浸泡12h后取出，洗净晾干备用。

3. 超净工作台清洁（生物安全柜方法相同）

先用丝光毛巾蘸纯化水将超净工作台擦拭至洁净，再用另一条干丝光毛巾蘸消毒溶液擦拭消毒，顺序是先擦拭送风口的高效过滤器表面，然后擦拭四壁，再擦拭超净工作台的台面，最后擦拭超净工作台的外表面。擦拭时执行先下后上，先里后外的顺序。

4. 门、墙面、天棚、地面清洁

清洁无菌操作室及缓冲间的门、墙面、地面，先用丝光毛巾蘸纯化水擦拭至洁净，再用另一条干丝光毛巾蘸消毒溶液擦拭消毒，擦拭时仍执行先下后上、先里后外的顺序。若有污迹不易清洁时，使用丝光毛巾蘸清洁剂处理，再用丝光毛巾蘸纯化水擦干净后，用另一条干丝光毛巾蘸消毒溶液擦拭消毒。清洁天棚时，必要时借助登高具或用适宜工具擦拭。在执行清洁操作时严格注意电器安全和其他安全事项。

5. 清洁效果评价

室内没有和实验无关的物品，工作台面整洁，无油污感，无肉眼可见污渍和尘埃，墙面、顶棚无霉斑及污渍，无肉眼可见的异物脱落，地面无杂物、无积水、无肉眼可见的尘埃及污迹。填写无菌室清洁记录。

6. 清洁工具存放

清洁工具用完后，应及时清洁干净，如有不易清除的污渍，用清洁剂清洗，水桶清洁后应倒置存放，丝光毛巾清洁后应灭菌备用。

7. 填写实验报告

填写实验报告，记录无菌室的清洁操作过程。

[思考讨论]

（1）无菌室操作人员应具有哪些素质？

（2）还有哪些消毒剂可用于洁净室消毒？是否可以一直用一种消毒剂？

任务二　微生物的接种技术

◎ 任务描述

将微生物转接到其他培养基或活的生物体内的过程，称为接种。接种可用于纯种增菌及保存菌种，也可用于某些生化鉴定试验。由于目的不同，接种方法略有差异。接种操作应在无菌条件下进行，在无菌室、超净台、酒精灯火焰附近进行。

◎ 能力目标

1. 能阐述微生物接种技术的操作要点。
2. 能独立完成微生物的接种操作。

◎ 知识目标

1. 能阐述微生物接种技术的基本概念。
2. 明白微生物接种技术的原理。
3. 讨论微生物接种技术在药品生产中的应用。

◎ 实验原理

微生物接种就是在无菌条件下，用接种工具（针、环）从一支原菌种中挑取少许菌体，接入到另一支新的培养基上扩大培养的技术。

要想得到大量的菌种，适应生产、科研和教学要求，就要进行微生物的接种，扩大菌种数量。接种因使用不同的容器、不同的培养基，达到不同的目的，而有不同的接种方法，但它们的基本要求是相同的。通常接种都应在空气经过消毒灭菌的接种室或接种箱内或超净工作台上完成。

◎ 工作任务书

任务进度	达到目标	负责人
工作准备	复习微生物的特点； 查找企业中有关微生物接种的标准操作规程； 填写相关实验预习报告	
工作过程	能够正确进行微生物接种工作； 能够规范无菌操作； 能够仔细观察和填写记录	
工作结束	整理实验场所，清洗实验器皿，做好相关设备维护； 正确处理实验材料	
报告填写	正确如实记录实验过程操作，完成实验报告	

◎ 实验流程

准备工作→灭菌接种环→冷却→挑取细菌样品→接种→培养→填写实验报告

1. 准备工作

材料准备单

材料与试剂	1	菌种斜面：大肠杆菌（*Escherichia coli*），枯草芽孢杆菌（*Bacillus subtilis*），金黄色葡萄球菌（*Staphylococcus aureus*），啤酒酵母（*Saccharomyces cerevisiae*），热带假丝酵母（*Candida tropicalis*），毛霉（*Mucor sp.*），根霉（*Rhizopus sp.*），青霉（*Penicillium sp.*）
	2	菌悬液：大肠杆菌（*Escherichia coli*），枯草芽孢杆菌（*Bacillus subtilis*），金黄色葡萄球菌（*Staphylococcus aureus*）
	3	培养基：营养琼脂斜面和平板，半固体营养琼脂直立柱，PDA 斜面和平板
	4	75% 酒精
仪器设备	接种环，接种针，接种铲，涂布棒，无菌移液管，酒精灯，记号笔，试管，试管塞，试管架，微量移液器，灭菌吸头，橡胶塞，培养皿，超净台，恒温摇床，恒温培养箱	

2. 灭菌接种环

接种操作前，用 75% 酒精消毒双手，待酒精挥发后，点燃酒精灯，在火焰附近操作。用斜面进行接种时，将原菌种管和待转接斜面试管夹在左手的大拇指和其他四指之间，斜面朝上，管口对齐，菌种管在上方［图 5（1）］。右手拿接种环（与日常拿笔一样）在火焰上将环金属丝部分烧红灭菌，然后将其余要伸入试管部分的金属柄也反复通过火焰灭菌［图 5（2）］。用右手小指、无名指或手掌将原菌种管和待转接斜面试管的试管塞同时拔出并把试管塞握住，不得任意放在桌上或与其他物品相接触，再以火焰烧管口［图 5（3）］。

3. 冷却

将上述在火焰上灭菌过的接种环伸入菌种管内，接种环在接触菌种前先在试管内壁上或未长菌落的培养基面上接触一下，使接种环充分冷却，以免烫死菌种。

4. 挑取细菌样品

然后用接种环轻轻蘸取少量菌苔，接着将接种环自菌种管内抽出。抽出时勿与管壁相碰，也勿通过火焰［图 5（4）］。

5. 接种

接种操作要点：用 75% 酒精擦双手。操作过程不离开酒精灯火焰。棉塞拿在手上，不要乱放。接种工具使用前需经火焰灼烧灭菌。操作要正确、迅速。接种工具用后需经火焰灼烧灭菌，才能放在桌上。棉塞必须塞得松紧适宜。所有使用的器皿均需严格灭菌。接种用的培养基均需事先做无菌培养试验。

（1）斜面接种法操作　迅速将沾有菌种的接种环伸入待接斜面试管中，自斜面培养基底部向上成S形划线，划线时环要平放，勿用力，否则会使培养基表面划破［图5（5）］。接种完毕后将接种环抽出，灼烧一下管口，塞上试管塞［图5（6）］。接种环放回原处前要在火焰上彻底灭菌，接种致病菌时更要注意这点。

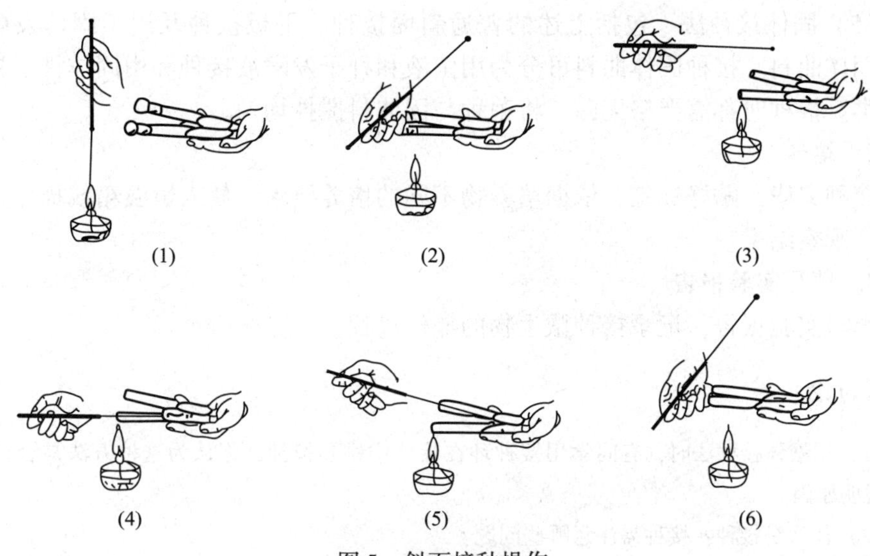

图5　斜面接种操作

接种方法大同小异，操作方法与斜面接种法基本相同，以下仅介绍不同点。

（2）穿刺接种法　该方法多用于半固体培养基的接种。操作方法如图6所示，可以水平穿刺，也可以垂直穿刺，不可使用接种环，要使用接种针。所使用的接种针要笔直，自培养基中心刺入，直到接近管底，但勿穿透，然后沿原穿刺途径慢慢拔出。

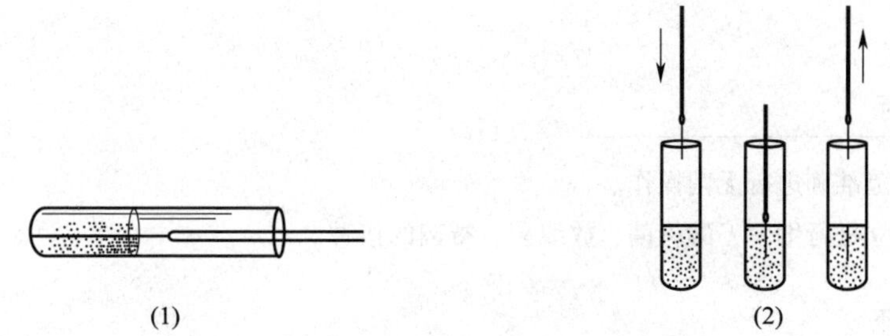

图6　穿刺接种操作

（3）液体接种法　该方法用于各种液体培养基，如肉汤、蛋白胨溶液等的接种。持菌种管及接种管，如斜面接种法，用接种环从菌种管挑取单菌落，伸入接种管中，在接近液面的管壁上方轻轻研磨，并蘸取少许培养基液体调和，轻轻振荡，使细菌混合于培养基的液体中。液体培养基一般在18～24h培养后观察生长特征。如接种霉菌菌种不易挑起培养物，可用接种钩或接种铲进行。

(4) 倾注平板法　该方法用于兼性厌氧菌的稀释定量培养，饮水、饮料、牛乳和尿液等标本的活细菌计数。取原标本或稀释液1mL至无菌培养皿内，再将已溶化且冷却至45～50℃的琼脂15～20mL倾注至无菌培养皿内，混匀，待凝固后置37℃恒温培养箱培养。

(5) 固体接种法　包括上述的普通斜面接种、平板接种及用于固体发酵的接种固体曲料。接种固体曲料可分为用菌液和种子发酵液接种和用固体种子接种两大类。接种时都需严格无菌，将菌种与固体料搅拌均匀。

6. 培养

接种完毕，贴好标签，依据培养物不同的培养要求，放入恒温箱或摇床进行培养，观察结果。

7. 填写实验报告

填写实验报告，记录接种微生物的操作过程。

[**思考讨论**]

(1) 用液体接种法时，有同学用接种环在液体中剧烈搅拌，你认为这种方法是否正确，并请说明原因。

(2) 什么是接种？接种需注意哪些问题？

任务三　细菌、放线菌、霉菌和酵母菌的接种技术

◎ 任务描述

菌落形态是微生物重要的分类依据，每一大类微生物都有一定的菌落特征，即它们在形态、大小、色泽、透明度、致密度和边缘等特征上都有所差异，一般根据这些差异就能识别大部分菌落。

◎ 能力目标

1. 能规范准确进行无菌操作。
2. 能独立进行细菌、酵母菌、放线菌、霉菌的接种。

◎ 知识目标

能阐述微生物常用接种技术的操作步骤。

◎ 实验原理

将微生物培养物或含有微生物的样品，在无菌条件下移植到培养基上的操作技术，称为接种。接种的关键是严格进行无菌操作。常用的接种方法有斜面接种、液体接种、穿刺接种、平板接种和固体接种等。

◎ 工作任务书

任务进度	达到目标	负责人
工作准备	掌握细菌、酵母菌、放线菌和真菌的接种方法； 查找资料，了解相关细菌、酵母菌、放线菌和真菌形态方面的知识； 填写相关实验预习报告	
工作过程	能够正确熟练完成细菌、酵母菌、放线菌和真菌的接种工作； 能够熟练掌握细菌、酵母菌、放线菌和真菌的接种流程； 能够仔细操作和填写记录	
工作结束	整理实验场所，清洗实验器皿，做好相关设备维护； 正确处理实验材料	
报告填写	正确如实记录实验过程操作，完成实验报告	

◎ 实验流程

准备工作→斜面接种法→平板接种法→液体接种法→穿刺接种法→固体接种法→填写实验报告

1. 准备工作

材料准备单

材料与试剂	1	菌种：大肠杆菌，5406 链霉菌，啤酒酵母，霉菌
	2	培养基：营养琼脂培养基，马铃薯葡萄糖琼脂培养基，高氏 1 号培养基，马丁琼脂培养基
	3	试剂：5mL 无菌生理盐水
仪器设备	酒精灯、记号笔、试管、橡胶塞、试管架、接种环、培养皿、超净台等	

2. 斜面接种法——细菌接种

斜面接种法主要用于传代活化、纯化培养、鉴定或保存菌种。通常先从平板培养基上挑取分离的单个菌落，或挑取斜面，或将液体培养基中的纯培养物接种到斜面培养基上。操作应在无菌室、接种柜或超净工作台上进行。

（1）准备工作　将菌种斜面培养基（简称菌种管）与待接种的新鲜斜面培养基（简称接种管）持在左手拇指、食指、中指及无名指之间，菌种管在外侧，接种管在内侧，斜面向上与管口对齐，并能清楚地看到两个试管的斜面，注意不要持成水平，以免管底凝集水浸湿培养基表面。

（2）接种环灭菌　右手持接种环柄，将接种环垂直放在火焰上灼烧。镍铬丝部分（环和丝）必须烧红，以达到灭菌目的，然后将除手柄部分之外的金属杆全用火焰灼烧一遍。

（3）拔管塞和烧试管口　用右手的小指和手掌之间及无名指和小指之间拔出试管棉塞，将试管口在火焰上通过，以杀灭可能沾污的微生物。

（4）接种环冷却和取菌　将灼烧灭菌的接种环插入菌种管内，先接触无菌苔生长的培养基上，待冷却后再从斜面上刮取少许菌苔。

（5）接种　接种环不能通过火焰，应在火焰旁迅速插入接种管。

（6）塞管塞和接种环灭菌　接种完毕，将接种环抽出，灼烧管口，并迅速塞上棉塞。重新仔细灼烧接种环后，放回原处，并塞紧棉塞。将接种管做好标记后放入试管架，即可进行培养。

3．平板接种法——放线菌接种

平板接种方式有倾注接种、涂布接种、划线接种和点植接种。本实验放线菌采用平板涂布接种法。

（1）准备工作

倒平板：将灭菌好的培养基倒入平皿。

（2）涂布平板法

无菌条件下吸取菌液滴加于平板培养基表面中心位置，左手持平皿并将皿盖打开一缝，右手持涂布棒将菌悬液自平板中央以同心圆方向轻轻向外涂布扩散，使之分布均匀，静置5~10min，使菌液浸入培养基。

（3）培养　培养基凝固后，将平板倒置于培养箱中培养。

4．液体接种法——霉菌接种

液体接种法多用于增菌液进行增菌培养，也可用纯培养菌接种液体培养基进行生化试验，其操作方法和注意事项与斜面接种法基本相同，仅将不同点介绍如下：

（1）由斜面培养物接种至液体培养基，用接种环从斜面上蘸取少许菌苔，接至液体培养基时应在管内靠近液面试管壁上将菌苔轻轻研磨并轻轻振荡，或将接种环在液体内振摇几次即可。如接种霉菌菌种时，若用接种环不易挑起培养物，可用接种钩或接种铲。

（2）由液体培养物接种液体培养基时，可用接种环或接种针蘸取少许液体移至新液体培养基。也可根据需要用吸管、滴管或注射器吸取培养液移至新液体培养基。接种液体培养物时应特别注意勿使菌液溅在工作台或其他器皿上，以免造成污染。如有溅污，可用酒精棉球灼烧灭菌后，再用消毒液擦净。凡吸过菌液的吸管或滴管，应立即放入盛有消毒液的容器内。

5．穿刺接种法——酵母菌接种

穿刺接种法多用于半固体、醋酸铅、三糖铁琼脂与明胶培养基的接种，操作方法和注意事项与斜面接种法基本相同，只适合细菌和酵母菌的接种。但必须使用笔直的接种针，而不能使用接种环。接种柱状高层或半高层斜面培养管时，应向培养基中心穿刺，一直插到接近管底，再沿原路抽出接种针。注意勿使接种针在培养基内左右移动，要使穿刺线整齐，便于观察生长结果。

（1）准备工作　手持试管，松动棉塞。

（2）灭菌　右手拿接种针在火焰上灼烧灭菌。

（3）取菌种　用右手的小指和手掌边拔出棉塞，接种针先在试管壁冷却后蘸少量菌种。

（4）接种　接种的方式有两种，一是水平法，类似于斜面接种；一种是垂直法，将接种针挺直，自培养基中心垂直刺入，接种试管底部后，沿着接种线将针拨出。

（5）塞管塞和接种环灭菌。

6. 固体接种法

普通斜面和平板接种均属于固体接种，斜面接种法已讲，不再赘述。固体接种的另一种形式是接种固体曲料，进行固体发酵。按所用菌种或种子菌来源不同，可分为：

（1）用菌液接种固体料　包括用菌苔刮洗制成的菌悬液和直接培养的种子发酵液。接种时按无菌操作将菌液直接倒入固体料中，搅拌均匀。但要注意接种所用水容量要计算在固体料总加水量之内，否则会使接种后含水量加大，影响培养效果。

（2）用固体种子接种固体料　包括用孢子粉、菌丝孢子混合种子菌或其他固体培养的种子菌。将种子菌于无菌条件下直接倒入无菌的固体料中即可，但必须充分搅拌使之混合均匀。一般是先把种子菌和少部分固体料混匀后再堆料。

7. 填写实验报告

填写实验报告，记录操作过程。

［**思考讨论**］

（1）为什么要将平板倒置于培养箱中培养？

（2）试述如何在接种中贯彻无菌操作的原则。

（3）以斜面上的菌种接种到新的斜面培养基为例，说明操作方法和注意事项。

任务四　微生物的分离纯化

◎ 任务描述

微生物在自然界中呈混杂状态存在，但为了生产和科学研究的需要，往往需要从中分离获得单一菌株，这种从混杂微生物群体中获得只含有某一种微生物纯培养的过程，称为微生物的分离纯化。分离纯化方法很多，基本原理相似，即将待分离样品进行一定的稀释，并使微生物的细胞（或孢子）尽量以分散状态存在，然后使其长成纯种单菌落。常用平板划线法和稀释涂布平板法。

◎ 能力目标

1. 能熟练进行无菌技术操作。
2. 能独立完成微生物的分离和纯化工作。

◎ 知识目标

1. 能阐述微生物分离纯化的基本概念。
2. 讨论微生物分离纯化在药品生产中的应用。

◎ 实验原理

微生物的分离纯化技术是微生物学中重要的基本技术之一。从混杂微生物群体中获得只含有某一种或某一株微生物的过程，称为微生物的分离与纯化。从样品中分离微生物的目的是为了查找与污染有关的微生物，或找出能应用于药品或食品加工的微生物，这对于生产和研究很有价值。所以，在分离时应掌握原则，以便指导检出微生物，避免漏查误查。

微生物在固体培养基上生长形成的单个菌落，通常是由一个细胞繁殖而成的集合体。因此可以通过挑取单一菌落而获得一种纯培养。

接种是微生物实验及科学研究中的一项最基本的操作技术。无论微生物的分离、培养、纯化或鉴定以及有关微生物的形态观察及生理研究都必须进行接种。接种的关键是要严格地进行无菌操作，如果操作不慎引起污染，则会导致实验结果不可靠，继而会影响下一步工作的进行。

根据菌落的生长特征，在一定程度上可以鉴定是何种微生物。

◎ 工作任务书

任务进度	达到目标	负责人
工作准备	复习微生物的特点； 查找微生物分离纯化在药品生产中的应用案例； 填写相关实验预习报告	
工作过程	能够正确进行平板划线法分离工作； 能够正确进行稀释涂布平板法分离工作； 能够仔细观察和填写记录	
工作结束	整理实验场所，清洗实验器皿，做好相关设备维护； 正确处理实验材料	
报告填写	正确如实记录实验过程操作，完成实验报告	

一、平板划线法分离菌株

◎ 实验流程

准备工作→倒平板→接种环灭菌→挑取混合菌悬液→平板划线→培养→填写实验报告

1. 准备工作

材料准备单

材料与试剂	1	已灭菌的牛肉膏蛋白胨琼脂培养基 50mL
	2	混合菌悬液
	3	灭菌水，75% 酒精
仪器设备	酒精灯，记号笔，试管，无菌移液管，微量移液器，橡胶塞，试管架，接种环，培养皿，超净台	

2. 倒平板

取已灭菌的牛肉膏蛋白胨琼脂培养基放入水浴中加热至融化。待培养基冷却至 50℃左右，按无菌操作法倒 2 只平板（每皿约 15ml），平置，待凝固。

倒平板的方法：右手持盛有培养基的试管或三角瓶置于火焰旁，左手将试管塞或瓶塞轻轻地拔出，试管或瓶口保持对着火焰；然后用右手手掌边缘或小指与无名指夹住管（瓶）塞（也可将试管塞或瓶塞放在左手边缘或小指与无名指之间夹住，如果试管内或三角瓶内的培养基一次用完，管塞或瓶塞则不必夹在手中）。左手拿培养皿并将皿盖在火焰附近打开一缝，迅速倒入培养基约15mL，加盖后轻轻摇动培养皿，使培养基均匀分布在培养皿底部，然后平置于桌面上，待冷却后即为平板，倒置，贴标签做好标记，注明培养基名称、制备者姓名、日期等。

3．接种环灭菌

点燃酒精灯，右手以持笔式握持接种环，并放置火焰中烧灼灭菌，先将接种环的接种丝部分置于火焰中，待金属丝烧红并蔓延至金属端，再直接烧灼金属环直至烧红，然后由金属环至金属杆方向快速通过火焰，随后再反方向通过火焰，如此2～3次。具体操作如图7所示。

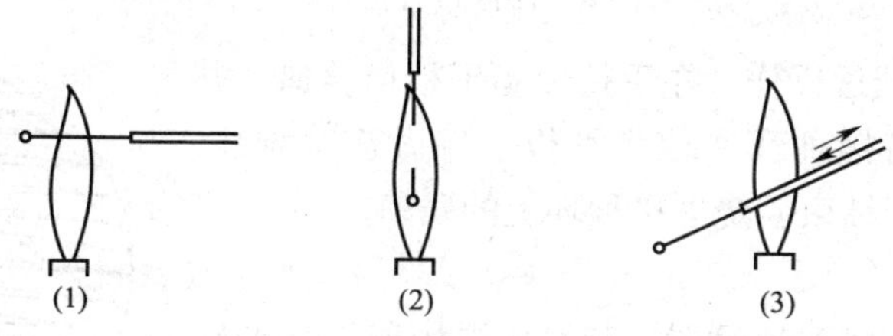

图7　接种环灭菌操作

4．挑取混合菌悬液

左手持装有混合菌悬液的试管，用持有接种环的右手手掌及小指拔取试管塞，将试管口迅速通过火焰2～3次进行灭菌。将已灭菌且已冷却的接种环伸入混合菌悬液的试管中，在管壁冷却后取一接种环的菌液，然后退出试管，将试管口再次通过火焰2～3次灭菌，塞好试管塞，放至原来试管架的位置。

5．平板划线

（1）四区接种法操作

① 左手持琼脂平板培养皿，打开一缝，并靠近火焰，右手持接种环在琼脂平板上端来回划线，涂成一细菌薄膜（约占平板的1/10），视为一区［图8（1）］。划线时使接种环与接种平板面呈30°～40°角，以腕力在平板表面行轻而快的来回滑动动作。

② 旋转琼脂平板90°，烧灼接种环，以杀灭环上的残留细菌，将接种环触及培养基表面以使其冷却。灭菌接种环通过薄膜处做连续平行划线（约占平板1/5），此视为二区［图8（2）］。

③ 旋转琼脂平板90°，灼烧接种环灭菌并使之冷却。将灭菌接种环接二区连续平行划线（约占平板1/4），此为三区［图8（3）］。

④ 旋转琼脂平板90°，接种环不必再灭菌，接三区连续平行划线，划满平板其余部分，此视为四区［图8（4）］。各区接种线间互不交接，以达到细菌逐渐稀释的目的。划线结束。烧去接种环上的残菌。

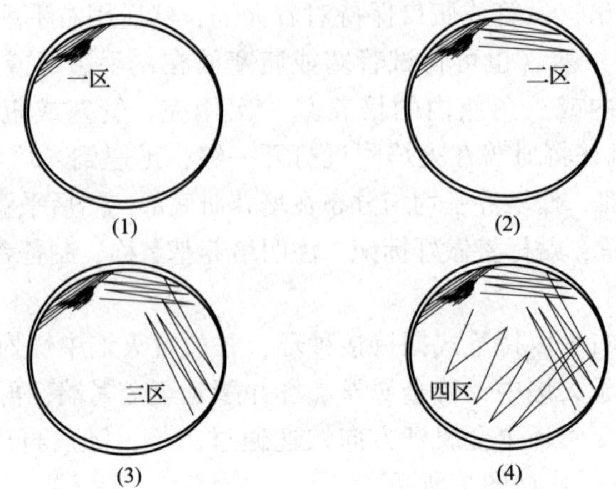

图 8　四区接种法操作

（2）连续划线法操作　左手持琼脂平板培养皿，并靠近火焰。右手持接种环在琼脂平板上端做连续划线，如图 9 所示。划线结束，烧去接种环上的残菌。

图 9　连续划线法操作

6. 培养

划线完毕，将培养皿倒置，37℃恒温培养 24 ~ 48h，观察结果。

7. 填写实验报告

填写实验报告，记录平板划线法分离菌株的操作过程。

［**思考讨论**］

（1）为什么划线结束后要烧去接种环上的残菌？

（2）查找资料，还有哪些划线方法可以应用？

二、稀释涂布平板法分离菌株

◎ 实验流程

准备工作→倒平板→制备混合菌稀释液→涂布→培养→填写实验报告

1. 准备工作

材料准备单

材料与试剂	1	已灭菌的牛肉膏蛋白胨琼脂培养基 50mL
	2	混合菌悬液
	3	灭菌水，75% 酒精
仪器设备	酒精灯，记号笔，试管，无菌移液管，涂布棒，微量移液器，无菌吸头，橡胶塞，试管架，接种环，培养皿，超净台	

2. 倒平板

方法同平板划线法，倒3个牛肉膏蛋白胨琼脂培养基平板。

3. 制备混合菌稀释液

取6支试管，分别加入9mL无菌水并做标记。取1mL无菌移液管吸取1mL菌悬液加入1号试管，混匀；用1mL无菌移液管吸取1mL上述1号试管菌悬液加入2号试管，混匀；以此类推制成10^{-1}、10^{-2}、10^{-3}、10^{-4}、10^{-5}、10^{-6}不同稀释度的菌悬液溶液，如图10所示。

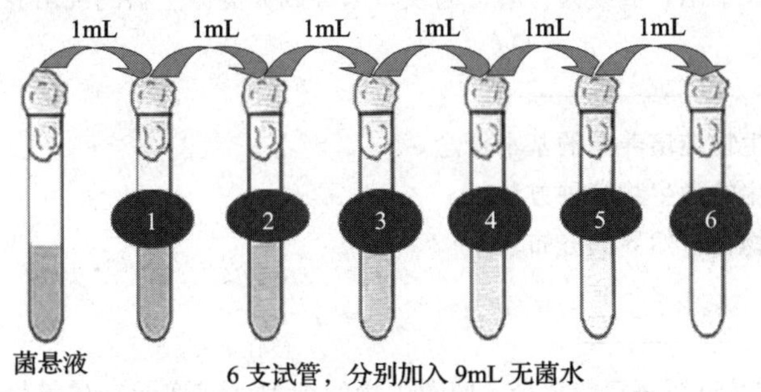

图10　制备混合菌稀释液

4. 涂布

取牛肉膏蛋白胨培养基平皿3个，分别用记号笔标注10^{-4}、10^{-5}、10^{-6}三个稀释度，用微量移液器或无菌移液管吸取0.1mL菌悬液，滴加在培养基中央。灼烧涂布棒，放冷后右手持棒，将菌液自平板中央向四周均匀涂布扩散。涂布后灼烧灭菌涂布棒。

5. 培养

涂布完毕，将培养皿倒置，37℃恒温培养24～48h，观察结果。

6. 填写实验报告

填写实验报告，记录稀释涂布平板法分离菌株的操作过程。

[**思考讨论**]

(1) 为什么涂布前后均要灼烧涂布棒？

(2) 为什么溶化后的培养基要冷却至45℃左右才能倒平板？

(3) 要使平板菌落计数准确，需要掌握哪几个关键？为什么？

(4) 试比较平板菌落计数法和显微镜下直接计数法的优缺点及应用。

(5) 当平板上长出的菌落不是均匀分散的而是集中在一起时，你认为问题出在哪？

任务五　土壤中细菌、放线菌、酵母菌及霉菌的分离与纯化

◎ 任务描述

微生物在自然界分布广泛，土壤中含有各种有机物、无机物，pH近中性，温度也较稳定，是微生物生长繁殖的良好环境。由于微生物通常以混居的群体形式存在，因此首先要分离出各种微生

物的纯培养物。纯培养物是来自某种微生物的一个细胞分裂、繁殖而产生的后代。获得某种微生物的纯培养,一般是根据该微生物对营养、酸碱度、氧等条件要求不同,而供给它适宜的培养条件,或加入某种抑制剂,淘汰其他一些不需要的微生物,再用各种方法分离、纯化该微生物,直至得到纯菌株。

◎ 能力目标

1. 能说出几种获得微生物纯培养物的分离方法。
2. 熟练使用常见的接种工具。
3. 能独立完成细菌、放线菌、酵母菌及霉菌等四大类微生物的纯培养。

◎ 知识目标

1. 能说出微生物纯培养物的基本概念。
2. 能阐述常用的微生物接种方法。
3. 讨论微生物在自然界的分布。

◎ 实验原理

将待分离的样品进行一定的稀释，使微生物的细胞（或孢子）尽量呈分散状态，选用有针对性的培养基，在不同温度、通风等条件下培养，让其长成一个纯种单个菌落。

要想获得某种微生物的纯培养，还需提供有利于该微生物生长繁殖的最适培养基及培养条件。微生物四大类菌的分离培养基、培养温度、培养时间见表5。

表5　微生物四大类菌的分离培养条件

样品来源	分离对象	分离方法	稀释度	培养基名称	培养温度/℃	培养时间/d
土样	细菌	稀释分离	10^{-5}，10^{-6}，10^{-7}	牛肉膏蛋白胨	30～37	1～2
土样	放线菌	稀释分离	10^{-3}，10^{-4}，10^{-5}	高氏1号	28	5～7
土样	霉菌	稀释分离	10^{-2}，10^{-3}，10^{-4}	马丁氏琼脂	28～30	3～5
面肥或土样	酵母菌	稀释分离	10^{-4}，10^{-5}，10^{-6}	马铃薯葡萄糖	28～30	2～3
细菌分离平板	细菌单菌落	划线分离	10^{-2}	牛肉膏蛋白胨	30～37	1～2

◎ 工作任务书

任务进度	达到目标	负责人
工作准备	复习微生物的分布； 熟悉细菌、酵母菌、放线菌及霉菌等微生物的生物学特性； 填写相关实验预习报告	
工作过程	能够正确进行微生物分离纯化工作； 能够规范进行无菌操作； 能够仔细观察和填写记录	
工作结束	整理实验场所，清洗实验器皿，做好相关设备维护； 正确处理实验材料	
报告填写	正确如实记录实验过程操作，完成实验报告	

◎ 实验流程

准备工作→培养基及链霉素溶液制备→分离土壤菌样→平板划线法分离→斜面接种→结果观察→填写实验报告

1. 准备工作

材料准备单

材料与试剂	1	土壤样本
	2	培养基：马丁琼脂培养基，高氏合成 1 号琼脂培养基，马铃薯葡萄糖培养基，牛肉膏蛋白胨培养基
	3	灭菌水，75% 酒精
	4	链霉素，10% 酚液
仪器设备	pH 试纸，酒精灯，记号笔，试管，试管架，无菌移液管 10 支，微量移液器，无菌吸头，灭菌防水纸袋，装有玻璃珠并有 90mL 无菌水的锥形瓶 1 支，橡胶塞，接种环，接种针，接种铲，无菌培养皿 18 套，涂布棒，超净台，冰箱	

2. 培养基及链霉素溶液制备

培养基及链霉素溶液制备见表 6。

表 6　培养基及链霉素溶液制备

类别	配制原料	配制方法	用途
牛肉膏蛋白胨培养基	牛肉膏 0.5g，蛋白胨 1.0g，NaCl 0.5g，琼脂 1.5～2g，水 100mL	先将牛肉膏、蛋白胨加入烧杯中，加热搅拌至完全溶解，再加入其他成分依次溶解，最后加水 100mL，调 pH7.0～7.2，加入琼脂，加热溶化，分装，121℃高压灭菌 20min	分离细菌
马丁琼脂培养基	葡萄糖 1.0g， 蛋白胨 0.5g， $K_2HPO_4 \cdot 3H_2O$ 0.1g， $MgSO_4 \cdot 7H_2O$ 0.05g， 孟加拉红（1mg/mL）0.33mL， 琼脂 1.5～2g， 水 100mL	先将蛋白胨粉溶入烧杯中，加热搅拌至完全溶解，再加入其他成分依次溶解，最后加水至 100mL，加入琼脂，加热溶化后补足体积至 100mL，置于锥形瓶中，121℃高压灭菌 20min	分离霉菌
高氏合成 1 号琼脂培养基	可溶性淀粉 2.0g， KNO_3 0.1g， $K_2HPO_4 \cdot 3H_2O$ 0.05g， NaCl 0.05g， $MgSO_4 \cdot 7H_2O$ 0.05g， $FeSO_4 \cdot 7H_2O$ 0.01g， 琼脂 1.5～2g， 水 100mL， pH7.2～7.4	先将淀粉溶入烧杯中，加热搅拌至完全溶解，再加入其他成分依次溶解，最后加水至 400mL，调 pH7.2～7.4，加入琼脂，加热溶化，分装，121℃高压灭菌 20min	分离放线菌

续表

类别	配制原料	配制方法	用途
马铃薯葡萄糖培养基	马铃薯浸汁(20%)100ML，葡萄糖 2g，琼脂 1.5~2g	将马铃薯去皮，切成 $2cm^2$ 的小块，放入 200mL 的烧杯中煮 30min，注意用玻璃棒搅拌以防煳底，然后用双层纱布过滤，得到的滤液加葡萄糖，补足体积至 100mL，自然 pH	分离酵母菌
50000U/mL 的链霉素	标准链霉素制品，无菌水 20mL	标准链霉素制品为 1000000U/瓶，先准备 20mL 无菌水，在无菌条件下反复用无菌水将瓶中的链霉素溶解、转移、再溶解、再转移，最终得到的链霉素溶液为 50000U/mL，临用时每 1mL 培养基加 1μL 即可	抑制细菌生长

3. 分离土壤菌样

(1) 土壤稀释液的制备

① 土壤的采集：采集离地面 5~20cm 处的土壤几十克，盛入事先灭过菌的防水纸袋内，置于 4℃冰箱中，待分离。

② 制备土壤悬液：称取土壤 10g，经无菌操作，迅速倒入一个带玻璃珠并盛有 90mL 无菌水的锥形瓶中，振荡 10~20min，这就是 10^{-1} 的土壤悬液。

③ 制备土壤稀释液：用 10 倍稀释法来制备土壤稀释液，用无菌移液管吸取 1mL 10^{-1} 的土壤悬液，放入装有 9mL 无菌水的试管中，即得 10^{-2} 的土壤悬液。依此类推，可得系列稀释度的土壤悬液，如图 11 所示。

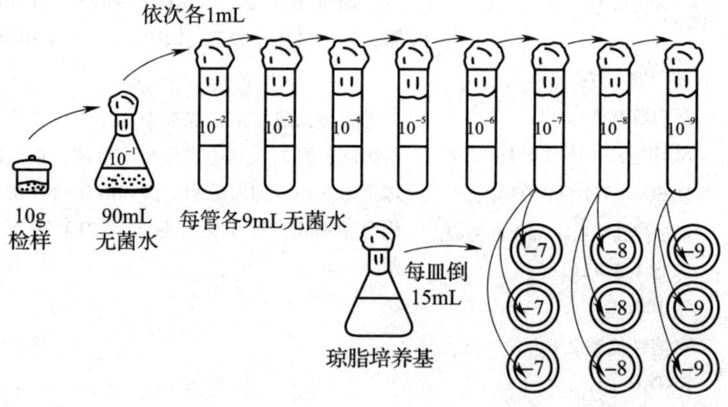

图 11　稀释平板测数法中样品的稀释和稀释液的取样培养

(2) 分离细菌（稀释平板倾注法）　取四个无菌培养皿，将 10^{-6}、10^{-7} 的土壤悬液各取 1mL，接入平皿中，每个稀释度接两个平皿，做好标记。再将溶化并冷却至约 50℃的牛肉膏蛋白胨琼脂培养基倾入平皿中，立即将平皿轻轻旋转晃动，使菌液与培养基充分混匀，平置待凝固。最后将平板倒置于 37℃的培养箱中，培养 1~2d，观察结果。

（3）分离霉菌（稀释平板倾注法）　取 4 个无菌培养皿，将 10^{-2}、10^{-3}的土壤悬液各取 1mL，接入平皿中，每个稀释度接两个平皿，做好标记。再将溶化并冷却至约 50℃的马丁琼脂培养基（为了抑制细菌的生长，加入终浓度为 50U/mL 的链霉素）倾入平皿中，立即将平皿轻轻旋转晃动，使菌液与培养基充分混匀，平置待凝固。最后将平板倒置于 28℃的培养箱中，培养 3～5d，观察结果。

（4）分离放线菌（稀释平板倾注法）　取 4 个无菌培养皿，将 10^{-4}、10^{-5}的土壤悬液，每管加入 10% 酚液 4～5 滴（以抑制细菌和霉菌的生长），摇匀后各取 1mL，接入平皿中，每个稀释度接 2 个平皿，做好标记。再将溶化并冷却至约 50℃的高氏合成 1 号琼脂培养基倾入平皿中，立即将平皿轻轻旋转晃动，使菌液与培养基充分混匀，平置待凝固。最后将平板倒置于 28℃的培养箱中，培养 5～7d，观察结果。

（5）分离酵母菌（稀释平板涂布法）　取 4 个无菌培养皿，将溶化并冷却至约 50℃的马铃薯葡萄糖培养基倾入平皿中，平置待凝固。将 10^{-4}、10^{-5}的土壤悬液各取 1mL，接入平皿中，每个稀释度接 2 个平皿，做好标记。用无菌玻璃涂棒将菌液自平板中央均匀向四周涂布扩散，平置待吸收完全。最后将平板倒置于 30℃的培养箱中，培养 2～3d，观察结果。

4．平板划线法分离

分离得到的土壤菌样不纯时通常用平板划线法进行纯种分离。

（1）制备平板　无菌操作，在火焰旁将溶化并冷却至约 50℃的培养基倾入平皿中，制备牛肉膏蛋白胨培养基平板 2 个、马丁琼脂培养基平板 2 个、高氏合成 1 号琼脂培养基平板 2 个、马铃薯葡萄糖培养基平板 2 个，平置待凝固。

（2）划线分离

① 连续划线法：参考任务二相关内容。

② 分区划线法：参考任务二相关内容。

（3）培养　将平板倒置于培养箱中培养 1～2d，观察结果。

从不同平板上选择不同类型菌落观察，区分细菌、放线菌、酵母菌和霉菌的菌落形态特征，并做好记录见表 7。

表 7　　菌落形态特征记录表

微生物	菌株编号	分离培养基	菌落特征	细胞形态
细菌	1			
	2			
放线菌	1			
	2			
酵母菌	1			
	2			
霉菌	1			
	2			

5. 斜面接种

从不同平板上选择不同类型的菌落观察，区分细菌、放线菌、酵母菌和霉菌的菌落形态特征。将细菌接种于牛肉膏蛋白胨斜面，放线菌接种于高氏 1 号斜面，霉菌接种于马丁琼脂培养基，酵母菌接种于马铃薯葡萄糖斜面。贴好标签，在各自适宜的温度下培养，培养后观察是否为纯种，记录斜面培养条件及菌苔特征于表 8。置冰箱保藏。

表 8　　菌种斜面培养条件及菌苔特征

微生物	培养基名称	培养温度	培养时间	菌苔特征	纯化程度
细菌					
放线菌					
酵母菌					
霉菌					

6. 结果观察

通过培养既可见培养皿内长出各种菌落，又可分别进行观察。首先从外观上辨认出细菌、放线菌、酵母菌、霉菌的菌落，选择所需要的稀疏的单个菌落，接至相应的斜面培养基上培养，待斜面上长成成片的菌落后，用无菌操作取出少量菌体（或菌丝体），制片，用显微镜检查是否已得到单一的纯种。如仍有其他菌混杂，就应再经稀释分离或平板划线分离进行纯化，直到获得纯培养物。

7. 填写实验报告

填写实验报告，记录分离土壤中微生物的操作过程。

[**思考讨论**]

（1）为什么用马丁琼脂培养基分离霉菌时，需加入链霉素？分离放线菌时为什么要加入酚液？

（2）为什么平板划线后还要继续斜面接种？

实训三　微生物检验鉴定技术

任务一　微生物形态与菌落特征观察

◎ 任务描述

菌落是由某一微生物的少数细胞或孢子在固体培养基表面繁殖后所形成的子细胞群体，因此，菌落形态在一定程度上是个体细胞形态和结构在宏观上的反映。由于每一大类微生物都有其独特的细胞形态，因而其菌落形态特征也各异。在四大类微生物的菌落中，细菌和酵母菌的形态较接近，放线菌和霉菌形态较相似。

◎ 能力目标

1. 能仔细观察并描述出细菌、酵母菌、放线菌、霉菌的平板菌落特征。
2. 讨论菌落特征在其形态学鉴定上的重要性。

◎ 知识目标

讨论酵母菌、放线菌、常见霉菌形态特征从哪些方面进行观察。

◎ 实验原理

酵母菌菌落一般较湿润、光滑，易挑起，菌落正反面及边缘、中央部位的颜色一致，但其菌落一般比细菌大、厚且透明度较差。酵母菌是多形的、不运动的单细胞微生物，细胞核与细胞质已有明显的分化，菌体比细菌大，一般成圆形、椭圆形、柱形和藕节形等。本实验用水－碘液浸片来观察生活的酵母形态。

放线菌菌落局限生长，小而薄，多为圆形，边缘有辐射状，外观呈干燥、不透明的丝状、绒毛状或皮革状等特征。由于营养菌丝伸入培养基中使菌落和培养基连接紧密，故菌丝不易被挑起。一般情况下，菌落中心的颜色常比边缘深，由于气生菌丝、孢子和营养菌丝颜色不同，常使菌落正反面呈不同颜色。

霉菌的菌落大而疏松，由于孢子不同的形状、构造和颜色，菌落表面往往呈现不同的结构和色泽，菌落在固体培养基上生长呈棉絮状（毛霉）、蜘蛛网状（根霉）、绒毛状（曲霉）和地毯状（青霉）。霉菌的营养体是分枝的丝状体。其个体比细菌和放线菌大得多，分为基内菌丝和气生菌丝。

◎ 工作任务书

任务进度	达到目标	负责人
工作准备	掌握微生物形态与菌落特征； 查找资料，了解微生物形态与菌落相关知识； 填写相关实验预习报告	
工作过程	能够正确熟练完成微生物形态与菌落的测定工作； 能够熟练掌握微生物形态与菌落的测定流程； 能够仔细观察和填写记录	
工作结束	整理实验场所，清洗实验器皿，做好相关设备维护； 正确处理实验材料	
报告填写	正确如实记录实验过程操作，完成实验报告	

◎ 实验流程

准备工作→菌落特征的观察→个体形态特征的观察→霉菌的形态观察→填写实验报告

1．准备工作

材料准备单

材料与试剂	1	大肠杆菌，金黄色葡萄球菌，啤酒酵母，曲霉（青霉）
	2	营养琼脂培养基、马铃薯葡萄糖琼脂培养基及高氏 1 号培养基
	3	0.85% 生理盐水
	4	革兰染色用碘液
	5	0.1% 美蓝染色液
	6	乳酸石炭酸棉蓝染色液
	7	50% 乙醇
仪器设备	接种针，载玻片，盖玻片，镊子，酒精灯，擦镜纸，显微镜等	

2．菌落特征的观察

（1）细菌菌落的描述

菌落大小：大菌落（5mm 以上），中等菌落（3 ~ 5mm），小菌落（1 ~ 2mm），露滴状菌落（1mm 以下）。

菌落形状：圆形、放射状、假根状、不规则等。

菌落颜色：乳白色、灰白色、金黄色、粉红色等。

菌落质地：黏稠、脆硬等。

菌落表面形态：有光滑、皱褶、放射状、根状等。

菌落边缘形态：有整齐、波状、丝状、锯齿状、裂叶状等形态。

菌落隆起形态：有扁平、隆起、草帽状、胶状等。

透明度：可分为透明、半透明、不透明等。

（2）酵母菌菌落形态的描述　可参照细菌。

（3）放线菌和霉菌菌落的描述

菌落的大小：分局限生长和蔓延生长，用格尺测量菌落的直径和高度。

菌落表面的形态：粗糙、同心圆、辐射状沟纹、粉状、绒毛状或皮革状、疏松或紧密、有无水滴等。

菌落的颜色：菌落正面颜色（包括气生菌丝或孢子颜色），菌落的反面颜色（指营养菌丝颜色），是否有水溶性色素（色素会渗入培养基中，使菌落周围的培养基改变颜色）。

菌落的组织形状：棉絮状、蜘蛛网状、绒毛状和地毯状。

3. 个体形态特征的观察

（1）酵母菌的形态观察　水－碘液浸片法在载破片中央加1小滴革兰染色用碘液，然后在其上加3小滴水，取少许酵母菌苔于水－碘液中混匀，盖上盖玻片后镜检。

（2）放线菌的形态观察

① 插片：在平板的一半面积划线接种，在接种线上将盖玻片1/2的长度以45°角插入琼脂，平板另一半先插片，然后将少量放线菌孢子接种于盖玻片与琼脂相接的沿线。平板倒置。

② 0.1%美蓝染色液染色：取1滴染液置于载玻片中央，将上述平板中的盖玻片取出，将有菌的一面向下以45°角浸于载玻片的染色液中（避免气泡）。

③ 镜检：用高倍镜观察其单个分生孢子及其基内菌丝。

（3）霉菌的形态观察

① 制片：在干净的载玻片上加1滴乳酸石炭酸棉蓝染色液，用接种针从菌落边缘处取小量带有孢子的菌丝，先置于50%乙醇中浸一下以洗去脱落的孢子，再置于染色液中，小心地把菌丝放开，然后用盖玻片盖上，注意不要产生气泡。

② 镜检：曲霉在高倍镜下观察菌丝有无隔膜，分生孢子着生位置，辨认分生孢子梗、顶囊、小梗和分生孢子。青霉在高倍镜下观察菌丝有无隔膜、分生孢子梗、副枝、小梗和分生孢子。

4. 填写实验报告

填写实验报告，描述所观察到的各类微生物的菌落特征，绘图说明所观察到的各类微生物的形态特征。

[思考讨论]

（1）酵母菌有哪些特征区别于细菌？

（2）放线菌有哪些特征区别于霉菌？

任务二　霉菌和酵母菌检测

◎ 任务描述

霉菌和酵母广泛分布于自然界，并可作为食品中正常菌相的一部分，但在某些情况下，霉菌和酵母也可造成腐败变质，有些霉菌能够合成有毒代谢产物——霉菌毒素。因此霉菌和酵母也作为评价食品卫生质量的指示菌，并以霉菌和酵母计数来制定食品被污染的程度。我国已制订了一些食品中霉菌和酵母的限量标准。

◎ 能力目标

能正确进行霉菌和酵母菌的检测。

◎ 知识目标

能够阐述霉菌和酵母菌的检测方法和原理。

◎ 实验原理

检验方法：霉菌和酵母菌的计数方法，与菌落总数的测定方法基本相似。

主要步骤：将样品制作成10倍梯度的稀释液，选择3个合适的稀释度，吸取1mL于平皿，倾注培养基后，培养观察，计数。对霉菌的计数，还可以采用显微镜直接镜检计数的方法。

◎ 工作任务书

任务进度	达到目标	负责人
工作准备	掌握霉菌与酵母菌的检测方法； 查找资料，了解霉菌与酵母菌的检测原理； 填写相关实验预习报告	
工作过程	能够正确熟练完成霉菌与酵母菌的检测工作； 能够仔细观察和填写记录	
工作结束	整理实验场所，清洗实验器皿，做好相关设备维护； 正确处理实验材料	
报告填写	正确如实记录实验过程操作，完成实验报告	

◎ 实验流程

准备工作→试验前准备→样品稀释液的制备→霉菌和酵母菌计数→培养→菌落计数→填写实验报告

1．准备工作

材料准备单

<table>
<tr><td rowspan="2">材料与试剂</td><td>1</td><td>马铃薯－葡萄糖－琼脂培养基</td></tr>
<tr><td>2</td><td>孟加拉红培养基</td></tr>
<tr><td>仪器设备</td><td colspan="2">冰箱（2～5℃），恒温培养箱［（28±1）℃］，均质器，恒温振荡器，显微镜（10×～100×），电子天平（感量0.1g），无菌锥形瓶（容量500mL、250mL），无菌广口瓶（500mL），无菌吸管（1mL：具0.01mL刻度；10mL：具0.1mL刻度），无菌平皿（直径90mm），无菌试管（10mm×75mm）无菌牛皮纸袋，塑料袋</td></tr>
</table>

2．试验前准备

（1）将供试品及所有已灭菌的平皿、锥形瓶、匀浆杯、试管、量筒、吸管（1mL、10mL）、稀释剂等移至操作室内。准备好足够用量，避免操作中出入操作室。

（2）开启无菌室紫外杀菌灯和洁净工作台的空气过滤装置30min。

（3）操作人员用肥皂洗手，关闭紫外杀菌灯，进入缓冲间，换工作鞋，用消毒液洗手或用乙醇棉球擦手，穿戴好无菌衣、帽、口罩、手套等。

（4）操作前先用乙醇棉球擦手、工作台面，再用乙醇棉球擦拭供试品瓶、盒、袋等的开口处周围，待干后用灭菌剪刀或镊子将供试品启封。

3．样品稀释液的制备　根据供试品的理化特性与生物学特性，采取适宜的方法制备样品稀释液。样品稀释液制备若需用水浴加温时，温度不应超过45℃。样品稀释液从制备至加入检验用培养基，不得超过1h。

（1）固体和半固体样品　称取25g样品至盛有225mL灭菌蒸馏水的锥形瓶中，充分振摇，即为1∶10稀释液。或放入盛有225mL无菌蒸馏水的均质袋中，用拍击式均质器拍打2min，制成1∶10的样品匀液。

（2）液体样品　以无菌吸管吸取25mL样品至盛有225mL无菌蒸馏水的锥形瓶（可在瓶内预置适当数量的无菌玻璃珠）中，充分混匀，制成1∶10的样品匀液。

4．霉菌和酵母菌计数

（1）用1mL无菌吸管或微量移液器吸取1∶10样品匀液1mL，沿管壁缓慢注于盛有9mL稀释液的无菌试管中（注意吸管或吸头尖端不要触及稀释液面），振摇试管或换用1支无菌吸管反复吹打使其混合均匀，制成1∶100的样品匀液。

（2）按照（1）中操作方法，依次制备10倍系列稀释样品匀液。每递增稀释一次，换用1次1mL无菌吸管或吸头。

（3）根据对样品污染状况的估计，选择2～3个适宜稀释度的样品匀液（液体样品可包括原液），在进行10倍递增稀释时，吸取1mL样品匀液于无菌平皿内，每个稀释度做2个平皿。同时，分别吸取1mL空白稀释液加入2个无菌平皿内作为空白对照。

（4）及时将15～20mL冷却至46℃的马铃薯－葡萄糖－琼脂培养基或孟加拉红培养基［可放置于（46±1）℃恒温水浴箱中保温］倾注平皿，并转动平皿使其混合均匀。

5. 培养

待琼脂凝固后，将平板翻转，(28 ±1)℃培养5d，观察并记录。

6. 菌落计数

肉眼观察，必要时可用放大镜，记录各稀释倍数及相应的霉菌和酵母数。以菌落形成单位（CFU）表示。选取菌落数在10～150CFU的平板，根据菌落形态分别计数霉菌和酵母数。霉菌蔓延生长覆盖整个平板的可记录为多不可计。菌落数应采用两个平板的平均数。

7. 填写实验报告

菌落数在100以内时，按四舍五入原则修约，采用两位有效数字报告。菌落数大于或等于100时，前3位数字采用四舍五入原则修约后，取前2位数字，后面用0代替位数来表示结果；也可用10的指数形式来表示，采用两位有效数字。

称重取样以CFU/g为单位报告，体积取样以CFU/mL为单位报告，报告或分别报告霉菌和酵母数。

［思考讨论］

霉菌和酵母菌特征有哪些？

任务三　细菌的简单染色和革兰染色

◎ 任务描述

G^-菌的细胞壁中含有较多易被乙酸溶解的类脂质，而且肽聚糖层较薄，交联度低，故用乙醇脱色时溶解了类脂质，增加了细胞壁的通透性，使染色的结晶紫和碘的复合物易于渗透，结果细菌被脱色，再经复红染色后就成了红色。

G^+菌细胞壁中肽聚糖层厚且交联度高，类脂质含量少，经脱色剂处理后反而使肽聚糖层的孔径缩小，通透性降低，因此细菌仍保留初染时的蓝色。

◎ 能力目标

1. 能制作微生物涂片，熟练进行无菌操作技术。
2. 能独立完成细菌的简单染色及革兰染色技术。
3. 能独立进行显微镜观察并做出正确判断。

◎ 知识目标

能阐述革兰染色的原理。

◎ 实验原理

（1）简单染色法　用单一染料对细菌进行染色的方法。此法操作简单，适用于一般形态的观察。在中性、碱性或酸性溶液中，细菌细胞通常带负电荷，所以用碱性染料进行染色。碱性染料并不是碱，和其他染料一样是一种盐，电离时染料离子带正电，易与带负电荷的细菌结合而使细菌着色。带正电的染料离子可使细菌细胞染成蓝色。通常的碱性染料，除美蓝外，还有结晶紫、碱性复红、番红等。细菌体积较小，较透明，如未经染色常不易识别，而经染色后与背景形成鲜明的对比，易于在显微镜下观察。

（2）革兰染色法　将所有的细菌分成革兰阳性菌（G^+）和革兰阴性菌（G^-）两大类，是细菌上最常用的鉴别染色法。该染色法将细菌分为 G^+ 和 G^- 菌，是由这两类菌的细胞壁结构和成分的不同决定的。

◎ 工作任务书

任务进度	达到目标	负责人
工作准备	掌握细菌染色的基本类型； 查找资料，了解简单染色和革兰染色的相关知识； 填写相关实验预习报告	
工作过程	能够正确熟练完成细菌染色的基本工作； 能够熟练掌握染色的基本流程； 能够仔细观察和填写记录	
工作结束	整理实验场所，清洗实验器皿，做好相关设备维护； 正确处理实验材料	
报告填写	正确如实记录实验过程操作，完成实验报告	

一、简 单 染 色

◎ 实验流程

准备工作→涂片→干燥→染色→水洗→干燥→镜检→填写实验报告

1. 准备工作

材料准备单

材料与试剂	1	培养 24h 的大肠杆菌和教学用葡萄球菌
	2	蒸馏水
	3	结晶紫
仪器设备	废液缸、洗瓶、载玻片、接种环、酒精灯、火柴、擦镜纸和显微镜	

2. 涂片

取干净的载玻片于实验台上，在正面边角处做记号，并滴一滴无菌蒸馏水于载玻片中央，灼烧接种环，待冷却后从斜面挑取少量菌种与玻片上的水滴混匀后，在载玻片上涂布成一均匀的薄层，涂布面不宜过大。

3. 干燥

干燥过程最好在空气中自然晒干，为了加速干燥，也可以在微小火焰上方烘干。烘干后再在火焰上方快速通过 3～4 次，使菌体完全固定在载玻片上。但不宜在高温下长时间烤干，否则急速失水会使菌体变形。

4. 染色

滴加草酸铵结晶紫染色 1～2min，染色液量以盖满菌膜为宜。

5. 水洗

倾去染液，斜置载玻片，用水冲去多余染液，直至流出的水呈无色为止。

6 干燥

用微热烘干或自然晾干。

7. 镜检

按显微镜的操作步骤观察细菌形态，及时记录，并进行形态图绘制。

8. 填写实验报告

填写实验报告，记录简单染色的过程。

[**思考讨论**]

涂片如果未经加热固定，会出现什么问题？如果加热温度过高过长又会怎么样？

二、革兰染色技术

◎ 实验流程

准备工作→涂片，固定→初染→媒染→脱色→复染→镜检→填写实验报告

注意事项：

(1) 玻片要洁净无油，否则菌液涂不开。

(2) 挑菌量宜少，涂片宜薄，过厚则不易观察。涂片厚度要适当。

(3) 固定温度要适当。

(4) 革兰染色成败的关键是脱色时间，脱色程度要适当。

(5) 染色过程中勿使染色液干涸。

1. 准备工作

材料准备单

材料与试剂	1	培养 24h 的大肠杆菌和教学用葡萄球菌
	2	碱性美兰，碘液，95% 酒精，苯酚复红，蒸馏水
	3	乙醚—乙醇混合液，香柏油
仪器设备	废液缸、洗瓶、载玻片、接种环、酒精灯、火柴、擦镜纸和显微镜	

2. 涂片，固定

同简单染色法。

3. 初染

滴加草酸铵结晶紫染色1~2min，水洗。

4. 媒染

滴加革兰碘液，染1~2min，水洗。

5. 脱色

滴加体积分数为95%的乙醇，约45s后水洗；或滴加体积分数为95%的乙醇后将玻片摇晃几下即倾去乙醇，如此重复2~3次后即水洗。

6. 复染

滴加沙黄液（番红），染2~3min，水洗并使之干燥。

7. 镜检

同简单染色，并根据呈现的颜色判断该菌属是G^+还是G^-，也可与已知菌对照。观察时先用低倍镜观察，发现目的物后用高倍镜或油镜观察。

8. 填写实验报告

填写实验报告，记录革兰染色的过程。

[**思考讨论**]

（1）革兰染色的关键环节是什么？为什么？

（2）为什么涂片要完全干燥后才能用油镜观察？

任务四　微生物细胞大小与数量的测定

◎ 任务描述

微生物细胞的大小，是微生物重要的形态特征之一，也是分类鉴定的依据之一。由于菌体很小，只能在显微镜下测量。用于测量微生物细胞大小的工具有目镜测微尺和镜台测微尺。

镜检计数法适用于各种含单细胞菌体的纯培养悬浮液，如有杂菌或杂质，不易分辨。菌体较大的酵母菌或霉菌孢子可采用血球计数板；一般细菌则采用细菌计数板。两种计数板的原理和部件相同，只是细菌计数板较薄，可以使用油镜观察。而血球计数板较厚，不能使用油镜，故细菌不易看清。

◎ 能力目标

1. 能独立进行目镜测微尺、物镜测微尺的校正。
2. 能熟练使用显微镜操作。
3. 能独立进行细胞大小测定技术。
4. 对测量结果进行准确计算。

◎ 知识目标

1. 能阐述显微镜测定微生物大小与血球计数板测定微生物数量的原理。
2. 能阐述细菌的计数方法。

◎ 实验原理

1. 微生物大小测定原理

（1）目镜测微尺　图12是一块圆形玻片，在玻片中央把5mm长度刻成50等份，或把10mm长度刻成100等份。测量时，将其放在接目镜中的隔板上（此处正好与物镜放大的中间像重叠）来测量经显微镜放大后的细胞物象。由于不同目镜、物镜组合的放大倍数不相同，目镜测微尺每格实际表示的长度也不一样，因此目镜测微尺测量微生物大小时需先用置于镜台上的镜台测微尺校正，以求出在一定放大倍数下，目镜测微尺每小格所代表的相对长度。

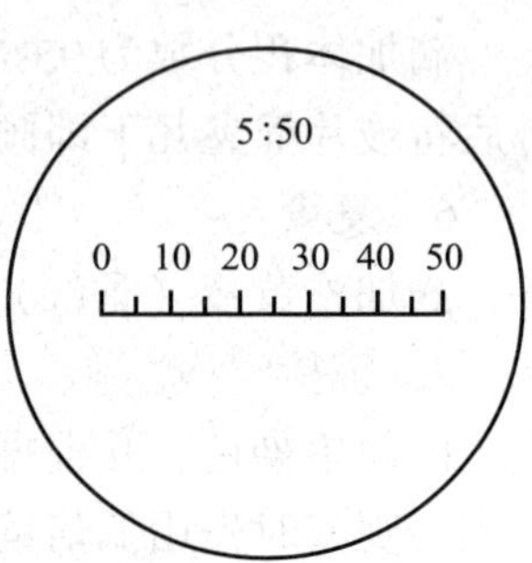

图12　目镜测微尺

（2）目镜测微尺的校正　镜台测微尺是中央部分刻有精确等分线的载玻片，一般将1mm等分为100格，每格长10μm（即0.01mm），是专门用来校正目镜测微尺的。

把目镜的上透镜旋下，将目镜测微尺的刻度朝下轻轻地装入目镜的隔板上，把镜台测微尺置于载物台上，刻度朝上。先用低倍镜观察，对准焦距，视野中看清镜台测微尺的刻度后，转动目镜，使目镜测微尺与镜台测微尺的刻度平行，移动推动器，使两尺重叠，再使两尺的“0”刻度完全重合，定位后，仔细寻找两尺第二个完全重合的刻度，计数两重合刻度之间目镜测微尺的格数和镜台测微尺的格数。由公式可以算出目镜测微尺每格所代表的长度。

（3）求出目镜测微尺每格所代表的长度，然后移去镜台测微尺，换上待测标本片，用校正好的目镜测微尺在同样放大倍数下测量微生物大小。

$$\text{目镜测微尺每格长度（μm）}=\frac{\text{两重合线间镜台测微尺格数}\times 10}{\text{两重合线间目镜测微尺格数}}$$

2. 血球计数板测定微生物数量的原理

（1）血球计数板是一块特制的厚载玻片，载玻片上有4条槽构成的3个平台。中间的平台较宽，其中又被一短横槽分隔成两半，每个半边上面各有一个方格网（图13）。每个方格网共分9大格，其中的一大格（又称为计数室）常被用作微生物的计数。计数室的刻度有两种：一种是大方格分为16个中方格，而每个中方格又分成25个小方格；另一种是一个大方格分成25个中方格，而每个中方格又分成16个小方格。但是不管计数室是哪一种构造，它们都有一个共同特点，即每个大方格都由400个小方格组成（图14）。

每个大方格边长为1mm，则每个大方格的面积为$1mm^2$，每个小方格的面积为$1/400mm^2$，盖上盖玻片后，盖玻片与计数室底部之间的高度为0.1mm，所以每个计数室（大方格）的体积为$0.1mm^3$，每个小方格的体积为$1/4000mm^3$。使用血球计数板直接计数时，先要测定每个小方格（或中方格）中微生物的数量，再换算成每毫升菌液（或每克样品）中微生物细胞的数量。

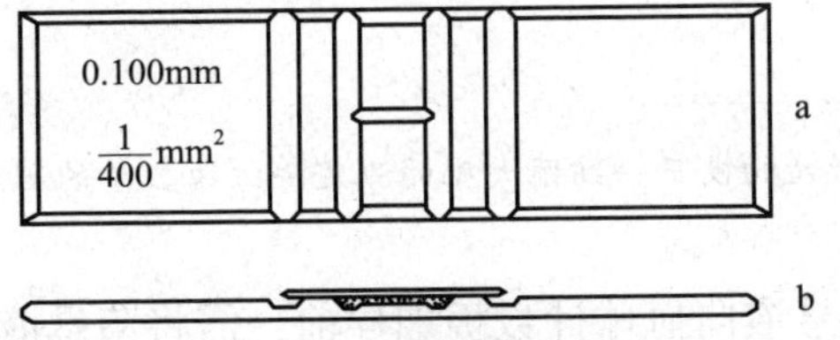

图 13　血球计数板的构造

a. 平面图：中间平台分为两半，各刻有一个方格网。

b. 侧面图：中间平台与盖玻片之间有高度为 0. 1mL 的间隙。

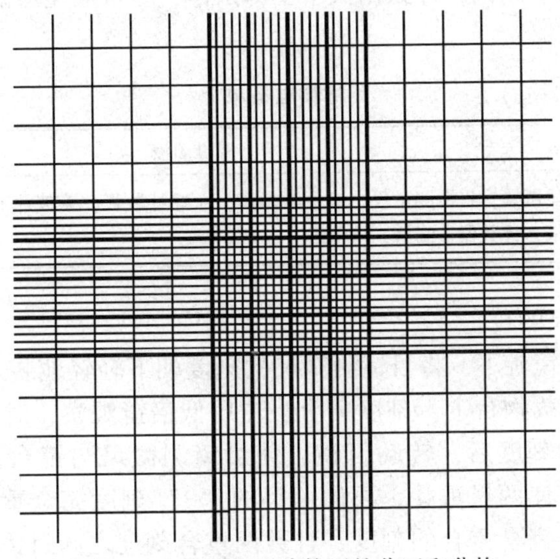

图 14　血球计数板计数网的分区和分格

（2）计算方法

细胞数/mL = ［（$X_1 + X_2 + X_3 + X_4 + X_5$/5 × 25（或 16）］× 10 × 1000 × 稀释倍数

◎ 工作任务书

任务进度	达到目标	负责人
工作准备	掌握微生物大小及数量测定的原理； 查找资料，了解相关微生物大小及测定的相关知识； 填写相关实验预习报告	
工作过程	能够正确熟练完成微生物大小及数量测定的工作； 能够熟练掌握微生物大小及数量测定的步骤； 能够仔细观察和填写记录	
工作结束	整理实验场所，清洗实验器皿，做好相关设备维护； 正确处理实验材料	
报告填写	正确如实记录实验过程操作，完成实验报告	

◎ 实验流程

准备工作→目镜测微尺的校正→细菌大小的测定→细菌数量的测定→填写实验报告

注意事项：

（1）待测稀释菌悬液向血球计数板加样前，需将菌悬液充分摇匀。

（2）加样过程中，应避免将菌液滴在盖玻片上。

（3）由于菌体在计数室中处于不同空间位置，需在不同焦距下才能观察到，故观察时需不断调节微调，计数菌液中全部菌体，尽量避免遗漏。

1. 准备工作

材料准备单

材料与试剂	酵母菌液
仪器设备	显微镜，目镜测微尺，镜台测微尺，血球计数板，盖玻片（22mm×22mm），吸水纸，计数器，滴管，擦镜纸

2. 目镜测微尺的校正

把目镜的上透镜旋下，将目镜测微尺的刻度朝下轻轻地装入目镜的隔板上，把镜台测微尺置于载物台上，刻度朝上。先用低倍镜观察，对准焦距，视野中看清镜台测微尺的刻度后，转动目镜，使目镜测微尺与镜台测微尺的刻度平行，移动推动器，使两尺重叠，再使两尺的“0”刻度完全重合，定位后，仔细寻找两尺第二个完全重合的刻度，计数两重合刻度之间目镜测微尺的格数和镜台测微尺的格数。因为镜台测微尺的刻度每格长10μm，所以可以算出目镜测微尺每格所代表的长度。例如，目镜测微尺5小格正好与镜台测微尺5小格重叠，已知镜台测微尺每小格为10μm，则：目镜测微尺上每小格长度=5×10μm/5=10μm。

用同法分别校正在高倍镜和油镜下目镜测微尺每小格所代表的长度。

由于不同显微镜及附件的放大倍数不同，校正目镜测微尺必须针对特定的显微镜和附件（特定的物镜、目镜、镜筒长度）进行，而且只能在特定的情况下重复使用，当更换不同放大倍数的目镜或物镜时，必须重新校正目镜测微尺每一格所代表的长度。

3. 细胞大小的测定

（1）将酵母菌斜面制成一定浓度的菌悬液（10^{-2}）。

（2）取一滴酵母菌菌悬液制成水浸片。

（3）移去镜台测微尺，换上酵母菌水浸片，先在低倍镜下找到目的物，然后在高倍镜下用目镜测微尺来测量酵母菌菌体的长、宽各占几格（不足一格的部分估计到小数点后一位数）。测出的格数乘上目镜测微尺每格的校正值，即等于该菌的长和宽。一般测量菌体的大小要在同一个标本片上测定10～20个菌体，求出平均值，才能代表该菌的大小。而且一般是用指数期的菌体进行测定。

4. 细菌数量的测定

(1) 取洁净的血球计数板一块，在计数室上盖上一块盖玻片。

(2) 将酵母菌液摇匀，用滴管吸取少许，从计数板中间平台两侧的沟槽内沿盖玻片的下边缘滴入一小滴（不宜过多），使菌液沿两玻片间自行渗入计数室，勿使产生气泡，并用吸水纸吸去沟槽中流出的多余菌液。也可以将菌液直接滴加在计数室上，然后加盖盖玻片（勿使产生气泡）。

(3) 静置约5min，先在低倍镜下找到计数室，再转换高倍镜观察计数。

(4) 计数时用16中格的计数板，要按对角线方位，取左上、左下、右上、右下4个中格（即100小格）的酵母菌数。如果是25中格的计数板，除数上述4格外，还需数中央1中格的酵母菌数（即80小格）。由于菌体在计数室中处于不同的空间位置，要在不同的焦距下才能看到，因而观察时必须不断调节微调螺旋，方能数到全部菌体，防止遗漏。如菌体位于中格的双线上，计数时则数上线不数下线、数左线不数右线，以减少误差。

(5) 凡酵母菌的芽体达到母细胞大小一半时，即可作为两个菌体计算。每个样品重复数2～3次（每次数值不应相差过大，否则应重新操作），取其平均值，按下述公式计算出每毫升菌液所含酵母菌细胞数。

$$每毫升菌液含菌数 = 每小格酵母细胞数 \times 400 \times 10000 \times 稀释倍数$$

(6) 血球计数板用后，在水龙头上用水柱冲洗干净，切勿用硬物洗刷或抹擦，以免损坏网格刻度。洗净后自行晾干或用吹风机吹干。

5. 填写实验报告

将实验结果填入表9、表10和表11。

表9　　目镜测微目尺校正结果

物镜	目尺格数	台尺格数	目尺校正值/μm
10×			
40×			
100×			

表10　　酵母菌大小测定记录（格）

	1	2	3	4	5	6	7	8	9	10	11	12	13	14	15	平均值
长																
宽																

结果计算：长（μm）=平均格数×校正值

宽（μm）=平均格数×校正值

大小表示：宽（μm）×长（μm）

表 11　　血球计数板测定结果

计数次数	每个大方格菌数					稀释倍数	试管斜面中的总菌数	平均值
	1	2	3	4	5			
第一次								
第二次								

［思考讨论］

（1）目镜测微尺在使用前为什么要进行校正？如何进行校正？

（2）根据你的体会，说明用血细胞计数板计数的误差主要来自哪些方面？应如何尽量减少误差，力求准确？

（3）某单位要求知道一种干酵母粉中的活菌存活率，请设计 1 ~2 种可行的检测方法。

任务五　水中细菌总数的测定

◎ 任务描述

水中细菌总数可说明被有机物污染的程度，细菌数越多，有机物质含量越大。通过对水中细菌总数的测定实验，大致了解被测水源水的污染程度，大力推广污水处理再利用技术，加强水资源的保护。

◎ 能力目标

1. 能准确进行水样的采取。
2. 能独立进行水样的稀释。
3. 能进行细菌总数测定的技术操作。

◎ 知识目标

能阐述平板菌落计数方法和原则。

◎ 实验原理

本实验应用平板菌落计数技术测定水中细菌总数。由于水中细菌种类繁多，它们对营养和其他生长条件的要求差别很大，不可能找到一种培养基在一种条件下，使水中所有的细菌均能生长繁殖，因此，以一定的培养基平板上生长出来的菌落，计算出来的水中细菌总数仅是一种近似值。目前一般是采用普通牛肉膏蛋白胨琼脂培养基。

◎ 工作任务书

任务进度	达到目标	负责人
工作准备	掌握水中菌落计数原则； 查找资料，了解水中相关微生物； 填写相关实验预习报告	
工作过程	能够正确熟练完成水中细菌总数的测定； 能够仔细观察和填写记录	
工作结束	整理实验场所，清洗实验器皿，做好相关设备维护； 正确处理实验材料	
报告填写	正确如实记录实验过程操作，完成实验报告	

◎ 实验流程

准备工作→水样的采取→细菌总数测定→菌落计数原则→填写实验报告

1．准备工作

材料准备单

材料与试剂	1	牛肉膏蛋白胨琼脂培养基
	2	无菌水
	3	池水、河水或湖水
仪器设备	灭菌三角烧瓶、灭菌的带玻璃塞瓶、灭菌培养皿、灭菌吸管、灭菌试管等	

2．水样的采取

（1）自来水　先将自来水龙头用火焰烧灼 3min 灭菌，再打开水龙头使水流 5min 后，以灭菌三角烧瓶接取水样，以待分析。

（2）池水、河水或湖水　应取距水面 10～15cm 的深层水样，先将灭菌的带玻璃塞瓶的瓶口向下浸入水中，然后翻转过来，除去玻璃塞，水即流入瓶中，盛满后，将瓶塞盖好，再从水中取出，最好立即检查，否则需放入冰箱中保存。

3．细菌总数测定

（1）自来水

① 用灭菌吸管吸取 1mL 水样，注入灭菌培养皿中，共做 2 个平皿。

② 分别倾注约 15mL 已溶化并冷却到 45℃左右的牛肉膏蛋白胨琼脂培养基，并立即在桌上做平面旋摇，使水样与培养基充分混匀。

③ 另取一空的灭菌培养皿，倾注牛肉膏蛋白胨琼脂培养基 15mL 做空白对照。

④ 培养基凝固后，倒置于 37℃温箱中，培养 24h，进行菌落计数。

⑤ 2 个平板的平均菌落数即为 1mL 水样的细菌总数。

（2）池水、河水或湖水

① 稀释水样：取3个灭菌空试管，分别加入9mL灭菌水。用取1mL水样注入第一管9mL灭菌水内，摇匀，再用另一只1mL无菌移液管自第一管取1mL至下一管灭菌水内，如此稀释到第三管，稀释度分别为10^{-1}、10^{-2}与10^{-3}。稀释倍数看水样污浊程度而定，以培养后平板的菌落数在30~300个的稀释度最为合适，若3个稀释度的菌数均多到无法计数或少到无法计数，则需继续稀释或减小稀释倍数。一般中等污染水样，取10^{-1}、10^{-2}、10^{-3}三个连续稀释度，污染严重的取10^{-2}、10^{-3}、10^{-4}三个连续稀释度。

② 自最后三个稀释度的试管中各取1mL稀释水加入空的灭菌培养皿中，每个稀释度做2个培养皿。

③ 各倾注15mL已溶化并冷却至45℃左右的牛肉膏蛋白胨琼脂培养基，立即放在桌上摇匀。

④ 凝固后倒置于37℃培养箱中培养24h。

4. 菌落计数原则

(1) 先计算相同稀释度的平均菌落数。若其中一个平板有较大片状菌苔生长，则不应采用，而应以无片状菌苔生长的平板作为该稀释度的平均菌落数。若片状菌苔的大小不到平板的一半，而其余的一半菌落分布又很均匀时，则可将此一半的菌落数乘以2以代表全平板的菌落数，然后再计算该稀释度的平均菌落数。

(2) 首先选择平均菌落数在30~300的，当只有一个稀释度的平均菌落数符合此范围时，则以该平均菌落数乘以其稀释倍数为该水样的细菌总数（表12）。

表12　稀释倍数选择及菌落数的报告方式

例次	不同稀释度的平均菌落数			两个稀释度菌落数之比	菌落总数/（CFU/mL）	报告方式/（CFU/mL）
	10^{-1}	10^{-2}	10^{-3}			
1	1365	164	20	-	16400	16000或1.6×10^4
2	2760	295	46	1.6	37750	38000或3.8×10^4
3	2890	271	60	2.2	27100	27000或2.7×10^4
4	150	30	8	2	1500	1500或1.5×10^3
5	多不可计	1650	513	-	513000	510000或5.1×10^5
6	27	11	5	-	270	270或2.7×10^2
7	多不可计	305	12	-	30500	31000或3.1×10^4
8	0	0	0	-	$<1\times10$	$<1\times10$

(3) 若有两个稀释度的平均菌落数均在30~300，则按两者菌落总数的比值来决定。若其比值小于2，应采取两者的平均数（见表12中例次2）；若大于2，则取其中较小的菌落总数（见表12中例次3）。

(4) 若所有稀释度的平均菌落数均大于300，则应按稀释度最高的平均菌落数乘以稀释倍数（见表12例次5）。

(5) 若所有稀释度的平均菌落数均小于30，则应按稀释度最低的平均菌落数乘以稀释倍数（见表12中例次6）。

（6）若所有稀释度的平均菌落数均不在30～300，则以最近300或30的平均菌落数乘以稀释倍数（见表12中例次6）。

5. 填写实验报告

填写实验报告，报告出自来水细菌总数，池水、河水或湖水细菌总数等。

［**思考讨论**］

（1）从自来水的细菌总数结果来看，是否合乎饮用水的标准？

（2）你所测的水源水的污染程度如何？

（3）国家对自来水的细菌总数有标准，那么各地能否自行设计其测定条件（如培养温度、培养时间等）来测定水样总数呢？为什么？

任务六　大肠菌群的测定

◎ 任务描述

大肠菌群分布较广，在温血动物粪便和自然界广泛存在。调查研究表明，大肠菌群细菌多存在于温血动物粪便、人类经常活动的场所以及有粪便污染的地方，人、畜粪便对外界环境的污染是大肠菌群在自然界存在的主要原因。粪便中多以典型大肠杆菌为主，而外界环境中大肠菌群的其他型别较多。

大肠菌群是作为粪便污染指标菌提出来的，主要是以该菌群的检出情况来表示食品是否被粪便污染。

大肠菌群是评价食品卫生质量的重要指标之一，目前已被国内外广泛应用于食品卫生工作中。食品中大肠菌群是以每100mL（g）检样内大肠菌群最大可能数（MPN）表示。

◎ 能力目标

能进行大肠菌群数量的测定。

◎ 知识目标

讨论大肠菌群的数量在饮用水中的重要性。

◎ 实验原理

大肠菌群是一群以大肠埃希氏菌（*Escherichia coli*）为主的需氧及兼性厌氧的革兰阴性无芽孢杆菌，在37℃生长时，能在48h内发酵乳糖并产酸产气。我国生活饮用水卫生标准中规定1L水样中总大肠菌群数不超过三个。

多管发酵法包括初发酵试验、平板分离和复发酵试验三个部分。发酵管内装有乳糖蛋白胨液体培养基，并倒置一杜氏小管。乳糖能起选择作用，因为很多细菌不能发酵乳糖，而大肠菌群能发酵乳糖而产酸产气。

（1）初发酵试验　水样接种于发酵管内，37℃下培养，24h内小套管中有气体形成，并且培养基浑浊，颜色改变，说明水中存在大肠菌群，为阳性结果；48h后仍不产气的为阴性结果。

（2）平板分离　初发酵管24~48h内产酸产气的均需在复红亚硫酸钠琼脂（远藤氏培养基）或伊红美蓝琼脂（EMB agar）平板上划线分离菌落。

（3）复发酵试验　以上大肠菌群阳性菌落，经涂片染色为革兰阴性无芽孢杆菌的，通过此试验再进一步证实。原理与初发酵试验相同，经24h培养产酸产气的，最后确定为大肠菌群阳性结果。

◎ 工作任务书

任务进度	达到目标	负责人
工作准备	掌握大肠菌群数量测定方法； 查找资料，了解相关大肠杆菌的知识； 填写相关实验预习报告	
工作过程	能够正确熟练完成大肠杆菌的测定工作； 能够仔细观察和填写记录	
工作结束	整理实验场所，清洗实验器皿，做好相关设备维护； 正确处理实验材料	
报告填写	正确如实记录实验过程操作，完成实验报告	

◎ 实验流程

准备工作→实验前准备工作→乳糖初发酵试验→平板分离培养→证实试验→填写实验报告

1. 准备工作

材料准备单

材料与试剂	1	月桂基硫酸盐胰蛋白胨肉汤（LST）
	2	煌绿乳糖胆盐肉汤（BGLB）
	3	8.5‰生理盐水
	4	革兰染色液
仪器设备	超净工作台（琼脂平板在工作台上暴露15min，每平板不得超过15个菌落），恒温培养箱［(36±1)℃］，恒温水浴箱［(45±1)℃］，无菌吸管和培养皿（吸管有1mL、10mL，具0.1mL刻度），稀释瓶（300mL），三角锥形瓶，显微镜，试管（15mm×150mm，18mm×180mm），乳糖蛋白胨发酵管（内有倒置杜氏小管）	

2. 实验前准备工作

（1）以无菌操作将检样25mL（或25g）放于含有225mL灭菌生理盐水或其他稀释液的灭菌玻璃瓶内（瓶内预置适当数量的玻璃珠）或灭菌钵内，经充分振摇或研磨成1:10的均匀稀释液。固体检样最好用均质器，以8000~10000r/min的速度处理1min，做成1:10的均匀稀释液。

（2）用1mL灭菌吸管，吸取1:10稀释液1mL，注入含9mL灭菌生理盐水或其他稀释液的试管内，振摇试管混匀，做成1:100的稀释液。

（3）另取1mL灭菌吸管，按上项操作依次做10倍递增稀释，每递增稀释一次，换用1支1mL灭菌吸管。

（4）根据食品卫生标准要求或对检样污染情况估计，选择3个稀释度，每个稀释度接种3管。

3. 乳糖初发酵试验

将待检样品接种于乳糖胆盐发酵管内，接种量在1mL以上的，用双料乳糖胆盐发酵管；1mL及1mL以下的，用单料乳糖胆盐发酵管。每一稀释度接种3管，置（36±1）℃温箱内，培养（24±2）h，如所有乳糖胆盐发酵管都不产气，则可报告为大肠菌群阴性，如有产气的，则按下列程序进行。

4. 平板分离培养

将产气的发酵管分别转种在伊红美兰琼脂平板上，置（36±1）℃温箱内，培养18～24h，然后取出，观察菌落形态，并做革兰染色和证实试验。

5. 证实试验

在上述平板上，挑取可疑大肠菌群菌落1～2个进行革兰染色，同时接种乳糖发酵管，置（36±1）℃温箱内，培养（24±2）h，观察产气情况。凡乳糖产气、革兰染色为阴性的无芽孢杆菌，即可报告为大肠菌群阳性（图15）。

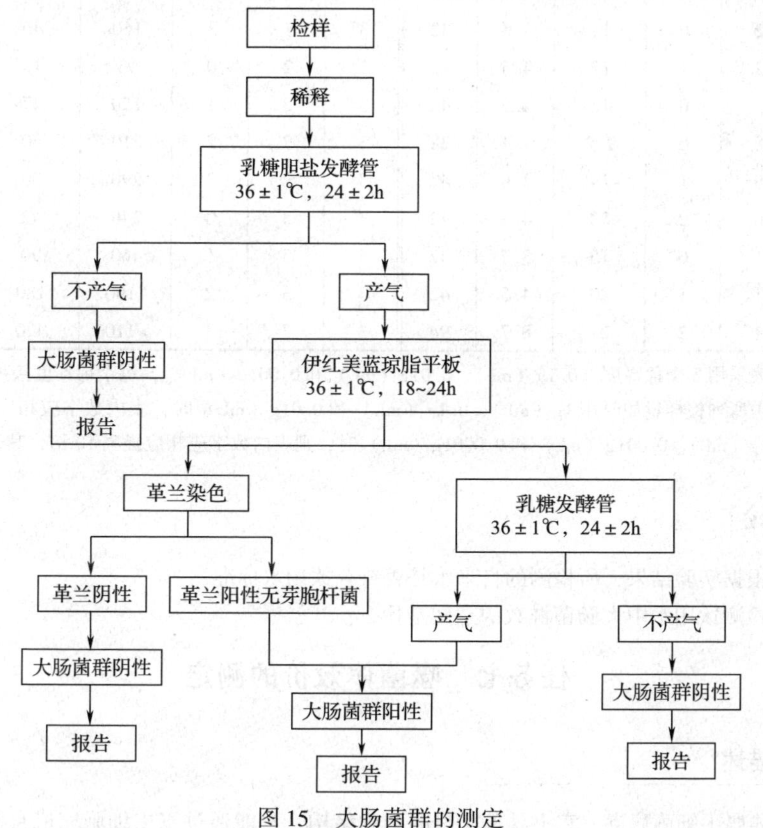

图15　大肠菌群的测定

6. 填写实验报告

根据证实为大肠菌群阳性的管数，查 MPN 检索（表 13），报告 100mL（g）大肠菌群的最可能数。

表 13　　　　大肠菌群最大可能数（MPN）检索表

阳性管数			MPN	95% 可信限		阳性管数			MPN	95% 可信限	
0.1	0.01	0.001		上限	下限	0.1	0.01	0.001		上限	下限
0	0	0	<3.0	—	9.5	2	2	0	21	4.5	42
0	0	1	3.0	0.15	9.6	2	2	1	28	8.7	94
0	1	0	3.0	0.15	11	2	2	2	35	8.7	94
0	1	1	6.1	1.2	18	2	3	0	29	8.7	94
0	2	0	6.2	1.2	18	2	3	1	36	8.7	94
0	3	0	9.4	3.6	38	3	0	0	23	4.6	94
1	0	0	3.6	0.17	18	3	0	1	38	8.7	110
1	0	1	7.2	1.3	18	3	0	2	64	17	180
1	0	2	11	3.6	38	3	1	0	43	9	180
1	1	0	7.4	1.3	20	3	1	1	75	17	200
1	1	1	11	3.6	38	3	1	2	120	37	420
1	2	0	11	3.6	42	3	1	3	160	40	420
1	2	1	15	4.5	42	3	2	0	93	18	420
1	3	0	16	4.5	42	3	2	1	150	37	420
2	0	0	9.2	1.4	38	3	2	2	210	40	430
2	0	1	14	3.6	42	3	2	3	290	90	1000
2	0	2	20	4.5	42	3	3	0	240	42	1000
2	1	0	15	3.7	42	3	3	1	460	90	2000
2	1	1	20	4.5	42	3	3	2	1100	180	4100
2	1	2	27	8.7	94	3	3	3	>1100	420	

注 1：本表采用 3 个稀释度［0.1g（mL）、0.01g（mL）和 0.001g（mL）］，每个稀释度接种 3 管。

注 2：表内所列检样量如改用 1g（mL）、0.1g（mL）和 0.01g（mL）时，表内数字应相应降低 10 倍：如改用 0.01g（mL）、0.001g（mL）和 0.0001g（mL）时，则表内数字应相应提高 10 倍，其余类推。

［思考讨论］

（1）根据实验结果，所检测的自来水是否符合饮用水标准？

（2）检测饮用水中大肠菌群数的意义是什么？

任务七　噬菌体效价的测定

◎ 任务描述

噬菌体属于细菌病毒，它不具备完整的细胞结构，只能通过寄主细胞完成自我复制。因此人类只有通过电子显微镜才可观察到它们的形态结构。但由于噬菌体侵染细菌细胞后，可导致寄主细胞裂解死亡，并在琼脂培养基表面形成菌斑，所以人们可由此来判断噬菌体的存在。

◎ 能力目标

能进行双层琼脂平板法测定噬菌体的效价。

◎ 知识目标

能阐述测定噬菌体效价的原理。

◎ 实验原理

（1）噬菌体的效价　1mL 样品中所含侵染性噬菌体的粒子数。其测定常用双层琼脂平板法。由此得到的噬菌斑形态、大小较一致且清晰度高，计算准确。根据不同稀释度平板上出现的噬菌斑数目，可算出原液噬菌体的效价。

（2）双层琼脂平板的配制　底层平板（1.5% ~2% 琼脂的 LB 培养基 10mL），将适当稀释的噬菌体与培养至指数期的受体菌混合，保温吸附，加入 45℃左右的半固体琼脂糖，迅速混匀铺平板作为上层。

（3）计算公式　噬菌体效价（pfu/mL）= 噬菌斑数 × 稀释倍数 × 10（这里的 10 为换算单位，即实验中用到 100μL 噬菌体原液，换算成 1000μL，即 1mL 时，要乘以 10）。

◎ 工作任务书

任务进度	达到目标	负责人
工作准备	掌握噬菌体效价的测定原理； 查找资料，了解噬菌体效价的测定知识； 填写相关实验预习报告	
工作过程	能够正确熟练完成噬菌体效价的测定工作； 能够熟练掌握噬菌体效价的测定流程； 能够仔细完成测定，填写记录	
工作结束	整理实验场所，清洗实验器皿，做好相关设备维护； 正确处理实验材料	
报告填写	正确如实记录实验过程操作，完成实验报告	

◎ 实验流程

准备工作→制备 9 套 LB 固体培养基底层平板→制备噬菌体稀释液→制备受体菌细胞→吸附→制备上层平板→培养→填写实验报告

1. 准备工作

材料准备单

材料与试剂	1	ER2738 菌液
	2	稀释用培养基
	3	无菌水替代（TBS）
	4	棉花，纸条，报纸，橡胶手套，棉绳
仪器设备	M13KE，EP 管，Tip 头用量，培养皿（实验台面），固体培养基（培养箱），顶层培养基（培养箱内）	

2．制备 9 套 LB 固体培养基底层平板

将溶化并冷却至 45℃左右的 LB 培养基倒入无菌培养皿，每皿 10～12mL，水平放置，凝固后做好稀释度标记。

3．制备噬菌体稀释液

取 0.5mL 噬菌体原液于 4.5mL 无菌水中得到 10^{-1}稀释液。再取 0.5mL 10^{-1}稀释液于 4.5mL 缓冲液中得到 10^{-2}稀释液。同理再制备 10^{-3}稀释液，并在试管上标记备用（稀释过程应充分混匀）。

4．制备受体菌细胞

将感受态大肠杆菌接种于 50mL LB 培养液，经过培养，离心收集菌体细胞，悬浮于 20mL 10mmol/L $MgSO_4$中备用。

5．吸附

用取样器分别取 100μL 10^{-1}、10^{-2}、10^{-3}噬菌体稀释液和 100μL 受体菌细胞液，充分混合后置于 37℃恒温箱保温 25min，并在离心管上做好标记。

6．制备上层平板

用枪分别取 350μL 受体菌菌悬液和噬菌体稀释液，加入到冷却至 45℃左右的 0.7% 琼脂糖中，迅速混匀，倒在有相应标记的底层平板，边倒边摇匀。

7．培养

37℃倒置培养 15～18h，检查结果。

8．填写实验报告

填写实验报告，将数据填写在表 14 中。

表 14　噬菌体效价测定结果

噬菌体稀释度	10^{-2}			10^{-3}		
平行样	1	2	3	1	2	3
噬菌斑数（个）/皿						
平均数						

［思考讨论］

测定噬菌体效价的准确性应注意哪些操作？

任务八　理化因子对微生物的影响

◎ 任务描述

微生物在自然界中分布广泛，生长发育受环境影响，且不同微生物受环境影响不同。

◎ 能力目标

1. 能进行紫外线对微生物生长的影响操作及判断。
2. 能进行理化因素抑制或杀死微生物的相关试验。

◎ 知识目标

查资料，讨论不同化学物质对微生物生长的影响。

◎ 实验原理

紫外线对微生物有明显的致死作用，使细菌致死的紫外线波长为200～310nm，260nm左右的紫外线具有最高杀菌效应。作用机理是诱导胸腺嘧啶二聚体的生成，从而抑制DNA的复制。经紫外线照射受损伤的细菌细胞，如立即暴露于可见光下，则有一部分可恢复正常活力，称为光复活现象。

一些化学药剂对微生物的生长有抑制或杀死作用，因此，在实验室内及生产上常利用某些有效的化学药剂进行杀菌或消毒。不同的化学药剂对不同的细菌，杀菌能力并不相同，而同一种化学药剂对不同细菌的杀菌效果也不一致。

◎ 工作任务书

任务进度	达到目标	负责人
工作准备	掌握对微生物生长的影响因素； 查找资料，了解微生物生长的相关知识； 填写相关实验预习报告	
工作过程	能够正确熟练完成实验工作； 能够熟练掌握实验流程； 能够仔细观察和填写记录	
工作结束	整理实验场所，清洗实验器皿，做好相关设备维护； 正确处理实验材料	
报告填写	正确如实记录实验过程操作，完成实验报告	

一、紫外线对微生物的影响

◎ 实验流程

准备工作→制平板→菌悬液制备→接种→分组→紫外线处理→培养→填写实验报告

1．准备工作

材料准备单

<table>
<tr><td rowspan="3">材料与试剂</td><td>1</td><td>菌种：大肠杆菌，枯草芽孢杆菌</td></tr>
<tr><td>2</td><td>牛肉膏蛋白胨培养基</td></tr>
<tr><td>3</td><td>75%乙醇、1%结晶紫、0.1% $KMnO_4$、0.2mg/L青霉素、2.5%碘酒
5%苯酚、0.1% $HgCl_2$或其他种类消毒剂抗生素、任选四种药物无菌水</td></tr>
<tr><td>仪器设备</td><td colspan="2">滤纸，镊子，培养皿，涂棒，试管若干支，无菌吸管，直径1.6cm的无菌圆形滤纸片</td></tr>
</table>

2．制平板

取无菌平皿6套，将已溶化并冷却至50℃左右的牛肉膏蛋白胨琼脂培养基倒入平皿中，使冷凝成平板。

3．菌悬液制备

取试管无菌水2支，以无菌操作法分别将大肠杆菌和枯草芽孢杆菌各取2环，接入无菌水中充分摇匀，制成菌悬液。

4．接种

将已倒入培养基的平皿分2组，每组3个，一组接种大肠杆菌，一组接种枯草芽孢杆菌，用无菌吸管吸取已制好的菌悬液各0.1mL，分别接种于2组平板上，涂布均匀，然后用无菌镊子夹取无菌图案纸一张，小心放在接种好的平皿中央（图16）。

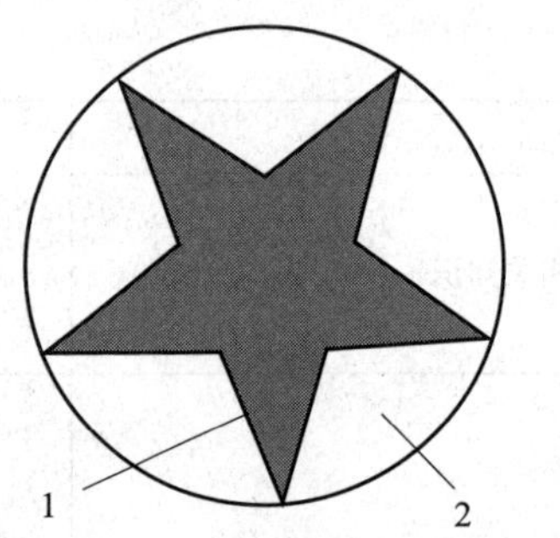

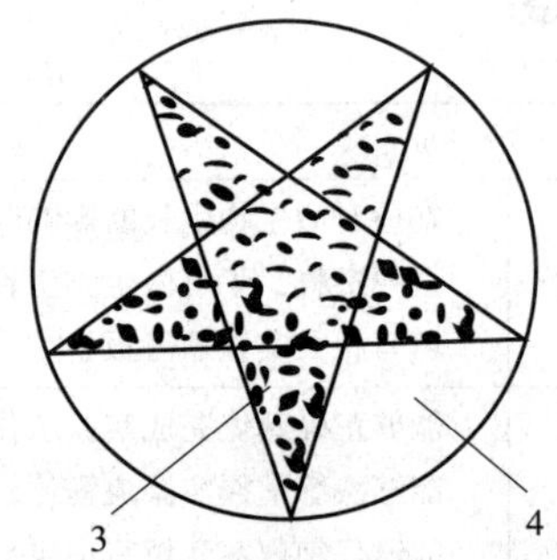

图16　检查紫外线对微生物生长的影响

1—图案纸　2、4—无菌生长区　3—细菌生长区

5．分组

将接种的6个平皿分3组，每组一个大肠杆菌，一个枯草芽孢杆菌。

6．紫外线处理

将紫外灯先开灯预热2～3min，再将上述平皿置于紫外灯下，打开皿盖，在30cm距离处照射。一组照1min，一组照5min，一组照10min，小心取下图案纸，盖上皿盖。用黑布遮盖，送入培养室内。

7. 培养

将平皿于37℃温度下培养48h。

8. 填写实验报告

填写实验报告，记录实验过程。

［思考讨论］

紫外诱变要注意哪些方面？

二、化学药剂对微生物的影响

◎ 实验流程

准备工作→制平板→菌悬液制备→接种→浸药→加药剂→培养→观察→填写实验报告

1. 准备工作

材料准备单

材料与试剂	1	菌种：大肠杆菌，枯草芽孢杆菌
	2	牛肉膏蛋白胨培养基
	3	75%乙醇、1%结晶紫、0.1% $KMnO_4$、0.2mg/L青霉素、2.5%碘酒、5%苯酚、0.1% $HgCl_2$或其他种类消毒剂抗生素、任选四种药物、无菌水
仪器设备	滤纸，镊子，培养皿，涂棒，试管若干支，无菌吸管，直径1.6cm的无菌圆形滤纸片	

2. 制平板

取无菌平皿2套，将已溶化并冷却至50℃左右的牛肉膏蛋白胨琼脂培养基按无菌操作法倒入平皿中，使冷凝成平板。

3. 菌悬液制备

制取无菌水2支，用接种环分别取大肠杆菌、枯草芽孢杆菌各2环，接种丁无菌水中，充分混匀，制取菌悬液。

4. 接种

用无菌吸管分别吸取已制好的菌悬液0.1mL接种于平板上，涂布均匀，做好标记。

5. 浸药

将灭菌滤纸片浸入药剂中。

6. 加药剂

用无菌镊子夹取浸药滤纸片（注意把药液沥干），分别平铺于同一含菌平板上，注意药剂之间无互相沾染（图17），并在平皿背面做好标记。

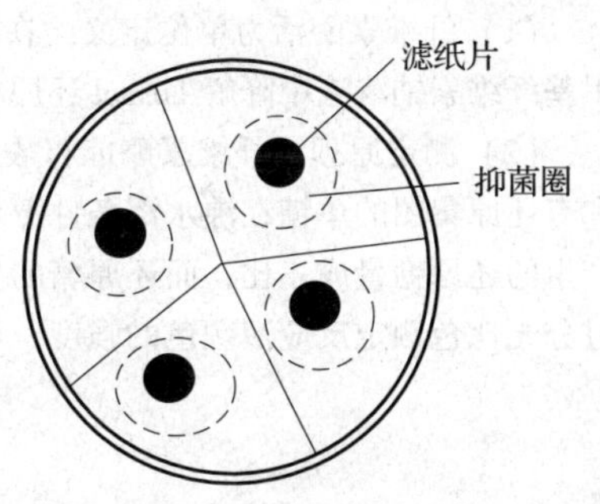

图17　药剂抑菌实验

7. 培养

将平皿置于37℃下培养48～72h。

8. 观察

取出培养皿，观察滤纸片周围有无抑菌圈产生，并测量抑菌圈的大小。

9. 填写实验报告

填写实验报告，认真记录实验过程。

[思考讨论]

化学药剂对细菌生长的影响包括哪些方面?

任务九 纤维素酶活力的测定

◎ 任务描述

纤维素酶是一种多组分酶，包括 C_1 酶、C_X 酶和 A－葡萄糖苷酶三种主要组分。纤维素被纤维素酶水解最终降解生成 β－葡萄糖。鉴于纤维素结构的复杂性，目前还没有任何一种酶能将纤维素彻底水解。

◎ 能力目标

1. 能熟练进行生物化学实验基本操作。
2. 学习实验方案的制定与调整及数据的处理。
3. 能合作完成纤维素酶活力的测定。
4. 能进行标准曲线的制作。
5. 能正确使用分光光度计进行测量。

◎ 知识目标

能阐述纤维素酶的基本特性和酶活力测定的方法。

◎ 实验原理

(1) 纤维素酶活力单位定义　在37℃，pH5.5的条件下，每分钟从浓度为4mg/mL的羧甲基纤维素钠溶液中降解1μmol还原糖所需要的酶量为一个酶活力单位U。

(2) 测定原理　纤维素酶能将羧甲基纤维素降解成寡糖和单糖。具有还原性末端的寡糖和有还原集团的单糖在沸水浴条件下可以与DNS试剂发生显色反应，反应颜色的强度与酶解产生的还原糖量成正比，而还原糖的生成量又与反应液中纤维素酶的活力成正比。因此，通过分光比色测定反应液颜色的强度，可以计算反应液中纤维素酶的活力。

◎ 工作任务书

任务进度	达到目标	负责人
工作准备	掌握纤维素酶活力的测定方法； 查找资料，了解纤维素酶活力的测定相关知识； 填写相关实验预习报告	
工作过程	能够正确熟练完成纤维素酶活力的测定工作； 能够熟练掌握纤维素酶活力的测定流程； 能够仔细观察和填写记录	
工作结束	整理实验场所，清洗实验器皿，做好相关设备维护； 正确处理实验材料	
报告填写	正确如实记录实验过程操作，完成实验报告	

◎ 实验流程

准备工作→标准曲线的绘制→平衡→样品测定→酶活力的计算→填写实验报告

1．准备工作

材料准备单

材料与试剂	1	葡萄糖溶液：c（$C_6H_{12}O_6$）＝10.0mg/mL 称取无水葡萄糖1.00g，加水溶解，定容至100mL
	2	乙酸溶液：c（CH_3COOH）＝0.1mol/L 吸取冰乙酸0.60mL，加水溶解，定容至100mL
	3	乙酸钠溶液：c（CH_3COONa）＝0.1mol/L 称取三水乙酸钠1.36g，加水溶解，定容至100mL
	4	氢氧化钠溶液：c（NaOH）＝200g/L 称取氢氧化钠20.0g，加水溶解，定容至100mL
	5	乙酸－乙酸钠缓冲溶液 称取三水乙酸钠11.57g，加入冰乙酸0.85mL，加水溶解，定容至1000mL，测定溶液的pH，如果pH偏离5.5，用乙酸溶液或乙酸钠溶液调至5.5
	6	羧甲基纤维素钠溶液：0.8%（质量体积分数） 称取羧甲基纤维素钠（Sigma C5678）0.40g，加入到盛有30mL缓冲液的烧杯中，磁力搅拌，同时缓慢加热，直至羧甲基纤维素钠完全溶解（在搅拌加热过程中可以补加适量的缓冲液，但是溶液的总体积不能超过50mL），停止搅拌，用缓冲液将其定容至50mL，羧甲基纤维素钠溶液能立即使用，使用前适当摇匀。4℃避光保存，有效期为3d

续表

材料与试剂	7	DNS 试剂： 称取 3，5－二硝基水杨酸（化学纯）3.15g，加水 500mL，搅拌 5min，水浴至 45℃，然后逐步加入 100mL 氢氧化钠溶液，同时不断搅拌，直到溶液清澈透明（在加入氢氧化钠的过程中，溶液温度不要超过 48℃）。再逐步加入四水酒石酸钾钠 91.0g，苯酚 2.50g 和无水亚硫酸钠 2.50g，继续 45℃水浴加热，同时补加水 300mL，不断搅拌，直到加入的物质完全溶解，停止加热，冷却至室温后，用水定容至 1000mL，用玻璃过滤器过滤。取滤液，贮存在棕色试剂瓶中，避光保存，室温下存放 7d 可以使用，有效期为 6 个月
仪器设备	8	实验室用样品粉碎机或碾钵，分样筛（口径为 0.25mm60 目），分析天平（精确至 0.001g），pH 计（精确至 0.01），磁力搅拌器（附加热功能），振荡器，恒温水浴锅（温度控制范围在 30～60℃，精度为 0.1℃），烧结玻璃过滤器（孔径为 0.45nm），离心机（2000r/min 以上）

2．标准曲线的绘制

标准空白样：吸取缓冲液 4.0mL，加入 DNS 试剂 5.0mL，震荡后沸水浴加热 5min，然后迅速用冷水冷却至室温，用水定容至 25.00mL，震荡摇匀。

葡萄糖：吸取葡萄糖溶液 1.00、2.00、3.00、4.00、5.00、6.00、7.00mL，分别用缓冲液定容至 100mL，配制成浓度为 0.10～0.70mg/mL 的葡萄糖标准溶液。吸取上述浓度系列的葡萄糖标准溶液各 2.00mL（分别做 2 个平行），分别加入到 7 个试管中，再分别加入 2mL 蒸馏水和 5mL DNS 试剂，震荡均匀后沸水浴加热 5min，然后迅速用冷水冷却至室温，用水定容至 25.00mL，震荡摇匀。以标准空白样作为对照调零，在 540nm 处测定吸光值。

以葡萄糖浓度为 Y 轴，吸光度 OD 值为 X 轴，绘制标准曲线，每次新配制 DNS 试剂均需要重新绘制标准曲线。

3．平衡

稀释好的待反应酶液和底物羧甲基纤维素钠溶液都需要在水浴中 37℃平衡 10min（表 15）。

表 15　　　　平衡的反应顺序

反应顺序	样品标准	样品空白
（1）加入待反应酶液	2mL	2mL
（2）依次加入	底物羧甲基纤维素钠溶液 2mL	DNS 试剂 5mL
（3）充分混合均匀	√	√
（4）依次加入	—	底物羧甲基纤维素钠溶液 2mL
（5）充分混合均匀	—	√

续表

反应顺序	样品标准	样品空白
（6）37℃水解 30min（时间要精确）	√	√
（7）依次加入	DNS 试剂 5mL	—
（8）充分混合均匀	√	—
（9）沸水浴 5min	√	√
（10）冷水快速降温	√	√
（11）总体积定容至 25mL	√	√
（12）充分混合均匀	√	√
反应结束后，在室温下静置 10min 进行比色		

4. 样品测定

在分光光度计 550nm 波长处测定样品空白吸光值 A_0 和样品溶液吸光值 A_1、A_2。

5. 酶活力的计算

$$U = \frac{[(A_1 + A_2)/2 - A_0] \times K + C_0}{30 \times 180.2} \times \frac{F \times 1000}{m}$$

式中　K——酶液稀释倍数

F——影响因数

A_1——样品 1 的吸光度

A_2——样品 2 的吸光度

A_0——空白溶液的吸光度

C_0——标准曲线的截距

m——样品蛋白含量

180.2——葡萄糖的相对分子质量

30——酶解反应时间

1000——转化因子，1mmol = 1000μmol

说明：试样稀释液中的纤维素酶活力值应在 0.04～0.08U/mL。如果不在这个范围内，应重新选择酶液的稀释度，再进行分析测定。

6. 填写实验报告

填写实验报告，记录实验过程。

［**思考讨论**］

（1）简述纤维素酶活力的测定方法。

（2）简述酶活力的计算方法。

实训四　菌种保藏与复苏

任务一　菌种的保藏

◎ 任务描述

菌种保藏是将微生物菌种用各种适宜的方法妥善保存，避免死亡、污染，保持其原有性状相对稳定。我国有专门的菌种保藏机构和完善的管理制度。菌种及菌种保藏广泛应用于社会生产的各个领域，在微生物制药技术的科学研究和生产实践中也不可缺少。

常用保藏方法大致可分为以下几种：

（1）斜面低温保藏法　将菌种接种在适宜的固体斜面培养基上，待菌充分生长后，棉塞部分用油纸包扎好，移至2～8℃的冰箱中保藏。保藏时间依微生物的种类而不同，霉菌、放线菌及有芽孢的细菌保存2～4个月，移种一次。酵母菌2个月，细菌最好每月移种一次。

此法为实验室和工厂菌种室常用的保藏法，优点是操作简单，使用方便，不需特殊设备，能随时检查所保藏的菌株是否死亡、变异与污染杂菌等。缺点是容易变异，因为培养基的物理、化学特性不是严格恒定的，屡次传代会使微生物的代谢改变，而影响微生物的性状；污染杂菌的机会也较多。

（2）液体石蜡覆盖保藏法　在斜面培养物和穿刺培养物上面覆盖灭菌的液体石蜡，一方面可防止因培养基水分蒸发而引起的菌种死亡，另一方面可阻止氧气进入，以减弱代谢作用。

此法实用而效果好。霉菌、放线菌、芽孢细菌可保藏2年以上不死，酵母菌可保藏1～2年，一般无芽孢细菌也可保藏1年左右。此法的优点是制作简单，不需特殊设备，且不需经常移种。缺点是保存时必须直立放置，所占位置较大，同时也不便携带。从液体石蜡下面取培养物移种后，接种环在火焰上烧灼时，培养物容易与残留的液体石蜡一起飞溅，应特别注意。

（3）载体保藏法　是将微生物吸附在适当的载体上，如土壤、沙子、硅胶、滤纸上，而后进行干燥的保藏法，例如，沙土保藏法和滤纸保藏法应用相当广泛。沙土保藏法多用于能产生孢子的微生物，如霉菌、放线菌，因此在抗生素工业生产中应用最广，效果也好，可保存2年左右，但应用于营养细胞效果不佳。

（4）冷冻真空干燥法保藏法　主要措施是低温、缺乏营养、干燥和添加保护剂，适用于保藏各大种类菌种，保藏期限为5～15年，优点是保藏期限长达数年乃至十几年，并且保藏效果好，缺点是保存操作繁琐，设备昂贵。

◎ 能力目标

1. 能进行几种常用的菌种简易保藏方法操作。
2. 能独立完成菌种斜面保藏、甘油法和沙土管等保藏菌种的操作。

◎ 知识目标

1. 能阐述菌种保藏的基本概念。
2. 说出菌种保藏的原理。
3. 讨论常用菌种简易保藏法的优缺点。

◎ 实验原理

菌种保藏的方法很多。其原理却大同小异，不外乎为优良菌株创造一个适合长期休眠的环境，即干燥、低温、缺乏氧气和养料等。使微生物的新陈代谢处于最低水平或相对静止的状态，从而在一定的时间内菌种不发生变异并保持相应活力。依据不同的菌种或不同的需求，应该选用不同的保藏方法。

◎ 工作任务书

任务进度	达到目标	负责人
工作准备	学习菌种保藏相关知识； 查阅相关资料了解菌种保藏有关法规； 填写相关实验预习报告	
工作过程	掌握独立完成菌种保藏的操作技能； 能够规范进行无菌操作； 能够仔细观察和填写记录	
工作结束	整理实验场所，清洗实验器皿，做好相关设备维护； 正确处理实验材料	
报告填写	正确如实记录实验过程操作，完成实验报告	

一、斜面培养基保藏谷氨酸生长菌

◎ 实验流程

材料准备→培养基配制→培养基分装灭菌→冷却、检查→接种、培养→包扎、保存→填写实验报告

1. 材料准备

材料准备单

类别	序号	内容
材料与试剂	1	谷氨酸棒杆菌菌种
	2	牛肉膏蛋白胨培养基：牛肉膏 5g，蛋白胨 10g，NaCl 5g，琼脂 20g，水 1000mL
仪器设备		1000mL 大烧杯 1 个，试管 20 个，接种环，酒精灯，玻璃棒，高压蒸汽灭菌锅，调温电热套，恒温培养箱，pH 计，冰箱

2. 培养基配制

按配方称取培养基，放入1000mL大烧杯中，加入700～800mL水，放在可调温电热套上加热，注意搅拌，不使糊底，使培养基粉末完全溶化，加水补足体积至1000mL，并调节pH7.0～7.2。

3. 培养基分装灭菌

将培养基趁热分装于试管，分装量控制为试管高度的1/4，试管口加塞并用牛皮纸包扎，置于高压蒸汽灭菌锅121℃、0.1MPa灭菌20min。

4. 冷却、检查

斜面培养基灭菌完成后，冷却凝固放入培养箱，于37℃培养1～3d，进行无菌检查，合格后将其保存于4℃冰箱备用。

5. 接种、培养

在无菌操作条件下，用接种环挑取少量菌体，从斜面底部自下而上进行“Z”字形划线，塞好试管塞并放入培养箱，于37℃培养20～24h。

6. 包扎、保存

取出培养斜面，防潮包扎，保存于4℃冰箱。一般情况下，1个月需移植1次，供生产使用时需活化1次，使菌体细胞由休眠状态恢复到代谢旺盛状态。

7. 填写实验报告

填写实验报告，记录整个斜面培养基保藏谷氨酸生长菌种的操作过程。

[**思考讨论**]

斜面保藏菌种的注意事项有哪些？

二、甘油法保藏谷氨酸生长菌

◎ 实验流程

准备工作→甘油分装灭菌冷却→菌悬液制备→加入甘油→保存→填写实验报告

1. 准备工作

材料准备单

材料与试剂	1	谷氨酸棒杆菌斜面菌种
	2	80%甘油，无菌生理盐水
	3	封口膜，牛皮纸，标签纸
仪器设备	灭菌冻存管若干，三角瓶，高压蒸汽灭菌锅，微量移液器，灭菌吸头，超净工作台，冻存盒，冰箱	

2．甘油分装灭菌冷却

将80%甘油分装，置于三角瓶中，封口膜封口，加牛皮纸包扎，121℃、0.1MPa 灭菌 20min。冷却备用。

3．菌悬液制备

取培养适龄的斜面菌种，每支用无菌生理盐水 3～5mL 洗下菌苔细胞，制成 10^8 个/mL 的菌悬液，每个冻存管加入 0.5mL 菌悬液备用，并做好标记。

4．加入甘油

在冻存管中加入等量的 0.5mL 甘油，混匀。

5．冰箱保存

将上述冻存管放入冻存盒中，置于 -20℃冰箱保存。

6．填写实验报告

填写实验报告，记录整个甘油法保藏谷氨酸生长菌种的操作过程。

［**思考讨论**］

甘油法保藏菌种的注意事项有哪些？

三、真空冻干法保藏谷氨酸生产菌菌种

◎ 实验流程

准备工作→安瓿管准备→保护剂制备检查→冻干样品准备→预冻→冷冻干燥→真空封口→保藏→填写实验报告

1．准备工作

材料准备单

材料与试剂	1	谷氨酸棒杆菌斜面菌种
	2	2% 盐酸
	3	市售新鲜清洁、无抗生素污染的牛乳 200g
	4	脱脂棉，标签纸，pH 试纸
仪器设备	长颈球形底安瓿管，长针注射器，250mL 锥形瓶，台式离心机，接种环，超净工作台，微量移液器，灭菌吸头，长针注射器，灭菌试管，冰箱，高频电火花器，冷冻干燥机，高压蒸汽灭菌锅，干燥器	

2．安瓿管准备

先用2% 盐酸浸泡安瓿管过夜，自来水冲洗干净后，用蒸馏水浸泡至 pH 中性，干燥后贴标签，注明菌种及时间，加入脱脂棉塞后，用牛皮纸包裹，121℃

下高压灭菌20min，备用。如条件允许，也可取出置37℃孵育24h，重复灭菌一次，105～110℃烤干（有硅胶指示剂的要使硅胶达到深蓝色），置干燥器内备用。

3. 保护剂制备检查

取市售新鲜、清洁、无抗生素污染的牛奶200g，在5000r/min下离心10min，除去上层奶皮，如此重复两次。之后在100℃间歇煮沸2～3次，每次10～30min，然后分装入2个250mL锥形瓶中，冷却后备用。如灭菌后放置时间超过24h，则应弃用。也可以购买袋装或盒装的超高温灭菌优质脱脂牛奶直接使用，无需再灭菌，无菌检查合格后备用。

4. 冻干样品准备

选生长饱满且无菌检查合格的新鲜菌种斜面，加入适量灭菌脱脂牛奶（一般每支试管斜面加10mL脱脂牛奶），用接种环将斜面上的菌苔轻轻刮下（注意不要刮坏琼脂表面），用微量移液器或长针注射器吸出牛奶菌悬液，置于预先灭菌的空试管内，用长针注射器取0.1～0.2mL牛奶菌悬液直接滴入安瓿管底部，注意不要溅污上部管壁，以上操作应在无菌室内的超净工作台上进行。

5. 预冻

将分装好的安瓿管放入－20～－35℃低温冰箱中冷冻，一般预冻不低于2h。

6. 冷冻干燥

采用冷冻干燥机进行冷冻干燥。将冷冻后的样品安瓿管置于冷冻干燥机的干燥箱内，开始冷冻干燥，时间一般为8～20h。干燥后样品呈白色疏松状。

7. 真空封口

将安瓿管颈部用强火焰拉细，然后采用真空泵抽真空，在真空条件下将安瓿管颈部加热熔封。

8. 保藏

安瓿管应低温避光保藏。

9. 填写实验报告

填写实验报告，记录整个真空冻干法保藏谷氨酸生产菌菌种的操作过程。

[**思考讨论**]

真空冻干法保藏菌种的注意事项有哪些？

四、沙土保藏法保藏黑曲霉

◎ 实验流程

准备工作→制备无菌沙土管→制备菌悬液→加样和干燥→抽样检查→保藏→填写实验报告

1. 准备工作

材料准备单

材料与试剂	1	黑曲霉孢子斜面菌种
	2	黄土，河沙
	3	10% 的 HCl，无菌水
	4	肉汤培养基，马丁琼脂培养斜面
仪器设备	40 目筛，100 目筛，接种环，接种针，10mm × 100mm 小试管，安瓿管，棉塞，恒温培养箱，真空干燥器，真空泵，高频电火花器，冰箱，高压蒸汽灭菌锅	

2. 制备无菌沙土管

（1）处理河沙　取河沙若干，用 40 目筛子过筛，加 10% 的 HCl 溶液浸泡 2 ~ 4h，浸没沙面即可，除去有机杂质，倒去盐酸，用自来水冲洗至中性，烘干。

（2）筛土　另取非耕作层的不含腐殖质的瘦黄土或红土，加自来水浸泡洗涤数次，直至中性，用 100 目筛子过筛。

（3）混合　取一份土加四份沙混合均匀，装入小试管中（10mm × 100mm）。装量约 1cm，每管 1g 左右即可，塞上棉塞。

（4）灭菌　高压蒸汽灭菌，121℃湿热灭菌 30min，烘干。

（5）抽样进行无菌检查　取灭菌后的沙土少许，接入肉汤培养基中，37℃培养 48h，如有杂菌生长，则需全部重新灭菌，直至证明无菌，方可备用。

3. 制备菌悬液

选择培养成熟的（一般指孢子层生长丰满的，营养细胞用此法效果不好）黑曲霉孢子斜面，以无菌水洗下，一般每支试管斜面加入 3 ~ 5mL 无菌水，用接种环轻轻搅动，制成 10^8 个/mL 孢子悬液。

4. 加样和干燥

取约 0.5mL（一般以刚刚使沙土润湿为宜）孢子悬液加入每支沙土管中，以接种针拌匀，塞上沙土管棉塞，放入真空干燥器内，用真空泵抽干水分，抽干时间越短越好，务必在 12h 内抽干。

5. 抽样检查

每 10 支抽干的沙土管从中抽取 1 支进行检查。用接种环取少许沙土，接种到适合于所保藏菌种生长的马丁琼脂培养基斜面上培养。观察生长情况和有无杂菌生长。如出现杂菌或菌落数很少或根本不长，则说明制作的沙土管有问题，尚须进一步抽样检查。

6. 保藏

若经检查没有发现问题，可存放于冰箱或室内干燥处进行保藏。每半年检查一次活力和杂菌情况。

7. 填写实验报告

填写实验报告，记录整个沙土保藏法保藏黑曲霉的操作过程。

[思考讨论]

沙土法保藏菌种的注意事项有哪些？

五、液体石蜡保藏法保藏谷氨酸生产菌菌种

◎ 实验流程

准备工作→液体石蜡灭菌→斜面菌种准备→加液体石蜡→保藏→填写实验报告

注意事项：

到保藏期后，需将菌种转接至新的斜面培养基上，依据上述步骤进行保藏。从液体石蜡覆盖层下移种时，注意接种环在火焰上灼烧时菌体会随着液蜡四溅，如果培养物是病原体，应予以注意。另外，第一代的培养物会因液蜡的残余而导致生长缓慢且有黏性，通常进行第二次转接才适合于菌种保藏。

1. 准备工作

材料准备单

材料与试剂	1	谷氨酸棒杆菌斜面菌种
	2	液体石蜡，牛皮纸
仪器设备	锥形瓶，棉塞，烘箱，恒温培养箱，灭菌吸管，微量移液器，灭菌吸头，冰箱，高压蒸汽灭菌锅，试管架	

2. 液体石蜡灭菌

将液体石蜡（石蜡油）分装于三角烧瓶内，塞上棉塞，并用牛皮纸包扎，121.3℃高压蒸汽灭菌30min，保险起见，也可进行二次灭菌。然后放在40℃恒温箱中使水汽蒸发掉或放在105～110℃的烘箱内约1h，备用。

3. 斜面菌种准备

准备培养适龄的斜面菌种。可以将需要保藏的菌种接种至适宜的斜面培养基上，使生长良好。

4. 加液体石蜡

用无菌吸管或微量移液器吸取已灭菌的液体石蜡，注入到已长好菌的斜面上，液体石蜡的用量以高出斜面顶端1cm左右为准，使菌种与空气隔绝。

5. 保藏

将已注入液体石蜡的斜面试管直立，将管口用牛皮纸包好，直立置于2～8℃冰箱保存。在保藏期间如果发现液体石蜡减少应及时补充。这种方法保藏期一般为1～2年。

6. 填写实验报告

填写实验报告，记录整个液体石蜡保藏法保藏谷氨酸生产菌菌种的操作过程。

[**思考讨论**]

液体石蜡法保藏菌种的注意事项有哪些？

任务二　保藏菌种的复苏

◎ 任务描述

菌种是从事微生物学及生命科学研究的基本材料，菌种保藏广泛应用于社会生产的各个领域。保藏的菌种可依据需要复苏后使用。

◎ 能力目标

1. 能进行几种常用的菌种复苏法操作。
2. 能准确判断菌种复苏的影响因素并做出正确处理。

◎ 知识目标

1. 能阐述菌种复苏的基本流程。
2. 讨论菌种复苏的影响因素。

◎ 实验原理

菌种复苏即菌种的活化，就是将保藏状态的菌种放入适宜的培养基中培养，逐级扩大培养是为了得到纯而壮的培养物，即获得活力旺盛的、接种数量足够的培养物。复苏方法的差异会严重影响菌种保存的效果。

◎ 工作任务书

任务进度	达到目标	负责人
工作准备	学习菌种复苏相关知识； 查阅相关资料，了解菌种复苏有关法规； 填写相关实验预习报告	

续表

任务进度	达到目标	负责人
工作过程	掌握独立完成菌种复苏的操作； 能够规范进行无菌操作； 能够仔细观察和填写记录	
工作结束	整理实验场所，清洗实验器皿，做好相关设备维护； 正确处理实验材料	
报告填写	正确如实记录实验过程操作，完成实验报告	

一、大肠埃希菌冻干菌种的复苏

◎ 实验流程

准备工作→培养基制备→开启菌种管→接种→观察→填写实验报告

1．准备工作

材料准备单

材料与试剂	1	安瓿瓶装大肠埃希菌冻干菌种
	2	营养琼脂培养基（干粉），肉汤液体培养基（干粉）
	3	75% 酒精，蒸馏水，无菌水
	4	干燥无菌纱布
仪器设备	试管，培养皿，三角烧瓶，烧杯，电子天平，量筒，高压蒸汽灭菌锅，试管架酒精灯，砂轮，灭菌吸管，微量移液器，灭菌吸头，恒温培养箱，生物安全柜	

2．培养基制备

（1）肉汤液体培养基（100mL）制备　按配方称取肉汤液体培养基干粉 3g 溶解于 100mL 蒸馏水中，分装，121℃高压灭菌 20min，保存备用。

（2）营养琼脂培养基（500mL）制备　按配方称取营养琼脂培养基干粉 17g，溶解于 500mL 蒸馏水中，加热煮沸，分装，121℃高压灭菌 20min，倒平板，保存备用。

3．开启菌种管

（1）开启生物安全柜，用 75% 酒精棉消毒菌种管外壁。

（2）采用锯开法启开菌种　先用砂轮在安瓿瓶上三分之一处划痕，再用干燥的无菌纱布包裹安瓿瓶，最后将安瓿瓶掰开。

（3）用吸管吸液体培养基 0.5 ~ 0.8mL 注入被启开的菌种安瓿瓶中并吹打，使安瓿瓶中的冻干菌种溶解成菌悬液。如图 18 所示。

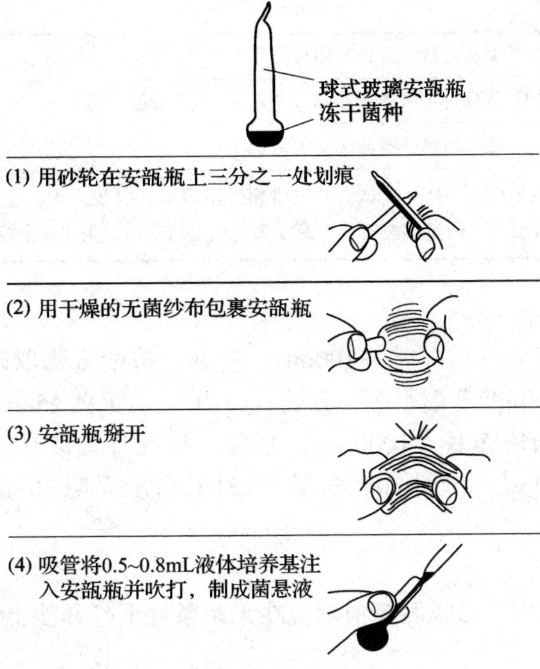

图 18　启开菌种

4. 接种

将上述菌悬液全部吸出，分别接种到已制备好的固体斜面和液体培养管中，一般放置在 37℃ 培养箱中培养 18 ~ 24h。

5. 观察

次日观察菌种的生长情况，如菌种未生长，应继续培养至 72h。复苏后需保藏的斜面应于 4℃ 中保藏。

6. 填写实验报告

填写实验报告，记录整个安瓿瓶装大肠埃希菌冻干菌种的复苏操作过程。

[**思考讨论**]

安瓿瓶装大肠埃希菌冻干菌种的复苏操作过程的注意事项有哪些？

二、黑曲霉沙土管保藏菌种的复苏

◎ 实验流程

准备工作→培养基制备→开启菌种管→接种→观察→填写实验报告

1. 准备工作

材料准备单

材料与试剂	1	黑曲霉沙土管保藏菌种
	2	改良马丁液体培养基（干粉），马丁琼脂培养基
	3	75% 酒精，蒸馏水，无菌水
仪器设备	三角烧瓶，烧杯，试管，试管塞，培养皿，电子天平，量筒，酒精灯，接种环，灭菌吸管，微量移液器，灭菌吸头，恒温培养箱，生物安全柜，冰箱，砂轮	

2．培养基制备

（1）改良马丁液体培养基（100mL）制备　按配方称取改良马丁培养基干粉 2.85g 溶解于 100mL 蒸馏水中，分装，121℃高压灭菌 15min，保存备用。

（2）马丁琼脂培养基（1000mL）制备　按配方称取马丁琼脂培养基干粉 42.5g 溶解于 1000mL 蒸馏水中，分装，121℃高压灭菌 30min，倒平板，保存备用。

3．开启菌种管

开启生物安全柜，75% 酒精消毒，在无菌条件下打开沙土管。

4．接种

恢复培养时，用接种环挑取少量的沙土到改良马丁液体培养基或倾撒在马丁琼脂培养基斜面上培养。

5．观察

次日观察菌种的生长情况，如菌种未生长，应继续培养至 72h。复苏后需保藏的斜面应于 4℃中保藏。

6．填写实验报告

填写实验报告，记录整个黑曲霉沙土管保藏菌种的复苏操作过程。

[**思考讨论**]

沙土管保藏菌种的复苏操作过程的注意事项有哪些？

实训五　微生物制药实训技术

任务一　细菌生长曲线的测定

◎ 任务描述

以时间为横坐标，以活菌数的对数为纵坐标，可得出一条生长曲线，曲线显示了细菌生长繁殖的4个时期：迟缓期、指数期、稳定期、衰亡期。掌握细菌生长规律，可有目的地研究控制病原菌的生长，发现和培养对人类有用的细菌。

◎ 能力目标

能通过比浊法测定大肠杆菌的生长曲线。

◎ 知识目标

能够阐述细菌生长曲线的特点及测定的原理。

◎ 实验原理

少量的细菌接种到一定体积的、合适的新鲜液体培养基中，在适宜的条件下进行培养，定时测定培养液中的菌量，以菌量的对数作纵坐标、生长时间作横坐标，绘制的曲线为生长曲线。生长曲线是微生物在一定环境条件下液体培养时所表现出的群体生长规律。不同的微生物其生长曲线不同，即使是同一种微生物，在不同的培养条件下其生长曲线也是不同的。测定在一定条件下培养的微生物的生长曲线，在科学研究及生产上是非常有意义的。

大肠杆菌是微生物学教学和科研常用菌种，也是某些生物制品的生产菌种，常需要了解在一定条件下其生长曲线的特征。本实验用光电比色计进行比浊测定OD值，此法所需仪器不多，操作简便、迅速。

◎ 工作任务书

任务进度	达到目标	负责人
工作准备	掌握细菌生长繁殖的4个时期； 查找资料，了解细菌生长相关知识； 填写相关实验预习报告	
工作过程	能够正确熟练完成细菌生长曲线的绘制工作； 能够熟练掌握实训流程； 能够仔细观察和填写记录	

续表

任务进度	达到目标	负责人
工作结束	整理实训场所，清洗实训器皿，做好相关设备维护； 正确处理实训材料	
报告填写	正确如实记录实验过程操作，完成实验报告	

◎ 实验流程

准备工作→具体实施→填写实验报告

注意事项：

（1）配置培养基，牛肉膏蛋白胨液体培养基。

（2）按一定量分装到试管里（需要 13×3 支，3 支一组），灭菌。

（3）冷却后取大肠杆菌悬液，用移液枪分别接种到试管培养基中。

（4）把 12 组放入 37℃摇床培养，取一组马上测 OD 值，3 个值取平均数，偏差太大的舍去。

（5）在 2、4、6、8、10、12、14、16、18、20、22、24h 后分别测其他组。如果无法在特定时间测，也要在那一时间将该组在摇床取出冷冻保存，能测时取出测量即可。

（6）将得到的值换算后画图即可。

1. 准备工作

材料准备单

材料与试剂	1	牛肉膏蛋白胨培养液
	2	大肠杆菌菌种
仪器设备	光电比色计、试管、锥形瓶、移液管	

2. 具体实施

（1）预先将大肠杆菌接种到牛肉膏蛋白胨培养液中，37℃振荡培养 18h 备用。

（2）把光电比色计的波长调至 420nm，开机预热 10～15min。

（3）以未接种的牛肉膏蛋白胨培养液校正比色计的零点（以后每次测定都要重新校正零点）。

（4）取装有 150mL 无菌牛肉膏蛋白胨培养液的 500mL 锥形瓶 6 个，分为两组，分别编号为 1、2、3 号和 4、5、6 号。各瓶加入培养 18h 的大肠杆菌培养液 10mL，37℃下振荡培养。

（5）于接种后的第 0、2、4、6、8、10、12、14、16、18、20h，分别用无菌移液管从各瓶中吸取培养液 5mL，在光电比色计上测定 OD_{420} 值。若菌液太浓，做适当稀释，使 OD_{420} 值在 0.0 ~ 0.4 较好。经稀释后测得 OD_{420} 值要乘以稀释倍数，才是培养液实际的 OD_{420} 值。

（6）于培养第 8h 取样测定后，向其中一组（1 ~ 3 号）每瓶加入牛肉膏蛋白胨培养液的 5 倍浓缩液 10mL 作补料；另一组（4 ~ 6 号）每瓶加入 10mL 无菌水。继续振荡培养和定时测定。

3. 填写实验报告　填写实验报告，记录实验过程。

[**思考讨论**]

（1）生长曲线中为什么会有稳定期和衰退期？

（2）什么条件下接种为宜？液体种子比固体种子有什么优越性？

任务二　青霉素发酵操作技术

◎ 任务描述

青霉素钾盐、钠盐的性质：遇酸、碱或氧化剂等迅速失效，有引湿性，在水中极易溶解，乙醇中溶解，在脂肪油或液状石蜡中不溶。

水溶液在室温放置易失效。20 万 U/mL 青霉素溶液于 30℃ 放置 24h，效价下降 56%，青霉烯酸含量增加 200 倍，临床应用时要新鲜配制。所以只有粉制剂，没有注射液，用时用注射用水稀释，如使用不完，放置不要过久。

◎ 能力目标

能对抗生素发酵过程中一些重要的生理指标进行分析。

◎ 知识目标

讨论青霉素发酵工艺及参数。

◎ 实验原理

抗生素发酵的过程中生成菌株的代谢研究是提高抗生素产量的一个重要环节，很多工作，如生产菌株的选育、新抗生素的研究、菌株营养要求、发酵调节以及工艺设备的改进等，都与菌株的代谢研究密切相关。

◎ 工作任务书

任务进度	达到目标	负责人
工作准备	掌握青霉素的基本知识； 查找资料，了解青霉素发酵的基本知识； 查找青霉素发酵 SOP 并相互交流； 填写相关实验预习报告	

续表

任务进度	达到目标	负责人
工作过程	能够熟练完成实验用器皿的清洗工作； 能够正确熟练完成青霉素的发酵工作； 能够熟练掌握青霉素发酵流程； 能够仔细观察和填写记录	
工作结束	整理实验场所，清洗实验器皿，做好相关设备维护； 正确处理实验材料	
报告填写	正确如实记录实验过程操作，完成实验报告	

◎ 实验流程

准备工作→具体实施→填写实验报告

1. 准备工作

材料准备单

材料与试剂	1	菌种：产黄青霉
	2	金黄色葡萄球菌
	3	PDA 培养基①
	4	LB 培养基配方②
仪器设备	不锈钢小杯（牛津小杯），培养皿，移液枪，三角瓶等	

注：① PDA 培养基配方：马铃薯 200g，琼脂 18 ~20g，葡萄糖 20g，双蒸水 1L。

② LB 培养基配方：蛋白胨 2g，NaCl 2g，酵母粉 1g，琼脂 3g。

2. 具体实施

（1）菌种培养　将产黄青霉 3.546 接种到察氏琼脂斜面培养基上，26℃ 培养 5 ~6d 备用。

（2）发酵　从察氏斜面培养基上移种环青霉菌孢子，接种到三角瓶发酵培养液中，然后将三角瓶置于冰箱保存，每隔 24h 取出一瓶，放入摇床。

（3）分析、测定　抗菌物质的微生物测定方法有稀释法、比浊法以及琼脂扩散法。本实验采用国际上最普遍应用的琼脂平板扩散法来测定青霉素效价。它是将规格一定的不锈钢小管置于带菌的琼脂平板上，管中加入被测液，在室温中扩散一定时间后放入恒温箱培养。在菌体生长的同时，被测液（抗生素）扩散到琼脂平板内，抑制周围菌体的生长或杀死周围菌体，从而产生不长菌的透明抑菌圈。在一定范围内，抗菌物质的浓度（对数值）与抑菌圈直径（数学值）呈直线关系。

（4）金黄色葡萄球菌悬液的制备　取在传代琼脂培养基上连续培养 3 ~4 代

的金黄色葡萄球菌，用0.85%的生理盐水洗下，离心沉淀，倾去上层清液，菌体沉淀后再用生理盐水洗1～2次，最后将菌液稀释至（18～21）亿个/mL。或者用光电比色计测定，透光率为20%（波长650nm）。

（5）青霉素标准溶液的配制　准确称取纯苄青霉素钠盐15～20g，溶解在一定量的pH6.0的磷酸缓冲液中，使成2000单位/mL的青霉素溶液。然后依次稀释，配制成10单位/mL青霉素标准工作液。所稀释的五种浓度分别为800、1000、1200、1500、2000单位/mL。

（6）青霉素标准曲线的制备　取灭菌培养皿10个，每个培养皿用大口吸管吸取已冷却的下层培养皿21mL。水平放置，待凝固后，再加入上层培养基4mL，将培养皿来回倾侧，使含菌的上层培养基均匀分布。上层培养基在使用前先冷却至50℃左右，每100mL培养基加入50%葡萄糖溶液1mL及金黄色葡萄球菌悬液3～5mL，充分摇匀，在50℃水浴内放置10min后使用。青霉素溶液的抑菌圈大小与上层培养基内菌体的浓度密切相关。增加细菌浓度，抑菌圈就缩小。试验中加入菌体的量应控制在1单位/mL青霉素溶液的抑菌圈直径在20～24nm。

（7）待上层培养基完全凝固后，在每个琼脂平板上轻轻放置牛津小杯3个，小杯之间的距离应该相等，然后用枪将青霉素标准溶液加入小管中，每一浓度做2个平行。盖上培养皿盖，将培养皿移至37℃恒温箱内培养18～24h后，移去小管，精确地量取抑菌圈直径并记录数据。

（8）将摇床上的5瓶三角瓶发酵培养液取出来，根据步骤（7）操作，24h后测量其5d的抑菌圈直径，并根据标准曲线计算出其5d的青霉素浓度。

（9）计算　计算每种抑菌圈的平均直径，以青霉素浓度（单位/mL）的对数值为纵坐标，以抑菌圈直径的校正值（nm，数学值）为横坐标，绘制标准曲线。将1～5d检品稀释液抑菌圈直径的校正值在标准曲线上分别查出各检品稀释液的效价。

3. 填写实验报告

填写实验报告，记录实验过程、数据，进行计算。

[**思考讨论**]

分析青霉素生产中的影响因素。

任务三　青霉素钾盐的酸化萃取与萃取率的计算

◎ 任务描述

萃取是指将选定的某种溶剂（液体或超临界体）加入到含目标产物的混合物中，根据混合物中不同组分在该溶剂中的溶解度不同，将所需的组分分离出来，这个操作过程称为萃取。

萃取的特点：

（1）萃取过程具有选择性。

（2）能与其他需要的纯化步骤（如结晶、蒸馏等）相配合。

（3）通过相的改变，可以减少由于降解（水解）引起的产品损失。

（4）分离效率高，生产能力大，适用于各种不同的规模。

（5）传质速度快，生产周期短，便于连续操作，容易实现自动控制。

◎ 能力目标

1. 能进行萃取技术的操作。
2. 能进行碘量法测定青霉素的含量。
3. 能进行萃取率的计算。

◎ 知识目标

能够阐述青霉素萃取的操作步骤。

◎ 实验原理

青霉素在酸性条件下，以酸的形式存在，很容易溶于醇、酮、醚和酯类等有机溶剂，在水中的溶解度很小，且迅速丧失其抗菌能力。在中性条件下以盐的形式存在，易溶于水、甲醇等，而几乎不溶于乙醚、氯仿或醋酸戊酯，微溶于乙醇、丁醇、酮类或醋酸乙酯中，但如果此类溶剂中含有少量水分，其在该溶剂中的溶解度就大大增加。因此，利用萃取法提取青霉素，调节溶液的 pH，使其在水相和有机相中的溶解度不同，可实现萃取和反萃取。

pH2.0～2.2 时青霉素以游离酸状态由水相转移至丁酯相，而在 pH6.8～7.2 则以成盐状态由酯相进入缓冲液（水相）。

◎ 工作任务书

任务进度	达到目标	负责人
工作准备	掌握青霉素萃取的原理； 查找资料，了解青霉素萃取的相关知识； 查找青霉素萃取的 SOP 并相互交流； 填写相关实验预习报告	
工作过程	能够熟练完成实验用器皿的清洗工作； 能够正确熟练完成青霉素的萃取及萃取率计算工作； 能够熟练掌握青霉素萃取的流程； 能够仔细观察和填写记录	
工作结束	整理实验场所，清洗实验器皿，做好相关设备维护； 正确处理实验材料	
报告填写	正确如实记录实验过程操作，完成实验报告	

◎ 实验流程

准备工作→酸化萃取→脱水→反萃取→萃取率的计算→数据处理→填写实验报告

注意事项：

（1）严禁用不合格的注射用水溶解青霉素钾工业盐。

（2）青霉素钾工业盐必须溶解完全，严禁溶解液发白或有颗粒。

（3）溶解过程中，尽量缩短溶解时间，溶解完后立刻进行萃取。

1. 准备工作

材料准备单

材料与试剂	1	10% 硫酸
	2	青霉素钾（工业品）
	3	丁醇（分析纯）
	4	醋酸丁酯（化学纯）
	5	饱和食盐水（自制）
	6	蒸馏水
	7	30% 碳酸钾
	8	精密试纸 pH：0.8～2.4
	9	精密试纸 pH：5.4～7.0
仪器设备	烧杯，分液漏斗，玻璃棒，旋转蒸发器	

碘量法材料准备单

材料与试剂	1	$Na_2S_2O_3$（0.1mol/L）：取 $Na_2S_2O_3$ 2.6g 与无水 Na_2CO_3 0.02g，加入适量新煮沸过的冷蒸馏水溶解，定容到 100mL
	2	碘溶液（0.1mol/L）：取碘 1.3g，加入 KI 3.6g 与水 5mL 使之溶解，再加 HCl 1～2 滴，定容到 100mL
	3	HAc－NaAc（pH4.5）缓冲液：取 83g 无水 NaAc 溶于水，加入 60mL 冰乙酸，定容到 1L
仪器设备	酸式滴定管，移液管，容量瓶，量筒，玻璃棒，小烧杯，电子天平	

2. 酸化萃取

用天平称量 40g 青霉素工业盐，放入烧杯中。在磁力搅拌器下，加入 100mL 蒸馏水溶解（溶液呈透明，无颗粒）。向溶液中滴加 10% 的硫酸，注意加入速度一定要缓慢，以白色絮状物质不产生为宜。边加入硫酸，边检测 pH，当 pH2.0

±0.2 时停止加入硫酸。加入 40mL 的醋酸丁酯（分两次加入，第一次用量 3/5，第二次用量 2/5），边加入边调大搅拌速度，萃取在 10min 内完成。

将上述溶液移入分液漏斗中，静置 10min。待分层后，用两个烧杯分别收集上层丁酯相（轻相）和下层水相（重相）。

计量重相体积，并做好记录。加入 40mL 的醋酸丁酯，对重相进行第二次萃取（操作方法同第一次萃取），记录重相体积。将重相 pH 调至中性，倒入下水道。收集两次轻相，记录体积。

3．脱水

在磁力搅拌器下，向丁酯萃取相中加入 1/5 体积的饱和食盐水，分 2 次（等量）洗涤萃取液 10min，将上述溶液移入分液漏斗中，静置 10min，待分层后，将上层萃取相收集在干净的烧杯中，下层饱和食盐水废弃，再重复 1 ~ 2 次，得到脱水后的丁酯萃取相。

4．反萃取

在磁力搅拌器下，向脱水后的丁酯萃取相中，缓慢滴加 30% 的碳酸钾溶液，边加入边检测 pH，当 pH7.0 ±0.2 时停止加入。

将上述混合液移入分液漏斗中，静置 10min，待分层后，用烧杯收集下层水相（重相），上层丁酯相（轻相）倒入回收瓶中（避免倒入下水道）。重相加入 20mL 丁醇，形成稀释液。

5．萃取率的计算

（1）$Na_2S_2O_3$的标定　取 $K_2Cr_2O_3$ 0.15g 于碘量瓶中，加入 50mL 水，使之溶解，再加入 KI 2g，溶解后加入稀硫酸 40mL，摇匀，密闭，在暗处放置 10min，取出后再加水 250mL 稀释，用 $Na_2S_2O_3$滴定临近终点时，加淀粉指示剂 3mL，继续滴定至蓝色消失，记录 $Na_2S_2O_3$消耗的体积。

（2）取 5mL 定容好的青霉素溶液于碘量瓶中，加 NaOH 溶液 1mL，放置 20min，再加入 1mL HCl 溶液与 5mL HAc - NaAc 缓冲液，精密加入碘滴定液 5mL，摇匀，密闭，在 20 ~ 25℃ 暗处放置 20min，用 $Na_2S_2O_3$ 滴定液滴定，临近终点时加入淀粉指示剂 3mL，继续滴定至蓝色消失，记录 $Na_2S_2O_3$ 消耗的体积（$V_{对照}$）。

（3）另取 5mL 定容好的青霉素钠溶液于碘量瓶中，加入 5mL HAc - NaAc 缓冲液，再精密加入碘滴定液 5mL，用 $Na_2S_2O_3$ 滴定液滴定至蓝色消失，记录 $Na_2S_2O_3$消耗的体积（$V_{空白}$）。

（4）取萃取相 5mL 于碘量瓶中，按步骤（1）的方法进行测定，记录 $Na_2S_2O_3$ 消耗的体积（$V_{样品}$）。

6．数据处理

（1）根据 $Na_2S_2O_3 - I_2$ 2：1（$2Na_2S_2O_3 + I_2 \rightleftharpoons Na_2S_4O_6 + 2NaI$　2 分子硫代硫酸钠与 1 分子碘反应生成 2 分子碘化钠），分别计算操作步骤（3）萃取率的计

算中各步滴定的碘量 $I_{①}$，$I_{②}$，$I_{③}$。

（2）萃取前与青霉素反应的碘：总 $I_2 = I_{②} - I_{①}$。

萃取后与青霉素反应的碘：余 $I_2 = I_{②} - I_{③}$。

（3）根据青霉素 - I_2 1∶4（青霉素类抗生素经碱水解的产物青霉噻唑酸，可与碘作用，1mol 青霉噻唑酸可与 8mol 碘原子反应，即青霉素与 I_2 = 1∶4），根据消耗的碘量可计算青霉素的含量，计算：萃取前青霉素含量和萃取后青霉素含量。

（4）计算　萃取率 =（萃取前青霉素含量 - 萃取后青霉素含量）/萃取前青霉素含量。

7. 填写实验报告

填写实验报告，记录实验过程。

[**思考讨论**]

（1）萃取率如何计算？

（2）结合萃取的内容，简述实验室与大生产中有何不同。

（3）结晶与重结晶的作用有何不同？如何判断结晶终点？

任务四　木霉 T6 淀粉酶的固态发酵实验

◎ 任务描述

固体发酵是指微生物生长在潮湿不溶于水的基质中进行发酵，在固体发酵过程中不含任何自由水，随着自由水的增加，固体发酵范围延伸至黏稠发酵以及固体颗粒悬浮发酵。

◎ 能力目标

1. 能合作完成木霉 T6 菌株在发酵过程中淀粉酶活力的测定。
2. 能独立绘制酶浓度的时间变化曲线。

◎ 知识目标

说出还原糖和蛋白质测定方法。

◎ 实验原理

淀粉酶有催化淀粉水解的作用，能从淀粉分子非还原性末端开始，分解 α - 1，4 - 葡萄糖苷键生成葡萄糖。在碱性条件下，还原糖与 3，5 - 二硝基水杨酸共热，3，5 - 二硝基水杨酸被还原为 3 - 氨基 - 5 - 硝基水杨酸（棕红色物质），还原糖则被氧化成糖酸及其他物质。在一定范围内，还原糖的量与棕红色物质颜色深浅的程度呈一定的比例关系，可用 722 型分光光度计在 540nm 波长下测定棕红色物质的吸光度值。查标准曲线，可求出发酵液中还原糖的含量，从而求出淀粉酶的活力。

◎ 工作任务书

任务进度	达到目标	负责人
工作准备	掌握木霉 T6 淀粉酶的固态发酵过程； 查找资料，了解木霉 T6 淀粉酶相关知识； 查找木霉 T6 淀粉酶的固态发酵 SOP 并相互交流； 填写相关实验预习报告	
工作过程	能够熟练完成实验用器皿的清洗工作； 能够正确熟练完成木霉 T6 淀粉酶的固态发酵工作； 能够熟练掌握木霉 T6 淀粉酶的固态发酵流程； 能够仔细观察和填写记录	
工作结束	整理实验场所，清洗实验器皿，做好相关设备维护； 正确处理实验材料	
报告填写	正确如实记录实验过程操作，完成实验报告	

◎ 实验流程

准备工作→还原糖的测定→氨基态氮的测定→具体实施→填写实验报告

1. 准备工作

材料准备单

材料与试剂	1	培养基（250mL）
	2	麸皮 7g
	3	面粉 0.5g
	4	营养盐①6.5mL
仪器设备	试管，小漏斗，滤纸，磁力搅拌器，记号笔	

注：①营养盐配方（g/L）：KH_2PO_4 3.0；（NH_4）$_2SO_4$ 2.0；$CaCl_2$ 0.5；$MgSO_4 \cdot 7H_2O$ 0.5；$CoCl_2$ 0.003；$FeSO_4 \cdot 7H_2O$ 0.0075；$ZnSO_4$ 0.002；pH5 ~6。

2. 还原糖的测定

（1）标准曲线的制作　取 9 支干燥试管，编号，按表 16 所示的量配制精确浓度为 1.00mg/mL 的葡萄糖标准液和 3，5 – 二硝基水杨酸试剂。

表 16　还原糖标准曲线制作　单位：mL

加入试剂＼管号	0	1	2	3	4	5	6	7	8
葡萄糖标准液	0	0.2	0.4	0.6	0.8	1.0	1.2	1.6	2.0
蒸馏水	2	1.8	1.6	1.4	1.2	1.0	0.8	0.4	0
3、5 – 二硝基水杨酸试剂	3	3	3	3	3	3	3	3	3
总体积	5.0	5.0	5.0	5.0	5.0	5.0	5.0	5.0	5.0

将各管摇匀，戴上小漏斗，在沸水浴中加热5min，立即用冷水冷却至室温，再向各管中加入蒸馏水至25mL，用橡皮塞塞住管口，颠倒混匀。切勿用力振摇，引入气泡。在540nm 波长下，以0 号管为空白，在分光光度计上测定1~8 号管的吸光度值。以吸光度值为纵坐标，葡萄糖量（mg）为横坐标，绘制标准曲线。

（2）发酵液中残留还原糖的测定　发酵液单层滤纸过滤，滤液0.2mL 定容至100mL，500 倍稀释至含糖量（2~8）mg/100mL 为试样。

取4 支干燥试管，编号，按表17 所示的量，精确加入待测液和试剂。

表17　　还原糖的测定　　单位：mL

项目＼管号	空白	还原糖		
	0	1	2	3
样品量	0	2.0	2.0	2.0
蒸馏水	2.0	0	0	0
3、5－二硝基水杨酸试剂	3	3	3	3
总体积	5.0	5.0	5.0	5.0

加完试剂后，其余操作步骤与制作葡萄糖标准曲线时的相同，测定出各管溶液的吸光度值。

（3）计算　以管1、2、3 的吸光度值的平均值在标准曲线上查出相应的还原糖的量（mg），按下式计算样品中还原糖的百分含量：

$$还原糖=\frac{标准曲线上查得的还原糖克数\times\dfrac{测定提取液总体积}{测定时提取液体积}}{样品毫克数}$$

3. 氨基态氮的测定

（1）取发酵滤液5mL，置于100mL 烧杯中，加入15mL 水，磁力搅拌器搅拌5min 后，将电位计插入烧杯中，用0.1mol/L NaOH 标准溶液滴定至酸度计指示pH8.20，此为游离酸度，不予计量。加入10.0mL 甲醛溶液，立即混匀，速用0.1mol/L NaOH 标准溶液滴定至酸度计指示pH9.20，计下消耗NaOH 标准溶液的量（mL）。同时用水做空白实验。

（2）计算

$$氨基态氮（\%）=（V-V_0）\times c\times 0.014\times 20/5\times 100$$

式中　V——加甲醛后试液消耗氢氧化钠的体积，mL

V_0——加甲醛后空白液消耗氢氧化钠的体积，mL

c——NaOH 标准溶液的浓度，mol/L

0.014——与1.00mL NaOH 标准溶液相当的氮的质量，g

（3）淀粉酶活力的测定及计算

	CK	样品 1	样品 2	样品 3
底物/mL	0.5	0.5	0.5	0.5
酶液/mL	0	0.5	0.5	0.5
	沸水浴 10min			
DNS/mL	3	3	3	3
酶液/mL	0.5	0	0	0
蒸馏水	加蒸馏水至 20.5mL			
550nm 处测 OD 值		OD_1	OD_2	OD_3

注：DNS 为二硝基水杨酸

淀粉酶活力（U/g干培养基）：本实验条件下，每分钟释放出 1μmol 还原糖所需要的酶量称为一个酶活力单位。

$$\text{U/g 干培养基} = \frac{OD \times n \times 1000 \times v \times k}{m \times t}$$

式中 n——稀释倍数

v——浸提比（mL/g 干培养基）

k——斜率

m——葡萄糖的分子质量

t——反应时间（10min）

1000——转换系数

4．具体实施

（1）配制培养基，灭菌，冷却。

（2）冷却后接种，搅拌均匀，置于 28℃ 培养箱进行培养。

（3）每隔 24h 取样，用 0.2mol/L 磷酸氢二钠和磷酸二氢钠缓冲液（pH6.0）按一定的浸提比进行浸提 1h，离心得粗酶液。共取样 6 次。

（4）分别测定酶液中淀粉酶活力、还原糖和蛋白质含量。

5．填写实验报告

填写实验报告，按照下列方法记录实验结果。

（1）以还原糖浓度为纵坐标，培养时间为横坐标，绘出不同时间还原糖的变化曲线。

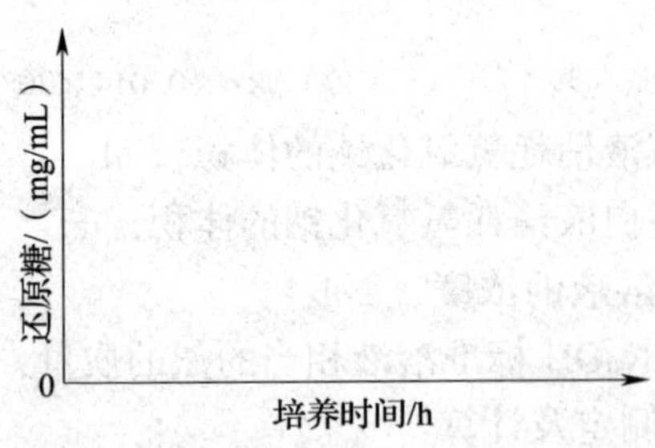

（2）以氨基态氮浓度为纵坐标，培养时间为横坐标，绘出不同时间氨基态氮的变化曲线。

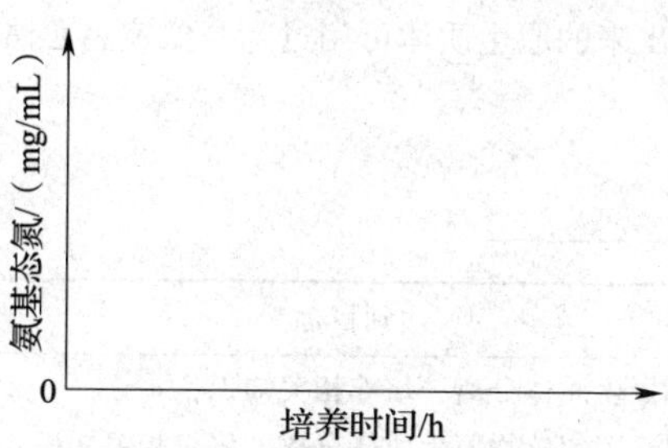

（3）以淀粉酶活力为纵坐标，培养时间为横坐标，绘出不同时间淀粉酶活力的变化曲线。

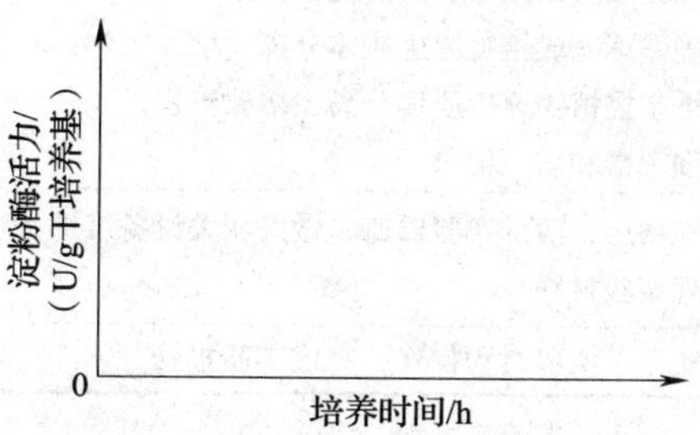

［**思考讨论**］

（1）测定淀粉酶可采用哪些方法？

（2）比较固态发酵和液态发酵的异同点。

任务五　植物原生质体的分离和培养

◎ 任务描述

植物原生质体是除去细胞壁后被原生质所包围的裸露细胞，是开展基础研究的理想材料。

◎ 能力目标

1. 能进行植物原生质体分离和培养技术操作。
2. 对培养的结果进行初步观察并做出判断。

◎ 知识目标

讨论植物原生质体分离和培养的方法和原理。

◎ 实验原理

原生质体是除去细胞壁的裸露细胞。在适宜的培养条件下，分离的原生质体能合成新壁，进行细胞分裂，并再生成完整植株。植物的幼嫩叶片、子叶、下胚轴、未成熟果肉、花粉、培养的愈伤组织和悬浮培养细胞均可作为分离原生质体的材料来源。

其原理是根据由纤维素酶、果胶酶和半纤维素酶配制而成的溶液，对细胞壁进行降解，使原生质体释放出来。游离出来的原生质体可用过筛－低速离心法收集，用蔗糖漂浮法纯净，然后进行培养。

◎ 工作任务书

任务进度	达到目标	负责人
工作准备	掌握植物原生质体分离，培养相关知识； 查找资料，了解植物原生质体分离，培养相关知识； 填写相关实验预习报告	
工作过程	能够熟练完成实验用器皿的清洗工作； 能够正确熟练完成植物原生质体分离，培养工作； 能够熟练掌握植物原生质体分离，培养流程； 能够仔细观察和填写记录	
工作结束	整理实验场所，清洗实验器皿，做好相关设备维护； 正确处理实验材料	
报告填写	正确如实记录实验过程操作，完成实验报告	

◎ 实验流程

准备工作→叶肉原生质体的分离和培养→愈伤组织原生质体的分离和培养→培养结果观察→填写实验报告

1. 准备工作

材料准备单

材料与试剂	1	烟草幼苗的叶片、向日葵无菌苗的叶片、子叶或下胚轴
	2	胡萝卜根切片诱导的松软愈伤组织
	3	70% 酒精
	4	0.1% 升汞水溶液，并滴入少许吐温 80
	5	灭菌蒸馏水
	6	0.16mol/L 和 0.20mol/L $CaCl_2 \cdot 2H_2O$ 溶液，并加有 0.1% MES（2－N－吗啉乙烷磺酸），pH5.8～6.2
	7	20% 和 12% 蔗糖溶液，pH5.8～6.2
	8	0.1% 酚藏花红（配在 0.4mol/L 甘露醇中）
	9	0.01% 荧光增白剂（配在 0.3mol/L 甘露醇中）
	10	DPD 培养基（表 18）
	11	C81V 培养基（表 19）

续表

酶液 A	2% 纤维素酶（cellulase，Onozuka R－10）
	1% 果胶酶（13ectinas，Serva）
	甘露醇：0.6mol/L
	$CaCl_2 \cdot 2H_2O$：0.05mol/L
	MES：0.1%
	pH：5.8～6.2
	注：若用国产 EA3－867 纤维素酶，则果胶酶可省去
酶液 B	2% 纤维素酶（Onozuka R－10）
	1% 离析酶（Macerozyme R－10）
	0.2% 半纤维素酶（hemicellul，Sigma）
	甘露醇：0.4mol/L
	$CaCl_2 \cdot 2H_2O$：0.1%
	MES
	pH：5.8～6.2
仪器设备	超净工作台、台式离心机或手摇离心机、倒置显微镜、普通显微镜、培养室、灭菌锅、血细胞计数板、石蜡膜带等，细菌过滤器和 0.45μm 的滤膜、300 目不锈钢网筛及配套的小烧杯、解剖刀、尖头镊子、注射器（5、10mL）和 12 号长针头、带皮头的刻度移液管（5、10mL，上部管口加棉塞）、培养皿（直径 6cm）或扁平培养瓶（50mL）、大培养皿、吸水纸等，使用前需经过灭菌

表 18　　DPD 培养基

成分	含量/（mg/L）	成分	含量/（mg/L）
NH_4NO_3	270	KI	0.25
KNO_3	1480	烟酸	4
$MgSO_4 \cdot 7H_2O$	340	盐酸吡哆锌	0.7
$CaCl_2 \cdot 2H_2O$	570	盐酸硫胺素	4
KH_2PO_4	80	肌醇	100
$FeSO_4 \cdot 7H_2O$	27.8	叶酸	0.4
Na_2－EDTA	37.3	甘氨酸	1.4
$MnSO_4 \cdot H_2O$	5	生物素	0.04
$Na_2MoO_4 \cdot 2H_2O$	0.1	蔗糖	2000
H_3BO_3	2	甘露醇	54651
$ZnSO_4 \cdot 7H_2O$	2	2，4－D	1
$CuSO_4 \cdot 5H_2O$	0.015	激动素	0.5
$CoCl_2 \cdot 6H_2O$	0.01	pH	5.8

表 19　C81V 培养基

成分	含量/（mg/L)	成分	含量/（mg/L)
NH_4NO_3	1000	烟酸	1
柠檬酸铵	100	盐酸吡哆锌	1
尿素	100	盐酸硫胺素	10
$MgSO_4 \cdot 7H_2O$	250	肌醇	200
$CaCl_2 \cdot 2H_2O$	400	叶酸	1
KH_2PO_4	100	水解酪蛋白	500
$NaHCO_3$	150	甘氨酸	10
$FeSO_4 \cdot 7H_2O$	27.8	谷氨酰胺	100
Na_2 - EDTA	37.3	色氨酸	10
$MnSO_4 \cdot H_2O$	10	胱氨酸	10
KI	0.75	蛋氨酸	5
$CoCl_2 \cdot 6H_2O$	0.025	胆碱	10
$ZnSO_4 \cdot 7H_2O$	2	葡萄糖	68400
$CuSO_4 \cdot 5H_2O$	0.025	玉米素	0.1
H_3BO_3	3	萘乙酸	0.2
$Na_2MoO_4 \cdot 2H_2O$	0.25		

注：pH 为 5.8。

2. 叶肉原生质体的分离和培养

（1）取充分展开的叶片，用自来水冲洗干净（以下步骤均在超净台上进行)。

（2）将叶片在 0.1% 升汞溶液中浸泡灭菌 10min，中间摇动几次。取出后用无菌蒸馏水漂洗 5 次。

（3）将叶片移入大培养皿中，用吸水纸吸去上面的水珠。然后将叶背面朝上小心用镊子撕去下表皮。

（4）将撕去下表皮后的叶片放进预先放有酶液 A 的培养皿或带盖三角瓶中，每 10mL 酶液约放 2g 叶片。若叶片不易撕下下表皮，可用锋利的解剖刀将叶片切成约 0.5mm 宽的小条，放入酶液。

（5）将培养皿用石蜡膜带封口，在 28℃ 条件下保温 3 ~ 6h，中间轻轻摇动 2 ~ 3 次。在倒置显微镜下检查，直到产生足够量的原生质体。

（6）将酶解后的原生质体悬浮液用不锈钢网筛过滤到小烧杯中，以除去未酶解完全的组织。

（7）将滤液分装在刻度离心管中，用 600r/min 的速度离心 5min，使原生质体沉淀下来。

（8）用移液管吸去上清液，将沉淀的原生质体悬浮在 2mL 0.2mol/L 的 $CaCl_2 \cdot 2H_2O$ 中。

（9）用 10mL 注射器向离心管底部缓缓注入 20% 蔗糖溶液 6mL，在600r/min 下离心 5min。此步完成后，在两相溶液的界面之间将出现一层纯净的完整原生质体带，杂质和碎片将沉到管底。

（10）注射器吸出管底杂质、下部的蔗糖溶液及上部的 $CaCl_2 \cdot 2H_2O$ 溶液。

（11）离心管中留下的纯净原生质体用 8mL 0.2mol/L 的 $CaCl_2 \cdot 2H_2O$ 悬浮。离心 5min，吸去上清液。再用 MS 培养液洗涤一次。

（12）将收集的原生质体悬浮在适量 DPD 培养基中，将其密度调整到 5×10^4个/mL左右（可用血细胞计数板统计原生质体的密度）。

（13）用带刻度的移液管将原生质体悬液分装在培养皿中，每皿放 2mL。

（14）用石蜡膜带封口，置 26℃左右条件下进行暗培养。

3．愈伤组织原生质体的分离和培养

（1）胡萝卜松软愈伤组织的诱导和保存

① 取田间生长两个月左右的植株的根，用自来水冲洗干净。

② 在70% 酒精中浸泡 2min，取出后放在 0.1% 升汞溶液中浸泡 10min。再用灭菌蒸馏水换洗 5 次。

③ 在大培养皿中用解剖刀切取根中央部分，并切成 3～5mm 厚的横切片。

④ 将切片摆放在含 2mg/L 2，4－D、0.2mg/L 激动素和 500mg/L 水解酪蛋白的 MS 培养基上，在 26℃左右条件下进行暗培养，诱导愈伤组织生长。

⑤ 培养 2 周后，用镊子将外植体周围形成的愈伤组织取下转移到新鲜培养基上。

⑥ 连续继代培养多次，每三周转移一次。待愈伤组织成为松软状态便可用于分离原生质体。

（2）取转代培养一周左右，并处于旺盛生长期的愈伤组织，直接放在酶液 B 中，每 10mL 酶液放 2g 左右。在室温下保温过夜，或 26℃下保温 6h 以上，直到产生足够量的原生质体。

（3）将酶解后的原生质体悬液用不锈钢网筛过滤，除去未完全消化的组织。

（4）向过滤液中加入等体积的 0.16mol/L $CaCl_2 \cdot 2H_2O$ 溶液，混合之后转移到带盖离心管中。

（5）吸去上清液，将沉淀的原生质体悬浮在 2mL 0.16mol/L $CaCl_2 \cdot 2H_2O$ 溶液中。

（6）用注射器向离心管底部缓缓注入 12% 蔗糖溶液 6mL，然后离心 5～10min。两相溶液界面间应出现纯净原生质体带，管底出现杂质沉淀。

（7）将注射器插入管底，吸出沉淀的杂质，并吸出下部蔗糖液及上部钙液。

（8）用 0.16mol/L $CaCl_2 \cdot 2H_2O$ 悬浮，离心一次，再用 C81V 培养基洗涤一次。

(9) 用 C81V 培养基培养，其操作同叶片原生质体培养。

4. 培养结果观察

(1) 活力检查　凡是有活力的原生质体均呈现圆球形，在显微镜下可观察到明显的胞质环流运动。在叶肉原生质体中由于叶绿体的阻挡，看不清胞质环流。可取一滴原生质体悬液放在载玻片上，加一滴 0.1% 酚藏花红溶液，凡有活力的原生质体均不着色，而死去的原生质体立即染成红色。

(2) 细胞壁再生的观察　培养 24 ~ 28h 后，大部分原生质体已再生新壁，并且体积增大，变成椭圆形。可用以下方法鉴别细胞壁的再生。

① 取一滴原生质体培养悬液放在载玻片上，加一滴高浓度（25%）蔗糖溶液，有壁的细胞将发生质壁分离。

② 取一滴原生质体培养悬液放在载玻片上，加一滴 0.01% 荧光增白剂溶液。

在荧光显微镜下，当用 366nm 波长的紫外光照射时，细胞壁将发黄绿色荧光。

(3) 细胞分裂的观察　培养 4d 后，将出现第一次分裂，可在倒置显微镜下观察。在培养 8 ~ 10d 后，应统计分裂频率，即出现分裂的原生质体占成活原生质体的百分率。

一般在细胞团形成后（在培养的 15 ~ 20d），应向培养瓶中补加渗透剂减半的新鲜培养基，以促进细胞团的增殖。待小的愈伤组织形成后，转移到固体培养基上，进行植株分化的试验。

5. 填写实验报告

填写实验报告，记录实验过程。

[**思考讨论**]

(1) 酶解液以及原生质体起始培养液中，为何要保持较高的渗透压？

(2) 为何在培养一段时间后，需向培养瓶中补加降低渗透压的新鲜培养基？

(3) 如何判断分离原生质体的活力和新壁再生？

任务六　聚丙烯酰胺凝胶电泳分离血清蛋白质

◎ 任务描述

聚丙烯酰胺凝胶电泳凝胶具有强度好、对热稳定、无电渗作用、透明度高、凝胶孔径大小可调节、所需样品量小、高分辨率等多种优点。其中圆盘电泳设备简单，操作方便。圆盘电泳可同时对多个样品进行比较分析，而且结合十二烷基硫酸钠（SDS）形成 SDS - PAGE，或者与等电聚焦（IEF）配合做 IEF - PAGE 的双向电泳，均可进一步提高分辨率及扩大应用范围。

◎ 能力目标

1. 能进行聚丙烯酰胺凝胶电泳技术操作。
2. 讨论聚丙烯酰胺凝胶电泳的应用。

◎ 知识目标

能阐述聚丙烯酰胺凝胶电泳的基本原理。

◎ 实验原理

聚丙烯酰胺凝胶电泳（PAGE）普遍运用于分离蛋白质及较小分子的核酸。基本方式有两种：圆盘电泳和平板电泳。无论圆盘电泳或平板电泳都有连续和不连续电泳之分。电泳在电极缓冲液、凝胶缓冲液、凝胶孔径一致的体系中进行，称为连续 PAGE；电泳在电极缓冲液、凝胶缓冲液 pH 不同、凝胶孔径不同的体系中进行，称为不连续 PAGE。不连续 PAGE 分离中包括三种物理效应：样品的浓缩效应、电泳分离的电荷效应和分子筛效应。而连续 PAGE 则不具备浓缩效应。本实验介绍不连续聚丙烯酰胺凝胶盘状电泳。

◎ 工作任务书

任务进度	达到目标	负责人
工作准备	掌握聚丙烯酰胺凝胶电泳分离血清蛋白质的基本过程； 查找资料，了解聚丙烯酰胺凝胶电泳分离血清蛋白质的相关知识； 填写相关实验预习报告	
工作过程	能熟练完成实验用器皿的清洗工作； 能正确熟练完成聚丙烯酰胺凝胶电泳分离血清蛋白质的工作； 能熟练掌握聚丙烯酰胺凝胶电泳分离血清蛋白质的分离流程； 能仔细观察和填写记录	
工作结束	整理实验场所，清洗实验器皿，做好相关设备维护； 正确处理实验材料	
报告填写	正确如实记录实验过程操作，完成实验报告	

◎ 实验流程

准备工作→具体实施→填写实验报告

注意事项：

（1）Acr 和 Bis 是神经毒剂，可经皮肤、呼吸道等吸收，操作时要注意保护。

（2）Acr 和 Bis 在低温下稳定，应放棕色瓶干燥低温（4℃）保存。30% 单体交联剂应装棕色瓶中，贮存于冰箱（4℃）能部分防止水解，但也只能保存 1 ~2 月。可测定 pH（4. 9 ~5. 2）来检查是否失效，失效液不能聚合。

（3）在制胶过程中用蒸馏水封住胶面是为了阻止空气中的氧气对凝胶聚合的抑制作用。

（4）TEMED 应密封避光保存。

（5）制备凝胶用玻管要用洗液浸泡清洁，如玻管不清洁，倒胶后在管壁会出现气泡。

（6）制备分离胶和浓缩胶时，加入催化剂和加速剂混合后在 10～30min 内会聚合，故应尽快注入玻管。如室温过高，为防止过快聚合，可置冰浴中操作。如果凝胶不聚合，通常是由于制备的试剂浓度不准确，或者凝胶混合液中漏加某一试剂，也可能是试剂不纯所致。应重新配制混合液。

（7）本法可简化，用同一分离胶以及同一缓冲液和 pH 的连续凝胶电泳，也可获得较好的结果。

1. 准备工作

材料准备单

材料与试剂	1	分离胶缓冲液（pH8.9）：称取 Tris 36.3g，1mol/L HCl 溶液 48mL，加蒸馏水 80mL 使其溶解，pH 调至 8.9，用蒸馏水定容至 100mL，置棕色瓶中，4℃冰箱保存
	2	浓缩胶缓冲液（pH6.7）：称取 Tris 5.98g，1mol/L HCl 溶液 48mL，加蒸馏水至 80mL 使其溶解，pH 调至 6.7，用蒸馏水定容至 100mL，置棕色瓶中，4℃冰箱保存
	3	凝胶贮备液（30% 单体交联剂）：称取丙烯酰胺（Acr）29.2g，甲叉双丙烯酰胺（Bis）0.8g，加蒸馏水溶解后定容至 100mL，过滤，将未溶物滤去，盛于棕色瓶中，4℃冰箱保存，可使用 1 个月
	4	电极缓冲液（pH8.3）：称取甘氨酸 28.8g，Tris 6.0g，加蒸馏水至 850mL，调 pH 至 8.3，用蒸馏水定容至 1000mL，4℃冰箱保存，用时可做 10 倍稀释
	5	催化剂（10% 过硫酸铵）：称取过硫酸铵 0.5g，加蒸馏水 5mL。临用前配制，4℃冰箱存放，最长不超过 1 周
	6	加速剂（四甲基乙二胺，TEMED）：原包装液，存于 4℃冰箱备用
	7	染色液：称取考马斯亮蓝 R－250（CBBR－250）L 25g，加入 50% 甲醇 454mL 溶解，再加入冰乙酸 46mL，混匀
	8	固定液：12.5% 三氯醋酸（TCA）
	9	洗脱液：取冰乙酸 30mL，甲醇 125mL，用蒸馏水定容至 500mL
	10	保存液：7% 冰乙酸
	11	0.05% 溴酚蓝
仪器设备	电泳仪：选用电子管或晶体管整流电源，电压 0～600V，电流 0～300mA	
	电泳槽：圆柱型垂直电泳槽	
	凝胶玻管：（0.5～0.6）cm×10cm	
	小烧杯，50μL 微量进样器，10cm 长针头或腰椎穿刺针头，5 或 10mL 注射器	

2. 具体实施

（1）制备凝胶柱

① 取已准备好的0.6cm×10cm玻管，从一端量至7~7.5cm两处，用玻璃蜡笔划线，插入橡皮垫后垂直置于小试管中。

② 配制分离胶：取一小烧杯，按表20加入各溶液，摇匀，总体积为10mL，凝胶浓度为7.5%。用5mL注射器、长针头或用毛细滴管吸取分离胶液，沿管壁注入玻管至7cm划线处，小心地在凝胶液面上覆盖一层蒸馏水（约0.5cm高），尽量避免冲击凝胶液面。待凝胶与水交界面可见一分界线后，倾去覆盖的水并用滤纸条吸干。

表20　　浓缩胶的配制

试剂	分离胶溶液/mL	浓缩胶溶液/mL
分离胶缓冲液	1.25	—
浓缩胶缓冲液	—	1.25
单体交联剂	2.5	1.0
蒸馏水	6.19	7.65
催化剂	0.05	0.05
加速剂	0.005	0.005

③ 配制浓缩胶：按表19加入各液，摇匀，总体积为10mL，凝胶浓度为3.0%。按上法沿壁注入凝胶管至7.5cm处，再沿管壁加入蒸馏水（约0.5cm高）。待聚合后倾去并吸干蒸馏水，准备加样。

（2）加样　取血清0.1mL、40%蔗糖液0.1mL及0.05%溴酚蓝0.1mL（作示踪染料）于一小试管中混匀，用微量加样器吸取10μL，加到玻管浓缩胶表面，相当于加血清3.3μL。

（3）电泳

① 将已加样的凝胶管安装在电泳槽上的橡皮孔中，使凝胶顶部恰好可见，并弃掉下端的橡皮垫。

② 用毛细滴管吸电极缓冲液，小心注满凝胶玻管（不能搅动样品层）。然后将电极缓冲液慢慢倒入上、下电极槽中，上槽应浸没凝胶玻璃管，下槽液面应超过凝胶玻管下端。小心排除凝胶管的上、下管口内可能存在的气泡，否则会影响导电。

③ 将上槽的电极接电泳仪的负极，下槽接正极，通电。先调节电流为1mA/管，待示踪染料进入分离胶后，再调节电流为2mA/管。待示踪染料达到玻管下口约0.5cm时，切断电源，电泳完毕。

（4）剥胶　取下凝胶管，用带 10cm 长针头的注射器吸满蒸馏水。将针头小心插入胶柱与管壁之间，一边注水一边旋转玻管，靠水流压力和润滑力将玻管内壁与凝胶分开，然后用洗耳球在胶管一端轻轻加压，凝胶柱便缓缓从玻管中滑出。

（5）固定、染色　将凝胶柱浸泡于 12.5% 的 TCA 中 0.5～1h，然后转入 CBBR－250 染色液中染色 1～2h，或 90℃水浴中染色 10min。

（6）脱色、保存　将已染色的凝胶柱置于 7% 冰乙酸溶液中浸洗，不断更新冰乙酸，直到浸洗无色为止，全过程需 5～7d。或用洗脱液漂洗 3～4 次，每次 20～30min。取 1cm×15cm 小试管，内盛 7% 冰乙酸溶液，把凝胶柱浸泡其中，加塞蜡封即可长期保存。

（7）定量

① 切片抽提法：切割特定区域的片段，用 10 倍量的水或 0.1～0.2mol/L NaCl 或适量的缓冲液进行匀浆。4℃过夜抽提，离心取上清液，选择合适的波长测定吸光度值。这种定量方法准确性不高，可作为样品的回收方法。

② 微量光密度计法：目前已有不经染色直接进行紫外扫描的微量光密度计，也有必须经过染色后进行测定的光密度计，还有配备显微装置的超微量光密度计。为了消除圆柱状凝胶的球面差，可将胶条放入 7% 冰乙酸内进行测定。

3. 填写实验报告

填写实验报告，记录实验数据与实验现象。

［**思考讨论**］

（1）圆盘电泳的分辨率为什么比其他电泳高？

（2）圆盘电泳灌胶时表面要加盖一层水，为什么？

任务七　离子交换树脂层析法分离混合氨基酸

◎ 任务描述

离子交换层析是用离子交换剂（具有离子交换性能的物质）作固定相，利用它与流动相中的离子能进行可逆的交换性质来分离离子型化合物的层析方法，即溶液中的离子同离子交换剂上功能基团交换反应的过程。

◎ 能力目标

学会用离子交换树脂层析法分离混合氨基酸。

◎ 知识目标

讨论离子交换树脂层析的工作原理及操作技术。

◎ 实验原理

离子交换树脂是一种合成的高聚物，极性基团上的离子能与溶液中的离子起交换作用，而非极性的树脂本身物性不变。通常离子交换树脂按所带的基团分为：

（1）强酸性阳离子树脂　如磺酸基—SO_3H，易在溶液中离解出 H^+，故呈强酸性。

（2）弱酸性阳离子树脂　如羧基—COOH，能在水中离解出 H^+ 而呈酸性。

（3）强碱性阴离子树脂　如季胺基（四级胺基）—NR_3OH（R 为碳氢基团），能在水中离解出 OH^- 而呈强碱性。

（4）弱碱性阴离子树脂　如伯胺基（一级胺基）—NH_2、仲胺基（二级胺基）—NHR、或叔胺基（三级胺基）—NR_2 等，在水中能离解出 OH^- 而呈弱碱性。

离子交换树脂分离小分子物质，如氨基酸、腺苷、腺苷酸等是比较理想的。但对生物大分子物质如蛋白质是不适当的，因为它们不能扩散到树脂的链状结构中。故如分离生物大分子可选用以多糖聚合物如纤维素、葡聚糖为载体的离子交换剂。

本实验用磺酸阳离子交换树脂分离酸性氨基酸（天冬氨酸）、中性氨基酸（丙氨酸）和碱性氨基酸（赖氨酸）的混合液。在特定的 pH 条件下，它们的解离程度不同，通过改变溶液的 pH 或离子强度可分别洗脱分离。

◎ 工作任务书

任务进度	达到目标	负责人
工作准备	掌握离子交换树脂层析法分离混合氨基酸的基本原理； 查找资料，了解离子交换树脂层析法分离混合氨基酸的基本原理； 填写相关实验预习报告	
工作过程	能熟练完成实验用器皿的清洗工作； 能正确熟练完成离子交换树脂层析法分离混合氨基酸的工作； 能熟练掌握离子交换树脂层析法分离混合氨基酸的基本原理流程； 能仔细观察和填写记录	
工作结束	整理实验场所，清洗实验器皿，做好相关设备维护； 正确处理实验材料	
报告填写	正确如实记录实验过程操作，完成实验报告	

◎ 实验流程

准备工作→具体实施→填写实验报告

注意事项：

（1）在装柱时必须防止气泡、分层及柱子液面在树脂表面以下等现象发生。

（2）一直保持流速 10～12 滴/min，并注意勿使树脂表面干燥。

1. 准备工作

材料准备单

材料与试剂	1	2mol/L HCl
	2	2mol/L NaOH
	3	0.1mol/L HCl
	4	0.1mol/L NaOH
	5	pH4.2 的柠檬酸缓冲液：0.1mol/L 柠檬酸 54mL 加 0.1mol/L 柠檬酸钠 46mL
	6	pH5 的醋酸缓冲液：0.2mol/L NaAc 70mL 加 0.2mol/L HAc 30mL
	7	0.2% 中性茚三酮溶液：0.2g 茚三酮加 100mL 丙酮
	8	氨基酸混合液：丙氨酸、天冬氨酸、赖氨酸各 10mL 加 0.1mol/L HCl 3mL
	9	棉花，纸条，报纸，橡胶手套，棉绳
仪器设备	层析柱（1.6cm × 20cm），恒流泵，梯度混合器，试管及试管架，紫外分光光度计，磺酸阳离子交换树脂（Dowex 50）	

2. 具体实施

（1）树脂的处理　100mL 烧杯中置约 10g 树脂，加 25mL 12mol/L HCl，搅拌 2h，倾弃酸液，用蒸馏水洗涤树脂至中性，加 25mL 12mol/L NaOH 至上述树脂中，搅拌 2h，倾弃碱液，用蒸馏水洗涤至中性。将树脂悬浮于 50mL pH4.2 柠檬酸缓冲液中备用。

（2）装柱　取直径 0.8 ~ 1.2cm、长度 10 ~ 12cm 的层析柱，底部垫玻璃棉或海绵圆垫，自顶部注入经处理的上述树脂悬浮液，关闭层柱出口，待树脂沉降后，放出过量的溶液，再加入一些树脂，至树脂沉积至 8 ~ 10cm 高度即可。于柱子顶部继续加入 pH4.2 柠檬酸缓冲液洗涤，使流出液 pH 到 4.2 为止，关闭柱子出口，保持液面高出树脂表面 1cm 左右。

（3）加样、洗脱及洗脱液收集　打开出口使缓冲液流出，待液面几乎平齐树脂表面时关闭出口（不可使树脂表面干燥）。用长滴管将 15 滴氨基酸混合液仔细直接加到树脂顶部，打开出口使其缓慢流入柱内。当液面刚平树脂表面时，加入 0.1mol/L HCl 3mL，以 10 ~ 12 滴/min 的流速洗脱，收集洗脱液，每管 20 滴，逐管收存。当 HCl 液面刚平树脂表面时，用 1mL pH4.2 柠檬酸缓冲液冲洗柱壁一次，接着用 2mL pH4.2 柠檬酸缓冲液洗脱，保持流速 10 ~ 12 滴/min，并注意勿使树脂表面干燥。

在收集洗脱液的过程中，逐管用茚三酮检验氨基酸的洗脱情况，方法是：于各管洗脱液中加 10 滴 pH5 醋酸缓冲液和 10 滴中性茚三酮溶液，沸水浴中煮 10min，如溶液呈紫蓝色，表示已有氨基酸洗脱下来。显色的深度可代表洗脱的氨基酸浓度，可用比色法测定。

用 pH4.2 柠檬酸缓冲液把第 2 个氨基酸洗脱出来之后，收集 2 管茚三酮反应阴性部分，关闭层析柱出口，将树脂顶部剩余的 pH4.2 柠檬酸缓冲液移去。于树脂顶部加入 2mL 0.1mol/L NaOH，打开出口使其缓慢流入柱内，按上面第一步继续用 0.1mol/L NaOH 洗脱并逐管收集（注意仍然保持流速 10～12 滴/min），每管 20 滴。洗脱液做氨基酸检验，第 3 个氨基酸用 0.1mol/L NaOH 洗脱下来以后，继续收集 2 管茚三酮反应阴性部分。

最后以洗脱液管号为横坐标，洗脱液各管光密度（以水作空白，在 570nm 波长读取吸光度）或颜色深浅（以 -，±，+，++... 表示）为纵坐标作图，即可画出一条洗脱曲线。

3. 填写实验报告

填写实验报告，记录实验过程与现象。

[思考讨论]

(1) 为什么混合氨基酸会从磺酸阳离子交换树脂上逐个洗脱下来？

(2) 树脂如何保存？

任务八　工程菌（大肠杆菌）的高密度发酵及主要生化指标检测

◎ 任务描述

高密度发酵技术能提高菌体的发酵密度，最终提高产物的比生产率（单位体积单位时间内产物的产量），不仅可以减少培养体积、强化下游分离提取，还可以缩短生产周期、减少设备投资，从而降低生产成本，极大地提高产品在市场上的竞争力。

◎ 能力目标

1. 训练工程菌（大肠杆菌）的补料分批式高密度发酵的过程操作技术。

2. 训练发酵过程中生化指标的检测方法和技术以及影响高密度发酵各因素的调控操作。

◎ 知识目标

1. 能阐述工程菌大肠杆菌的补料分批式高密度发酵原理和操作过程。

2. 说出发酵过程中影响高密度发酵的各项因素调控。

◎ 实验原理

大肠杆菌的高密度发酵是一个相对的概念，一般指培养液中工程菌浓度达到 50mg/L 以上。在工程菌的大规模发酵过程中，重组蛋白产物的宏观合成产量取决于最高的外源基因表达水平以及菌体密度。从理论上说，在维持外源基因表达水平不变的情况下，提高工程菌的发酵密度可以大幅度提高产量，降低成本。

在高密度发酵中，影响基因表达最大的因素是代谢副产物乙酸的积累，乙酸可导致菌体生长缓慢，表达效率下降。为防止乙酸的产生，一般采用限制比生长速率在临界值以下，降低培养基基础料中的碳源浓度，并采用补料技术补入糖类以维持菌体生长，使产生的乙酸被菌体再利用。补料分批模式是高密度发酵的常用模式，可通过调节培养基的补料分批添加量来控制细胞生长和有害物的产出，延长细胞的指数期，提高细胞密度。随着菌体的生长，菌体密度不断提高，发酵罐中的溶氧持续下降，至培养液 A_{600} 为 5.0 左右，溶氧开始迅速上升。菌体对于氧气需求的迅速减少，表明此时发酵罐中的营养物质已基本用尽，开始进行补料。一旦补料开始，发酵罐中的溶氧迅速下降，菌体重新进入快速生长阶段。

在培养环境中，营养物质供应不足的情况下，往往会造成重组菌中表达质粒的不稳定以及重组目的产物的降解，诱导开始前后，在发酵罐中补加一定量有机氮物质，如蛋白胨、酵母粉等，有利于表达物的稳定和产量提高。

◎ 工作任务书

任务进度	达到目标	负责人
工作准备	掌握工程菌（大肠杆菌）的高密度发酵及主要生化指标检测的基本过程； 查找资料，了解工程菌（大肠杆菌）的高密度发酵及主要生化指标检测知识； 填写相关实验预习报告	
工作过程	能熟练完成实验用器皿的清洗工作； 能正确熟练完成工程菌（大肠杆菌）的高密度发酵及主要生化指标检测工作； 能熟练掌握工程菌（大肠杆菌）的高密度发酵及主要生化指标检测流程； 能仔细观察和填写记录	
工作结束	整理实验场所，清洗实验器皿，做好相关设备维护； 正确处理实验材料	
报告填写	正确如实记录实验过程操作，完成实验报告	

◎ 实验流程

准备工作→具体实施→填写实验报告

1. 准备工作

材料准备单

材料与试剂	1	质粒和菌株：大肠杆菌 JM（pBV220 - IL_2），含有重组的 IL - 2 基因
	2	LB 固体培养基：蛋白胨 0.5%，酵母粉 1.0%，NaCl 0.5%，pH7.2 ~ 7.4（用 2mol/L NaOH 调节），加入 2.0% 的琼脂粉
	3	种子培养基（2 × YT）：蛋白胨 16g，酵母粉 10g，NaCl 5g，加水 1L
	4	高密度发酵培养基：蛋白胨 10g/L，NH_4Cl 1.4g/L，Na_2HPO_4 9g/L，NaH_2PO_4 5.5g/L，pH7.0。使用前加入无菌的 $MgSO_4 \cdot 7H_2O$ 至 1g/L，葡萄糖至 6g/L，氨苄西林至 50mg/L
	5	补料培养基：葡萄糖 50%，酵母粉 10%，$MgSO_4 \cdot 7H_2O$ 1.25%。以上成分分开灭菌，使用前混合
	6	Boehringe TC acetate kit：用于测定发酵液中乙酸含量
	7	葡萄糖测定试剂盒：用于监控发酵液中葡萄糖的含量
	8	棉花，纸条，报纸，橡胶手套，棉绳
仪器设备		Koda 公司 EDAS 120 型凝胶成像系统：扫描分析采用 Pharmacia Biotech 公司 Imagine Master 软件，NBS BioFlo 3000 型 5L 自动发酵罐，或相应试剂盒和设备

注：动力学参数 $Y_{x/s}$，（菌体得率系数）和 m（维持性常数）的测定：监测补料前菌体浓度和葡萄糖残留量，计算得到菌体比生长速率 μ 和葡萄糖比消耗速率 q_s。由于 $-q_s = \mu / Y_{x/s} + m$，以 μ 对 q_s 作图可求出 $Y_{x/s}$ 和 m。

2. 具体实施

（1）基因工程菌株的活化　甘油管中保存的菌株大肠杆菌 JM（pBV220 - IL_2）接种于 LB 固体平板（含 Amp 50μg/mL），37℃培养过夜。

（2）发酵培养过程

① 种子培养：接种单菌落于含 100μg/mL Amp 的 2 × YT 培养基中，30℃振荡培养过夜，按 1% 接种量将活化菌液转移至 2 个 500mL 锥形瓶中（每瓶装 2 × YT 200mL，含 Amp 100μg/mL），30℃、200r/min 振荡培养 12h，作为种子。

② 发酵培养：按 10% 接种量将种子液转移到容积为 5L 的发酵罐中。起始设定 pH7.0，搅拌转速 600r/min，通气量 4L/min，发酵中通过调节通气量和搅拌速度来控制溶氧量大于 30%。定期取样，当葡萄糖耗尽、菌体停止生长、溶氧量（DO）上升时，开始指数补料，设定比生长速率为 $0.2h^{-1}$。补料速率符合下式关系：

$$-ds/dt = (\mu/Y_{x/s} + m) \cdot X(t_0) \exp[\mu \cdot (t - t_0)]$$

式中 ds/dt——补料速率

μ——设定控制的比生长速率

$Y_{x/s}$——菌体得率系数

m——维持性常数

$X(t_0)$——t_0时刻的菌体浓度（以OD_{600}）表示。当OD_{600}达到300后，升温到42℃，诱导培养5h

③ 试验参数测定

a. 菌液浓度测定：转种后，每隔1h取样，采用菌体光电比浊计数法，用分光光度计测定吸光度值，并绘制生长曲线。

b. 菌体干重测定：取不同OD_{600}时的发酵液10mL，5000r/min离心15min，清洗2次，105℃下烘干至恒重，用微量天平测定细胞干重。绘制菌体干重－时间曲线。

c. pH测定：自动流动30%氨水，控制pH在7.0左右。

d. 葡萄糖浓度测定：取不同OD_{600}时的发酵液，采用葡萄糖测定试剂盒测定发酵液中残余葡萄糖浓度，测定葡萄糖残余含量（使用方法参见试剂盒说明书）。绘制葡萄糖利用度曲线。

e. 乙酸积累量测定：取不同OD_{600}时的发酵液，采用Boehringer TC acetato kit测定试剂盒测定发酵液中乙酸积累量。

f. 溶氧量（DO）测定：通过发酵罐上的溶氧电极，随时观测溶氧变化，绘制溶氧曲线。

g. 产物表达量的测定：诱导后定时取样，进行SDS－PAGE电泳，通过凝胶自动扫描仪，分析目的蛋白表达量和目的蛋白占总蛋白的比例，比较蛋白表达与参数间的关系。

3. 填写实验报告

填写实验报告，记录实验数据，绘制生长曲线、菌体干重－时间曲线、葡萄糖利用度曲线、溶氧曲线和表达蛋白曲线。

（1）记录大肠杆菌JM103（pBV220－IL_2）高密度发酵过程不同培养时间所测定的OD_{600}值、菌体干重、pH、溶氧量、残糖量、乙酸积累量、总蛋白量和外源表达蛋白量于表21中。

（2）绘制生长曲线、菌体干重－时间曲线、葡萄糖利用度曲线、溶氧曲线和表达蛋白曲线。

（3）根据上述数据绘制大肠杆菌JM103（pBV220－IL_2）高密度发酵过程生化动力曲线。

（4）简单比较外源表达蛋白与各参数间的关系。

表21　高密度发酵过程分析化验报告

发酵时间/h	OD_{600}	菌体干重/g	pH	DO值/%	残糖量/%	乙酸量/(mmol/L)	表达蛋白量/μg	总蛋量/mg
0								
1								
2								
3								
4								

[思考讨论]

(1) 有哪些因素影响高密度发酵？为什么？

(2) 为了提高工程菌的发酵密度，除本实验所采用的方法外，还可采取哪些有效措施？

(3) 乙酸积累量与高密度发酵有什么关系？可采取什么方法来控制工程菌的乙酸积累量？

任务九　小型连续发酵实验

◎ 任务描述

发酵就是采用现代工程技术手段，利用微生物的某些特定功能，为人类生产有用的产品，或者直接把微生物应用于工业生产的一种新技术。

◎ 能力目标

1. 学习组建微生物连续发酵装置，合作训练连续发酵的操作。
2. 学会计算发酵过程的稀释率。

◎ 知识目标

讨论连续发酵的操作方法。

◎ 实验原理

在分批培养中，一次加入所有的培养基，不予补充，不再更换。随着微生物的活跃生长，培养基中营养物质逐渐消耗，有害代谢产物不断积累，细菌的指数生长期不可长时间维持。如果在培养器中不断补充新鲜营养物质，并及时不断地以同样速度排出培养物（包括菌体及代谢产物），理论上讲，指数期就可无限延长。只要培养液的流出量能使分裂繁殖增加的新菌量相当于流出的老菌量，就可保证培养器中总菌量基本不变。连续培养方法的出现，不仅可随时为微生物的研究工作提供一定生理状态的实验材料，而且可提高发酵工业的生产效益和自动化水平。此法已成为当前发酵工业的发展方向。

◎ 工作任务书

任务进度	达到目标	负责人
工作准备	掌握小型连续发酵实验的基本过程； 查找资料，了解小型连续发酵实验知识； 填写相关实验预习报告	
工作过程	能够熟练完成实验用器皿的清洗工作； 能够正确熟练完成小型连续发酵实验； 能够熟练掌握小型连续发酵实验流程； 能够仔细观察和填写记录	
工作结束	整理实验场所，清洗实验器皿，做好相关设备维护； 正确处理实验材料	
报告填写	正确如实记录实验过程操作，完成实验报告	

◎ 实验流程

准备工作→具体实施→填写实验报告

1. 准备工作

材料准备单

材料与试剂	1	菌种：大肠杆菌（*E. coli*）
	2	基本培养基：牛肉膏蛋白胨培养基。培养 8h 后接入发酵培养基培养或 4℃冰箱保藏
	3	发酵培养基：葡萄糖 2g/L，NaCl 2g/L，Na_2HPO_4 1.6g/L，$(NH_4)_2SO_4$ 1.6g/L，调 pH 至 7.2。
	4	棉花，纸条，报纸，橡胶手套，棉绳
仪器设备	培养基贮槽，流出液接收器，蠕动泵，恒温水浴，磁力搅拌器，培养槽中搅拌转子，温度调节器，培养基加入管，培养液流出管，输送管	

实验测定方法：

（1）还原糖的测定　3，5－二硝基水杨酸比色法测定。

（2）蛋白质浓度的测定　考马斯亮蓝染色法。

（3）大肠杆菌的增殖曲线测定　大肠杆菌接种于母种培养基，在 37℃培养 6h，将培养液 3000r/min 离心 10min，倾去上清液，加入无菌的生理盐水，成均

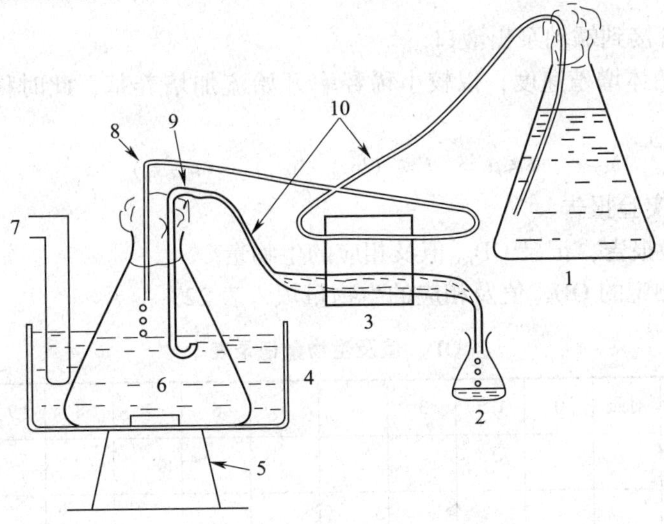

图 19　简单连续培养装置

1—培养基贮槽　2—流出液接收器　3—蠕动泵
4—恒温水浴　5—磁力搅拌器　6—培养槽中搅拌转子
7—温度调节器　8—培养基加入管　9—培养液流出管　10—输送管

匀液，细胞数为 10^7 个/mL，接种于发酵培养基中，在相同条件下进行培养，并每隔一定时间进行取样，用无菌的相同培养液作为空白，将上述菌液于 600nm 波长比色（要求吸光度在 0.3～0.6，如果超过，用未接种的培养液适当稀释），然后将培养液在 110～120℃红外线烘箱内烘干至恒重，以菌悬液 OD 值为纵坐标，相对应的菌体浓度为横坐标，绘制直线，求出斜率 $1/K$。

$$K = \text{生物量}/\text{OD值}$$

2. 具体实施

（1）将制备好的发酵培养液倒入 2L 三角瓶中，用棉塞固定玻璃管，玻璃管上端接内径 3mm、外径 5mm 的橡皮管。用弹簧夹夹住，灭菌备用。

（2）灭菌后冷却至 30℃的三角瓶安装于恒温水浴中培养。

（3）将大肠杆菌培养液以 10% 的接种量接入三角瓶中，进行搅拌间歇式培养，若有无菌空气导管，也可通气搅拌培养。

（4）将补料用的 3L 培养基装在 3L 的三角瓶中，将送料的橡皮管的一端插入，用棉塞固定，另一端用油纸包好，灭菌备用。

（5）定时取出测定间歇培养的菌液浓度，求出增殖速度。

$$\mu = dx/xdt$$
$$\Rightarrow u dt = dx/x$$
$$\Rightarrow \mu\ (t_2 - t_1)\ = \ln\ (x_2/x_1)$$
$$\Rightarrow \mu =\ (\ln x_2 - \ln x_1)\ /\ (t_2 - t_1)$$

（6）取下输液用的橡皮管，剥去牛皮纸，与蠕动泵进液口相接，将培养器的输液橡皮管接到蠕动泵出液口。

（7）据菌体增殖速度，以较小稀释率开始流加培养基，此时稀释率必须小于此增殖率。

$$F \leqslant \mu \Rightarrow \quad F \leqslant (\ln x_2 - \ln x_1) / (t_2 - t_1)$$

3．填写实验报告

填写实验报告，记录 OD_{600} 值及相应的生物量。

（1）将测定的 OD_{600} 值及相应的生物量填入表 22。

表 22　　OD_{600} 值及生物量记录表

培养时间/h	对照	0	1.5	3	4	5	6	7	8	9	10	12
光密度值 OD_{600}												
生物量/（g/L）												

（2）绘制大肠杆菌连续发酵过程中的还原糖、蛋白质浓度或生物量的时间曲线（注明何时补料）（图 20）。

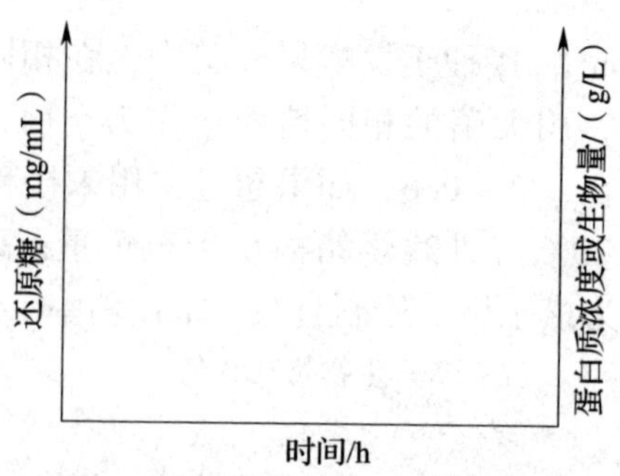

图 20　还原糖、蛋白质浓度或生物量的时间曲线

［思考讨论］

测定微生物比生长速率有什么重要的意义？

参考文献

[1] 周德庆. 微生物学教程 [M]. 北京：高等教育出版社，2002.

[2] 陈红霞，李翠华. 食品微生物学及实验技术 [M]. 北京：化学工业出版社，2008.

[3] 沈萍. 微生物学 [M]. 北京：高等教育出版社，2000.

[4] 盛贻林. 微生物发酵制药技术 [M]. 北京：中国农业大学出版社，2008.

[5] 韩德权，王莘. 微生物发酵工艺学原理 [M]. 北京：化学工业出版社，2013.

[6] 孙祎敏. 工业微生物及育种技术 [M]. 北京：化学工业出版社，2011.

[7] 犹联莲，王志勇. 工业微生物育种技术 [M]. 武汉：华中师范大学出版社，2009.

[8] 曾佑炜，揭广川，李家洲. 基因工程菌构建发酵分离技术 [M]. 北京：中国轻工业出版社，2010.

[9] 程殿林. 微生物工程技术原理 [M]. 北京：化学工业出版社，2007.

[10] 邓毛程. 发酵工艺原理 [M]. 北京：中国轻工业出版社，2013.

[11] 姚汝华，周世水. 微生物工程工艺原理 [M]. 广州：华南理工大学出版社，2005.

[12] 白秀峰. 发酵工艺学 [M]. 北京：中国医药科技出版社，2003.

[13] 邓毛程，金鹏，等. 微生物工艺技术 [M]. 北京：中国轻工业出版社，2011.

[14] 李艳. 发酵工程原理与技术 [M]. 北京：高等教育出版社，2007.

[15] 黄晓梅，周桃英，何敏. 发酵技术 [M]. 北京：化学工业出版社，2013.

[16] 高培基. 微生物生长与发酵工程 [M]. 青岛：山东大学出版社，1990.

[17] 党建章. 发酵工艺教程 [M]. 北京：中国轻工业出版社，2003.

[18] 王湛. 膜分离技术基础 [M]. 北京：化学工业出版社，2004.

[19] 孙彦. 生物分离工程 [M]. 北京：化学工业出版社，1998.

[20] 毛贵中. 生物工业下游技术 [M]. 北京：中国轻工业出版社，1993.

[21] 郭伟. 中药中重金属和残留农药去除方法研究进展 [J]. 天津中医药，2010，8，27（4）：351－352.

[22] 冯建立. 超滤去除红霉素发酵液乳化现象的研究 [J]. 中国抗生素杂志，2007，3（32）：150－153.

[23] 李家洲. 生物制药工艺学 [M]. 北京：中国轻工业出版社，2009.

[24] 齐香君. 现代生物制药工艺学 [M]. 北京：化学工业出版社，2010.

[25] 田歌，林永彬，张德明. 土曲霉洛伐他汀发酵的研究进展 [J]. 沈阳药科大学学报，2005，22（4）：310－315.

[26] 刘阳，肖庚富. 环孢菌素 A 的研究进展及应用 [J]. 生物技术通报，2006，2：21－24.

[27] 吴萍，吴晖，吴飞. 环孢菌素发酵工艺改进研究 [J]. 山东医药工业，2000，19（5）：13－14.

[28] 周学永，金红，杨志生，吴新世. 苏云金芽孢杆菌发酵液后处理工艺研究进展 [J]. 化学与生物工程，2006，23（1）：4－6.

[29] 刘红宇，赵仪英. 中生菌素高产菌的选育及发酵条件的研究 [J]. 中国抗生素杂志，2002，27（4）：245－248.

[30] 朱海东. 抗真菌抗生素产生菌 Fu 发酵条件的优化 [J]. 化学与生物工程，2007，47－49.

[31] 韩斯琴，徐梅，白震. 番茄灰霉病菌拮抗菌 DZ－4 发酵条件的研究 [J]. 东北农业大学学报，2004，35（1）：93－98.

[32] 伦世仪. 生化工程 [M]. 北京：中国轻工业出版社. 1993.

[33] 张克旭. 氨基酸发酵工艺学 [M]. 北京：中国轻工业出版社，1992.

[34] 元英进. 制药工艺学 [M]. 北京：化学工业出版社，2007.

[35] 叶勤. 发酵过程原理 [M]. 北京：化学工业出版社，2005.

[36] 张珩. 制药工程工艺设计 [M]. 北京：化学工业出版社，2006.

[37] 于文国. 微生物制药工艺及反应器 [M]. （第二版）北京：化学工业出版社，2009.

[38] 吴思方. 发酵工厂工艺设计概论 [M]. 北京：中国轻工业出版社，1995.

[39] 中国石油化工总公司. 钢制压力容器用封头选型 [M]. 北京：化学工业出版社，1997.

[40] 黎润钟. 发酵工厂设备 [M]. 北京：中国轻工业出版社，1991.

中国轻工业出版社生物专业教材目录

高职高专教材

高职制药/生物制药系列

药品营销原理与实务（第二版）（“十二五”职业教育国家规划教材） 40.00元
药物制剂技术（第二版）（“十二五”职业教育国家规划教材） 39.00元
生物制药技术 34.00元
药物合成 40.00元
临床医学概要（第二版） 32.00元
人体解剖生理学 38.00元
生物制药工艺学 26.00元
生物制药技术专业技能实训教程 28.00元
药理毒理学 42.00元
药理学 32.00元
药品分析检验技术 38.00元
药品营销技术 24.00元
药品质量管理 28.00元
药事法规管理 40.00元
药物质量检测技术 28.00元
药物制剂技术 40.00元
药物分析检测技术 32.00元
制药设备及其运行维护 36.00元
中药制药技术专业技能实训教程 22.00元
动物医药专业技能实训教程 23.00元

高职生物技术系列

氨基酸发酵生产技术（第二版）（“十二五”职业教育国家规划教材） 28.00元
植物组织培养（“十二五”职业教育国家规划教材，国家级精品课程配套教材） 28.00元
发酵工艺教程 24.00元
发酵工艺原理 30.00元
发酵食品生产技术 39.00元
化工原理 37.00元
环境生物技术 28.00元
基础生物化学 39.00元
基因工程技术（普通高等教育“十一五”国家级规划教材） 25.00元

麦芽制备技术	25.00 元
啤酒过滤技术（国家级精品课程配套教材）	15.00 元
啤酒生产技术	35.00 元
啤酒生产理化检测技术	28.00 元
啤酒生产原料	20.00 元
生物分离技术	25.00 元
生物化学	30.00 元
生物化学	38.00 元
生物化学	34.00 元
生物化学实验技术（普通高等教育“十一五”国家级规划教材）	22.00 元
生物检测技术	24.00 元
生物再生能源技术	45.00 元
微生物工艺技术	28.00 元
微生物学	40.00 元
微生物学基础	36.00 元
无机及分析化学	28.00 元
现代基因操作技术	30.00 元
现代生物技术概论	28.00 元
白酒生产技术（第二版）	30.00 元
过程装备及维护	30.00 元
酒精生产技术	36.00 元
发酵调味品生产技术	36.00 元
生物工程基础单元操作技术	32.00 元
中国酒文化概论	24.00 元
黄酒酿造技术	28.00 元
黄酒工艺技术	30.00 元
黄酒品评技术	34.00 元

公共课和基础课教材

检测实验室管理	30.00 元
无机及分析化学	28.00 元
现代仪器分析	28.00 元
化学实验技术	14.00 元
基础化学	27.00 元
有机化学	39.00 元
化验室组织与管理	16.00 元
有机化学	39.00 元
无机及分析化学	30.00 元
化学综合——无机化学	26.00 元

化学综合——分析化学	20.00 元
仪器分析应用技术	25.00 元
现代仪器分析技术	32.00 元
仪器分析	39.00 元
基于 MATLAB 的化工实验技术（汉 – 英）	20.00 元
大学生安全教育	26.00 元
大学生职业规划与就业指导	34.00 元

中职教材

啤酒酿造技术	28.00 元
微生物学基础	30.00 元
生物化学	36.00 元

职业资格培训教程

白酒酿造工教程（上）	26.00 元
白酒酿造工教程（中）	22.00 元
白酒酿造工教程（下）	38.00 元
白酒酿造培训教程（白酒酿造工、酿酒师、品酒师）	120.00 元

购书办法：各地新华书店，本社网站（www.chlip.com.cn）、当当网（www.dangdang.com）、亚马逊（www.amazon.cn）、京东（www.jd.com），我社读者服务部（联系电话：010 – 65241695）。

微生物制药技术

WEISHENGWU ZHIYAO
JISHU

上架建议：生物制药

ISBN 978-7-5019-9899-9
9 787501 998999
01>

定价：42.00元